卫生部"十一五"规划教材
全国高等医药教材建设研究会规划教材
全国高等学校教材
供美容医学类专业用

美容营养学

主　　编　林俊华
副 主 编　陈友义　石汉平
主编助理　裴迎新
编　　委　（以姓氏笔画为序）

王文祥（福建医科大学）
石汉平（中山大学医学部）
朱培成（广州中医药大学）
刘　霞（上海中医药大学）
李雪飞（大连医科大学）
杨　华（中原工学院）
张晓杰（山东中医药大学）
陈友义（福建中医药大学）
林　蕾（宁波大学医学院）
林俊华（湖北中医药大学）
周密思（湖北中医药大学）
赵铁牛（天津中医药大学）
柴茂山（山西大同大学医学院）
黄厚今（遵义医学院）
裴迎新（郑州大学医学院）

人民卫生出版社

图书在版编目（CIP）数据

美容营养学/林俊华主编. —北京：人民卫生出版社，2010. 8

ISBN 978-7-117-13182-7

Ⅰ. ①美… Ⅱ. ①林… Ⅲ. ①美容-饮食营养学-医学院校-教材 Ⅳ. ①TS974. 1②R151. 1

中国版本图书馆 CIP 数据核字(2010)第 136714 号

门户网：www. pmph. com	出版物查询、网上书店
卫人网：www. ipmph. com	护士、医师、药师、中医师、卫生资格考试培训

美容营养学

主　　编：林俊华
出版发行：人民卫生出版社（中继线 010-59780011）
地　　址：北京市朝阳区潘家园南里 19 号
邮　　编：100021
E - mail：pmph @ pmph. com
购书热线：010-59787592　010-59787584　010-65264830
印　　刷：北京虎彩文化传播有限公司
经　　销：新华书店
开　　本：787 × 1092　1/16　　印张：21
字　　数：537 千字
版　　次：2010 年 8 月第 1 版　2024 年 12 月第 1 版第 14 次印刷
标准书号：ISBN 978-7-117-13182-7/R · 13183
定　　价：33. 00 元
打击盗版举报电话：010-59787491　E-mail：WQ @ pmph. com
（凡属印装质量问题请与本社市场营销中心联系退换）

全国高等学校教材美容医学专业

第二轮规划教材修订说明

全国高等医药院校医学美容专业卫生部规划教材是我国第一套供美容医学专业本科使用的教材，第一轮教材使用至今已整整8年，为我国美容医学人才的培养发挥了巨大作用。8年来，美容医学事业在中国得到了长足的发展，新理念、新器材、新技术层出不穷，尤其是中国传统医学美容思想、方法与西方美容医学的相互渗透与融合，正逐渐产生出带有东方文化气质的新的美容医学，这给第二轮教材的修订工作提供了巨大的动力和挑战。中华医学会医学美学与美容学分会参与了第一轮教材的编写和出版工作，并一直关心本套教材的使用情况。第二轮教材修订工作依然得到了他们的大力支持，并汇集了全国一大批教学、科研和医疗第一线的医学专家共同参与，在总结第一轮教材编写的不足的前提下，进行了大规模的修订，使本套教材内容分类更加科学系统，知识结构更加合理，临床实践更加实用。经过第二轮的修订过后，本套教材将力求更加成熟、完美和新颖。

本次修订工作由2009年3月开始启动，其修订和编写特点如下：

1. 在全国广泛、深入的调研情况下，总结了第一轮教材编写的经验与不足，对第二轮教材评审委员会进行了改选，使评审委员会充分保持学术权威性的基础上，更加考虑评审委员会的教学指导水平。

2. 经全国高等学校美容医学专业第二届教材评审委员会审议决定，本套教材将上一轮教材书名中的名词“医学美容”更改为“美容医学”。

3. 对上一轮教材编写中美容医学与其他学科（整形外科、皮肤科、中医科、口腔科）交叉、含混不清的部分重新做了界定与说明，对难以界定的内容，编写时也采取有取有舍的态度。

4. 本套教材进一步明确了美容医学课程体系与具体骨干课程。

5. 教材编写依然坚持“三基、五性、三特定”的编写原则。

6. 内容上在坚持学科体系完整性的情况下，更加突出教材内容的实用性，力求文字精炼，压缩篇幅，以适合目前的美容医学专业的教学模式。

7. 在尽可能不增加学生负担的情况下，提高印刷装帧质量，根据学科需要，部分教材改为彩色印刷，以提升教材的质量和可读性。

第 2 轮教材共 12 种，分为三个部分美容医学理论基础课程、美容医学临床基础课程、美容医学临床课程，新增一种《美容营养学》。本套教材均为卫生部“十一五”规划教材。

全国高等学校美容医学专业

第二届教材评审委员会

第2轮教材目录

医学美学（第2版）	主编	韩英红
美容医学造型艺术（第2版）	主编	于　江
美容临床心理学（第2版）	主编	何　伦
美容化妆品学（第2版）	主编	李　利
美容药物学（第2版）	主编	王　建
医疗美容技术（第2版）	主编	张信江 边二堂
美容局部解剖学（第2版）	主编	王向义
美容营养学	主编	林俊华
美容中医学（第2版）	主编	刘　宁
美容皮肤科学（第2版）	主编	何　黎
美容外科学（第2版）	主编	刘林嶓
美容牙科学（第2版）	主编	王海林

前　言

美容营养学是21世纪兴起的一门交叉性营养分支学科。2003年11月,全国医学美容技术专业教育会议研究确定将美容营养学正式列入课程设置计划。2009年10月24日在大连市,卫生部教材办公室、全国高等医药教材建设研究会和人民卫生出版社组织召开了全国高等学校美容医学专业卫生部规划教材第二届评审委员会与主编会议。会上正式确立编写本科美容医学专业(方向)的第一版《美容营养学》教材。

21世纪,我国将步入小康社会。人们在不断追求和享受丰富多彩的精神和物质生活的同时,也逐步提高了对自身健美、长寿的关注度。“吃出健康,吃出美丽”成为当今流行的口号。作为与美容和健康息息相关的美容营养学必定成为人们今后关注的焦点。早在公元前390年,“医药之父”希波克拉底(Hippocrates)就曾说过:“让食物成为你的药物,而不要让药物成为你的食物。”在20世纪初,爱迪生曾这样说过:“未来的医生不再给患者药物,而是引导患者关注人体结构、饮食的保养以及疾病的起因和预防。”随着美容医学的发展,营养与美容的关系将日益受到人们的重视,美容营养学也必定会成为美容医学的重要组成部分。

合理营养与平衡膳食是维护人体健康美的基石。食膳养生与饮食疗法是中医美容行之有效的手段。营养与食膳疗法常作为美容医学临床各科的辅助或主要治疗方法。因此,美容营养学既是美容医学整体学科中的一个专业基础学科,又是与美容临床关系密切的应用型学科。

本书本着理论联系实际的原则,博采中西医各家之长,融现代美容营养学基础和中医食膳理论于一炉,寓美容营养保健与临床美容食疗于一体,力求科学性、系统性、创新性和实用性。全书分上、中、下三篇,共计12章,包括:美容营养学基础,美容中医食膳理论,美容食物和食膳配方,美容美体和延缓衰老的营养保健知识,常见损容性疾病的营养与食疗,美容外科手术以及理化美容、微创手术前后的营养等,资料翔实、内容丰富。

本教材由全国14所中西医高等医药院校的专家、教授编写,并得到了湖北中医药大学和福建中医药大学各级领导的大力支持。前后召开了主编会、编委会和定稿会,并进行了网上互审,大家各抒己见、畅所欲言、集思广益,基本体现了目前全国医药院校美容营养学的教学水平。此教材既可供美容医学专业(方向)的本科生使用,也可作为临床各科美容医生、美容技师和营养师的参考用书。

本书编写过程中承蒙全体编者的辛勤努力,尤其是得到前任中华医学会医学美学与美容学会主任委员彭庆星教授的指导,使本书得以顺利完成,在此一并表示由衷的感谢。

由于编者水平有限,加之编写时间仓促,书中难免有不足之处,恳请广大师生和读者指正。

编　者

2010年5月

目　录

绪论 …… 1
一、美容营养学的概念及研究内容 …… 1
二、美容营养学与相关学科的关系 …… 2
三、营养学与美容营养学发展的历史及展望 …… 4

上篇　美容营养学基础

第一章　人体组成与营养 …… 9
第一节　皮肤组织与营养 …… 9
一、蛋白质 …… 9
二、水 …… 10
三、皮肤老化 …… 11
四、保持皮肤健康 …… 11
第二节　肌肉组织与营养 …… 12
一、蛋白质 …… 13
二、水 …… 13
第三节　骨骼组织与营养 …… 14
第四节　血液与营养 …… 15
一、血浆 …… 15
二、血细胞 …… 16
第五节　肝脏与营养 …… 17
一、肝脏与碳水化合物代谢 …… 17
二、肝脏与脂肪代谢 …… 17
三、肝脏与蛋白质代谢 …… 17
四、肝脏与维生素代谢 …… 18
五、肝脏与激素代谢 …… 18

第二章　营养素与美容 …… 19
第一节　能量 …… 19
一、概述 …… 19

二、能量代谢与平衡……………………………………………………………… 20
三、人体能量需要量的确定……………………………………………………… 22
四、能量的推荐摄入量及食物来源……………………………………………… 24
五、能量平衡状况的评价………………………………………………………… 24
第二节　营养素 ………………………………………………………………… 26
一、蛋白质………………………………………………………………………… 26
二、脂类…………………………………………………………………………… 31
三、碳水化合物…………………………………………………………………… 35
四、矿物质………………………………………………………………………… 38
五、维生素………………………………………………………………………… 50
六、水……………………………………………………………………………… 58
第三节　植物化学物与美容 …………………………………………………… 59
一、概述…………………………………………………………………………… 59
二、植物化学物的分类…………………………………………………………… 60
三、植物化学物的生物学作用…………………………………………………… 62
四、植物化学物与皮肤保健……………………………………………………… 63
第四节　营养素的供给途径与代谢 …………………………………………… 64
一、营养素的皮肤供给与代谢…………………………………………………… 64
二、营养素的体内供给与代谢…………………………………………………… 65

第三章　各类食物的营养价值与美容 ……………………………………… 69
第一节　食物营养价值的评定及意义 ………………………………………… 69
一、食物营养价值的评定………………………………………………………… 69
二、食物营养价值评定的意义…………………………………………………… 70
第二节　谷类食物的营养价值与美容 ………………………………………… 70
一、谷类的结构和营养素分布…………………………………………………… 70
二、谷类的营养素种类及特点…………………………………………………… 71
三、谷类食物与美容……………………………………………………………… 72
第三节　豆类的营养价值与美容 ……………………………………………… 73
一、豆类的营养价值……………………………………………………………… 73

二、豆制品的营养价值……75
三、豆类食物与美容……76
第四节 蔬菜、水果及坚果类的营养价值与美容……76
一、蔬菜类的营养价值……76
二、水果类的营养价值……80
三、坚果类的营养价值……82
第五节 畜禽肉类的营养价值与美容……83
一、畜禽类的营养价值……83
二、肉类制品的营养价值……85
三、畜禽肉类食物与美容……86
第六节 水产类的营养价值与美容……86
一、水产类的营养价值……86
二、水产制品的营养价值……88
三、水产类食物与美容……88
第七节 蛋类的营养价值与美容……88
一、蛋类的结构和营养素分布……89
二、蛋类的营养素种类及特点……89
三、蛋类中的特殊成分……90
四、蛋制品的营养价值……90
五、蛋类食物与美容……91
第八节 奶类的营养价值与美容……91
一、奶类的营养素种类及特点……92
二、奶类中的特殊成分……93
三、奶制品的营养价值……94
四、奶类食物与美容……95
第九节 加工食品的营养价值与美容……95
一、糖果……95
二、糕点……96
三、软饮料……96
四、酒类……97

五、调味品 …… 98
六、营养强化食品与功能性食品 …… 99

第四章　合理营养与美容 …… 101
第一节　公共营养与美容 …… 101
一、公共营养的概念与特点 …… 101
二、公共营养的目的与内容 …… 101
三、公共营养与美容 …… 103
第二节　营养素需要量 …… 103
一、概述 …… 103
二、每日膳食营养素供给量 …… 103
三、膳食营养素参考摄入量 …… 104
第三节　膳食结构与膳食指南 …… 106
一、概述 …… 106
二、中国居民的膳食结构 …… 108
三、膳食指南 …… 109
四、中国居民平衡膳食宝塔 …… 114
第四节　营养配餐与食谱编制 …… 117
一、营养配餐 …… 117
二、营养食谱的编制 …… 119
第五节　食物的酸碱性 …… 130
一、食物酸碱性 …… 130
二、食物酸碱性与体液酸碱平衡的关系 …… 132
三、食物酸碱性与营养素及膳食平衡的关系 …… 133

中篇　中医美容食膳学基础

第五章　食膳美容的中医基础理论 …… 137
第一节　食膳美容的概述 …… 137
一、食膳美容的概念 …… 137

二、药食同源 …… 137
三、食膳美容的机制与特点 …… 138
第二节 食物的食性理论 …… 138
一、食性理论的概念 …… 138
二、食物的四性 …… 139
三、食物的五味 …… 139
四、食物的升降浮沉 …… 140
五、食物的归经 …… 140
六、食物的有毒与无毒 …… 141
七、食膳的配伍原则 …… 141
八、食物的禁忌 …… 142

第六章 食膳法则 …… 144
第一节 合理饮食的原则 …… 144
一、荤素搭配 …… 144
二、定时定量 …… 144
三、体质适宜 …… 144
四、疾病适宜 …… 145
五、季节适宜 …… 145
六、地理环境适宜 …… 146
七、重视食物品质 …… 146
第二节 食疗美容的常用治法 …… 146
一、发汗法 …… 146
二、祛风法 …… 146
三、清热解毒法 …… 147
四、祛湿法 …… 147
五、化痰法 …… 148
六、理气法 …… 148
七、活血化瘀法 …… 148
八、消食法 …… 148

九、通下法 …… 149
十、补益法 …… 149

第七章 食膳的制剂、烹饪与食用方法 …… 151
第一节 食膳的制剂 …… 151
一、食膳制剂的定义 …… 151
二、食膳制剂的分类 …… 151
三、食膳制剂的配膳原则 …… 151
四、具体食膳剂型 …… 152
第二节 烹饪方法 …… 154
一、烹饪的定义 …… 154
二、烹饪方法的类型 …… 154
第三节 影响食物营养价值的因素 …… 156
一、加工对食物营养价值的影响 …… 156
二、烹调对食物营养价值的影响 …… 158
第四节 食膳的食用方法 …… 162
一、日常膳食 …… 162
二、食疗膳食 …… 162

第八章 常用美容食物与食膳方剂 …… 163
第一节 常用美容食物 …… 163
一、谷类 …… 163
二、豆类 …… 165
三、蔬菜类 …… 167
四、水果、坚果类 …… 172
五、肉、蛋、奶类 …… 175
六、水产类 …… 178
七、菌藻类 …… 181
八、调味品类及其他 …… 183
第二节 常用美容保健食膳方剂 …… 185

一、美容美体保健食膳方 …… 185
二、损容性疾病治疗食膳方 …… 197

下篇 临床美容营养

第九章 皮肤美容的营养基础 …… 205
第一节 皮肤健美与营养 …… 205
一、皮肤的湿度与营养 …… 205
二、皮肤的黑色素代谢与营养 …… 206
三、皮肤的色泽与营养 …… 207
四、皮肤的皮脂分泌与营养 …… 208
五、皮肤的细腻度与营养 …… 208
六、皮肤的弹性、饱满度与营养 …… 209
第二节 皮肤衰老与营养 …… 209
一、皮肤衰老的表现与机制 …… 209
二、皮肤衰老与营养 …… 210

第十章 美容保健与营养、食疗 …… 211
第一节 皮肤美的营养与食疗 …… 211
一、中性皮肤 …… 211
二、干性皮肤 …… 212
三、油性皮肤 …… 213
四、混合性皮肤 …… 215
五、敏感性皮肤 …… 216
六、驻颜、抗衰老 …… 218
七、美白、祛黄 …… 219
第二节 头发美的营养和食疗 …… 221
一、头发干枯 …… 221
二、脱发 …… 222
三、白发 …… 224

四、头皮屑 …… 225
第三节　形体美的营养与食疗…… 226
一、肥胖与减肥 …… 226
二、消瘦与增肥 …… 237
三、乳房健美 …… 239

第十一章　常见损容性疾病的营养和食疗 …… 241
第一节　损容性皮肤病的营养和食疗…… 241
一、黄褐斑 …… 241
二、寻常痤疮 …… 243
三、白癜风 …… 245
四、脂溢性皮炎 …… 247
五、酒渣鼻 …… 248
六、扁平疣 …… 250
七、睑黄瘤 …… 251
八、维生素 B_2 缺乏症…… 252
九、湿疹 …… 254
十、荨麻疹 …… 256
十一、毛周角化病 …… 259
十二、鱼鳞病 …… 260
十三、皮肤瘙痒症 …… 261
十四、腋臭 …… 262
十五、维生素 A 缺乏症 …… 264
十六、烟酸缺乏症 …… 265
十七、植物-日光性皮炎 …… 266
十八、甲营养不良 …… 268
第二节　损容性毛发疾病的营养和食疗…… 270
一、斑秃 …… 270
二、雄激素源性脱发 …… 272
第三节　其他损容性疾病的营养和食疗…… 273

一、脂肪肝 …… 273
二、睡眠障碍 …… 275
三、习惯性便秘 …… 278
四、乳房发育不良 …… 280
五、代谢综合征 …… 281

第十二章　美容外科与营养 …… 286
第一节　美容手术与营养 …… 286
一、美容手术后的病理生理变化 …… 286
二、美容手术后的愈合与营养 …… 287
三、美容手术前、后的营养与饮食 …… 290
四、美容手术预防瘢痕形成及色素沉着的营养饮食 …… 295
第二节　假体置入美容手术与营养 …… 302
一、假体置入美容手术的病理生理变化 …… 303
二、假体置入美容手术后的营养饮食 …… 303
第三节　微创美容疗法与营养 …… 304
一、物理美容微创疗法营养与饮食 …… 304
二、化学美容微创疗法营养与饮食 …… 308
三、微创美容手术营养与饮食 …… 310

附录　中国居民膳食营养素参考摄入量表 …… 312

参考文献 …… 316

绪论

一 美容营养学的概念及研究内容

(一) 美容营养学的概念

为了维持人体生理功能、生长发育及身体健美的需要，人们必须每天从食物中摄取一定量的各种营养素，包括水、脂肪、碳水化合物、蛋白质、维生素和矿物质。在正常生理情况下，人体对营养素的需要量与实际摄入量之间保持动态平衡，不同营养素之间的比例也保持动态平衡。营养素摄入过量、摄入不足或营养素失衡时，人体就会出现各种病症，如骨质疏松、佝偻病、肥胖、代谢综合征、冠心病等，从而影响人体的健康和形体的健美。

随着社会经济的高速发展、科学技术和社会文化的不断进步，人们的生活质量获得了明显提高。当物质生活和文化生活获得满足时，人们便开始追求更高层次的生活品质和精神富足，突出表现为在追求高层次的精神文化享受的同时，人们普遍追求生理功能的完善和容颜、体形、体态的健美。因此，美容营养学作为营养学与美容医学的新兴交叉学科，其产生既可以看作是营养学发展到一定成熟阶段的科学产物，也可以看作是逐渐深入的对生活和美的一种艺术追求。

美容营养学是一门以营养学为基础，通过科学地制订平衡膳食，预防、治疗机体营养素缺乏、过剩或平衡失调及美容相关疾病；合理利用美容食物和膳食，通过内服或外用，由内而外达到美容美发、减肥瘦身、美肤健体、延衰驻颜、维护人体健康美的目的，进而增进人的生命活力和美感、提高生命质量的应用学科。

(二) 美容营养学的研究内容

美容营养学作为与营养学和美容医学研究相关的新兴交叉性学科，涉及面广、研究内容较多，主要包括：

1. 营养学与美容学的基本知识　营养是健康的物质基础，美是健康的外在表现。所以，营养是美的前提，美容从营养开始。如何科学地摄入和平衡膳食，在满足人体所需的基础上获得健康美，是美容营养学研究的基本范畴。

2. 美容相关性疾病及其营养膳食治疗　美容相关性疾病可分为营养代谢障碍性疾病和内分泌疾病，前者包括肥胖、消瘦、原发性骨质疏松症、维生素 D 缺乏性佝偻病、白发、脱发等，后者则包括垂体性侏儒症、巨人症、肢端肥大症、甲状腺功能亢进症、甲状腺功能减退症、原发性慢性肾上腺皮质功能减退症、多毛症等。两者均可在一定程度上造成人体容貌和形体的改变。研究营养素与相关疾病的关系，以及损容性疾病的营养膳食预防与治疗对策是美容营养学的中心议题之一。

3. 美容外科领域与营养 主要研究营养与美容外科之间的关系，包括营养对美容手术愈合的影响、外科手术对机体代谢的影响以及预防、治疗的对策等。

4. 衰老与营养 主要研究营养与衰老的关系及营养调理延缓衰老的对策。

5. 中医养颜和食物美容保健 结合现代营养学基础知识和中医基本理论，研究中医药美容养颜方法和膳食疗法的美容保健及延缓衰老的技巧。如损容性疾病的中药美容疗法和各种中医美容保健食疗，包括祛斑美白食疗、美体瘦身食疗、丰胸美乳食疗、美目、健齿食疗、美发乌发食疗等。

二 美容营养学与相关学科的关系

（一）美容营养学与营养学的关系

"民以食为天，健以食为先"，"营养"在古代又作"荣养"。苏东坡在《养生说》中即指出"营养生者使之能逸而能劳"。现代医学认为营养是人体为了维持生长、发育、代谢、修复等生命活动而摄取和利用食物养分（营养素）的生物学全过程。合理的营养可以强身健体、延年益寿、美容养颜。食物是维持人体生命活动的物质基础，消化吸收食物中的营养是人和动物机体的本能，如何通过人为干预正确摄取和合理利用食物则是一门科学。研究人体营养过程、营养与健康关系、人体营养规律、食物中营养素及其他生物活性物质对人体健康的生理作用，达到科学指导膳食、增进人体健康或改善相关疾病的目的，这就是营养学的研究范畴。

作为生命科学中的一个综合性学科，营养学在预防医学、临床医学、康复医学和自我保健中都有重要地位，其还与生物化学、生理学、病理学、病理生理学等临床医学及食品科学、农业科学等学科相关，其属于自然科学范畴，但又有很强的社会性。宏观上与人类的生存发展、民族的繁荣昌盛、国家的长治久安、国民经济及社会的发展有关；微观上可以指导集体、家庭和个人合理安排饮食，并与人的生长发育、生理功能、健康长寿息息相关。

学科的不断发展使营养学衍生出了一系列分支学科，主要有人类营养学、临床营养学、公共营养学、预防营养学、运动营养学、营养流行病学等。随着现代分子生物学与临床医学的迅速发展，营养学的一些新领域也正在不断拓展，如美容营养、分子营养、完全胃肠外营养、肿瘤营养、衰老营养等。

合理膳食、均衡营养是健康、美容的基础，人体的组成无论皮肤、毛发、肌肉、骨骼，均需要来自食物的营养物质的滋养。只有在营养学基础知识的指导下合理选择、加工、烹调和搭配食物，才能全面并科学地摄入各种营养素，满足人体各部分的生理需要，最终造就容光焕发和充满活力的健康美。

综上所述，营养学是美容营养学的基础与前提，美容营养学是营养学的分支与延伸。

（二）美容营养学与临床营养学的关系

"医食同源，药食同根"，食品和药品对于治疗疾病有异曲同工之处。合理的饮食可以提高机体抗病能力、提高手术耐受力、减少并发症、促进康复，因此，营养科又有"第二药房"之称。随着对能量和脂肪代谢的研究的深入，人们发现营养不平衡，特别是营养过剩，会导致糖尿病、高血压、肥胖、痛风、动脉粥样硬化和某些肿瘤等所谓的"富贵病"，一些严重的并发症也常与饮食不合理、营养不良有错综复杂的关系。营养在疾病的预防、治疗及人体保健中的地位得到了空前的提高，人们关于营养不良对临床结局、生活质量和寿命长短的影响的认识有了巨大的进步。国家更是规定一定规模的医院，应具备营养科室和专门的营养师。临床营养学作为新兴的边缘学科，在医学模式发生变化的今天，开始展现出其越来越重要的作用。

临床营养学属于临床治疗学范畴，是介于预防医学和临床医学之间的学科。主要是从治疗的角度研究日常饮食和临床疾病的关系，即各种食品对疾病发生、发展和预后的影响，以及各种饮食配方对于疾病的预防和治疗作用。

以此为基础，根据预防为主和防治结合的方针，临床营养师可通过制订符合饮食营养原则的日常或治疗食谱来改变患者摄入营养素的数量和组成，增强患者体质、提高机体对疾病和外界有害因素的抵抗力，并防止食品或饮食中可能出现的有害因素对患者造成危害，从而达到降低发病率和死亡率、提高治愈率、延长患者寿命的目的。如对急性肾小球肾炎少尿期且伴有水肿和高血压的患者，控制其食盐或含钠食品的摄入量，可以减轻肾脏负担，有利于疾病的治疗；糖尿病患者可通过调整糖类摄取量，使病情得到控制。

"三分治，七分养"充分说明了保健营养学的突出地位。控制能量摄入可以使肥胖者减轻体重，增加营养摄入可以使消瘦者体重增加；为某些美容相关性疾病患者及高危人群提供特种营养治疗，可以预防甚至治疗某些疾病。如对绝经期妇女预防性地适度增加钙的摄入，可在一定程度上预防或延缓骨质疏松、脊柱弯曲、身高缩短等症状；对美容外科手术患者进行营养调整，可有利于手术成功和术后恢复，预防瘢痕增生。此外，随着人们对抗衰老研究的逐渐深入，一些具有抗衰老功效的食品或食谱也逐渐被大众所认识。所以，美容营养学必然涉及临床营养学，两者均是以营养学为基础的新兴边缘学科。

（三）美容营养学与中医美容学及中医营养学的关系

1. 中医美容学概述 作为世界文明古国，中华民族重视美容的历史源远流长。《诗经》中记载了许多楚楚动人的美女形象；宫廷美容、化妆之盛，《阿房宫赋》中的"脂粉成河"可作证；两汉《释名》一书中有"释姿容"的专章。此外，在早期中药专著中，有关健身、延寿、美容等疗效的中药记载几乎随处可见，晋唐以后的综合性医书中，有关皮肤治疗、养护或保健的方药资料也非常丰富。在长期的医疗实践中，中国传统医药学形成了自己的独特风格，通过调整脏腑功能、荣养精神气血来达到美容保健、防病治病的综合效应。所谓"有诸内者，必形诸外"，这正是中医美容学的特色。

由此可见，中医美容学是一门在中医理论和有中国特色的人体美学理论的指导下，研究损容性疾病的防治和损容性生理缺陷的掩饰或矫正，以达到防病健身、延年驻颜、维护和创塑人体神形之美为主要目的的专门学科。

2. 中医营养学概述 营养学在中国发展的历史可追溯到2000多年前。据不完全统计，从先秦王公贵族内府专门为掌握饮食营养而设"食医"开始，到清朝为止，中国主要食疗著作有数百部之多，而流传于民间的食疗秘方更是不计其数。除了对食医的制度、食疗方、合理膳食原则有所记载外，这些食疗著作对于饮食时间、饮食量、饮食种类都有很精辟的论述。与西医营养学对食物的利用讲究热能的计算不同的是，中医营养学在中医理论的指导下，更注重整体观念，应用"辨证施食"的方法研究食物、中药的四气五味及功能，并正确地应用食物来保健身体、治疗疾病、防老抗衰。

3. 学科相互关系 区别于西医体系，中医有自己独特的理论和思维方法，如阴阳五行、脏腑、精、神、气血津液、病因病机、治法治则和经络腧穴等基本理论，强调天人合一和辨证论治的基本特点。中国传统美学也具有强调人体自然美、神韵美和文质结合的独特审美观。但就根本目的而言，中医美容学、西方美容医学及美容营养学三者是一致的，即都是以美学理论为指导增进人体健康美。

此外，中医营养学理论与现代营养学知识相辅相成，这一中西医结合的思想，在我国既有中医又有西医的特定条件下产生，是我国卫生事业的一大优势和特点。如利用中医“司外揣内”的方法判断外在损容性疾病与内在器质性变化的联系，选用中药或西药调理内在机体功能，以达到最终医治外在损容性疾病的目的。由此可见，虽然两种医学体系的存在环境不同，但都是研究同一事物、同一实体和同一目标，都经历了由偏见到成熟的过程，因此学科的交融必定可以找到共同语言与结合点，从而带动新兴学科的进一步发展。

（四）美容营养学与美容医学的关系

美容是让容貌变美丽的一种艺术。考古发现5000年前的古埃及时期，人们已会在皮肤表面涂抹各种药剂和油膏来滋润皮肤和防止日晒，用铅来描眼的轮廓，用孔雀石粉制成的绿颜料作眼影，用黑灰色锑粉描画眉毛，用红颜料涂抹嘴唇和脸颊，甚至用橘红色颜料涂染指甲。在我国，早在殷商时期，人们已用燕地红蓝花叶捣汁凝脂饰面，用青黑颜料画眉……令人惊奇的是，在如染指甲、涂唇、描眉等化妆方面，古代妇女与现代妇女有着惊人的相似之处。可见人类对自身美的追求，古今中外均无例外，相貌平庸者想弥补缺陷，貌美者想锦上添花，日渐衰老者想驻颜抗衰，这亦使美容医学这一应用学科的前景愈发广阔。

我国现代美容医学，是20世纪80年代以来顺应美容外科、皮肤美容、口腔颌面美容等学术活动的发展，以及医学美学基础理论研究的兴起而逐渐兴盛和发展起来的，是对我国传统美容医学精华的继承和发扬，同时又是与国外美容医学先进技术相融合的产物。从定义上说，其是一门以人体美学理论为指导，采取手术与非手术医学手段相结合的方法来维护、修复和再塑人体美，以增进人的生命活力美感和提高生命质量为目的的新兴交叉学科。

其意义不仅仅是给予求助者美的改变，作为医学人文研究领域的一个重要议题，美容医学与医学美学、艺术的关系，可以突显临床医学的艺术性与人文性。因为在美容医学实施治疗的过程中，患者无疑成为医生“创作”的“艺术品”，而医生完成工作的本质与艺术家的工作又具有统一性。

与营养学并列，作为美容营养学研究基础之一的美容医学，也可以被认为是美容营养学最终的服务对象之一，因为美容营养学的研究可归属于美容医学的非手术手段，且两者的根本目的也相同。所以尽管研究方向不同，但两者归属相同，两学科的发展相互促进、密不可分。

三 营养学与美容营养学发展的历史及展望

（一）营养学的发展历史及学科展望

营养过程是人体最基本的生理过程之一，几乎从有文字记载的历史年代开始，人们就发现并开始研究营养这一基本生理过程。

我国在三千多年以前，就开始出现关于营养学的论述。中医最早的理论专著《黄帝内经》中就有关于食医和养生的记载，如“五谷为养”、“五果为助”、“五畜为益”等记载，“灵枢篇”更深入地将食物分为寒、热、温、凉四性和酸、苦、甘、辛、咸五味，论述了各种食物的归经、主治。但在漫长的历史发展过程中，由于我国对营养现象的认识与分析在很长的一段时间内一直局限于食物营养作用的经验汇总和立足于阴阳五行学说的抽象演绎，所以当基于实验基础的近代西方营养学传入中国以后，很快就代替中医传统营养学观点成为我国近代营养学的基础。

西方的营养学也可分为古典营养学和近代营养学两个主要历史阶段。西方的古典营养学受当时人们对营养这一基本生理过程理解的局限，在相当长的一段历史时期中也仅是由很粗浅的几种要素演绎而成的，即地、水、火、风四要素构成的四大要素学说。产业革命开始后，随着自然科学的发展西方近代营养学才逐渐衍生、形成。其中奠定学科基础的实验研究包括19世纪由Liebig、Rubner、Atwater三代师生进行的能量代谢研究；20世纪初至20世纪30年代，Hopkins、Osborne、Mendel等人发现了蛋白质在营养中的重要性，Rose等证明了必需氨基酸的价值；20世纪中后叶，Funk、Mccollum、St. Gyorgi等接连发现各种维生素及其缺乏病，认识到各种微量元素的作用。

西方世界的一系列科学发现陆续传到中国后，极大地促进了现代营养学在中国的研究和应用。结合中国政治经济与社会的变化，现代营养学在中国的发展历史可分为如下几个时期：

1. 萌芽时期 1840年以后，随着传教士医生来华传教行医，出现了一批教会医院和医学院校，包括湘雅医学专门学校（中南大学湘雅医学院）、协和医学堂（北京协和医学院）、广州博济医院（中山大学第二附属医院），并逐渐开始在医学生学习的课程中加入现代生理学、生物化学和药理学等医学基础学科。在此期间，虽然生物化学学科才刚刚形成，但营养学与食物化学已经在早期生物化学中开始萌芽，开展的研究工作主要是食物化学及分析方法等一些基本研究。

2. 成长时期 1924年，北京协和医学院首先成立了生物化学系，此后国内许多医学院校相继成立了生物化学系，各校的生物化学教学水平得到了普遍提高。同时，其他生物学、医学研究机构开展了多方面的研究工作或成立了生化研究室。作为生物化学研究的主要内容之一，营养学亦得到了极大的发展，临床医学相关科室开展了营养缺乏病的诊治工作，营养学作为独立的专业培养营养师。可以说该阶段是我国营养学发展较快的时期。随后，受多年战乱以及多种政治运动的影响，工作开展困难、学科研究有所停滞。

3. 成熟时期 新中国成立以后，国家经济建设走上正轨，营养学问题得到了政府的重视。我国在1959年进行了第一次全国营养调查，调查范围包括27个省、市、自治区，调查人数近18万人，为以后的营养研究工作留下了宝贵的统计资料。营养学的研究开始向如何使广大人民群众获得营养科学知识以及解决人民群众面临的主要营养问题的方向发展。

随着营养学的发展，营养学研究的分工越来越细：有专门从事食品营养成分分析的分析营养学，有将基础营养学与临床实践结合用以疾病治疗或辅助治疗的临床营养学，有研究妇幼营养问题的妇幼营养学，有研究老年营养问题的老年营养学等。许多新的研究领域和专题不断涌现，例如营养与免疫、营养与肿瘤、营养与智力、营养与长寿、完全肠外营养及本书讨论的美容营养等。这些营养学分支或营养专题研究既有理论性研究又具有社会实践性研究，例如在妇幼营养学、老年营养学、肿瘤营养学的研究中，既研究这些特殊人群的生理特点和营养素的消化、吸收、代谢、排泄等生物学过程，又针对这些人群开展社会营养监测、制定营养素供给标准等，进行一系列社会公共营养工作，体现了营养学研究的大众化倾向。

（二）美容营养学的学科展望

人体美的展现，其前提和基础是人体生命现象的存在。摄取食物作为人类的本能行为和必需行为之一，是人类生命存在的保证，也与健身美容有莫大的关系。营养不良、贫血、失眠、便秘、肝病或肾病等患者，其颜面所显示出来的必然是一副病态，任何化妆品都掩盖不了这种病容，自然与美艳动人无缘。

随着营养学及美容医学研究的逐步深入，人们认识到营养学研究范畴中许多因素会对机体体形、容貌有一定的影响，甚至是引起质的变化的重要影响。营养与美容这两门学科在物质生活水平日益提高的今天越来越受到人们的关注，而营养学与美容美体的关系又不能完全归属于任何一个学科研究范畴,因此,2003 年 11 月,全国医学美容技术专业教育会议研究确定将“美容营养学”正式列入课程设置计划。

由此可见,美容营养学是在当代医学研究分工不断细化的前提下派生出的又一年轻交叉学科。交叉学科发展的基本特征规范和影响着美容营养学的学科属性,即美容医学与营养学的交叉演变过程,构筑了美容营养学的整体学科背景。

干枯的枝条开不出鲜艳的花朵,有疾病的机体难有美丽的容颜。健康的身体需要合理的营养,美丽的容貌有赖于科学的膳食。5000 年前印度阿育吠陀(Ayurvedic)的格言即指出:膳食平衡,医生种田;营养不好,仙丹无效(When diet is wrong medicine is of no use,When diet is right medicine is of no need)。经过艰难的历程,无论美容者还是被美容者,都已经开始明白“渴而穿井,斗而铸锥”实属不易的道理,所以“晴天修水路,饱时备饥粮”已成为美容双方明智的选择。美容营养学中利用天然食物进行预防性保健美容,进而防病治病,结合中医美容传统理论,加速美容外科术后恢复或延缓衰老等思路将越来越受重视。美容营养学的研究因为适应了人们追求自身健美的天性,必将成为 21 世纪的研究热点之一。

上 篇

美容营养学基础

第一章　人体组成与营养

人类对美的诠释有很多种，其中健康与美丽的和谐统一是最完美的，两者均离不开营养的作用。蛋白质、脂类、碳水化合物（又称糖类）、维生素、矿物质、水6大类营养素既是健康的物质基础，也是美丽的物质基础。任何一种营养素缺乏、过量或者代谢异常，均可成为致病因素，从而影响人体健康和形体健美。人体在分子水平上也是由水、蛋白质、脂类、碳水化合物、维生素和矿物质6大类物质组成的，其中以水、蛋白质、脂类3种分子最多，它们占人体体重的百分比分别为：65%、17%和14%。体内6大类物质之间的比例保持动态平衡，但是在体内的不同部分（器官与组织）或部位，6大类物质的比例不同，各种物质所起的作用也不尽相同。本章将从皮肤、肌肉、骨骼、血液、肝脏入手，探究人体组织与营养的关系。

第一节　皮肤组织与营养

皮肤是机体的外在器官，它既是保护机体免受损害的第一道屏障，也是各种外来损害因素的第一位受害者，机体内部各系统和器官的功能状态反过来可以影响皮肤的状态与功能，因此皮肤是一面反映人体整体健康的“镜子”。判断皮肤是否健康的标准主要包括皮肤的色泽（肤色）、光洁度、纹理、湿润度、弹性及其功能。皮肤差异的产生主要与遗传、性别、年龄、内分泌变化、营养健康状况及后天保养等因素有关。皮肤的组成成分主要有水、蛋白质、脂类、矿物质和糖类（表1-1），其中蛋白质和水对皮肤的健康起着重要作用。

表1-1　健康成年人皮肤组成（%）

成分	比例（%）
水	60～75
蛋白质（主要是胶原蛋白）	30～35
脂类	2.5～3.0
矿物质	0.3～0.5
糖类	2

一　蛋白质

组成皮肤的蛋白质可分为两种，纤维蛋白和球状蛋白。

（一）纤维蛋白

分布在皮肤内的纤维蛋白（fibrous protein）有以下5种：

1. 角蛋白(keratin)　是皮肤角质化过程中产生的蛋白，又称角朊。角蛋白分为软质角蛋白(如表皮角质层蛋白)和硬质角蛋白[如毛发、指(趾)甲]，能对皮肤起保护作用。位于皮肤最外面的是表皮，表皮主要由角蛋白构成。角蛋白的周期性很强，生成后27~28天就变成角质脱离人体，这就是人们日常生活中看到的身上掉下来的皮屑。

2. 张力丝(tonofilament)　具有与角蛋白相似的坚韧性和弹性，以维护表皮与毛发各层细胞之间内外张力的平衡。

3. 胶原蛋白(collagen)　胶原蛋白又称胶原，是人体皮肤的主要组成成分。皮肤内胶原蛋白的类型及含量随年龄变化而变化，见表1-2。成年人皮肤中的胶原蛋白占皮肤干重的70%~80%，其中Ⅰ型胶原蛋白占80%左右，其他类型占很小比例。胶原蛋白可在结缔组织、弹性蛋白及多糖蛋白相互交织形成的网状结构中产生一定的机械强度，可作为承托人体曲线、体现挺拔体态的物质基础。

表1-2　不同年龄皮肤胶原蛋白组成的变化

不同年龄皮肤	胶原蛋白类型	
	Ⅰ型	Ⅲ型
儿童	30%	70%
青年	逐渐增多	减少
成年	为主	很少

4. 网状蛋白(reticulon protein)　网状蛋白数量较少，与胶原蛋白共同维持皮肤的定型，对酸、碱和消化酶的耐受性较强。

5. 弹性蛋白(elastin)　弹性蛋白是一种存在于皮肤内的结合纤维蛋白质，相当于肌肤支架的“黏合剂”，是防止肌肤老化的必要生理活性成分，能紧缩和稳固皮肤中的支架结构、提高肌肤弹性和紧缩毛孔，在对抗肌肤弹力衰退方面发挥着重要作用。

(二) 球状蛋白

球状蛋白(globular protein)，又称核蛋白，是皮肤细胞的一种重要组成成分，由蛋白质与核酸组成，参与蛋白质的合成。

二　水

皮肤是储存水分的重要器官之一，其储水量仅次于肌肉。正常情况下，皮肤中的水分占人体所含水分的18%~20%，大部分水分储存于真皮内。女性皮肤的储水量较男性多。

皮肤中的水分同样保持动态平衡：一方面不断通过毛细血管壁从体内摄取，另一方面又不断地通过显性(出汗)及非显性(蒸发)方式排出体外。

正常角质层含水量为10%~20%，以维持皮肤的柔软和弹性。当外界相对湿度低于60%时，皮肤角质层含水量可降到10%以下，此时皮肤会出现干涩的紧绷感，皮肤表面会有细小的脱屑，继而会形成细小的皱纹。长期缺水的皮肤会干裂而变得敏感。此时外用任何天然油类阻止水分的蒸发，均不能改变其干燥现象，只有预先给予水后，再行外用，才能有效改善皮肤缺水的状况。

水对皮肤非常重要，但人体每时每刻都在不自觉地“失水”，因此补水保湿也是美容的重要内容之一。补水是直接补给皮肤角质层细胞所需要的水分，滋润肌肤；保湿则是防止肌肤水分的蒸发，在滋润肌肤的同时，改善微循环，增强肌肤湿润度。正确的补水保湿的顺序应该是：

先补水再保湿。皮肤补水的作用机制见图 1-1（Darrow- Yannet 图）。

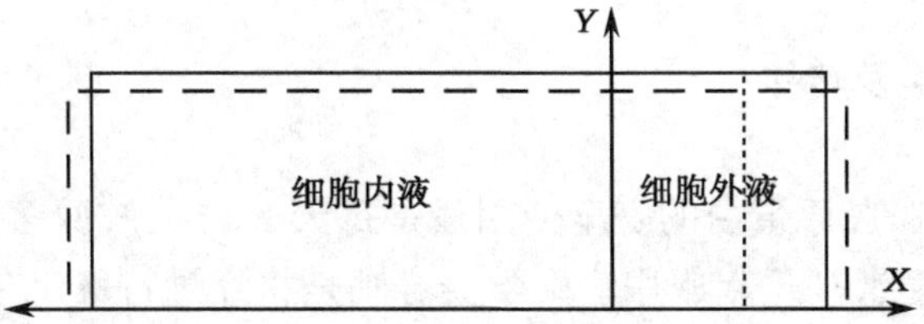

图 1-1 体液生理状态：Darrow- Yannet 图

Y 轴代表渗透压，X 轴代表细胞内、外液容量。细胞在高渗情况下皱缩、低渗情况下圆润。当人体皮肤暴露于水中时，水分进入表皮细胞内，细胞内渗透压下降，Y 轴变小；细胞体积变大，X 轴增大，于是皮肤皱纹减少或消失。由于人体正常的生理调节功能，为了维持细胞内渗透压的正常，皮肤表面低渗的细胞会将多余的水分传递给深部的其他细胞，表面细胞因此恢复常态，于是皮肤皱纹又重新出现。研究发现，这一过程持续 30 ~ 40 分钟，也就是说，通过补水美容使皱纹消失后 30 ~ 40 分钟内皮肤皱纹会重新出现。

三 皮肤老化

皮肤老化是内源性和外源性综合因素共同作用的结果，是人体衰老的外在表现。皮肤老化的内因是人体的老化，又称为自然老化或时程老化。随着年龄增长，体内合成胶原蛋白的成纤维细胞合成能力下降，胶原蛋白三股螺旋之间的共价交联增多，胶原纤维交联固化，可溶性胶原减少，细胞间黏多糖减少。皮肤表皮明显变薄，呈半透明状，伴有老年斑。由于结缔组织的强度和弹性下降，皮脂腺分泌油脂减少，皮肤干燥、脱屑、失去弹性。

皮肤老化的外因是环境因素，其中最主要的是光线对皮肤的光化性损伤作用，称为光老化；其他因素如吸烟、环境污染、生活习惯等均可能影响皮肤老化进程。研究发现，90% 以上的皮肤提前老化与不当的阳光暴晒有关。人体暴露在强烈阳光下仅仅 2 分钟，皮肤内的胶原蛋白就会被分解断裂。因为紫外线会促进胶原酶（一种分解胶原蛋白的酶）的大量分泌。胶原酶可分解已经老化的胶原蛋白，有益于新陈代谢；但是过量紫外线照射会导致胶原酶的分泌过剩，进而导致胶原蛋白分解过度。此外，过量的紫外线还会增加促进细胞老化的氧自由基的生成，也会破坏皮肤内的胶原蛋白。

四 保持皮肤健康

有益皮肤健康的正确饮食习惯应该是均衡、定时、定量。营养过剩或营养不足都会影响皮肤新陈代谢，对皮肤有不良的影响，所以每一个人都应注重维持良好的饮食习惯，遵循以下膳食原则：摄入足够的蛋白质、适量的脂肪，多吃新鲜蔬菜和水果，以全麦代替精制的面粉食品，摄入足够的纤维，多吃天然的糖分，少吃高盐分的食物，多喝水，均衡摄取多种食物，摄取足够的维生素和矿物质。

胶原蛋白是皮肤护理中的常用活性成分，也可作为一种营养补充剂，其具有以下主要功能：

1. 为细胞的生长提供基础条件；
2. 修复因胶原病受损伤的胶原纤维；

3. 促进创伤修复,伤口愈合;

4. 促进骨质的钙化;

5. 抑制肿瘤的发生及转移;

6. 防衰老,美容。

日本营养专家建议,胶原蛋白的安全使用量是每天 2~5g,胶原多肽(collagen peptide)是每天 10g,并建议与维生素 C 一起服用。医学美容则是将经过特殊工艺处理的胶原蛋白注射到人体的真皮层,直接补充胶原蛋白,这样可舒展面部出现的皱纹、修复由于痤疮留下的面部瘢痕。胶原蛋白还可以制成面膜或化妆品。

第二节 肌肉组织与营养

皮肤位于人体表层,关乎个人形象,人们常常将注意力集中在皮肤上,对其呵护备至是很自然的事。但恰如一栋宏伟美观的大厦必须建立在坚固的地基与结构基础上一样,人体外在美同样要求建立在人体结构的坚固与健康的基础之上。求美者切不可以为皮肤就是一切,只做“表面文章”而忽视了深层次的架构问题。

皮肤下是肌肉,皮肤需要肌肉的衬垫,肌肉老化或萎缩、减少或松弛,皮肤也必定松弛;肌肉僵硬或僵直,皮肤也自然会失去弹性和光泽。故欲求皮肤美,必须重视肌肉美。

怎样才算肌肉美?日本专家大门一夫提出的衡量标准是:富有弹性,能显示出人体形态的强健、协调,全身肌肉均衡、发达,体态丰满,没有臃肿感。过胖或过瘦、肌肉松软、肩臂细小无力,以及由于某种原因造成身体某部分肌肉过于瘦弱或肥大,都不能称作美。肌肉美的两大特点为结实和弹性好;松弛与僵硬是肌肉美的大敌。

全身肌肉重量占人体体重的比例:男性为 40%,女性为 35%;肌肉的化学组成约 3/4 是水,约 1/4 是固体物质,其中最主要的成分为蛋白质。骨骼肌的组成成分如图 1-2 所示:

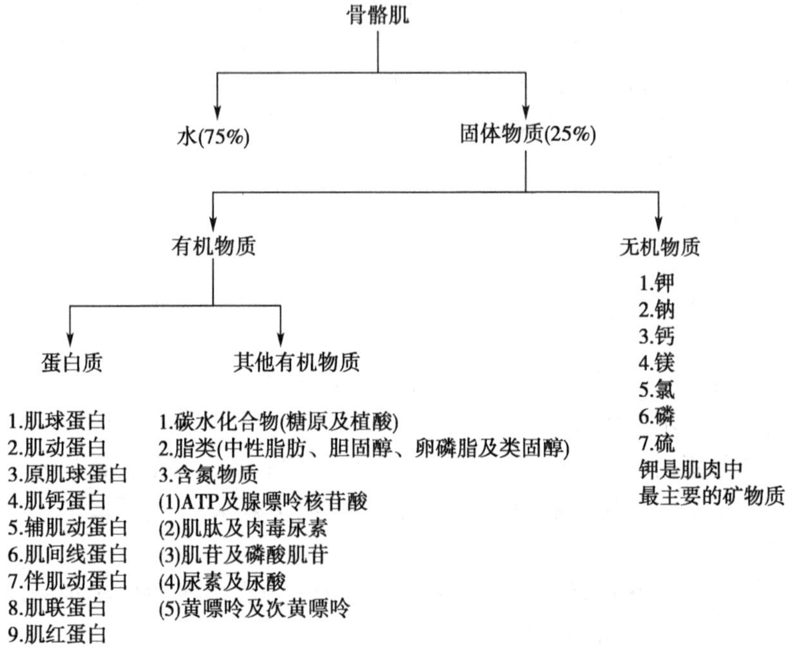

图 1-2 骨骼肌组成成分

一 蛋白质

驱动人体的根本动力是肌肉，组成肌肉组织的基本物质是胶原蛋白，尤其肌腱，几乎都是由胶原蛋白构成的。肌腱是将骨骼肌与骨骼相连接的组织，是驱动身体的最关键组织。人体的肌肉从30岁时开始减少，人体中的胶原蛋白也随着年龄而变化，见表1-3。

表1-3 人体胶原蛋白随年龄变化的情况

年龄段	体内胶原蛋白含量
0~19岁	逐渐增加
20~29岁	保持不变
30~49岁	胶原蛋白含量递减，从30岁起，肌肉总量开始下降
50~59岁	大幅减少
60~69岁	真皮层厚度平均较年轻时降低25%~30%，女性变化尤为明显
70岁以上	最小含量

在人体肌肉内，除了水，蛋白质是其中最主要的成分。对肌肉来说，蛋白质具有以下作用：

（一）肌肉组成与生长

肌肉中，蛋白质主要有3类：肌原纤维蛋白、肌浆蛋白、结缔组织和细胞器内所含的蛋白质，这些都是肌肉组成与生长所必需的结构蛋白和功能蛋白。

（二）肌肉能量的供给

正常情况下，蛋白质不作为肌肉能源物质，其主要功能在于构建肌肉和新陈代谢。但是当肝糖原储存量降低及脂肪消耗过量时，机体便转以氨基酸作为能量，因此也会对肌肉的力量和耐力产生负面影响。

（三）肌肉的修复

肌肉的不断运动，会让肌肉受到磨损，使肌细胞膜产生微小孔洞，健康肌细胞可释放许多小囊泡，将重要的化学物质送到破损处，自行修复破洞。研究发现，肌细胞的这种修复速度快得惊人，10~30秒就能将破洞修补好。

每个人都需要强健的肌肉，只有肌肉强健才有良好的肌肉力量，才能保护身体关节，更重要的是能够帮助维持正确的姿势，减轻因长时间工作、学习造成的不适现象。蛋白质的适量补充以及日常的锻炼，可以让肌肉更健康。日常饮食上应注意增加优质蛋白的摄入，如肉类和奶类，有助于改善和维持肌肉的结构及功能。因蛋白质不足引起的肌无力、肌萎缩患者可通过食用蛋白质补充品，如乳清蛋白来改善治疗效果。

二 水

肌肉组织含水量为75%，适当摄取水分不但能保证肌肉的正常收缩，而且能维持理想的肌肉张力。水分不仅能够帮助肌肉更好地进行收缩，还能阻止减重时易发生的肌肉退化。此外，水分具有清除肌细胞产生的废物、运送营养物质的作用，并减少肌肉恢复的时间。

即使是少量的体液损失也会影响肌肉的功能，丢失占体重2%~4%的水分，会导致肌肉强度减少21%、需氧量减少48%。肌肉中溶解的电解质通过细胞的传递,产生神经电信号刺激肌肉收缩。如果水和电解质的含量降低,肌肉强度和控制力就会减弱。含水丰富的肌肉细胞内,蛋白质的合成增加、分解减少;反之,肌肉细胞脱水会抑制蛋白质的合成,促进蛋白质的分解。

第三节　骨骼组织与营养

骨质是由骨基质(有机物)和骨矿物质(无机物)构成的。骨基质的主要成分是胶原蛋白(90%以上);骨矿物质的主要成分是羟基磷酸钙和少量的羟基磷酸镁。骨质成分构成比例如表1-4所示。

表1-4　骨质成分构成比例

成分	比例
胶原蛋白	25%
钙质	25%
水、矿物质、糖类	50%

骨质的生成,首先是合成胶原蛋白(Ⅰ型和Ⅲ型胶原蛋白,成人主要是Ⅰ型胶原蛋白,婴幼儿则以Ⅲ型胶原蛋白为主),胶原蛋白纤维织成基质网,钙和磷以羟基磷酸钙的形式沉积黏附在胶原蛋白基质网的网眼空隙中。胶原蛋白纤维基质网就像钢筋架,形成基本结构且具有韧性,但是缺乏强度;而羟基磷酸钙就像混凝土,沉积黏附在"钢筋架"上以后,使整个结构不但具有韧性,还具有强度。所以人体骨骼既有韧性又有硬度和强度。

骨质的结构可分为皮质骨和松质骨:皮质骨决定骨的硬度,松质骨决定骨的强度和弹性。

骨组织看起来似乎是静态的,其实骨组织也处于不断的新陈代谢之中——不断地更新,即骨的重构。随着年龄的变化,骨骼中有机物和无机物所占的比例有所不同(表1-5),儿童及青少年的骨骼中,有机物的含量比无机物多,因此他们的骨骼柔韧度及可塑性比较高;老年人的骨骼中,无机物的含量比有机物多,因此他们的骨骼脆性比较高,容易折断。人体骨质减少到一定程度就不能保持骨质结构的完整性了。骨总量的丢失,首先是骨胶原的劣化和减少,使承载钙、磷的基础变得薄弱。没有足够的骨胶原,羟基磷酸钙就无处沉积。

表1-5　不同年龄段的骨骼变化情况

年龄段	骨骼变化情况
0~19岁	骨质生长发育阶段
20~29岁	骨质仍在不断地增加
30~39岁	骨质密度含量达到最高水平
40岁以上	骨质开始逐渐减少

骨质中的胶原赋予骨骼弹性和抗折性,人体骨骼是依靠其中相互交叉的胶原蛋白保持硬度和弹性的。人体在遭受具有破坏性的外力冲击和压迫时,胶原蛋白之间的相互结合就会被破坏,从而使骨骼发生断裂。破坏性的外力消失后,胶原蛋白会自行修复相互之间的结合,也就是骨伤愈合。由此可以看出,骨质的强弱、修复功能的优劣,都与人体胶原蛋白的含量有关。

钙是人体中含量最丰富的元素之一,亦是骨骼中最重要的营养素,占人体体重的1.5%～2.0%,其中约99%储存于骨骼、牙齿中,而血钙仅占1%左右。青少年骨骼正处于生长期,需要供给大量钙质,如果钙摄入不足,会导致明显的生长发育不良等。从20岁开始,人体内的钙以每年1%的速度丢失;30岁时,人已经丢失10%的钙;50岁时,人体丢失的钙已达到30%左右,此时可能造成骨质疏松;70岁时,钙的丢失达到了50%,极易造成骨折。岁数越大,骨质疏松就越严重,所以治疗老年性的骨折已成为全世界医学界的难题。

维持健康的骨骼,既要补充胶原蛋白,又要补充钙质。在适量补充这两种物质的同时,如何加强利用也是关键。"吸收"只是维持骨钙-血钙平衡,使人体钙丢失速度减慢,因而属于"存量"水平;"利用"可增加骨密度,从而达到"增量"水平。骨骼对钙质的利用,除了要有充分的钙质来源,还需要维生素、蛋白质等物质的辅助作用。50岁以下成年人每日应摄入800mg的钙,生长发育期的学生、50岁以上的中老年人以及处于特殊生理阶段(如妊娠、哺乳)的妇女,每日需要摄入1000～1200mg的钙。人体自身不能合成钙,全部需要通过饮食来获取。奶及奶制品,虾、鱼、蟹等水生动物及其制品,海带、紫菜、海藻等海生植物,芝麻及其制品,坚果,豆类及绿色蔬菜含钙丰富,是优质的钙的来源。受多种因素的影响,钙的吸收率较低,一般在30%～40%之间。

第四节　血液与营养

关于人体体液分布,有3个"2/3":即人体2/3的体重为水的重量;人体2/3的水在细胞内液,1/3的水在细胞外液;2/3的细胞外液为组织间液,1/3的细胞外液在血管内。人类血液占体重的6%～8%,其含量有性别差异:男性平均为5000ml;女性略少,约为4500ml。新生儿的血液量只有450ml,随着年龄增长,血液量也逐渐增加,至青春期可达到5000ml。

血液由两种成分组成:血细胞(红细胞、白细胞、血小板)和血浆,前者占45%,后者占55%。

一　血浆

血浆为浅黄色液体,其中水分占92%～93%,固体物质占7%～8%,固体物质包括有机物质和无机物两大类(图1-3)。

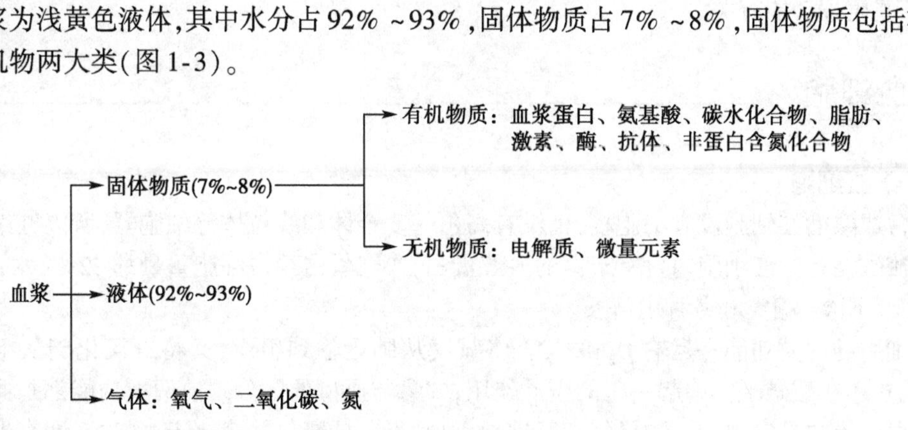

图1-3　血浆的组成成分

(一) 蛋白质

血浆中的蛋白质包括清蛋白(35～50g/L)、球蛋白(20～35g/L)和纤维蛋白原(2～4g/L)

等。血浆蛋白质的主要功能如下：

1. **形成血浆胶体渗透压** 清蛋白分子量最小，含量最多，对于维持正常血浆胶体渗透压起主要作用。当肝脏合成减少或经尿大量排出体外时，血浆清蛋白含量下降，胶体渗透压也下降，从而导致全身水肿。

2. **免疫作用** 球蛋白包括 α_1、α_2、β 和 γ 等类型，其中 γ（丙种）球蛋白含有多种抗体，能与抗原（如细菌、病毒或异种蛋白）结合，从而帮助机体消除致病因素。补体也是血浆中的一种蛋白质，它可与免疫球蛋白结合，共同作用于病原体或异物，破坏其结构，具有溶菌或溶细胞的作用。

3. **运输作用** 血浆中的蛋白质可与多种物质结合成复合物，如一些激素、维生素、Ca^{2+} 和 Fe^{2+} 可与球蛋白结合，许多药物和脂肪酸则与清蛋白结合而实现在血液中运输。此外，血液中还有许多酶类，如蛋白酶、脂肪酶和转氨酶等，都可通过血浆的运输被送到各种组织细胞中。

4. **凝血作用** 血浆中的纤维蛋白原和凝血酶等因子是引起血液凝固的成分。

5. **维持酸碱平衡** 血浆蛋白质，特别是清蛋白在维持酸碱平衡中发挥着重要作用。

（二）脂类与碳水化合物

血浆中所含的脂肪类物质，统称血脂，包括磷脂、甘油三酯和胆固醇等。这些物质是构成细胞成分、合成激素等物质的原料。血脂含量与脂肪代谢有关，也受食物中脂肪含量的影响。

血浆中含的糖类主要是葡萄糖，简称血糖。其含量与糖代谢密切相关。正常人血糖含量比较稳定，在4.44～6.66mmol/L（80～120mg/dl）范围内。血糖过高称高血糖，过低称低血糖，都可导致机体功能障碍。

（三）无机盐

血浆中的无机物，绝大部分以离子状态存在。阳离子以 Na^+ 浓度最高，此外还有 K^+、Ca^{2+} 和 Mg^{2+} 等；阴离子以 Cl^- 浓度最高，HCO_3^- 次之，此外还有 HPO_4^{2-} 和 SO_4^{2-} 等。各种离子都有其特殊的生理功能。如 NaCl 对维持血浆晶体渗透压和保持机体血量有重要作用。血浆 Ca^{2+} 参与很多重要的生理活动，如维持神经肌肉的兴奋性，在肌肉兴奋收缩耦联中起着重要作用。血浆中还有微量的铜、铁、锰、锌、钴和碘等元素，是构成某些酶类、维生素或激素的必要原料，与某些生理功能有关。

二 血细胞

（一）红细胞

正常成熟的红细胞没有细胞核，也没有高尔基复合体和线粒体等细胞器，所以红细胞不能进行三羧酸循环。红细胞内含有丰富的血红蛋白，血红蛋白约占细胞重量的32%，水占64%，其余4%为脂类、糖类和各种电解质。

红细胞的主要功能是运输 O_2 和 CO_2，将氧气从肺运输到组织，又将二氧化碳从组织运输到肺；此外还在酸碱平衡中起一定的缓冲作用；并参与血型的区分。前两项功能都是通过红细胞中的血红蛋白来实现的。如果红细胞破裂，血红蛋白被释放并溶解于血浆中，即丧失上述功能。血红蛋白由珠蛋白和亚铁血红素结合而成，血液呈红色就是因为其中含有亚铁血红素。

（二）白细胞

白细胞是机体防御系统的重要组成部分。它可通过吞噬和产生抗体等方式来抵御和消灭

入侵的病原微生物。包括粒细胞:中性粒细胞、嗜酸性粒细胞和嗜碱性粒细胞,以及单核细胞和淋巴细胞。白细胞主要功能如下:

1. 吞噬作用 吞噬作用是生物体最古老,也是最基本的防卫机制之一。如果其要消灭的对象无特异性,则在免疫学中称为非特异性免疫作用。中性粒细胞和单核细胞的吞噬作用很强,嗜酸性粒细胞虽然游走性很强,但吞噬能力较弱。

2. 特异性免疫功能 淋巴细胞也称免疫细胞,在机体特异性免疫过程中起主要作用。淋巴细胞针对某一种特异性抗原,产生与之相对应的抗体或进行局部细胞反应,从而消除特异性抗原。根据发生和功能的差异,可将淋巴细胞分为T淋巴细胞和B淋巴细胞两类,T淋巴细胞起细胞免疫作用,B淋巴细胞起体液免疫作用。

(三) 血小板

血小板无色、无核,但有复杂的结构和组成。血小板膜为附着或镶嵌有蛋白质的双分子层脂膜,膜中含有多种糖蛋白,其中糖蛋白Ⅰb与黏附作用有关,糖蛋白Ⅱb/Ⅲa与聚集作用有关,糖蛋白Ⅴ是凝血酶的受体。血小板膜外附着着由血浆蛋白、凝血因子以及与纤维蛋白溶解系统有关的分子组成的血浆层(血小板的外覆被)。血小板内散在存在着两种颗粒:α颗粒和致密颗粒,α颗粒中含有纤维蛋白原、酸性水解酶等,致密颗粒中含有钙离子、抗血纤维蛋白酶等。血小板具有促进止血、加速凝血、营养和支持血管等作用。

第五节 肝脏与营养

肝脏是消化系统最重要脏器之一,是体内的主要代谢器官、各种物质代谢的中心,有合成、贮存、分解、排泄、解毒和分泌等多种功能。各种营养素被肠道吸收后,由血液运送到肝脏发生生化反应,变成机体可利用的物质,提供机体活动所需要的能量。故肝脏发生病变时,机体的新陈代谢,特别是营养代谢会发生障碍。

一 肝脏与碳水化合物代谢

肝脏是碳水化合物贮存及分布的中心部位。肝脏通过4个主要途径来维持碳水化合物代谢的平衡:糖原贮存、糖原异生、糖原分解和糖脂转化。维持血糖的恒定,是肝脏碳水化合物代谢中的主要作用。

二 肝脏与脂肪代谢

肝脏为甘油三酯、磷脂及胆固醇代谢的场所,肝脏分泌的胆汁酸盐,可促进脂肪的乳化及吸收,并活化脂肪酶,促进脂溶性维生素如维生素A、维生素D、维生素E、维生素K等的吸收。

三 肝脏与蛋白质代谢

肝脏是合成蛋白质的主要场所,人体每天合成清蛋白12~18g。食物中的蛋白质,在胃肠道经各种蛋白酶的作用分解成氨基酸,氨基酸从门静脉被输送到肝脏,其中80%的氨基酸在肝中合成蛋白质，如急性期反应蛋白、血浆蛋白及某些补体成分等。

四 肝脏与维生素代谢

肝脏能贮存多种维生素，如维生素 A、D、K、B_2、PP、B_6、B_{12}等在体内主要贮存于肝脏。其中，肝脏中维生素 A 的含量占体内总量的 95%。肝脏除了分泌胆汁酸盐协助脂溶性维生素的吸收外，还直接参与多种维生素的代谢转化。如将 β-胡萝卜素转变为维生素 A，将维生素 D_3 转变为 25-(OH)D_3。多种维生素在肝脏参与辅酶的合成，例如将烟酸（维生素 PP）合成烟酰胺腺嘌呤二核苷酸（NAD^+）及烟酰胺腺嘌呤二核苷酸磷酸（$NADP^+$），泛酸合成辅酶 A，维生素 B_6 合成磷酸吡哆醛，维生素 B_2 合成黄素腺嘌呤二核苷酸（FAD），以及维生素 B_1 合成硫胺素焦磷酸酯（TPP）等，对机体内的物质代谢起着重要作用。

五 肝脏与激素代谢

肝脏能将许多激素分解，使其失去活性，称为激素的“灭活”。严重肝病患者不能有效地灭活雌激素，使之在肝内积蓄，可引起性征改变，如男性乳房发育；雌激素还能扩张小动脉，使局部小血管扩张、扭曲形成蜘蛛痣；引起醛固酮和糖皮质激素灭活障碍，使水和钠在体内潴留，引起水肿。

第二章　营养素与美容

食物中具有营养功能的物质称为营养素(nutrients),即通过食物获取并能在人体内被利用,具有供给能量、构成组织及调节生理功能作用的物质。营养素包括蛋白质、脂类、碳水化合物、矿物质、维生素和水6大类。关于营养素的分类,在不同营养学著作中,使用的分类方法和名词不尽相同,也有采用以下分类方式和术语的:宏量营养素:蛋白质、脂类、碳水化合物。微量营养素:矿物质,包括常量元素和微量元素;维生素,包括脂溶性维生素和水溶性维生素;其他膳食成分:膳食纤维、水等。营养素有三大基本功能:供给机体能量、构成机体组织成分和调节机体生理功能。

食物中的营养素不仅对机体代谢及生理功能产生重要的影响,对美容的作用也不可忽视。各种营养素都是皮肤所必需的营养成分,可影响皮肤的正常代谢及生理功能。人体的肥胖与消瘦、皮肤的粗糙与细嫩、毛发的亮泽与枯黄,均与营养素的摄入有关。了解能量及各种营养素的功能、缺乏的影响、食物来源以及与美容医学的联系等,可为深入探讨营养学在美容医学中的作用打下基础,对运用营养学知识指导美容医学实践亦具有实际意义。

食物中所含的营养成分各不相同,因此日常饮食应多样化,合理搭配,摄入多样、均衡和适量的营养成分,满足机体生长发育、代谢更新以及健康和美容的需求。

第一节　能　　量

一、概述

在生命活动中,机体不断地从外界环境中摄取食物,以获取所需要的能量和营养物质。食物中的产能营养素在体内氧化后可产生能量,以满足机体生命活动对能量的需要,同时,机体每天也在不断地消耗能量,使得能量的摄入和消耗处于动态平衡之中。适宜的运动能促进血液循环和新陈代谢,增加皮肤血液携氧量及血流量,使皮肤红润健康,可延缓皮肤衰老。能量平衡可因机体内外环境因素的变化而受到影响,一旦能量平衡失调,将会引起一系列的健康及美容问题。

国际上目前通用的能量单位是焦耳(joule,J)、千焦(kilojoule,kJ)和兆焦(megajoule,MJ)。营养学中使用较多的是卡(calorie,cal)和千卡(kilocalorie,kcal)。两者之间可以互换,其换算关系为:

$$1kJ = 0.239kcal$$

$$1MJ = 239kcal$$

$$1kcal = 4.184kJ$$

碳水化合物、脂肪和蛋白质在体内氧化后可产生能量,因而被称为产能营养素(calorigenic nutrients)。

每克产能营养素在体内氧化产生的能量值称为生热系数(calorific coefficient,calorific value)。1g 碳水化合物可产生 16.8kJ(4kcal)的能量,1g 脂肪可产生 37.6kJ(9kcal)的能量,1g 蛋白质可产生 16.8kJ(4kcal)的能量。此外,乙醇也能提供较高的能量,1g 乙醇产生的能量为 29.3kJ(7kcal)。

二 能量代谢与平衡

食量与体力活动的平衡,亦是能量摄入与消耗的平衡。能量的摄入与消耗不平衡,可导致肥胖或消瘦,影响形体美,导致相关疾病的发生。因此,食量与体力活动的平衡非常重要。在理想的能量平衡状态下,人体对能量的需要与消耗是一致的,即机体的能量需要等于其能量消耗。能量消耗主要用于维持基础代谢、食物热效应、进行体力活动以及满足生长发育的需要。

(一)基础代谢

基础代谢(basal metabolism,BM)是指维持人体基本生命活动所必需的最低能量消耗。即维持体温、心跳、呼吸及其他器官生理活动所需的能量消耗。可于禁食 12 小时后,机体处于静卧、放松和清醒状态时,在室温 18~25℃的条件下进行测定。

基础代谢率(basal metabolic rate,BMR)指人体处于基础代谢状态下,每小时每平方米体表面积(或每千克体重)的能量消耗。基础代谢率的单位有:$kJ/(m^2 \cdot h)$或$kcal/(m^2 \cdot h)$,$kJ/(kg \cdot h)$或$kcal/(kg \cdot h)$。

基础代谢能量消耗(basic energy expenditure,BEE)可以根据体表面积或体重和基础代谢率计算得到。

1. 体表面积计算法 我国学者(1984 年)测量了 56 名 18~45 岁成年人的体表面积,提出了一个比较适合中国人的体表面积计算公式:

$$体表面积(m^2)=0.00659\times身高(cm)+0.0126\times体重(kg)-0.1603$$

$$基础代谢能量消耗=体表面积(m^2)\times基础代谢率[kJ/(m^2\cdot h)]\times24h$$

基础代谢率可根据年龄、性别在人体基础代谢率表(表 2-1)中查出。

表2-1 人体基础代谢率[$kJ/(m^2 \cdot h)$]

年龄(岁)	男	女	年龄(岁)	男	女	年龄(岁)	男	女
1	221.8	221.8	17	170.7	151.9	50	149.8	139.7
3	214.6	214.2	19	164.0	148.5	55	148.1	139.3
5	206.3	202.5	20	161.5	147.7	60	146.0	136.8
7	197.9	200.0	25	156.9	147.3	65	143.9	134.7
9	189.1	179.1	30	154.0	146.9	70	141.4	132.6
11	179.9	175.7	35	152.7	146.4	75	138.9	131.0
13	177.0	168.6	40	151.9	146.0	80	138.1	129.3
15	174.9	158.8	45	151.5	144.3			

(资料来源:孙长颢.营养与食品卫生学.第 6 版.北京:人民卫生出版社,2007:43)

2. 直接计算法 根据体重、身高和年龄直接计算基础代谢能量消耗。

男:基础代谢能量消耗=66.47+13.57×体重(kg)+5.00×身高(cm)-6.76×年龄(y)

女:基础代谢能量消耗=65.50+9.46×体重(kg)+1.85×身高(cm)-4.68×年龄(y)

人体的基础代谢水平可受多种因素影响,包括:

(1)体表面积:基础代谢水平的高低与体表面积的大小成正比,体表面积大则散热快,能量消耗快。在同等体重的情况下,瘦高者较矮胖者体表面积大,因此瘦高者的基础代谢水平高于矮胖者。人体瘦组织是代谢的活性组织,包括肌肉、心脏、肝脏和肾脏等,其能量消耗大于脂肪组织。故瘦体质(lean body mass)质量大、肌肉发达者基础代谢水平高。

(2)年龄:基础代谢水平随年龄的增加而降低。婴幼儿及儿童青少年时期的基础代谢水平相对较高,成年后随年龄增长不断下降,30 岁以后每 10 年降低约 2%,更年期后下降较多,能量消耗减少。

(3)性别:女性瘦体质所占比例低于男性,脂肪比例高于男性,因此在年龄和体表面积相同的情况下,女性基础代谢水平低于男性。但是妊娠期和哺乳期妇女的基础代谢水平较高。

(4)其他因素:甲状腺素、肾上腺素等激素分泌异常,发热、创伤或心理等应激状态,以及气候、睡眠和情绪等,均可影响基础代谢水平。

由于测定基础代谢比较复杂,世界卫生组织(WHO,1985 年)提出用静息代谢率(resting metabolism rate,RMR)代替基础代谢率。静息代谢率在禁食 4 小时、全身处于休息状态的情况下进行测定。静息状态是一种与基础代谢很接近的状态,静息代谢率的值略高于基础代谢率,相差约 10%,在实际工作中可以采用。

(二)食物热效应

食物热效应(thermic effect of food,TEF)指机体在摄食过程中引起的能量消耗。由于机体对食物的消化吸收、营养素的代谢转化等过程需要消耗能量,因此食物热效应又称食物特殊动力作用(specific dynamic action,SDA)。不同产能营养素的食物热效应不同,蛋白质为本身产生能量的 30% ~40%,脂肪为 4% ~5%,碳水化合物为 5% ~6%。混合膳食的食物热效应所消耗的能量相当于基础代谢的 10%。

(三)体力活动

体力活动是影响人体能量消耗的主要因素,对人体控制能量消耗、维持能量平衡、保持健康及美容、美体均起着重要作用。体力活动水平(physical activity level,PAL)或劳动强度的大小,直接影响着机体对能量的需要。在日常生活中,各种体力活动所消耗的能量占人体总能量消耗的 15% ~30%,若增加活动量,能量消耗也将随之增加。体力活动消耗的能量与劳动强度、持续活动的时间和工作熟练程度等因素有关。WHO 将职业劳动强度分为 3 个等级,估算不同等级劳动强度的综合能量指数,我国也采用此法,见表 2-2。

表 2-2 建议中国成人活动水平分级

活动分级	职业工作时间分配	工作内容举例	体力活动水平(PAL)	
			男	女
轻	75% 的时间坐或站立 25% 的时间站着活动	办公室工作,修理电器、钟表,售货员,酒店服务员,化学实验操作,讲课等	1.55	1.56
中	25% 的时间坐或站立 75% 的时间特殊职业活动	学生的日常活动、机动车驾驶、电工安装、车床操作、金工切割等	1.78	1.64
重	40% 的时间坐或站立 60% 的时间特殊职业活动	非机械化的农业劳动、炼钢、舞蹈、体育运动、装卸、采矿等	2.10	1.82

(资料来源:黄承钰. 医学营养学. 北京:人民卫生出版社. 2004;22)

影响体力活动能量消耗的因素有：①肌肉越发达者，活动能量消耗越多；②体重越重者，能量消耗越多；③工作熟练程度越高，能量消耗越少；④劳动强度越大，持续时间越长，能量消耗越多。各影响因素中，劳动强度是主要影响因素。

（四）生长发育

婴幼儿、儿童及青少年处于生长发育旺盛时期，机体不仅要进行新陈代谢，还要形成新的组织，因此需要额外的能量用于生长发育。孕妇的子宫、乳房、胎盘、胎儿的生长发育及体脂储备，以及乳母合成和分泌乳汁也需要摄入更多的能量。

三 人体能量需要量的确定

能量需要量(energy requirement)是维持人体正常生理功能所需要的能量，长期低于或高于这个数量，将会对机体产生不利的影响。适宜地供给人体所需的能量，对于维持健康和保持体形的完美将起到积极的作用。确定人体的能量需要，通常采用下述方法：

（一）计算法

世界粮农组织(FAO)按以下公式粗略地计算人体每日能量需要量(kJ)。

男性：每日能量需要量 = 体重(kg) × 192

女性：每日能量需要量 = 体重(kg) × 167

并按劳动强度不同分别用不同的系数对计算结果进行调整，轻体力劳动、积极活动和剧烈活动的调整系数分别为 0.9、1.17 和 1.34。

（二）测量法

人体能量的需要量即消耗量，人体能量的消耗量可通过直接和间接的方法来测定。

1. 直接测热法(direct calorimetry)　通过测量人体以辐射、传导、对流及蒸发等方式散发的全部能量，求得机体能量的消耗量，进而求出需要量。由于需要密闭隔热的实验室及高精度仪器，在实际工作中很少采用本法。

2. 间接测热法(indirect calorimetry)　通过测定机体耗氧量与二氧化碳产量来计算呼吸商及相应的氧热价，推算机体的能量消耗量，进而求出需要量。

机体依靠呼吸功能从外界摄取氧气，以供各种物质氧化的需要，同时也将代谢产物二氧化碳呼出体外，一定时间内机体二氧化碳产量与耗氧量的比值称为呼吸商(respiratory quotient, RQ)。

呼吸商的计算公式为：RQ = 二氧化碳产量(mol)/耗氧量(mol)。

碳水化合物氧化时产生的二氧化碳量与耗氧量相同，呼吸商为 1；蛋白质为 0.80；脂肪氧化需要更多的氧，呼吸商为 0.71；混合膳食呼吸商在 0.7 ~ 1.0 之间，平均在 0.85 左右。在正常生理情况下，机体动用蛋白质供能极少，实际工作中为方便计算，通常不考虑蛋白质的影响，测定机体在混合膳食的条件下，在一定时间内的二氧化碳产量和耗氧量，可计算出非蛋白呼吸商。

食物的氧热价(thermal equivalent of oxygen)是指食物中各种营养物质在细胞内氧化时消耗 1L 氧气所产生的能量。

间接测热法的具体做法是：测定单位时间内的耗氧量及二氧化碳产量，计算呼吸商，查表 2-3 得到相应的氧热价，再乘以耗氧量或二氧化碳产量，即可得到受试者在该段时间内的产热量。

表2-3　非蛋白呼吸商与氧热价

非蛋白呼吸商	氧热价(kJ/L)	非蛋白呼吸商	氧热价(kJ/L)	非蛋白呼吸商	氧热价(kJ/L)	非蛋白呼吸商	氧热价(kJ/L)
0.71	19.64	0.79	20.05	0.87	20.46	0.94	20.82
0.72	19.69	0.80	20.10	0.88	20.51	0.95	20.87
0.73	19.74	0.81	20.15	0.89	20.56	0.96	20.93
0.74	19.79	0.82	20.20	0.90	20.61	0.97	20.98
0.75	19.84	0.83	20.26	0.91	20.67	0.98	21.03
0.76	19.89	0.84	20.31	0.92	20.71	0.99	21.08
0.77	19.95	0.85	20.36	0.93	20.77	1.00	21.13
0.78	19.99	0.86	20.41				

(资料来源:姚泰.生理学.北京:人民卫生出版社,2006:321)

(三)生活观察法

对调查对象进行24小时的跟踪观察,详细记录被调查者生活和工作中的各项活动及持续时间,然后查日常活动能量消耗率表(表2-4),根据被调查者的体表面积,计算其24小时的能量消耗,进而确定其能量需要量。

表2-4　日常活动能量消耗率

动作名称	$kJ/(m^2 \cdot min)$	动作名称	$kJ/(m^2 \cdot min)$
睡眠	2.736	上下楼	18.518
午睡	3.192	上下坡	26.966
坐位休息	3.628	走路	11.234
站位休息	3.690	跑步	28.602
集体站队	5.268	洗衣服	26.967
乘坐汽车	4.820	洗手	5.777
整理床铺	8.841	拖地板	11.698
脱穿衣服	7.012	室内上课	3.770
看报	3.481	扫院子	11.820

(资料来源:葛可佑.中国营养学科学全书.北京:人民卫生出版社,2004:19)

(四)能量平衡法

根据膳食摄入量与体重的变化来推算能量需要量。健康成年人在普通劳动和生活条件下,摄入的能量与消耗的能量相近,体重保持相对稳定,为能量平衡,即:能量消耗量(MJ)=能量摄入量(MJ)。如果能量摄入小于消耗,机体动员储备脂肪,体重降低,则为能量负平衡,可致消瘦、生理功能紊乱和抵抗力下降,影响儿童生长发育。如果能量摄入大于消耗,多余的能量以脂肪的形式储存,体重增加,为能量正平衡,可致肥胖,加重心脏负担,引起多种疾病。这两种情况不仅妨碍健康,还影响人的外在形象和形体美。

每增加1kg体重,机体将储存25~33MJ的能量(平均为29MJ)。在实际工作中,如果能准确计算一定时期(≥15天)摄入的能量,并观察体重的变化,则可按下列公式计算每日能量的消耗量：

1. **体重减少** 能量消耗量(MJ)=能量摄入量(MJ)+平均体重减少量(kg)×29MJ/调查天数(d)；

2. **体重增加** 能量消耗量(MJ)=能量摄入量(MJ)-平均体重增加量(kg)×29MJ/调查天数(d)。

四 能量的推荐摄入量及食物来源

根据WHO成年人能量推荐摄入量的计算方法，考虑不同的生理状态及不同的劳动强度，2000年中国营养学会针对中国人群的能量需要量，制定了中国居民膳食能量推荐摄入量(RNIs)，见表2-5。

能量的主要来源是粮食，占60%～70%，其余来自食用油脂、动物性食物及蔬菜。各种食物可供给热能的多少，主要取决于其中蛋白质、脂肪和碳水化合物含量的多少。中国营养学会建议居民膳食碳水化合物提供的能量应占总能量的55%～65%，脂肪占20%～30%，蛋白质占10%～15%。成人脂肪供能比例不宜超过30%。年龄越小，蛋白质及脂肪供能占总能量的比重越大。

酒的主要成分为酒精，可以产生较高的热能、促进机体脂肪的沉积，每克酒精可产生29.3kJ(7kcal)的热能。过多的热能可以转化为脂肪，曾有人计算，一瓶啤酒的热量约相当于一小碗米饭。酒类属于纯热能食物，其他纯热能食物还包括动植物油、淀粉和食用糖，主要用于提供能量。在节假日、喜庆和交际的场合人们常常饮酒，高度酒含能量高，且不含其他营养素，无节制地饮酒，会使食欲下降，食物摄入减少，以致发生多种营养素缺乏，严重时还会引起酒精性肝硬化。过量饮酒会增加患高血压、脑卒中等疾病的危险，并可导致事故及暴力的增加，对个人健康和社会安定都是有害的，应严禁酗酒。若饮酒可少量饮用低度酒，如葡萄酒含多种植物化学物，具有抗氧化、延缓衰老作用。青少年不应饮酒。

在日常生活中，酒精有御寒作用，因此在寒冷的冬天可适当饮酒，这与酒精产热较高有关。用酒精擦浴高热患者的身体，借酒精的挥发作用带走患者体表的热量而使体温降低，可起到物理降温的作用。酒精擦浴可引起皮肤毛细血管先收缩后扩张，在促进血液循环的同时，使机体的代谢功能也相应加强。

在医学美容过程中，70%～75%的酒精可用于灭菌消毒，包括皮肤消毒、医疗器械消毒、碘酒的脱碘等。由于酒精具有一定的刺激性，75%的酒精可用于皮肤消毒，但不可用于黏膜和大创面的消毒。40%～50%的酒精可用于促进局部血液循环。可将少量40%～50%的酒精倒入手中，均匀地按摩患者的某些部位，以达到促进局部血液循环的目的。25%～50%的酒精可用于物理退热。擦浴用酒精浓度不可过高，否则大面积使用高浓度的酒精可刺激皮肤，带走表皮大量的水分。

五 能量平衡状况的评价

在日常生活中保持能量平衡，可有效预防肥胖或消瘦，保持体态的健美和身体的健康。衡量能量的摄入与消耗是否平衡的常用观察指标是体重，可经常测量体重的变化，将体重控制在正常、合理的范围之内。

表2-5 中国居民膳食能量推荐摄入量(RNIs)

年龄(岁)	能量RNIs MJ/d 男	能量RNIs MJ/d 女	能量RNIs kcal/d 男	能量RNIs kcal/d 女	年龄(岁)	能量RNIs MJ/d 男	能量RNIs MJ/d 女	能量RNIs kcal/d 男	能量RNIs kcal/d 女
0～	0.40MJ/(kg·d)*		95kcal/(kg·d)*		中体力活动	11.30	9.62	2700	2300
0.5～	0.40MJ/(kg·d)*		95kcal/(kg·d)*		重体力活动	13.38	11.30	3200	2700
1～	4.60	4.40	1100	1050	孕妇(4～6个月)		+0.84		+200
2～	5.02	4.81	1200	1150	孕妇(7～9个月)		+0.84		+200
3～	5.64	5.43	1350	1300	乳母		+2.09		+500
4～	6.06	5.85	1450	1400	50～				
5～	6.70	6.27	1600	1500	轻体力活动	9.62	7.94	2300	1900
6～	7.10	6.70	1700	1600	中体力活动	10.87	8.36	2600	2000
7～	7.53	7.10	1800	1700	重体力活动	13.00	9.20	3100	2200
8～	7.94	7.53	1900	1800	60～				
9～	8.36	7.94	2000	1900	轻体力活动	7.94	7.53	1900	1800
10～	8.80	8.36	2100	2000	中体力活动	9.20	8.36	2200	2000
11～	10.04	9.20	2400	2200	70～				
14～	12.13	10.04	2900	2400	轻体力活动	7.94	7.10	1900	1700
18～					中体力活动	8.80	7.94	2100	1900
轻体力活动	10.04	8.80	2400	2100	80～	7.94	7.10	1900	1700

注:各年龄组能量的RNI值与其EAR值相同。*为AI值,非母乳喂养应增加20%

(资料来源:蔡美琴.医学营养学.上海:上海科学技术文献出版社,2001:8)

标准体重，或称理想体重(ideal weight)，应用于成年人，一般用来衡量实际测量的体重是否在适宜范围，常用的计算公式为：

$$标准体重(kg) = 身高(cm) - 105 或$$

$$标准体重 = [身高(cm) - 100] \times 0.9(男)或0.85(女)$$

儿童标准体重的计算：

$$标准体重(kg) = 年龄(岁) \times 2 + 8$$

$$肥胖度 = (实测体重 - 标准体重)/标准体重 \times 100\%$$

实际体重在标准体重±10%的范围内时为正常，表明热能供给适宜；低于标准体重10%为消瘦，表明热能供给轻度缺乏；低于标准体重10%～20%时为中度缺乏；低于30%以上为严重缺乏；低于40%以上将危及生命。反之，超过标准体重10%为超重，超过20%为肥胖，表明热能供给过剩。

近年来常用体质指数(body mass index，BMI)来判断人体营养状况，公式如下：

$$BMI = 体重(kg)/[身高(m)]^2$$

BMI的正常值为18.5～22.9；23～29.9为超重；>30为肥胖。17～18.5为轻度消瘦，表明轻度热能缺乏；16.0～16.9为中度热能缺乏；<16.0为重度热能缺乏。

第二节 营 养 素

一 蛋白质

蛋白质(protein)是维持生命的重要物质基础，可促进生长发育、修补组织、提高机体的免疫功能，也是皮肤所必需的营养成分。摄入适宜的蛋白质不仅可以保持皮肤润泽、有活力，还可以使肌肉坚实。反之，若蛋白质摄入不足，则会使人面色苍白、失去光泽、出现皱纹、皮肤弹性降低及头发枯黄。因此蛋白质不仅是维持生命的重要物质基础，也是人体美容的基础。

(一) 蛋白质的生理功能

1. 构成机体和修复组织 蛋白质是生命存在的主要形式，人体的各个组织和器官，从毛发、皮肤、肌肉、血液到骨骼、牙齿、内脏器官和大脑等，都是以蛋白质作为重要的组成部分。蛋白质参与机体代谢，且具有修复破损组织的功能。因此，蛋白质对于维持组织的生长、更新和修复起着重要作用。

皮肤中含有多种蛋白质，指甲中亦含有角蛋白，皮肤中各种蛋白质的代谢维持着皮肤相应的生理功能。表皮蛋白质有纤维性蛋白和非纤维性蛋白两种，纤维性蛋白是角蛋白的主要成分，是表皮细胞、毛发和指甲的结构蛋白，表皮细胞约每28天完成一次更新，即进行一次角蛋白的代谢。非纤维性蛋白参与除角化过程外的其他细胞功能。真皮中的蛋白质主要包括结缔组织纤维中的胶原蛋白和弹性蛋白，基质中主要是黏蛋白。胶原蛋白能使皮肤丰满、充盈、细腻而富有光泽，可减少皱纹；弹性蛋白可使皮肤弹性增强，从而使皮肤光滑而富有弹性。

2. 构成体内各种重要的生理活性物质 蛋白质是构成酶和激素的主要物质。酶催化体内物质的代谢，激素具有调节机体各种生理功能和维持内环境稳定的作用。细胞膜和血液中的蛋白质维持机体的渗透压、酸碱平衡，并担负着各类物质的运输和交换。蛋白质可维持体内遗传信息的传递并参与凝血过程，在记忆、解毒方面也有重要作用。此外，蛋白质还可以构成具有免疫功能的抗体，抵御外来微生物和其他有害物质对机体的侵害。皮肤是人体抵御外来病菌等有害物质的最大防御系统，具有强大的免疫功能。皮肤组织内存在多种免疫相关细胞，如朗格汉斯细胞(Langerhans cells)、角质形成细胞、T淋巴细胞及B淋巴细胞等，可保护机体免受病原微生物的侵害。构成这些细胞成分的蛋白质对于维持皮肤的免疫功能具有重要作用。

3. 供给能量 蛋白质中含碳、氢、氧元素，可被代谢分解，释放出能量。当机体需要时，如在碳水化合物和脂肪提供的能量不能满足机体需要，或氨基酸摄入量超过机体蛋白质更新的需要时，蛋白质作为供能物质。机体蛋白质分解产生的氨基酸有一小部分不能被再利用，或从膳食中摄入的氨基酸不符合蛋白质合成需要时也可以用来产生能量。每克蛋白质可提供16.8kJ(4kcal)的能量。利用蛋白质作为能量来源是不经济的，其一是蛋白质含量高的食物价格较高，其二是过多摄入蛋白质会增加肝、肾负担。

(二) 氮平衡

正常人体重的16%～19%是蛋白质，人体内的蛋白质处于动态平衡之中，不断分解又不断合成，使组织蛋白不断地更新和修复。氮平衡(nitrogen balance)反映了机体摄入氮和排出氮之间的关系，是衡量机体蛋白质营养状况的重要指标。通过氮平衡可了解体内组织蛋白分解代谢与合成代谢的动态平衡情况，还可用于评价食物蛋白质的营养价值。氮平衡公式如下：

$$B = I - (U + F + S)$$

式中，B：氮平衡；I：摄入氮；U：尿氮；F：粪氮；S：皮肤氮

氮平衡包括零氮平衡(zero nitrogen balance)、正氮平衡(positive nitrogen balance)和负氮平衡(negative nitrogen balance)。当摄入氮和排出氮相等时为零氮平衡，摄入氮多于排出氮时为正氮平衡，摄入氮少于排出氮时为负氮平衡。健康成人应维持零氮平衡并富余5%；儿童、孕妇、疾病恢复期、运动和劳动等情况下应保持正氮平衡；饥饿、疾病及老年等情况下，人体往往处于负氮平衡状态。

(三) 蛋白质与氨基酸

蛋白质是由许多氨基酸(amino acid)以肽键连接在一起，并形成一定空间结构的大分子。

1. 氨基酸及其分类 人体蛋白质由20种氨基酸组成。根据营养功能的不同可分为：

(1)必需氨基酸(essential amino acid)：指人体内不能合成或合成速度不能满足机体需要，必须由膳食供给的氨基酸。必需氨基酸共有9种，包括赖氨酸、色氨酸、苯丙氨酸、蛋氨酸、苏氨酸、亮氨酸、异亮氨酸、缬氨酸和组氨酸。

(2)条件必需氨基酸(conditionally essential amino acid)：又称半必需氨基酸(semi-essential amino acid)。酪氨酸可由苯丙氨酸转变而来，半胱氨酸可由蛋氨酸转变而来，如果酪氨酸和半胱氨酸的摄入充足，就可以分别节省必需氨基酸苯丙氨酸和蛋氨酸，因此酪氨酸和半胱氨酸被称为条件必需氨基酸。条件必需氨基酸亦指在某些情况下(如早产儿，某些急、慢性疾病等)一些非必需氨基酸成为必需氨基酸，需要从膳食中得到供应。除酪氨酸和半胱氨酸以外，精氨酸、牛磺酸也被认为是条件必需氨基酸。精氨酸是鸟氨酸循环中的几种氨基酸之一，氨基酸降解所产生的氨要经过鸟氨酸循环转变为尿素后才能排出体外。临床上当机体大量输入必需氨基酸时，缺少精氨酸会出现血氨浓度升高，此时精氨酸有可能成为必需氨基酸。精氨酸能增强机体免疫功能，对内分泌腺有较强的促分泌作用，如促进垂体分泌生长激素，可增加术后蛋白质的合成代谢与伤口胶原蛋白的合成。牛磺酸是甲硫氨酸与半胱氨酸的代谢产物，具有一定的生物学功能，可以在体内合成。婴幼儿及长期采用胃肠外营养的患者，当体内牛磺酸合成量不能满足需要时，可通过膳食或其他途径进行补充。婴儿合成牛磺酸的能力较差，如果没有外

援供应，有可能发生牛磺酸缺乏，鉴于牛磺酸对新生儿大脑发育的重要性，许多营养学家建议向奶粉或婴儿配方食品中添加牛磺酸。

（3）非必需氨基酸（nonessential amino acid）：人体自身可以自身合成以满足身体需要的氨基酸被称为非必需氨基酸。非必需氨基酸有9种，分别是丙氨酸、精氨酸、门冬氨酸、门冬酰胺、谷氨酸、谷氨酰胺、甘氨酸、脯氨酸和丝氨酸。

2. 氨基酸模式和限制氨基酸

（1）氨基酸模式（amino acid pattern）：指蛋白质中各种必需氨基酸的构成比例。反映食物蛋白质以及人体蛋白质中必需氨基酸在种类和数量上的差异。计算方法为：将某种蛋白质中的色氨酸含量定为1，分别计算其他必需氨基酸的相应比值。

（2）限制氨基酸（limiting amino acid）：指蛋白质中含量相对较低的必需氨基酸。由于食物中这些必需氨基酸的缺乏，可导致其他必需氨基酸在体内不能被充分利用而浪费，造成食物蛋白质营养价值较低。其中含量最低的称为第一限制氨基酸，其余依此类推。谷类蛋白质的第一限制氨基酸为赖氨酸，豆类蛋白质的第一限制氨基酸为蛋氨酸。

3. 优质蛋白质与参考蛋白质 优质蛋白质或完全蛋白质（complete protein）是指必需氨基酸种类齐全、比例适合人体需要、生物学价值高的蛋白质。蛋白质的质量优劣取决于组成蛋白质的氨基酸模式。食物蛋白质的氨基酸模式越接近人体蛋白质的氨基酸模式，这种食物蛋白质在人体内被利用的程度就越高，其营养价值就越高。蛋、奶、肉、鱼等以及大豆蛋白质，其氨基酸模式与人体蛋白质氨基酸模式接近、利用程度高，故称为优质蛋白质。其中鸡蛋蛋白质与人体蛋白质氨基酸模式更接近，在实验中常以它作为参考蛋白质（reference protein）。

4. 蛋白质互补作用 由于各种蛋白质中必需氨基酸的含量和比值不同，故可将富含某种必需氨基酸的食物与缺乏该种必需氨基酸的食物互相搭配、混合食用，使混合食物蛋白质的必需氨基酸成分更接近合适的比值，从而提高蛋白质的生物学价值。这种不同食物间相互补充必需氨基酸不足的作用称为蛋白质互补作用（complementary action）。粮豆互补、荤素搭配都可以较好地发挥蛋白质互补作用。

（四）食物蛋白质营养学评价

对食物蛋白质的营养价值进行评价，有利于食品品质的鉴定、新资源食品的研究与开发以及指导人群膳食。食物蛋白质的营养学评价主要从食物的蛋白质含量、被消化吸收程度和被机体利用程度3个方面来进行。

1. 食物蛋白质含量 是衡量食物蛋白质营养价值的前提。蛋白质是人体氮的唯一来源，蛋白质含氮量较恒定，平均为16%，故常用微量凯氏定氮法来测定食物中的氮含量，再乘以由氮换算成蛋白质的换算系数，从而得到食物蛋白质的含量。由于1g氮相当于6.25g蛋白质，故蛋白质的含量＝含氮量×6.25。

各类食物中蛋白质含量分别为：畜、禽、鱼为10%～20%，鲜奶为1.5%～4%，奶粉为25%～27%，蛋类为12%～14%，大豆及豆制品为20%～40%，坚果类为15%～25%，谷类为6%～10%，薯类为2%～3%，蔬菜、水果类的含量很低，只有1%～2%。

2. 蛋白质消化率 蛋白质消化率（digestibility, D）可反映蛋白质在消化道被分解的程度和消化后氨基酸和肽被吸收的程度。可分为真消化率（true digestibility, TD）和表观消化率（apparent digestibility, AD）。

$$真消化率=[食物氮-(粪氮-粪代谢氮)]/食物氮\times 100\%$$

$$表观消化率=(食物氮-粪氮)/食物氮\times 100\%$$

粪代谢氮指肠道内源性氮，是在试验对象完全不摄入蛋白质时，粪中的含氮量。成人24小时内的粪代谢氮一般为0.9～1.2g。

表观消化率忽略了粪代谢氮，所测结果较真消化率低，具有一定的安全性；其实验方法简便，亦具有较强的实用性。

不同的食物和加工方法，蛋白质的消化率有所不同，适当的加工可以提高蛋白质的消化率。

几种常见食物的蛋白质真消化率为：鸡蛋97%、牛奶97%、精面89%、大米84%、全麦79%、大豆78%、玉米78%。

3. 蛋白质利用率

（1）蛋白质生物学价值：生物学价值，即生物价（biological value，BV），是反映食物蛋白质消化吸收后，被机体利用程度的指标。

$$生物价 = 储留氮/吸收氮 \times 100$$

$$吸收氮 = 食物氮 - (粪氮 - 粪代谢氮)$$

$$储留氮 = 吸收氮 - (尿氮 - 尿内源氮)$$

尿内源氮是指在试验对象完全不摄入蛋白质时，其尿中的含氮量。

蛋白质生物学价值的高低，取决于食物蛋白质中氨基酸成分满足机体需要的程度。生物学价值高的食物蛋白质，其中的氨基酸主要用于合成人体蛋白质，极少有过多的氨基酸经肝、肾代谢而释放能量或由尿排出过多的氮，从而可以减少肝、肾负担，对指导肝、肾病患者的膳食很有意义。美容手术恢复期、儿童、孕妇及老年人，要多选择生物学价值高的蛋白质类食物。

（2）蛋白质净利用率：蛋白质净利用率（net protein utilization，NPU）反映食物中蛋白质被机体利用的程度，包含消化和利用两个方面，更为全面。可用下式表示：

$$蛋白质净利用率 = 消化率 \times 生物价 = 储留氮/食物氮 \times 100\%$$

（3）蛋白质功效比值：蛋白质功效比值（protein efficiency ratio，PER）指平均每摄入1g蛋白质所增加动物体重的克数。以实验期间体重增加和摄入蛋白质的比值来反映食物蛋白质的营养价值。

$$蛋白质功效比值 = 动物体重增加(g)/摄入食物蛋白质(g)$$

由于摄入蛋白质的量未考虑动物维持机体生理活动所需的部分，因此所得结果存在一定误差，需校正处理。通常以标化酪蛋白（PER为2.5）作参考蛋白来设置对照组，用下式计算被测蛋白质的PER：

$$被测蛋白质\ PER = 实验组\ PER \times 2.5/对照组\ PER$$

实际工作中常以断乳雄性大鼠为实验动物，以含10%待评蛋白质的饲料喂养10天，对照组以10%酪蛋白饲料喂养，计算出单位重量摄入蛋白质的体重增加数，即为PER。由于所测蛋白质主要被用来提供机体生长的需要，故常用于婴幼儿食品中蛋白质的评价。

（4）氨基酸评分：氨基酸评分（amino acid score，AAS）也称蛋白质化学评分（chemical score，CS），是将被测食物蛋白质的必需氨基酸评分模式，与推荐的理想模式或参考蛋白质的模式进行比较，反映蛋白质构成和利用之间的关系。

氨基酸评分分值，是食物蛋白质中必需氨基酸与理想模式或参考蛋白质中相应的必需氨基酸的比值，其计算公式为：

氨基酸评分 = 被测蛋白质每克氮（或蛋白质）中氨基酸量（mg）/理想模式或参考蛋白质

中每克氮(或蛋白质)中氨基酸量(mg)

氨基酸评分分值最低的氨基酸称为第一限制氨基酸。在进行食物氨基酸强化或蛋白质互补时,应根据蛋白质氨基酸模式的特点,首先考虑第一限制氨基酸,同时兼顾其他氨基酸,使氨基酸之间保持合理的比例。

氨基酸评分的方法虽然比较简单,但是没有考虑到食物蛋白质的消化率。为此,美国食品药物监督管理局(Food and Drug Administration,FDA)在20世纪90年代初,推荐了蛋白质消化率校正的氨基酸记分法(protein digestibility corrected amino acid score,PDCAAS)。这种方法可替代蛋白质功效比值,可用于除孕妇和1岁以下婴儿以外所有人群的食物蛋白质的评价,其计算公式为:

$$蛋白质消化率校正的氨基酸记分法 = 氨基酸评分 \times 真消化率$$

除上述方法和指标外,还有一些评价方法,如相对蛋白质值、净蛋白质比值和氮平衡指数等。

上述几种蛋白质营养价值的评价指标,可从不同侧面反映膳食蛋白质的质量,各指标之间存在着密切的联系。下面列举出用不同方法评价的几种常见食物蛋白质的营养价值结果,见表2-6。

表2-6 几种常见食物蛋白质质量

食物	BV	NPU(%)	PER	AAS
全鸡蛋	94	84	3.92	1.06
全牛奶	87	82	3.09	0.98
鱼	83	81	4.55	1.00
牛肉	74	73	2.30	1.00
大豆	73	66	2.30	0.63
精制面粉	52	51	0.60	0.34
大米	63	63	2.16	0.59
大豆	67	60	—	0.48

(资料来源:孙长灏.营养与食品卫生学.北京:人民卫生出版社,2007:23)

(五)蛋白质营养不良及摄入过多的影响

1. 蛋白质营养不良 蛋白质缺乏常与能量缺乏同时存在,被称为蛋白质-能量营养不良(protein-energy malnutrition,PEM)。PEM是一种因蛋白质和能量都缺乏而引起的营养缺乏性疾病,多见于婴幼儿。根据临床表现可分为两种类型:

(1)消瘦型(marasmus):由于蛋白质和能量均长期严重缺乏所致。多见于母乳不足、喂养不当、饥饿、疾病及先天性营养不良患者。临床上表现为生长发育缓慢或停滞、体重减轻,患者明显消瘦,皮下脂肪减少或消失,肌肉萎缩,皮肤干燥,毛发细黄、无光泽,常伴有腹泻、脱水,机体抵抗力降低,容易发生感染,但无水肿。

(2)水肿型(kwashiorker):由于蛋白质严重缺乏而能量供给勉强能维持最低需要水平所致。多见于断乳期的婴幼儿。临床上表现为精神萎靡不振、反应冷漠、食欲减退、体重不增或有所减轻,下肢或全身水肿,皮肤干燥、可有色素沉着,毛发稀少、无光泽,也可伴有肝大、脾大等体征。水肿最先出现在下肢,进一步可发展至腹部,然后是上肢和面部。主要是由于蛋白质缺乏导致肝功能障碍,使合成的清蛋白减少,降低了血浆渗透压,使组织内的水分不能进入血液进而经肾脏滤过排出所致。

体内长期蛋白质摄入不足,不仅影响机体器官的功能,降低机体对各种致病因子的抵抗力,还会导致皮肤的生理功能减退。就肌肤而言,蛋白质是构成表皮、真皮以及保持皮肤弹性的胶原纤维的主要成分。缺少蛋白质,皮肤的弹性降低、功能减退,易松弛、干燥和出现皱纹;由于血红蛋白的不足引起贫血,亦可导致皮肤苍白、失去光泽。

2. 蛋白质摄入过多 蛋白质摄入过多尤其是动物性蛋白质摄入过多,将会对机体带来不利影响:①摄入过多的动物蛋白质常伴随着较多动物脂肪和胆固醇的摄入;②动物蛋白质摄入过多,也可由于含硫氨基酸增多而加速尿钙排出;③过多摄入的蛋白质在代谢过程中需要大量水分,增加了肾脏负担;④蛋白质超过需要时可转变为能量或储存为脂肪。

(六) 蛋白质需要量的确定

机体每天都在进行着新陈代谢,在这个过程中皮肤可由于角质层脱落而失去蛋白质。除皮肤外,尿液、粪便以及其他排泄形式不可避免地都会有氮的损失,这部分损失的氮称为必要的氮损失(obligatory nitrogen loss)。炎热天气或高温环境下,以及从事剧烈运动时,机体大量出汗,导致从皮肤排出的氮增加;感染、发热、外科手术包括美容外科手术,均可导致氮的丢失;手术恢复期需要对损伤的组织进行修复,也需要蛋白质和能量的补充。蛋白质需要量的确定可以采用要因加算法,其基本原理是以补偿必要的氮损失为基础,再加上诸多因素来确定蛋白质的需要量。也可采用氮平衡法来推算蛋白质的需要量。

(七) 蛋白质的参考摄入量及食物来源

1. 蛋白质的参考摄入量 人体内的蛋白质处于不断更新的状态中,一个成年人每天都要经由皮肤、毛发、黏膜脱落等排出 20 多克蛋白质。因此,人体每天必须摄入一定量的蛋白质,以弥补其损失的量。理论上成人每天摄入 30g 蛋白质就可以满足氮平衡的需求,但从安全性和消化吸收等因素考虑,成人按 0.8g/(kg · d)计算为宜。我国居民膳食以植物性食物为主,因此成人蛋白质推荐量为 1.16g/(kg · d)。也可按摄入蛋白质所提供的能量占膳食总能量的百分比来计算,我国成人摄入蛋白质所提供的能量应占膳食总能量的 10% ~12%,儿童青少年为 12% ~14%。

2. 蛋白质的食物来源 蛋白质广泛存在于各种动植物性食物中,但含量和质量有所不同。畜、禽、鱼和蛋类等动物性食物蛋白质含量较高,为 10% ~20%;鲜奶类为 1.5% ~3.8%;大豆类是植物性食物中蛋白质含量最高的,为 20% ~40%。动物性蛋白质和大豆蛋白不仅含量丰富而且在人体内的利用率高,属于优质蛋白质,应占蛋白质推荐摄入量的 1/3 以上。而粮谷类、薯类、蔬菜和水果类的蛋白质含量及利用率较低,不适宜作为人体蛋白质的良好来源。猪蹄、动物筋腱和猪皮等含丰富的胶原蛋白和弹性蛋白,可适量补充。

在以植物性食物为主的膳食结构中,蛋白质主要来源于植物,几乎约 50% 的蛋白质是由粮谷类食物提供的。因此,应注意膳食中动物性食物与植物性食物的搭配,使不同食物中的蛋白质得到互相补充,以提高蛋白质的营养价值。

二 脂类

脂类(lipids)包括脂肪和类脂,是人体重要的供能营养素,也是体内主要的储能物质。脂类在美容方面发挥着重要的作用,脂肪可以防止皮肤干裂、毛发断裂。保持适度的皮下脂肪,不仅可使皮肤丰润、富有弹性和光泽,增添容貌的光彩和身体的曲线美,还有助于保持体温,防止热量的丧失，对机械的撞击起到缓冲作用，保护机体抵御外界的伤害。必需脂肪酸及其衍生物具有抗炎作用，可增进皮肤血管的健全，对紫外线等引起的皮肤损伤具有保护作用，可延缓皮肤的衰老。

(一) 脂类的分类

脂类(lipids)包括脂肪(fat)和类脂(lipoid)。

脂肪也称甘油三酯，由1个甘油分子和3个脂肪酸化合而成。组成天然脂肪的脂肪酸种类很多，根据碳链的长短、有无双键、双键数目、双键位置以及空间结构的不同，脂肪酸可以有不同的分类方法。根据碳链上有无双键及双键数目可将脂肪酸分为饱和脂肪酸(saturated fatty acid, SFA)、单不饱和脂肪酸(monounsaturated fatty acid, MUFA)及多不饱和脂肪酸(polyunsaturated fatty acid, PUFA)。根据脂肪酸分子结构中，从甲基端数第一个不饱和键出现的位置，可分为n-3及n-6系列不饱和脂肪酸。根据空间结构的不同可分为顺式和反式脂肪酸。脂肪因所含脂肪酸链的长短、饱和程度和空间结构不同，而具有不同的特性和功能。

类脂主要包括磷脂(phospholipids)和固醇类。磷脂是甘油三酯中的一个或两个脂肪酸被含磷酸的其他基团取代而形成的一类酯类物质。其中最重要的是脑磷脂和卵磷脂，它们均具有亲脂性和亲水性的双重特征。磷脂分子中既含有亲水的磷酸基团，又含有疏水的脂肪酸链，因而具有乳化剂的特性，对血液中脂质的运输以及营养物质的跨膜转运等具有重要作用，还可提高脂肪和脂溶性营养物质的消化率。固醇类是含有多个环状结构的脂类化合物。其中最重要的是胆固醇(cholesterol)，它是细胞膜的重要成分，也是胆汁、性激素、肾上腺素和维生素D的合成原料，与高脂血症、动脉粥样硬化和冠心病有关。

(二) 脂类的生理功能

脂类是人体必需的三大宏量营养素之一，具有重要的生理功能。

1. 供能与储能 脂肪是人体能量的主要来源，每克脂肪可产生37.6kJ(9kcal)的能量，比碳水化合物和蛋白质产生的能量高1倍以上。

2. 维持细胞正常的结构和功能 细胞膜中含有大量脂肪酸，是维持细胞正常结构和功能不可缺少的重要成分。磷脂和卵磷脂是构成细胞膜的成分。还可作为乳化剂，有助于脂质的运输和营养物质的跨膜转运。固醇是细胞膜的重要成分，也是胆汁、性激素、肾上腺素和维生素D的合成原料。

3. 维持体温和保护脏器 脂肪组织有维持体温的作用，且在体内对器官有支撑和衬垫作用，可缓冲机械撞击。

4. 其他 食物中的脂肪可提供必需脂肪酸，提供脂溶性维生素并促进其消化吸收。还可改善食物的感官性状，增加食物美味，促进食欲及增加饱腹感。

(三) 必需脂肪酸

必需脂肪酸(essential fatty acid, EFA)是指人体不能合成而又不可缺少，必须通过食物供给的脂肪酸。包括ω-6系的亚油酸(linoleic acid, n-6)和ω-3系的α-亚麻酸(linolenic acid, n-3)。

亚油酸在体内可作为其他ω-6系脂肪酸的前体，生成γ-亚麻酸和花生四烯酸(arachidonic acid)等ω-6系脂肪酸；α-亚麻酸则可作为ω-3系脂肪酸的前体，生成二十碳五烯酸(eicosapentaenoic acid, EPA)和二十二碳六烯酸(docosahexaenoic acid, DHA)等ω-3系脂肪酸。

必需脂肪酸的主要功能如下：

1. 是合成前列腺素(prostaglandin, PG)、血栓素A2(thromboxane A2, TXA2)和白三烯(leu-

kotrienes,LTs)等体内活性物质的前体,参与血管的扩张和收缩、体内免疫调节、炎性反应及血栓的形成和溶解过程。

2. 是胆固醇酯化的必需原料,有利于脂质的利用和代谢。在低密度脂蛋白(low-density lipoprotein,LDL)和高密度脂蛋白(hight-density lipoprotein,HDL)中,亚油酸与胆固醇形成亚油酸胆固醇酯,参与胆固醇的转运和代谢。高密度脂蛋白可将胆固醇运往肝脏进行分解代谢。

3. 是磷脂的重要组成成分,参与生物膜的结构组成。磷脂是细胞膜的主要结构成分,所以必需脂肪酸与细胞膜的结构和功能直接相关,其是膜磷脂具有流动性的物质基础,对膜的生物学功能有重要意义。

4. α-亚麻酸的衍生物EPA具有抗炎、抗血栓形成、降血脂、舒张血管的特性。动物实验发现,饲喂EPA的动物,其实验性炎症水肿程度可降低。而α-亚麻酸的另一衍生物DHA,俗称"脑黄金",是人体脑细胞和视网膜细胞的结构和功能成分,对脑和视网膜的发育及功能具有重要作用。两者均有益于预防和治疗冠心病、高血压、关节炎、其他炎症性和自身免疫性疾病及肿瘤。

5. 构成皮脂膜的成分,保护皮肤抵御外来侵害。皮脂膜为覆盖于皮肤表面的一层透明薄膜,又称为水脂膜。主要由汗腺分泌的汗液作为水相和皮脂腺分泌的皮脂作为油相乳化而成。其主要成分为具有保湿作用的神经酰胺、具有防晒作用的角鲨烯及具有抗炎作用的亚油酸、亚麻酸及脂质成分。

(四) 脂类在皮肤美容中的作用

1. 构成角质层细胞膜的脂质双层结构 皮肤最外层的角质层与皮肤美容关系最密切,是皮肤的主要"卫士",对皮肤具有保护、防晒、吸收、保湿和美容五大功能。角质层主要是由角质细胞和脂质构成的,角蛋白和脂质紧密有序的排列能抵御外界各种物理、化学和生物性有害因素对皮肤的侵袭。皮肤的屏障功能被形象地比喻为"砖墙学说",其中角质细胞是"砖块"。角质层细胞是由表皮基底层的角质细胞增生分化而来的,脂类物质构成角质层细胞膜的脂质双层结构,可以防止保湿因子的丢失,维持稳定的水合状态,在皮肤的屏障功能中发挥一定的作用。

2. 作为角质形成细胞间隙中的成分 角质形成细胞间隙中的脂质可比作"灰浆",其中含有神经酰胺、脂肪酸和胆固醇。它们填充于角质形成细胞之间,像"灰浆"一样将"砖块"紧密地结合在一起,形成皮肤的稳定结构,保证皮肤的屏障功能。角质层间隙的脂质有利于脂溶性物质的吸收,角质层的脂质与天然保湿因子使角质层保持一定的含水量,使皮肤光滑、柔韧而富有弹性。

3. 亚油酸、亚麻酸等是皮脂膜的组成成分 皮脂膜和"砖墙结构"构成了抵御物理、化学和生物因素危害皮肤的第一道屏障。包裹在皮肤表面的脂质是皮肤屏障的组成部分,可避免水分从皮肤中过度流失。表皮中的脂质能锁住水分,阻止真皮营养物质、保湿因子和水分的散失,对皮肤有滋润、保湿的作用。表皮中的亚油酸、亚麻酸亦是抗炎因子,对外界炎性刺激具有抵抗作用。

(五) 反式脂肪酸

反式脂肪酸(trans fatty acids,TFA)通常由氢化脂肪产生,是所有含有反式双键的不饱和脂肪酸的总称。

反式脂肪酸主要存在于植物奶油、起酥油等加工油脂,以及用这些油作为原料制造的食品中，如油炸松脆食品、固化植物油，包括人造黄油、方便面、方便汤、快餐、冷冻食品、烘焙食物、饼干、薯片、炸薯条、早餐麦片、巧克力及各种糖果、沙拉酱等。在天然食品如奶制品、牛肉等反刍动物肉类中也存在微量反式脂肪酸。

反式脂肪酸和饱和脂肪酸一样，可升高低密度脂蛋白胆固醇含量，降低高密低脂蛋白胆固醇含量，增加患冠心病的危险。新近的研究结果证实，反式脂肪酸可增加患糖尿病的危险。反式脂肪酸能通过胎盘以及母乳转运给胎儿，婴儿及新生儿会因母亲摄入反式脂肪酸而被动摄入，从而使婴儿易患必需脂肪酸缺乏症，对视网膜、中枢神经系统和大脑功能的发生、发展产生不利影响，以致影响生长发育。反式脂肪酸也可能诱发肿瘤，部分研究证实，反式脂肪酸与乳腺癌的发生呈正相关。

（六）脂类缺乏及过多的危害

磷脂和必需脂肪酸缺乏将影响人体免疫功能、生长发育、皮肤健康以及人类早期生长发育过程中脑及视网膜的发育和功能。对皮肤健康的影响，临床上可表现为毛细血管脆性和通透性增加，易发生皮疹。

脂肪摄入过多尤其是饱和脂肪酸摄入量过多，是导致血胆固醇、甘油三酯和低密度脂蛋白胆固醇升高的主要原因，可增加患冠心病的危险性，多不饱和脂肪酸对人体健康虽然有很多益处，但摄食也不宜过量。多不饱和脂肪酸在代谢过程中，其结构中的不饱和双键易产生脂质过氧化作用，产生的过氧化脂质是促进衰老和发生肿瘤的危险因素之一。此外，n-3 系列多不饱和脂肪酸还有抑制免疫功能的作用，所以也要防止过多摄入。

尽管 EPA 和 DHA 有诸多有益作用，但也并非多多益善。EPA 和 DHA 分别含有 5 个和 6 个双键，是高度不饱和脂肪酸，易受体内活性氧自由基攻击而引发脂质过氧化反应，产生脂质过氧化物。脂质过氧化物可破坏细胞膜，而免疫细胞的功能高度依赖于正常的膜结构和功能。因此，脂质过氧化作用对免疫细胞膜结构和功能的损害将对机体免疫功能造成不利影响。另外，脂质过氧化物能破坏人体中的 DHA 而引起癌变，脂质过氧化产物中的丙二醛能使蛋白质交联而使肌肉失去弹性，还可使黑色素增多、出现老年斑，这是人老化的重要因素之一。因此选用 EPA、DHA 时要同时服用维生素 E 等抗氧化剂。

（七）脂类的参考摄入量及食物来源

脂类虽有重要的生理功能，但过多摄入也有一定的危害。因此中国营养学会近年提出健康成年人每日膳食脂肪摄入量所占总能量的比例应小于 30%，以 20% ~30% 为宜。建议健康成年人的饱和脂肪酸、单不饱和脂肪酸及多不饱和脂肪酸的摄入量均应在膳食总能量的 10% 以下。n-6 系列多不饱和脂肪酸与 n-3 系列多不饱和脂肪酸的比例为 4∶1 ~6∶1，胆固醇每日摄入量低于 300mg。对于反式脂肪酸的摄入，总的原则是进食得越少越好。2003 年，FAO/WHO 专家委员会在“膳食、营养与慢性疾病的预防”中建议，反式脂肪酸的上限摄取量为总能量的 1%。

孕妇摄入足量的 DHA 对促进胎儿大脑的发育和脑细胞的增殖有重要作用。正常情况下，一位孕妇每天应摄入 0.5 ~1.5g DHA（普通人需要 0.5 ~1.0g），特别是在胎儿大脑发育最快的妊娠第 4 个月至婴儿出生后 1 岁末，发育尚未完成的这一重要时期，DHA 的摄入尤为重要。因此，在大脑的早期形成过程中，适时、适量补充人体必需的多不饱和脂肪酸是非常必要的。老年人补充 DHA 在一定程度上具有防治老年性痴呆的作用。鉴于补充鱼油有可能引起脂质过氧化反应，而且达到理想效果往往需要很大剂量（4g/d），并常伴有胃肠道不适等症状，故 WHO 建议日常应以鱼类作为 EPA 和 DHA 的主要来源。海水鱼和淡水鱼的 EPA、DHA 含量，均因品种而异，常吃淡水鱼也能满足人体对 EPA 和 DHA 的需要。

膳食脂肪有两个来源，一是烹调油、植物种子和坚果类，二是动物性食物。不同来源的膳食脂肪由不同的脂肪酸构成。一般而言，来源于动物性食物的脂肪酸以饱和脂肪酸为主，来源于植物性食物的脂肪酸以单不饱和脂肪酸和多不饱和脂肪酸为主。

动物脂肪因含饱和脂肪酸较多，若食入过多可能导致动脉粥样硬化，加重皮脂溢出，促进皮肤老化。但因其不易被氧化产生有害的氧化物、过氧化物等，一定量的饱和脂肪酸有助于 HDL 的形成，因此，不应完全限制饱和脂肪酸的摄入。

植物油中的多不饱和脂肪酸以亚油酸为主，有很好的美容护肤作用，是皮肤滋润、充盈不可缺少的营养物质。此外，植物油中还含有丰富的维生素 E 等营养皮肤及抗衰老的成分，不仅有美容、养颜的功效，还具有健体和抗衰老作用。必需脂肪酸中 n-6 系列亚油酸广泛存在于植物油和坚果中，如花生油、大豆油、棉子油、芝麻油、玉米油等，亚油酸含量较高的油有豆油(51.7%)、玉米油(56.4%)等。而 n-3 系列 α-亚麻酸仅存在于少数植物油中，如亚麻子油、大豆油、低芥酸菜子油、核桃及其油中。植物油中的单不饱和脂肪酸主要是油酸，含量较高的有茶油(78.8%)、橄榄油(83%)、花生油(40.4%)等。

在日常生活中可以选择各种烹调油交替搭配使用，适当多吃些鱼及海产品，使几种脂肪酸的比例适当。

三 碳水化合物

(一) 碳水化合物的分类

碳水化合物(carbohydrate)，亦称糖类。是由碳、氢、氧 3 种元素组成的一类化合物，营养学上通常将其分为 4 类，即单糖、双糖、寡糖和多糖。

食物中的单糖(monosaccharide)包括葡萄糖(glucose)、果糖(frucose)、半乳糖(galactose)以及其他单糖，如核糖、脱氧核糖、阿拉伯糖和木糖等。葡萄糖是构成食物中各种糖类的基本单位，有些糖类完全由葡萄糖构成，如淀粉；果糖主要存在于水果和蜂蜜中；半乳糖是乳糖的重要组成成分。

天然存在于食品中的双糖(disaccharide)，常见的有蔗糖(sucrose)、乳糖(lactose)和麦芽糖(maltose)。蔗糖由一分子葡萄糖和一分子果糖缩合而成，甘蔗、甜菜和蜂蜜中含量较多。乳糖由一分子葡萄糖和一分子半乳糖缩合形成，味微甜。半乳糖是婴儿大脑发育必不可少的物质。牛乳中约含乳糖 4%，人乳中含 5%～7%。在消化过程中需要乳糖酶将乳糖水解为单糖才能被人体吸收。乳糖不耐受(lactose intolerance)者不能或仅能少量地分解、吸收乳糖，而大量的乳糖因未被吸收而进入大肠，在肠道细菌的作用下产酸、产气，引起胃肠不适、胀气、痉挛和腹泻等。造成乳糖不耐受的原因主要有：①先天性缺少或不能分泌乳糖酶；②某些药物如抗癌药物或肠道感染而致乳糖酶分解和减少；③更多的人则是由于年龄增加，乳糖酶水平不断降低所致。一般自 2 岁以后到青年时期，乳糖酶水平可降至出生时的 5%～10%。

寡糖(oligosaccharide)由 3～10 个单糖构成，包括水苏糖(stachyose)，由葡萄糖、果糖和 2 分子半乳糖组成。棉子糖(raffinose)，由葡萄糖、果糖和半乳糖组成。其他还有异麦芽低聚寡糖等。寡糖在豆类食品中多见。

多糖(polysaccharide)是由 10 个及 10 个以上单糖组成的大分子，主要有糖原(glycogen)、淀粉(starch)和纤维素(fibre)。淀粉包括直链淀粉、支链淀粉、变性淀粉。米、面、玉米及白薯所含的淀粉属于多糖。抗性淀粉(resistant starch)是指健康人小肠中不被吸收的淀粉及其降解产物。非淀粉多糖即膳食纤维(fiber),是指存在于植物体中不能被人体消化吸收的多糖,包括纤维素、半纤维素、果胶、亲水胶质物等。膳食纤维虽不能被体内淀粉酶水解,人体无法消化,但仍然有重要的营养学价值。

(二)碳水化合物的功能

1. 储存和供给热能 碳水化合物是人体最主要、最经济的热能来源。碳水化合物在人体内消化后,主要以葡萄糖的形式被吸收利用。葡萄糖能够迅速被氧化并提供(释放)能量。每克碳水化合物在人体内氧化燃烧可释放出16.7kJ(4kcal)热能。

2. 参与构成重要的生命物质 如核糖和脱氧核糖是核酸的重要组成成分。碳水化合物与脂类形成的糖脂是组成细胞膜与神经组织的成分,黏多糖与蛋白质合成的黏蛋白是构成结缔组织的基础,糖类与蛋白质结合成的糖蛋白可构成抗体、某些酶和激素等具有重要生物活性的物质。

3. 抗生酮及节约蛋白质作用 糖类与脂肪及蛋白质的代谢有密切的关系。摄入充足的碳水化合物可以避免脂肪过量氧化而产生酮体,即具有抗生酮作用。亦有利于蛋白质合成,可避免蛋白质作为单纯热能来源而被消耗,即具有节约蛋白质作用。食物中碳水化合物不足,不得不动用蛋白质来满足机体活动所需的能量,这将影响机体利用蛋白质合成新的蛋白质,从而影响组织更新。因此,完全不吃主食,只吃肉类是不适宜的,因肉类中含碳水化合物很少,这样机体组织将利用蛋白质产热。所以减肥者或糖尿病患者摄入的碳水化合物最少不要低于150g主食。

4. 维持脑细胞的正常功能 人体的大脑和红细胞必须依靠血糖供给能量,因此维持神经系统和红细胞的正常功能也需要糖类。葡萄糖是维持大脑正常功能的必需营养素,当血糖浓度下降时,脑组织可因缺乏能源而使脑细胞功能受损,造成功能障碍,并出现头昏、心悸、出冷汗甚至昏迷等低血糖症状。

5. 解毒作用 糖类代谢可产生葡萄糖醛酸,葡萄糖醛酸可与体内毒素结合进而解毒。

6. 食物碳水化合物的功能 食物中的碳水化合物不仅是食物中主要的能量营养素,还可以改善食物的色、香、味、形,并为人体提供膳食纤维。

(三)膳食纤维

1. 膳食纤维的定义及分类 膳食纤维(dietary fibre,DF)是指植物性食物或原料中含有3个以上糖苷键、不能被人体小肠消化和吸收、对人体有健康意义的碳水化合物。包括部分非淀粉多糖(纤维素、半纤维素、木质素、果胶等)、抗性淀粉、葡聚糖以及其他部分低聚糖等。其扩展的定义还包括植物中的不可消化物质如植物细胞壁上的蜡、角质及细胞壁蛋白。根据膳食纤维能否在温水或热水中溶解可将其分为:

(1)不溶性膳食纤维(insoluble dietary fiber,IDF),有以下几种:

1)纤维素:植物细胞壁的组成成分,一般不能被肠道微生物分解,在麸皮中存在较多;

2)半纤维素:谷类纤维的主要成分,在麸皮中存在较多;

3)木质素:植物木质化过程中形成的非碳水化合物,不能被人体消化吸收,主要存在于植物的木质化部分和种子中。

(2)可溶性膳食纤维(soluble dietary fiber,SDF):指既可溶于水,又可以吸水膨胀,并能被大肠中微生物酵解的膳食纤维。存在于植物细胞液及细胞间质中。包括以下几种:

1)果胶:是被甲酯化至一定程度的半乳糖醛酸多聚体,通常存在于水果和蔬菜中;

2)树胶和黏质由不同的单糖及其衍生物组成,如阿拉伯胶、瓜拉胶;

3）某些半纤维素：有些半纤维素也是可溶性膳食纤维。

2. 膳食纤维的功能

（1）减少食物通过时间、增加粪便量：膳食纤维能吸收水分，使粪便变软、体积增大，从而促进肠蠕动，有助于排便及预防便秘。

（2）促进结肠发酵作用：膳食纤维经大肠细菌发酵，引起的生理变化至少有 3 种：①产生的短链脂肪酸直接参与代谢作用；②使大肠内 pH 降低，导致微生态环境的变化，促进肠道细菌的繁殖；③增加粪便排泄量，促进肠道畅通。

（3）降低血浆总胆固醇和低密度脂蛋白胆固醇水平：膳食纤维具有结合有机物如胆酸和胆固醇的作用，可增加胆固醇的排泄，降低血脂。

（4）降低餐后血糖和（或）胰岛素水平：可溶性纤维在胃肠道内可与淀粉等碳水化合物交织在一起，可延缓后者的吸收，起到降低餐后血糖的作用。

（5）控制体重和减肥：膳食纤维进入胃肠道，通过吸附水分形成包块，增强饱腹感从而减少能量摄入，达到控制体重的目的。

（6）预防结肠癌：主要机制是稀释肠道内致癌物浓度，增加吸附致癌物面积及缩短与致癌物接触的时间。

3. 膳食纤维与健康及美容的关系 膳食纤维作为膳食的重要组成部分，对于营养学与健康方面的研究有着非常重要的意义。膳食纤维与健康关系密切，可用于辅助防治糖尿病、心脑血管保健、预防结直肠癌、预防便秘、减少龋齿和牙周病的发生等。研究表明，膳食纤维的摄入量与结肠癌及心脏病的发病率呈负相关。肥胖症、糖尿病、高脂血症、脂肪肝、痛风、肾脏疾病、骨质疏松、部分癌症等与膳食纤维摄入不足也有某些联系。由于膳食纤维对健康的作用已经被大量研究所证实，所以应摄入富含膳食纤维的膳食，预防慢性病，提高健康水平。

膳食纤维与皮肤保健和美容有着密切的联系。人体血脂和血胆固醇过高，易引起动脉血管发生粥样硬化，体表的毛细血管功能也会发生障碍，使皮肤血氧供应不足而发生皮肤衰老现象，使皮肤变得干燥、粗糙、无光泽，易诱发脂溢性皮炎、眼睑黄瘤及脂质沉着症等损容性皮肤病。

膳食纤维能与肠道内的胆汁结合，促使胆汁酸排出，降低血脂和胆固醇浓度，有利于维持心血管系统的功能，使血管富有弹性，保障皮肤营养的正常供应。膳食纤维还可促进胃肠蠕动，及时排出体内的有害物质，预防便秘，从而预防面部痤疮、色素沉着等多种皮肤疾病，排毒养颜，让女性皮肤更加光润亮泽，保持身体健美和肌肤美丽。

（四）碳水化合物的参考摄入量和食物来源

按照中国居民膳食碳水化合物适宜摄入量（AI），碳水化合物应提供 55% ~65% 的膳食总能量。碳水化合物包括淀粉、抗性淀粉、非淀粉多糖和低聚糖类。应限制纯热能食物的摄入量，将精制糖的摄入控制在 10% 以下。关于膳食纤维的推荐量，WHO、美国糖尿病协会、中国营养学会推荐，正常成年人每人每天为 25 ~35g 或 11.5g/kcal。

膳食纤维在阻止人体对有害物质吸收的同时，因其能结合二价阳离子，还会影响人体对食物中无机盐和某些微量元素的吸收。膳食纤维可以缓解便秘，但也能引起胀气和腹痛。所以，对于高纤维食物应适量摄入。

我国的食物结构是以淀粉类食物为主食，人体内 60% ~70% 的总热能来自食物中的糖类，主要由大米、面粉、玉米、小米和薯类等含有淀粉的食物供给。

膳食纤维在粗粮、糙米、蔬菜、水果、薯类和藻类等食物中含量丰富。蔬菜和水果是膳食纤维的重要来源,芹菜及其他蔬菜、可食的水果皮及碾磨后谷物的麸皮等均含丰富的膳食纤维。薯类不仅含有丰富的淀粉,也含有膳食纤维以及多种维生素和矿物质。果胶、魔芋等富含可溶性膳食纤维。富含膳食纤维的蔬菜、水果对保持身体健康,美容护肤,保持肠道正常功能,提高免疫力,降低患肥胖、糖尿病、高血压等慢性疾病的风险具有重要作用。

食用糖只提供糖类,几乎不含其他营养素。在日常生活中,常用的白糖、砂糖、红糖是由甘蔗或甜菜茎制成的蔗糖。制成糖后,经过一番加工、精炼就成为白糖。砂糖和绵白糖的区别只是结晶体大小不同,砂糖的结晶颗粒大、含水分很少,而绵白糖的结晶颗粒小、含水分较多,它们都是纯碳水化合物,只供热能,不含其他营养素,但具有润肺生津、和中益肺、舒缓肝气的功效。红糖是没有经过高度精炼的蔗糖,不仅能够提供热能,还含有丰富的微量元素,如铁、铬和其他矿物质,营养价值高于白糖和砂糖。每100克红糖中含钙90mg、铁4mg,均为白糖或砂糖的3倍。中医认为红糖性温味甘,入脾,具有益气、缓中、化食之功能,能健脾暖胃,还有止疼、行血、活血散寒的效用。我国的民族饮食习惯主张妇女产后吃些红糖,有补血活血的作用;在受寒腹痛时,也常用红糖姜汤来祛寒。

四 矿物质

(一) 概述

人体组织中含有自然界的各种元素,这些元素除了碳、氢、氧、氮组成碳水化合物、脂肪、蛋白质、维生素等有机化合物外,其他元素通称为矿物质(mineral),亦称无机盐或灰分。矿物质占人体重量的4% ~5%,按在体内含量的多少分为常量元素和微量元素。含量大于体重0.01%的称为常量元素或宏量元素(macroelements),如钾、钠、钙、镁、硫、磷、氯。含量小于体重0.01%的称为微量元素(microelements)或痕量元素(trace elements),其中,铁、锌、铜、铬、硒、碘、锰、氟、钴和钼10种微量元素为维持人体生命活动所不可缺少的必需微量元素;硅、镍、硼和钒为可能必需微量元素;铅、镉、汞、砷、铝、锡和锂为具有潜在毒性,但低剂量可能具有功能作用的微量元素。

矿物质在体内的生理功能主要有:

1. 构成人体组织的重要成分,如骨骼和牙齿组织大部分是由钙、磷和镁组成的,软组织中含钾较多。

2. 在细胞内外液与蛋白质一起调节细胞膜的通透性,控制水分进出,维持渗透压和酸碱平衡(酸性元素有氯、硫及磷,碱性元素有钠、钾及镁)。

3. 构成酶的成分或激活酶的活性,参与物质代谢。许多金属酶均含有微量元素,如碳酸酐酶含有锌,呼吸酶含铁和铜,谷胱甘肽过氧化物酶含有硒等。

4. 构成某些激素或参与激素的作用,如甲状腺素含碘,胰岛素含锌,铜参与肾上腺类固醇的生成等。

矿物质在体内不能合成,必须从食物和饮用水中摄取。在人体新陈代谢过程中,每天都会有一定量的各种矿物质随各种途径如粪、尿、汗、头发、指甲、皮肤及黏膜的脱落排出体外,所以需要从膳食中补充。当矿物质摄入量不足,机体处于缺乏状态时,可出现各种缺乏症。矿物质的生理剂量与中毒剂量范围较窄,摄入过多易产生毒性作用。矿物质之间还存在协同或拮抗作用,某种元素摄入过量会影响另一种元素的吸收或在体内的分布。所以在日常饮食中,或是将矿物质作为膳食补充剂使用时,要注意保持它们之间的平衡。

矿物质与人体美容之间存在着密切的联系。目前,建立在分子水平上的衰老学说中的自由基学说认为：人体内的自由基水平随年龄的增长而升高，由自由基促成的脂质过氧化作用及生成的过氧化脂质随年龄的增大而增加，同时清除自由基的酶系与非酶系防御功能逐渐减弱，因而由自由基引起的障碍不断积累，导致生物体逐渐走向衰老。体内自由基反应的重要产物过氧化脂质，会破坏细胞膜的结构和功能，并能与蛋白质交联，导致脂褐质的生成，引起老年斑。或与胶原交联，导致胶原坚韧、长度缩短，胶原纤维失去弹性，皮肤出现皱纹。机体各组织中脂褐质的增加是体内自由基过量的表现。机体清除自由基的酶系与非酶系防御系统与必需微量元素含量密切相关，有机硒及以硒为活性中心的谷胱甘肽过氧化物酶(glutathione peroxidase, GSH-Px)是十分有效的自由基反应抑制物，而含锌、铜、锰的过氧化物歧化酶(superoxide dismutase, SOD)是清除脂质过氧化物、保护细胞膜结构和功能不受过氧化损害的生物酶，微量元素锌、铜、锰、硒的缺乏易导致这些酶的活性降低，从而加速衰老过程。硅和铜参与正常的蛋白质交联，可保护结缔组织特别是血管、骨骼和皮肤结缔组织的弹性、硬度和结构的完整，缺乏这两种元素时，会引起血管、骨骼、关节及皮肤的退行性变化等衰老表现及疾病。矿物质中的某些元素通过参与机体清除自由基的酶系与非酶系防御系统，帮助清除过量的自由基，从而起到美容和延缓衰老的作用。

（二）钙

1. 钙在体内的分布与调节 钙(calcium)是人体含量最多的无机元素，成人体内含钙量占体重的1.5%～2%。正常成人体内含有1000～1200g的钙，其中99%与磷形成磷酸盐以羟磷灰石[$Ca_{10}(PO_4)_6(OH)_2$]或磷酸钙[$Ca_3(PO_4)_2$]的形式集中在骨骼和牙齿中。其余1%的钙，以游离或结合的形式存在，一部分与枸橼酸螯合或与蛋白质结合；另一部分则以离子状态存在于软组织、细胞外液和血液中，统称为混溶钙池(miscible calcium pool)。

正常情况下，人体血液中的钙浓度为2.25～2.75mmol/L，处于相对恒定的状态。当钙摄入严重不足或机体钙在某些情况下异常丢失时，可通过甲状旁腺激素、降钙素及1-25-$(OH)_2D_3$的相互作用来调节钙平衡，使骨脱矿化以维持血钙的浓度。

2. 钙的生理功能

(1)构成骨骼和牙齿的重要成分：钙参与人体的骨代谢，它与磷结合后，形成磷酸盐，通过不断沉积形成高强度的骨组织。混溶钙池中的钙与骨骼中的钙保持着动态平衡，骨骼中的钙不断地从破骨细胞中释放进入混溶钙池，混溶钙池中的钙又不断地沉积于成骨细胞中，由此使骨骼不断更新。钙的这种更新速率随着年龄的增长而减慢。幼儿骨骼每1～2年更新一次；成年人10～12年更新一次；40～45岁以后骨吸收大于骨生成，骨组织中钙量逐渐减少；妇女停经后因雌激素水平下降，骨组织中钙量明显降低，易引起骨质疏松症。

(2)维持神经肌肉的兴奋性：钙离子参与肌肉的收缩、神经冲动的传导及心脏的搏动等，当血浆钙离子浓度明显下降时，神经肌肉兴奋性增强，可引起手足抽搐和惊厥；当血浆钙离子浓度过高时，则可引起心脏和呼吸衰竭。

(3)对酶的激活和血液的凝固过程起着重要作用：如ATP酶、脂肪酶、蛋白酶等都需要钙激活。钙可催化凝血酶原转变为凝血酶，将纤维蛋白原转变为不溶性的血纤维蛋白的网状物而发挥止血作用。

(4)其他功能：促进细胞信息传递、参与激素的分泌、维持体液酸碱平衡及毛细血管渗透压、维持细胞膜的稳定及生物膜的通透性等。

3. 钙的吸收与代谢 人体摄入的钙主要在小肠上段吸收，通常膳食中20%～30%的钙通过肠道吸收进入血液。机体对钙的吸收是一种需要能量的主动转运过程，需要维生素D的活性代谢产物1,25-$(OH)_2D_3$的参与。机体根据需要调节钙的主动吸收,在需要量较高或摄入量较低时,对钙的主动吸收机制活跃。钙浓度高时,也可通过被动扩散吸收。

钙的吸收利用受很多因素的影响,主要有:

(1)年龄、生理及运动状况:钙的吸收率随着年龄的增长而下降,儿童骨骼中钙的代谢极为活跃,母乳喂养婴儿的钙吸收率可达60%~70%,成年人只有25%左右,一般40岁以后钙吸收率逐渐下降。当机体对钙的需要量增加时,如青春发育期、妊娠和哺乳期,肠道对钙的吸收相对活跃,吸收率可达40%以上。体育锻炼可提高钙的吸收率。

(2)膳食中钙、蛋白质及磷的摄入量:当膳食钙不足时肠道对钙的吸收率相对增强,摄入量增高时则相对下降。蛋白质摄入量在缺乏到适宜水平时,钙的吸收增加;当蛋白质摄入量超过适宜水平时,则对钙的吸收没有进一步的促进作用。低磷膳食可提高钙的吸收率,因此要求膳食中钙、磷比例适宜。

(3)维生素D、乳糖和氨基酸:这些都是有利于钙吸收的因素。钙的吸收率受太阳紫外线的照射量及维生素D摄入量的影响,维生素D可诱导钙结合蛋白的合成、促进小肠对钙的吸收。乳糖发酵可降低肠道pH、乳糖与钙结合成低分子可溶性物质可促进钙的吸收。某些氨基酸如赖氨酸、色氨酸、精氨酸等,可与钙形成可溶性钙盐,有利于钙的吸收。

(4)植酸、磷酸和草酸:这些是不利于钙吸收的因素。谷类和蔬菜等植物性食物中的植酸、磷酸和草酸可与钙形成难溶性的植酸盐、磷酸盐及草酸盐,阻碍钙的吸收。膳食纤维中的糖醛酸残基可与钙结合,妨碍钙的吸收。脂肪酸与钙结合形成脂肪酸钙,亦可影响钙的吸收。

(5)药物的影响:某些抗生素如青霉素、氯霉素、新霉素有利于钙的吸收,而某些碱性药物如抗酸药、四环素、肝素等可使胃肠道pH升高,降低钙的吸收率。

钙主要经肠道和泌尿系统排泄,也可通过汗液和乳汁排出。营养状况良好时,每天进出体内的钙大致相等,处于平衡状态。长期摄入高蛋白膳食可能导致尿钙排出增加,出现钙的负平衡。高钠的摄入可降低骨骼中钙的储存。

4. 钙的缺乏与过量 钙的缺乏主要影响骨骼发育和结构,表现为婴儿易患的佝偻病、成年人易患的骨质软化症以及老年人易患的骨质疏松症。婴儿缺钙可影响骨骼及牙齿的正常生长发育,出现缺钙的相关症状和体征。轻度缺钙可表现为夜间盗汗、手足抽搐、夜啼易惊、厌食、便秘、烦躁不安等,进一步可发展为骨骼形态的改变,如枕秃、肋骨串珠、肋缘外翻、鸡胸或X型腿、O型腿等典型佝偻病症状。中老年人随年龄增加,骨骼逐渐脱钙。妇女绝经后由于雌激素分泌减少,骨质丢失速度加快,易引起骨质疏松症、骨密度降低,不能保持骨骼结构的完整,通常在很小的外力下即可发生骨折。由于脊柱压缩变形,可导致驼背、身材变矮,影响形体美。钙缺乏者易患龋齿,影响牙齿的质量和美观。

钙摄入过量也可对机体产生不良作用,增加患肾结石的危险性。草酸和膳食纤维摄入量高是易与钙结合形成结石的相关因子。钙与其他矿物质之间存在相互干扰和抑制作用,高钙膳食可抑制铁、镁、磷的吸收及降低锌的生物利用率。

5. 钙的参考摄入量及食物来源 中国营养学会推荐成人钙的适宜摄入量(AI)为800mg/d。针对不同生理状况,对婴幼儿、儿童、孕妇、乳母和老年人均应适当增加钙的供给量。另外,需注意钙磷比例要适宜,0~6月龄婴儿的钙磷比例以2:1为宜。

奶和奶制品含钙丰富且吸收率高,是钙的良好来源,另外,小虾皮、海带、豆类、芝麻酱和绿色蔬菜等含钙也较丰富。

(三) 磷

1. 磷在体内的分布 磷(phosphorus)是人体含量较多的无机元素之一,成人体内含磷量约占体重的1%。正常成人体内含有600~700g的磷,其中85%~90%以羟磷灰石的形式存在于骨骼和牙齿中,其余10%~15%与蛋白质、脂肪、糖类及其他有机物结合,分布在细胞膜、骨骼肌、皮肤、神经组织及体液中。正常成人血清中无机磷的总量为0.87~1.45mmol/L。磷不但构成人体成分,还参与生命活动中重要的代谢过程。在正常膳食情况下,磷的含量往往超过人体的需要量,因而不易引起缺乏。

2. 磷的生理功能

(1)构成骨骼和牙齿的重要成分:磷和钙结合成磷酸盐,以羟磷灰石的形式作为骨骼和牙齿的构成材料。

(2)参与能量代谢过程:磷以磷酸根的形式与产能营养素释放出来的能量结合,合成高能磷酸键,储存于腺苷三磷酸(ATP)和磷酸肌酸分子中,当人体需要能量时再将其释放出来,以提高能量的有效利用率。

(3)构成辅酶的成分及参与代谢物质的活化:磷参与很多酶系的辅酶或辅基的组成,如TPP、FAD等。另外,碳水化合物和脂肪的代谢过程需经过磷酸化才能进一步反应。

(4)是构成核酸和脱氧核酸的重要原料,也是细胞膜的重要组成成分:磷在体内与蛋白质及脂肪结合,以核蛋白、磷蛋白和磷脂等形式作为细胞核、细胞膜及高密度脂蛋白结构的重要组成部分。

(5)调节酸碱平衡:组成体内磷酸盐缓冲体系,磷酸盐可与氯离子结合为磷酸氢二钠和磷酸二氢钠,从尿液排出,从而调节体液的酸碱平衡。

3. 磷的缺乏与过量 磷在食物中分布较广,一般不会由于膳食的原因而引起磷的缺乏。临床上可见到磷缺乏症,如早产儿、长期大量使用抗酸药物的患者、禁食者或使用静脉营养而未补充磷的患者。严重的磷缺乏可引起低磷血症、厌食、贫血、肌无力、骨痛、佝偻病和骨软化等。过量的磷酸盐可干扰钙的吸收,引起低钙血症,导致神经兴奋性增强、手足抽搐和惊厥。也可引起高磷血症进而导致非骨组织的钙化。

4. 磷的参考摄入量及食物来源 中国营养学会推荐成人磷的适宜摄入量(AI)为700mg/d。膳食中钙磷比例以在1:1~2:1之间为宜。

动物性食物和植物性食物中均含丰富的磷。瘦肉、鱼、蛋、奶类及动物的肝、肾等多种动物性食物中含磷量较高,海带、紫菜、芝麻酱、花生、干豆类、坚果、粗粮等食物中含磷也较丰富。

(四) 镁

镁(magnesium)是人体细胞内的主要阳离子,正常成人体内含镁20~28g,其中60%~65%存在于骨骼,其余分布在细胞内外液和肌肉、心、肝、胰等软组织中。血清镁的含量为0.75~0.95mmol/L。镁是多种酶的激活剂,在能量和物质代谢中具有重要作用。

1. 镁的生理功能

(1)参与骨骼和牙齿的构成:镁、磷和钙共同构成骨骼和牙齿的成分,钙与镁既有协同作用又有拮抗作用。当钙摄入不足时,适量的镁可以代替钙;但当镁摄入量过多时,反而会阻止骨骼的正常钙化。

(2)多种酶的激活剂:镁可参与体内300多种酶促反应,是体内一些高能磷酸键转移酶等的激活剂,如乙酰辅酶A、胆碱酯酶和碱性磷酸酶等,这些酶在能量和物质代谢中都是非常重要的。

（3）维持体液酸碱平衡和神经肌肉的兴奋性：镁和钙、钠、钾一起，与相应的负离子协同，维持体内酸碱平衡和神经肌肉的兴奋性。镁与钙相互制约，维持神经肌肉兴奋与抑制的平衡。无论是血清钙或镁过低，神经肌肉的兴奋性均增强；当血清镁浓度下降，镁钙失去平衡时，可出现易激动、心律不齐，幼儿甚至可发生癫痫、惊厥。

（4）心血管系统的保护因子：镁作用于冠状血管和周围血管系统，可使血管扩张，预防动脉硬化，大剂量时可引起血压下降。软水地区居民心血管发病率较硬水地区高，与软水比硬水中含镁量低有关。

（5）其他：镁离子在肠腔中吸收缓慢、易引起水潴留，因而具有导泻作用，可作为导泻剂使用。低浓度时可减轻肠壁的压力和蠕动，因此还具有解痉作用。

2. 镁的缺乏与过量 镁缺乏时会引起肌肉痉挛、心动过速、食欲减退、恶心呕吐甚至精神错乱、幻觉、定向力障碍。酒精中毒、严重肾脏疾病、急性腹泻及恶性营养不良的患者易发生镁缺乏。

血镁浓度过高可引起镁中毒，出现血压下降、恶心呕吐、嗜睡、呼吸减弱、昏迷甚至心脏停搏。肾功能不全者少尿期、糖尿病酮症早期、孕妇以及大量注射或口服镁盐时，易发生高镁血症。

3. 镁的参考摄入量及食物来源 中国营养学会推荐成人镁的适宜摄入量（AI）为350mg/d。镁广泛存在于各种食物中，植物性食物的镁含量高于动物性食物，蔬菜、水果、谷物和坚果，尤其是绿叶蔬菜中含有丰富的镁；其次是奶类、肉类及蛋类。精制食品中镁的含量较低。除食物外，通过饮水也可以获得少量镁，但与水的软硬度有关，硬水中含有较多的镁盐，而软水中含量较少。

（五）钾、钠、硫和氯

1. 钾 钾（potassium）为人体细胞内的主要阳离子之一，也是一种人体必需的营养素。人体内的钾主要存在于细胞内，占钾总量的98%，其他存在于细胞外。正常成人体内含钾140～150g，其中70%存在于肌肉，10%存在于皮肤，其余存在于红细胞、脑髓及内脏中，骨骼中较少。血清钾的正常浓度为3.5～5mmol/L。饮食中的钾大多在肠道通过扩散作用被动吸收，小部分通过毛细血管壁逆浓度主动吸收，细胞内外钾不断交换，约15小时达到平衡。

（1）钾的生理功能：维持神经肌肉的正常功能，协同钙和镁维持心肌的自律性、传导性和兴奋性。参与细胞的新陈代谢。细胞内外钾钠离子保持一定比例以维持渗透压。钾还可保持体内适当的碱性，维持酸碱平衡，有助于皮肤健康。钾可通过利尿、扩张血管等改善水钠潴留，使血压下降。

（2）钾的缺乏与过量：钾缺乏可引起神经、肌肉、消化系统、心血管系统等的改变，主要表现为肌无力、瘫痪、心律失常及肾功能障碍等。缺钾的常见原因是摄入不足和损失过多，由于疾病或其他原因需长期禁食或少食，而静脉补液中少钾或无钾时，易发生摄入不足。频繁呕吐、腹泻、长期使用缓泻剂或轻泻剂可造成钾的损失过多，大量出汗也可造成钾丢失。钾摄入过多或排出减少，又可使血钾增高，血钾浓度高于5.5mmol/L时，可出现毒性反应，称高钾血症。临床上表现为极度疲劳、肌肉酸痛、肢体湿冷、精神迟钝，严重时可出现心搏迟缓、心律不齐甚至心搏骤停，导致突然死亡。

（3）钾的参考摄入量及食物来源：中国营养学会推荐成人钾的适宜摄入量（AI）为2g/d。钾广泛存在于各种食物中，如谷物、马铃薯、绿叶蔬菜、香蕉、橘子、柠檬、杏、梅子、豆类、瘦肉、奶类、蛋等均含有一定量的钾。其中植物性食物中含量较多，蔬菜、水果中含有丰富的钾，日常膳食一般不易缺乏。

2. 钠 钠(sodium)为人体不可缺少的常量元素之一。成人体内含钠77～100g,其中50%存在于细胞外液,10%存在于细胞内液,40%存在于骨骼中。正常人血浆中钠的浓度为135～142mmol/L。饮食中的钠随食物经胃肠道吸收。正常情况下,每日摄入的钠只有小部分是身体所需的,大部分通过肾脏经尿排出,由尿排出的钠约占90%,其余经粪和汗液排出。

(1)钠的生理功能:构成细胞外液渗透压,维持细胞外液容量,调节水平衡,维持正常血压。膳食中钠过多、钾过少,钠钾比值偏高时血压升高。维持酸碱平衡,钠在肾脏重吸收后与氢离子交换,以排出体内酸性代谢产物,维持体液酸碱度稳定。维持神经肌肉的应激性和兴奋性,体液中各种离子必须保持一定的浓度和适当的比例,神经肌肉的应激性及兴奋性才能得以维持正常。

(2)钠的缺乏与过量:缺钠时可出现食欲缺乏、恶心、倦怠、头痛、眩晕、心率加快、血压降低、肌肉无力或痉挛。严重缺钠时可导致呼吸衰竭和虚脱。一般饮食中钠充足,不易引起缺乏。缺乏的原因一般为:呕吐、腹泻由消化液丧失,大量出汗从皮肤丢失,利尿剂的应用等。正常人摄入钠过多时并不蓄积,当血浆钠超过150mmol/L时,称高钠血症。钠过量主要见于一些疾病情况,如心源性水肿、肝硬化腹水期和肾病综合征等。临床上除原有症状外,以水肿为主,还可见体重增加、血容量增多、血压偏高等。

(3)钠的参考摄入量及食物来源:我国目前尚缺乏钠需要量的研究资料,现仍沿用1988年适宜摄入量(AI),成年人为2200mg/d(1g食盐含400mg钠)。根据中国成年人食盐平衡试验,每人每天约为10g,故食盐供给量应<10g;WHO建议每人每天食盐摄入量以不超过6g为宜。日常膳食中,除食盐外,味精及其他调味品、腌制食品及酱菜等食物中也含有钠。

3. 硫 硫(sulphur)是组织蛋白质的组成成分。约占体重的0.25%,大部分存在于含硫氨基酸(蛋氨酸、胱氨酸和半胱氨酸)中。头发、指甲和皮肤中含硫较多。

(1)硫的生理功能:体内许多重要物质都含硫,如维生素中的硫胺素、泛酸和生物素,激素中的胰岛素、垂体前叶激素、谷胱甘肽和辅酶A都含有活性的巯基(—SH)。硫酸盐在体内生物解毒机制中有重要作用。铁硫蛋白在能量的产生和传递中有重要作用。

(2)硫的食物来源:体内硫的代谢与氮平行。据估计,如果膳食中含蛋白质100g,可供给0.6～1.6g硫(视蛋白质质量而定),一般认为膳食蛋白质充足即可满足机体对硫的需要。

4. 氯 氯(chlorine)常以氯化物的形式存在,最普通的形式是食盐。成人体内含氯约100g,占体重的0.15%。主要以氯离子的形式与钠或钾化合存在,广泛分布于全身。

(1)氯的生理功能:氯是细胞外液中的主要负离子,参与维持渗透压和酸碱平衡。在血液CO_2的运输过程中,通过氯离子的转移作用帮助血液将大量CO_2输送至肺部,排出体外。氯离子是胃酸的主要成分,胃酸可促进维生素B_{12}和铁的吸收,激活唾液淀粉酶,有利于食物的消化。

(2)氯的缺乏:一般膳食情况下不易引起氯缺乏,但不合理膳食(含氯1～2mmol/L)的应用以及患先天性腹泻的婴儿可致氯缺乏。在剧烈运动或高温下劳动时,汗液大量排出,较多的氯化钠随汗排出,如不及时补充,可能引起氯浓度降低。氯缺乏可导致肌肉收缩不良,消化功能受损,影响生长发育。

(3)氯的参考摄入量及食物来源:膳食氯主要来自氯化钠,仅少量来自氯化钾。食盐、酱油、咸味食品和腌制食品都富含氯化物,一般膳食中不易缺乏。中国营养学会推荐成人氯的适宜摄入量(AI)为3.4g/d。

（六）铁

1. 铁在体内的分布 铁是人体重要的必需微量元素之一。正常人体含铁量为3～5g，其中60%～75%存在于血红蛋白中，3%以肌红蛋白的形式存在于肌肉中，约1%参与体内含铁酶如细胞色素氧化酶、过氧化物酶、过氧化氢酶等的构建，还有约30%以铁蛋白和含铁血黄素的形式储存于肝脏、脾脏和骨髓中。

2. 铁的生理功能

（1）参与体内氧的运输和组织呼吸过程：铁作为构成血红蛋白、肌红蛋白、细胞色素及某些呼吸酶的组成成分，参与体内氧的运送和组织呼吸过程。

（2）维持机体正常的造血功能：红细胞中约含机体2/3的铁。在骨髓造血组织中，铁与卟啉结合，形成高铁血红蛋白，再与珠蛋白合成血红蛋白。缺铁可影响血红蛋白的合成。

（3）维持正常的免疫功能：缺铁可影响DNA的合成，导致淋巴细胞对抗原的反应能力降低、T细胞数量减少，使体液免疫和细胞免疫功能都受到不同程度的损害，容易发生感染。

（4）其他：铁还与能量代谢和抗脂质过氧化有关，铁缺乏可使具有抗脂质过氧化作用的卵磷脂胆固醇酰基转移酶活性下降。另有研究显示，β-胡萝卜素向维生素A的催化转化、嘌呤与胶原的合成、脂类在血液中的转运以及药物在肝脏的解毒等均需铁的参与。

3. 铁的吸收与代谢 机体对铁的吸收与食物中铁的存在形式有关。膳食中的铁有两种存在形式，分别为血红素铁和非血红素铁。血红素铁主要存在于动物性食物中，可与血红蛋白和肌红蛋白中的原卟啉结合，不受植酸盐和草酸盐等的影响，直接被肠黏膜上皮细胞吸收，因而其吸收率较高。

非血红素铁主要存在于植物性食物中，在吸收前需与结合的有机物分离，并转化为亚铁才能被吸收。植物性食物中存在的植酸盐、草酸盐、磷酸盐、碳酸盐及鞣酸等可与非血红素铁形成不溶性的铁盐而阻止铁的吸收，因而吸收率较低。

胱氨酸、赖氨酸、组氨酸等氨基酸及乳糖、维生素C等可促进铁的吸收。维生素C可将三价铁还原为二价铁，在低pH的条件下，还可与二价铁形成可溶性螯合物，因此有利于铁的吸收。机体由于生长发育、月经、妊娠等原因，对铁的需要量增加时也可促进对铁的吸收。胃酸也有将三价铁还原为二价铁的作用，因此胃酸分泌减少则不利于铁的吸收。

蛋类卵黄中的高磷蛋白可干扰铁的吸收，导致蛋类铁吸收率较低。钙摄入过多可能竞争性地抑制铁吸收，多酚类对非血红素铁的吸收有抑制作用，一些碱性药物可与三价铁形成难溶的氢氧化铁，阻止铁的吸收。

铁在体内代谢中可反复被机体利用。一般情况下，除肠道分泌及皮肤、消化道、尿道上皮脱落可损失一定数量的铁外，几乎不存在其他途径的损失。

4. 铁的缺乏与过量 长期膳食中铁供给不足，可引起体内铁缺乏，导致缺铁性贫血。缺铁性贫血主要因机体需要量增加而膳食摄入不足引起，多见于婴幼儿、孕妇和乳母。青春期女性由于月经失血及生长发育的需要，也容易发生铁缺乏。缺铁性贫血严重影响着儿童的健康成长和人们的营养状况，是全世界范围内亟待解决的营养问题。我国居民膳食以植物性食物为主，由于铁的吸收率低，缺铁性贫血的患病率较高。有时为控制体重和保持体形，在减重期间膳食摄入较少，也容易造成铁的缺乏。另外，因痔疮、消化道溃疡、肠道寄生虫病等造成的失血，也是引起铁缺乏的原因。

铁缺乏或铁耗竭是一个由轻到重渐进的过程，一般可分为3个阶段：第一阶段仅为体内铁储存减少，为铁减少期（iron deficiency store，IDS），表现为血清铁浓度下降，尚无临床症状；第二阶段因缺乏足够的铁，而影响血红蛋白的生成，被称为红细胞生成缺铁期(iron deficiency erythropoiesis，IDE)，表现为仍有血清铁浓度的下降，但以运铁蛋白浓度下降或游离原卟啉浓度上升为特征，血红蛋白浓度未降至贫血标准，尚无贫血的临床表现；第三阶段为缺铁性贫血期(iron deficiency anemia，IDA)，此时血红蛋白和红细胞比积下降，并伴有缺铁性贫血的临床症状，如头昏、气短、心悸、乏力、注意力不集中、面色苍白或水肿、唇黏膜和眼结膜苍白、指甲脆薄、反甲、出现纵脊等。

机体无主动排铁的功能，体内铁丢失主要是出血所致。经粪便、汗液以及正常毛发、皮肤脱落排出的铁量非常少。长期高水平摄入铁或经常输血，以及经过各种途径进入体内的铁量增加时，可使铁在体内储存过多，引起器官损害。肝脏是铁储存的主要部位，铁过量常累及肝脏，导致肝纤维化甚至肝硬化。铁过多可诱导脂质过氧化反应增强，导致机体氧化和抗氧化系统失衡。摄取异常大量的铁或有基因缺陷者过量吸收铁，可发生含铁血黄素沉积症，若同时伴有组织损伤，称为血色素沉着症，全身皮肤可呈黄色。过量补铁亦有可能造成毒性反应。

5. 铁的参考摄入量及食物来源 中国营养学会推荐成人铁的适宜摄入量(AI)成年男性为15mg/d，女性为20mg/d。膳食中铁的良好来源为动物肝脏、全血和肉类，海带、木耳及绿色蔬菜中含量也较多，动物性食物铁的利用率高于植物性食物。

通过改变膳食模式可有效促进铁的吸收。如餐后1～2小时再饮茶，这样由于多数食物已从胃中排空，茶就不会抑制铁吸收；随餐饮用鲜榨果汁，如橙汁和新鲜水果(酸枣、红枣、草莓、柑橘、柠檬)或其他富含维生素C的食物，如新鲜蔬菜(茼蒿、苦瓜、小白菜、豆角、菠菜、土豆)；把牛奶、奶酪及其他奶制品作为餐间点心食用，而不随餐食用(因为其中含有的钙可影响食物中铁的生物利用)；在含铁量最低的一餐中食用含抑制因子的食物，如食用低铁的谷类早餐(如面包或玉米饼)时饮用茶或奶制品，此膳食模式可提供足量的钙而不会对一日铁的利用产生明显影响。

(七) 碘

1. 碘在体内的分布 碘(iodine)是人体必需的微量元素之一。正常人体含碘量为20～50mg，其中70%～80%存在于甲状腺组织内，其余分布在骨骼肌、肺、卵巢、肾、淋巴结、肝、睾丸和脑组织中。

2. 碘的生理功能 碘在体内主要参与甲状腺素的合成，碘的生理功能也是通过甲状腺素的作用体现出来的。甲状腺素是人体重要的激素，在人体内参与一系列的生理活动。可促进物质分解代谢和能量转换，维持正常的生命活动；还可促进体格发育，发育期儿童的身高、体重、肌肉、骨骼的增长和性发育均有甲状腺素的参与；促进脑和神经系统的发育，在脑发育的临界期，即从妊娠开始至出生后2岁，甲状腺素对神经系统的发育尤为重要，它的缺乏会导致不同程度的脑发育落后，这种脑发育障碍在临界期以后补充碘或甲状腺素将不可逆转。

3. 碘的缺乏与过量 环境缺碘是碘缺乏的主要病因。碘缺乏可造成人体不同程度的损伤，对人类最大的危害是造成下一代脑和智力发育障碍。地方性甲状腺肿及地方性克汀病(呆小症)是两种典型的临床表现。由于缺碘程度、持续时间、年龄以及个体对缺碘的反应不同，而有不同的表现形式，如胎儿期可有流产、死产和先天畸形等；新生儿期可表现为甲状腺肿、甲状腺功能低下及克汀病；儿童和青春期表现为甲状腺功能低下、甲状腺肿、智力及体格发育障碍；成人期可有甲状腺肿、甲状腺功能低下以及智力障碍等。

碘摄入过量也是患甲状腺疾病的一个重要诱因。碘摄入量过高或长期缺碘的人群快速补碘后，可出现高碘性甲状腺肿。另外，环境中也存在一些致甲状腺肿的物质，如一些含硫有机物、药物等。

4. 碘的参考摄入量及食物来源 中国营养学会建议碘的推荐摄入量(RNI)成年人为150μg/d,孕妇和乳母为200μg/d,碘的可耐受最高摄入量(UL)为1000μg/d。

碘的主要食物来源为海产品,如海带、紫菜、海鱼等。其中以海带含碘量最高,其次为海贝类及海鱼。陆地性食物中动物性食物含碘量高于植物性食物,奶蛋类含碘量相对较高,其次是肉类,淡水鱼含碘量低于肉类,植物性食物含碘量低,特别是水果和蔬菜。碘不足的地区可用食盐加碘或辅以其他方法如碘油、碘化食品等以补充碘。

(八) 锌

锌(zinc)是生命所必需的微量元素,其作为金属酶的组成成分或酶的激活剂,广泛参与人体的一系列代谢过程,包括糖类、蛋白质、脂肪和核酸的合成与分解。锌与人体的生长发育有着密切的关系,缺锌可引起生长停滞。此外,锌是维持机体免疫功能和防御功能所必需的物质。人体缺锌不仅会因食欲降低而妨碍营养物质的足量摄取,而且可引起皮肤粗糙、上皮角化、诱发面部痤疮、皮肤溃疡、口角糜烂等损容性疾病。

1. 锌在体内的分布 锌是人体必需的微量元素之一。成人体内含锌量为2~2.5g,分布于人体的各个组织器官。主要存在于肌肉、骨骼、皮肤、头发、视网膜、前列腺和精子等组织器官中。血液中的75%~85%锌存在于红细胞、3%~5%存在于白细胞,其余存在于血浆中。

2. 锌的生理功能 锌是许多金属酶的结构成分或激活剂,是DNA聚合酶的组成成分,参与维生素A还原酶和视黄醇结合蛋白的合成,有利于维生素A的正常代谢和生理功能的发挥。蛋白质、核酸的合成和代谢,骨骼的正常骨化,生殖器官的发育和功能都需要锌。锌能维护正常的味觉功能、皮肤的健康及毛发的生长,对视觉、听觉和嗅觉的功能也是必需的。因此锌对生长发育、味觉功能、维护皮肤健康、免疫调节以及生殖功能均起着重要作用。

3. 锌的吸收与利用 以植物性食物为主的膳食锌的生物利用率为15%~20%,加工越细锌损失越多,动物性食物较植物性食物锌的吸收率高。膳食中的高植酸能影响锌的吸收,而植酸普遍存在于植物中,所以以植物性食物为主的膳食锌的吸收率低。在一些研究中也显示摄入过高的铁和钙可减少锌的吸收,反之过量的锌也可影响钙和镁的吸收。

4. 锌的缺乏与过量 锌缺乏常由摄入不足、吸收利用率低,或生长发育和妊娠哺乳期需要量增加未能及时补充所致。

锌缺乏的临床表现:食欲减退,味、嗅觉下降,偏食、厌食或异食;生长发育迟缓,甚至停滞引起侏儒症;性发育迟缓,第二性征发育障碍;抵抗力低下,伤口愈合不良,反复口腔溃疡;皮肤上皮角化、干燥和粗糙;毛发色素变淡、头发干枯无光泽、易脱发、指甲上出现白斑;孕妇缺锌,胎儿可发生中枢神经系统先天性畸形。有文献记载,人体锌缺乏的典型表现为肠病性肢端皮炎,但在现实生活中并不多见。

食欲减退可能是因为缺锌导致黏膜角化而掩盖或阻塞了味蕾小孔,引起味觉减退甚至丧失所致。人体在合成毛发蛋白质的过程中,需要10余种含锌酶的参与,因此锌缺乏也会影响到毛发的生长。临床上锌制剂常用于厌食、营养不良、生长缓慢的儿童,还可用于治疗脱发、皮疹、口腔溃疡、胃炎等。

锌中毒不常见,但也曾有发生,有资料显示成人一次性摄入2g以上的锌,会发生锌中毒,其主要特征之一是,锌对胃肠道的直接作用导致上腹疼痛、腹泻、恶心、呕吐。长期补充大量锌(100mg/d),可引起其他的慢性疾病,包括贫血、免疫功能下降等。

5. 锌的参考摄入量及食物来源 中国营养学会建议锌的推荐摄入量(RNI)为成年男性

15mg/d，成年女性11.5mg/d。

动物性食物是锌的主要来源。含锌丰富的食物有鱼贝类、肝、肉、蛋等，其中牡蛎含锌量最高。干豆、干果、谷类胚芽及麦麸含锌也较丰富，粗粮如燕麦也是锌的良好来源。一般植物性食物、蔬菜、水果含锌量较低。发酵食品和发芽豆制品等可促进锌的吸收和利用。

为预防缺锌，在日常饮食中应注意膳食平衡、不偏食，适当吃粗粮，不要吃过多的精制食物，并注意摄入含锌丰富的食物。谷类和蔬菜中含有植酸、纤维素、草酸等，会影响锌的吸收，可适当处理，如面粉经发酵可降低植酸含量，蔬菜可先用水焯，去除部分草酸。也可以选择锌强化食品。

(九) 硒

硒(selenium)是地壳中分布不均、含量极微的元素。1817年发现硒元素，1957年发现硒可防止大鼠因膳食性缺硒引起的肝坏死，并提出硒是动物不可缺少的一种微量元素。我国学者在此期间首先提出克山病与缺硒有关，并进一步验证和肯定了硒是人体必需的微量元素。

1. 硒在体内的分布 人体含硒量为14～20mg，分布于人体的细胞和各个器官组织中。含锌量较高的是肝、肾、胰、心、脾、牙釉质和指甲，其次是肌肉、骨骼和血液，脂肪组织含锌量最低。

2. 硒的生理功能

(1)抗氧化：硒是谷胱甘肽过氧化物酶的重要组成成分，谷胱甘肽过氧化物酶具有抗氧化功能，可清除体内脂质过氧化物，阻断活性氧和自由基对机体的损伤作用。谷胱甘肽过氧化物酶可催化还原型谷胱甘肽转变为氧化型谷胱甘肽，使有毒的过氧化物，如将过氧化氢、超氧阴离子等还原为无毒的羟基化合物，从而保护细胞膜及组织免受过氧化损伤，减少或延迟脂褐质的形成，达到抗衰老的目的。硒与维生素E在抗氧化方面具有协同作用，维生素E主要阻止过氧化物的产生，而含硒的谷胱甘肽过氧化物酶则可加速过氧化物还原成无毒性的羟基化合物。

(2)保护心血管和心肌的健康：调查发现，机体缺硒可引起以心肌损害为特征的克山病，缺硒可增强脂质过氧化反应，导致心肌坏死、心肌小动脉和毛细血管损伤。心血管疾病可能与低硒有关。

(3)增强免疫功能：硒几乎存在于所有的免疫细胞中，与非特异性免疫、体液免疫及细胞免疫有关，补充硒可提高机体免疫力从而起到预防疾病的作用。

(4)对有毒重金属的解毒作用：硒与金属有较强的亲和力，能与体内重金属，如汞、镉、铅等结合成金属-硒-蛋白质复合物而起解毒作用，并能促进金属的排出。

(5)其他：硒具有保护视觉器官的功能，并能保护皮肤，使之光洁、不长痤疮；保护头发，使之富有光泽和弹性。硒还有促进生长及抗肿瘤的作用。

3. 硒的吸收与代谢 硒在小肠吸收，无机硒与有机硒都易于被吸收，其吸收率大都在50%以上。吸收率与硒的化学结构及溶解度有关。如蛋氨酸硒的吸收率大于无机形式的硒，溶解度大者吸收率也高。硒代谢后大部分经尿排出，粪中的硒绝大多数为未被吸收的食物硒，有少量随胆汁、胰液、肠液一起分泌到肠腔内。此外，硒也可从汗液排出，当硒摄入量较高时，还可从肺部排出具挥发性的二甲基硒化合物。

4. 硒的缺乏与过量 缺硒是克山病的重要原因，大骨节病、儿童恶性营养不良等也与缺硒有关，用亚硒酸钠和维生素E治疗儿童早期大骨节病有显著疗效。缺硒时机体免疫功能下降，癌症死亡率与血硒水平及特定地区饮食中的硒水平呈负相关。

过量摄入硒可引起硒中毒，主要表现为头发和指甲脱落，头发变干、变脆、易断裂及脱落，其他部位如眉毛、胡须及腋毛也有上述现象，并伴有皮肤损伤和神经系统异常，如肢端麻木、抽搐等，严重者可引起死亡。

5. 硒的参考摄入量及食物来源 动物性食物肝、肾、肉类及海产品是硒的良好食物来源，鱼子酱、海参、牡蛎、蛤蜊和猪肾中含有丰富的硒。但食物中的硒含量受当地水土中硒含量的影响很大。

中国营养学会建议成人硒的推荐摄入量（RNI）为50μg/d，孕妇为50μg/d，乳母为65μg/d。

（十）铬

1. 铬在体内的分布 铬（chromium）是葡萄糖耐量因子的重要组分，主要以三价铬的形式存在，人体含铬量为5～10mg。铬在体内分布广泛，骨骼、大脑、肌肉、皮肤和肾上腺中含量较高。随年龄增长，铬在体内的含量有下降趋势。

2. 铬的生理功能

（1）增强胰岛素作用：作为葡萄糖耐量因子的重要组分，铬在糖代谢中作为一种辅助因子，具有增强胰岛素作用的功能。

（2）促进葡萄糖的利用及使葡萄糖转化为脂肪：铬可提高高密度脂蛋白和载脂蛋白A的水平，降低血清胆固醇水平，预防动脉粥样硬化。动物实验研究发现，铬可明显降低大鼠肥胖基因表达产物瘦素的水平。

（3）促进蛋白质代谢和生长发育：在DNA和RNA的结合部位，发现有大量的铬，提示铬在核酸的代谢和结构中发挥作用。研究表明，铬与生长发育有关，缺铬动物生长发育停滞。

（4）对免疫功能的影响：有研究报道，给家畜注射铬，可使血清免疫球蛋白含量增加，对特异性免疫功能有一定影响。

3. 铬的缺乏与过量 铬缺乏可出现在某些人群中。缺乏的原因主要是摄入不足或消耗过多。铬主要来自食物，人体对铬的吸收利用率较低，食品精制过程中可造成铬的丢失，易导致摄入不足。在烧伤、感染、外伤和体力消耗过度等情况下，人体对铬的消耗增加。

三价铬的毒性较低，人口服铬酸盐的致死剂量为3g，铬中毒可有胃黏膜充血溃疡、肾组织坏死、脑水肿、内脏组织充血等病理改变。由于食物中含铬少、吸收利用率低以及安全剂量范围较宽等原因，尚未见膳食摄入过量铬而引起中毒的报道。有资料显示，人长期食用含铬较高的水，其有害作用不明显，如使用铬污染为1mg/L的井水，3年未见有毒性反应。另有居民饮用含铬达2.5～3.5mg/L的水，则发现有影响。流行病学资料表明，职业性接触铬化物可使发生过敏性皮炎、鼻中隔损伤及肺癌的危险性增加。也有动物实验证明，可溶性三价铬有致癌作用。

4. 铬的参考摄入量及食物来源 中国营养学会建议成人铬的适宜摄入量（AI）为50μg/d，可耐受最高摄入量（UL）为500μg/d。

铬广泛存在于食物中，膳食铬的主要来源是谷类、肉类及鱼贝类。谷类的含铬量高于蔬菜和水果。铬在谷物、豆类、坚果类、黑木耳、紫菜及牡蛎、海参、鱿鱼中含量较丰富，但精制谷类中铬含量较低。啤酒和动物肝脏中的铬以具有生物活性的葡萄糖耐量因子的形式存在，吸收率较高，可达10%～25%。草酸盐和植酸盐可干扰铬的吸收。

（十一）其他

1. 铜

（1）铜（copper）的生理功能：①铜可参与铁的代谢，维持正常造血功能。铜蓝蛋白可催化二价铁氧化成三价铁的反应，促进血红素和血红蛋白的合成，缺铜可导致缺铁性贫血。②具有抗氧化作用。铜是超氧化物歧化酶的重要成分，如 Cu-SOD(copper superoxide dismutase)是体内重要的清除超氧阴离子的酶，铜为该酶的活性中心结构，该酶可催化超氧阴离子转变为氧和过氧化氢，从而保护细胞免受超氧离子的损伤。③能促进骨骼、血管和皮肤健康。含铜的赖氨酸氧化酶能促进骨骼、皮肤和血管中胶原蛋白和弹性蛋白的交联。缺铜时影响胶原的正常结构，导致骨骼生成障碍、骨质疏松、血管和皮肤弹性降低。④维护毛发色泽和正常结构、防止角化。铜是酪氨酸酶的组成成分，该酶能催化酪氨酸转变为多巴，进而转变为黑色素，为维护皮肤、毛发、眼睛的色泽和正常结构所必需的物质，缺铜时毛发脱色。另一种含铜的硫氨基氧化酶具有维护毛发正常结构和防止角化的作用。⑤维护中枢神经系统的健康。磷脂是神经髓鞘的重要成分，而磷脂的合成又依赖于含铜的细胞色素 C 氧化酶的作用。有报道缺铜可致脑组织萎缩、灰白质变性、神经元减少、神经发育停滞、运动障碍等。

(2)铜的参考摄入量及食物来源：中国营养学会推荐成人铜的适宜摄入量(AI)为 2mg/d，可耐受最高摄入量(UL)为 8mg/d。铜在各种食物中广泛存在，含铜丰富的食物有牡蛎、贝类、动物肝肾及坚果类，其次是谷类胚芽和豆类。奶类和蔬菜中铜含量较低。

2. 锰

(1)锰(manganese)的生理功能：①锰是超氧化物歧化酶(Mn-SOD)、精氨酸酶等多种酶的组成成分或激活剂，具有抗氧化功能。②参与结缔组织基质黏多糖的合成，维持骨骼的正常发育。③促进糖和脂肪代谢。动物实验发现，锰缺乏可见葡萄糖耐量反应异常，血清中高密度脂蛋白减少，肝脏脂肪增加，肝微粒体中脂质过氧化增高、细胞膜脂质过氧化增强。④与生殖功能有关。锰缺乏可致生殖功能紊乱，精子减少，性欲减退。

(2)锰的参考摄入量及食物来源：中国营养学会推荐锰的适宜摄入量(AI)成人为3.5mg/d，可耐受最高摄入量(UL)为 10mg/d。锰在各种食物中广泛存在，含锰较多的食物有坚果、粗粮，如核桃、花生、糙米。锰在米糠、麦麸、麦芽、海参、鱿鱼、茶叶等食物中含量丰富，叶菜和鲜豆类次之，肉、蛋、奶、鱼等较低。

3. 氟

(1)氟(fluorine)的生理功能：氟主要存在于骨骼和牙齿中，少量分布在毛发、指甲及其他组织。体内的含氟量与地球环境和膳食中氟的水平有关。氟对维持骨骼和牙齿结构的稳定性具有重要作用，适量的氟有利于钙和磷的利用、促进骨形成、加速骨骼生长、增强骨密度、防治龋齿和骨质疏松。氟摄入不足可导致龋齿发病率增高、老年人骨质疏松发病率增加。过量摄入氟则可发生中毒，导致氟斑牙和氟骨症。

(2)氟的参考摄入量及食物来源：中国营养学会推荐氟的适宜摄入量(AI)成人为1.5mg/d，可耐受最高摄入量(UL)为 3.0mg/d。除茶叶、海带、紫菜、海鱼等少数食物中氟含量较高外，一般食物中含氟量较低。饮用水是氟的主要来源，饮用水中的氟含量取决于地理环境中的氟元素水平。

4. 钴 钴(cobalt)元素是维生素 B_{12} 的组成成分之一，其功能通过 B_{12} 来体现，维生素 B_{12} 与红细胞生成有关，可促进红细胞的成熟。膳食中的钴只有呈活性型维生素 B_{12} 的形式时才能被人体吸收利用。人体缺铁时钴的吸收增强，而钴的增加可降低铁的吸收。我国尚未制定钴的参考摄入量。活性型钴主要存在于动物性食物中，如肝、肾、海产品。蔬菜中钴含量也较高，奶制品和各类精制食品中含量较低。

5. 钼 钼(molybdenum)是黄嘌呤氧化酶及脱氢酶、醛氧化酶、亚硫酸氧化酶等酶的辅基，催化相应的代谢反应。这些酶参与碳水化合物、脂肪、蛋白质、含硫氨基酸、核酸和铁的代谢。钼的缺乏可引起上述酶的不足，导致体内嘌呤代谢和含硫氨基酸代谢障碍。中国营养学会推荐我国成人钼的适宜摄入量（AI）为60μg/d，可耐受最高摄入量（UL）为350μg/d。钼广泛存在于各种食物中，动物肝、肾含量最丰富，其次是奶及奶制品、干豆、谷类，蔬菜、水果、鱼类、糖和油脂。

五 维生素

（一）概述

维生素（vitamin）是维持身体健康、促进生长发育和调节生理功能所必需的一类小分子有机化合物，同时维生素也是美容保健的物质基础，在护肤养颜方面有着不可低估的功效。维生素是六大营养素之一，它们以其本体或可被利用的前体形式存在于动植物性食物中。在体内维生素既不供给热能，也不构成人体组织，人体只需少量即可满足需要，但必不可少，且必须由食物供给。维持体内正常生理活动的维生素长期缺乏，可导致相关生化代谢异常、生理功能改变、组织病理变化，出现临床症状和体征。不少维生素缺乏症均可产生皮肤损害，有碍美观。

维生素按其溶解性的不同，可分为脂溶性和水溶性两大类。脂溶性维生素有维生素A、维生素D、维生素E、维生素K，水溶性维生素有B族维生素和维生素C。B族维生素是一个大家族，包括硫胺素（维生素B_1）、核黄素（维生素B_2）、烟酸（维生素B_3，PP）、吡哆醇（维生素B_6）、钴胺素（维生素B_{12}）、叶酸、泛酸（维生素B_5）和生物素（维生素B_h或称维生素H）。

水溶液性维生素溶于水而不溶于脂肪及有机溶剂，体内不能大量储存，从尿中排出较快，一般不会出现中毒，但易出现缺乏。脂溶性维生素可储存于体内，不易排出，摄取过多，会在体内蓄积而导致毒性作用。

膳食中长期缺乏某种维生素时，首先消耗组织储备，进而出现生化或生理功能改变，最后出现营养缺乏病的症状和体征。维生素缺乏有原发性和继发性两种，前者为摄入不足，后者为吸收障碍或需要量增加。按维生素缺乏的程度可分为临床缺乏和亚临床缺乏，前者指出现临床症状的维生素缺乏；后者又称边缘缺乏，指长期轻度缺乏导致体内维生素营养水平及相关生理功能处于低下状态，使得机体工作效率和生活质量降低，边缘缺乏引起的临床症状不明显、不特异，往往被忽略，应引起重视。

维生素和其他营养素之间存在着密切的关系，如硫胺素、核黄素和烟酸与能量代谢关系密切，机体对它们的需要量随着对能量的需要增加而增多。维生素E不仅本身具有抗氧化作用，还可以保护维生素A免受氧化破坏，并与谷胱甘肽过氧化物酶、维生素C等有协同作用。因此，各种维生素之间以及维生素与其他营养素之间保持平衡非常重要，如果摄入某种营养素不适当，可能会引起或加剧其他营养素的代谢紊乱。

（二）维生素A及胡萝卜素

维生素A（vitamin A）又称视黄醇（retinol），纯品维生素A为黄色结晶，易溶于脂肪、油及有机溶剂，暴露在空气中易氧化失效，对酸不稳定，遇光和热可加速其分解。天然存在的维生素A有维生素A_1（视黄醇）与A_2（3-脱氢视黄醇）两种类型。前者主要存在于海产鱼肝脏中，后者主要存在于淡水鱼中，但其生物活性仅为前者的40%。植物中不含已形成的维生素A，但含有类胡萝卜素（carotene），其中部分可转化为维生素A，被称为维生素A原（provitamin A），主要有α、β和γ-胡萝卜素3种，以β-胡萝卜素的转化效能为高，此外还有其他的类胡萝卜素。维生素 A 对皮肤美容保健有重要意义，可维护上皮细胞的完整性，调节表皮及角质层的新陈代谢，保护皮肤黏膜不易受细菌侵害，防止皮肤干燥及相关的各种皮肤病的发生。

1. 生理功能及缺乏与过量

(1)维持正常视觉及暗适应能力：维生素 A 参与视网膜视紫红质的合成与再生，以维持正常视力及暗适应能力。这种在视网膜内对光敏感的色素如果合成不足，则可引起夜盲症。维生素 A 缺乏时会因角膜和结膜上皮组织的退变、泪液分泌减少而引起眼干燥症，进一步发展可致角膜软化及角膜溃疡，还可出现角膜皱褶和毕脱斑(Biot's spot)。

(2)维持上皮细胞正常生长和分化：维护皮肤细胞正常的新陈代谢及腺体的分泌，可使皮肤柔软细嫩，有防皱、去皱的功效。缺乏维生素 A 会使上皮细胞的功能减退，导致皮肤弹性下降、干燥、角化及增生，使皮肤粗糙，失去光泽。维生素 A 外用有助于对痤疮、脓疱、疖疮、皮肤表面溃疡等症的治疗，有助于祛除老年斑。

(3)维持免疫功能：维生素 A 能加强机体对传染病特别是呼吸道感染的抵抗力。缺乏时，消化道、呼吸道和泌尿生殖道黏膜对外界病原抵抗力降低，易感染疾病；导致儿童支气管肺炎反复发作。

(4)维持正常的骨骼发育：维生素 A 可以促进动物生长和骨骼发育，其机制可能是促进蛋白质的生物合成及骨细胞的分化。维生素 A 缺乏可表现为骨质增生。另有研究表明，维生素 A 还有一定的抗氧化及防癌作用。

过量摄入可引起急、慢性中毒和致畸毒性。中毒多系误服大剂量的维生素 AD 胶囊所致，婴幼儿服用时更应注意。孕妇在妊娠早期每日大剂量摄入维生素 A，可使娩出畸形儿的危险性增加。

2. 参考摄入量及食物来源 维生素 A 的膳食参考摄入量以视黄醇当量(μgRE)来表示，包括已形成的维生素 A 和维生素 A 原的总量，计算公式为：

$$\text{膳食或食物中总视黄醇当量}(\mu gRE) = \text{维生素 A}(\mu g) + \beta - \text{胡萝卜素}(\mu g) \times 0.167 + \text{其他维生素 A 原}(\mu g) \times 0.084$$

中国营养学会建议成人维生素 A 的推荐摄入量(RNI)为男性 800μg RE/d，女性 700μgRE/d，成年人维生素 A(不包括胡萝卜素)的可耐受最高摄入量(UL)为 3000μgRE/d。

维生素 A 由动物性食物提供，主要来源为肝脏、鸡蛋、鱼肝油、牛奶。胡萝卜素由植物性食物提供，主要来源为深绿色或红黄色蔬菜及水果，如西兰花、菠菜、芹菜叶、南瓜、胡萝卜、辣椒、芒果、杏及柿子等。

(三) 维生素 D

维生素 D 包括维生素 D_2(麦角钙化醇，calciferol)与维生素 D_3(胆钙化醇，cholecalciferol)。分别由麦角固醇和 7-脱氢胆固醇经紫外线照射转变而成。维生素 D 在肝中被氧化为 25-羟基胆钙化醇(25-OH-D_3)，再于肾中转化为 1,25-二羟基胆钙化醇[1,25-$(OH)_2$-D_3]才有生理活性。

1. 生理功能及缺乏与过量 维生素 D 是促进钙、磷吸收，调节钙、磷代谢最重要的因子之一。维生素 D 通过促进钙、磷的吸收，增加骨中钙和磷向血液的释放，从而维持血钙的正常水平，防止低钙性手足抽搐症和骨质疏松症的发生。钙、磷是骨骼生长、肌肤健美所必需的成分，正常血钙水平的维持能促进皮肤的新陈代谢，增强皮肤对湿疹、疥疮的抵抗力。体内维生素 D 缺乏时，皮肤易感染、溃烂。

维生素 D 可促使骨骼及牙齿的正常生长，供给不足时，可影响骨及软骨的骨化和牙齿钙化，延缓牙齿萌出。严重缺乏时儿童可患佝偻病，成人患骨质软化症和骨质疏松症，易发生自发性或多发性骨折。

摄入过量可引起弥漫性骨质脱矿化、高钙血症、高尿钙症等。儿童每天摄入 1mg，成人每天摄入 2.5mg，长期服用可致中毒。表现为食欲缺乏、无力、恶心呕吐、腹泻、多尿、血清钙、磷增高，以及广泛性的软组织钙化和不同程度的肾功能损伤，停服维生素 D 可恢复。

2. 参考摄入量及食物来源 中国营养学会建议维生素 D 的推荐摄入量（RNI），成人为 5μg/d，儿童、孕妇及老年为 10μg/d。

人类维生素 D 的缺乏可能是由于食物中缺乏维生素 D 或日光照射不足引起的。天然食物中维生素 D 含量较低，脂肪含量高的海鱼、鱼卵、奶油、蛋黄、动物肝脏等食物中维生素 D 含量相对较高，鱼肝油制剂可作为维生素 D 的补充剂。另外，经常接受充足的日光照射，是人体廉价获得维生素 D 的有效途径。

（四）维生素 E

维生素 E（vitamin E）又名生育酚，包括生育酚和生育三烯酚两类，均有 α、β、γ 和 δ 4 种结构，其中 α-生育酚活性最高。α-生育酚为黄色油状液体，易溶于酒精、脂肪和脂溶剂，易被紫外线和氧化剂破坏，油脂酸败可加速维生素 E 的破坏，高温油炸可使其活性明显降低。有研究表明，混合生育酚比 α-生育酚在清除自由基和预防疾病方面更加有效。

1. 生理功能及缺乏表现

（1）抗氧化：维生素 E 可与其他抗氧化物质以及抗氧化酶一起构成机体抗氧化系统，保护生物膜及蛋白质免受自由基攻击。可以通过清除有害自由基，增强皮肤对外界的抵抗力，对被紫外线灼伤的皮肤可起到良好的修护作用。

（2）预防衰老：随着年龄的增长，体内脂褐质不断增加，这些是细胞内某些成分被氧化分解后的沉积物，可形成老年斑。维生素 E 可以减少细胞中脂褐质的形成，防止皮肤细胞的老化早衰，阻止色斑的产生，预防黄褐斑、色素沉着及老年斑。

（3）促进蛋白质更新、合成：维生素 E 可促进蛋白质更新、合成，并促进皮肤的新陈代谢。维生素 E 易被皮肤吸收，可使皮肤柔软、富有弹性，改善皮肤干燥状况，减少细小皱纹。

（4）与动物的生殖功能和精子生成有关，还可调节血小板的黏附力和聚集作用，抑制血小板的聚集，降低心肌梗死和脑卒中发生的危险。

2. 参考摄入量及食物来源 中国营养学会建议成人维生素 E 的适宜摄入量（AI）为 14mg/d。当膳食中多不饱和脂肪酸摄入增多时，相应增加维生素 E 的摄入量，一般每摄入 1g 多不饱和脂肪酸，应摄入 0.4mg 维生素 E。

维生素 E 在自然界分布广泛，主要来源于各种油料种子和植物油，坚果、某些谷类尤其是麦胚、豆类、绿叶蔬菜中也含有一定数量，肉、鱼、水果中含量较少。

（五）维生素 K

维生素 K 又称叶绿醌，与调节凝血因子的合成及骨代谢有关，缺乏时可引起凝血功能障碍和出血。主要用于出血性疾病的治疗，能有效改善因凝血功能障碍引起的皮下淤血症状，如皮肤色素沉着、黑眼圈等。植物性食物如绿色蔬菜、卷心菜、红花油，动物性食物如蛋黄、鱼肝油中含量丰富。

（六）硫胺素

硫胺素（thiamin），又称维生素 B_1、抗脚气病因子或抗神经炎因子。呈白色针状结晶，易溶于水，微溶于乙醇，在酸性条件下稳定，但在中性和碱性条件下遇热易被破坏，烹调食物加碱会造成硫胺素的损失。

1. 生理功能及缺乏表现 硫胺素主要参与体内碳水化合物代谢及神经传导过程。硫胺素以辅酶的形式作用于糖代谢,在体内参与两个重要的反应,即α-酮酸的氧化脱羧反应和磷酸戊糖途径的转酮醇酶反应。硫胺素可促进乙酰胆碱合成,在维持神经、肌肉特别是心肌的正常功能以及在维持正常食欲、胃肠蠕动和消化液分泌方面起着重要作用。硫胺素的此种功能属于非辅酶功能,可能与TPP直接激活神经细胞的氯通道、控制神经传导的启动有关。硫胺素能促进胃肠功能、增进食欲、帮助消化、消除疲劳、防止肥胖、润泽皮肤和防止皮肤老化。膳食中缺乏硫胺素,人体会感觉疲劳、抵抗力降低、皮肤易干燥并产生皱纹。

硫胺素缺乏可引起脚气病,主要累及神经血管系统。其病因与硫胺素摄入不足及酒精中毒有关。发病早期可有疲倦、烦躁、头痛、食欲缺乏、便秘和工作能力下降等。临床上脚气病可分为以下几种类型:

(1)湿性脚气病:以心血管系统症状为主,可表现为心界扩大,尤其是心室肥大、心动过速、呼吸窘迫,因血管通透性增加而有下肢水肿及浆膜腔积液。

(2)干性脚气病:以神经系统症状为主,表现为腱反射异常、上行性多发性神经炎、肌肉乏力和疼痛、腓肠肌压痛等。

(3)婴儿脚气病:多见于硫胺素缺乏的母亲授乳喂养的婴儿,通常于出生后2~4个月发病。早期可有食欲缺乏、呕吐、兴奋、腹痛、便秘、水肿、心动过速、呼吸急促与困难。婴儿脚气病以心血管系统症状为主,常伴有喉水肿而失音,形成独特的喉鸣(脚气病哭声)。晚期有发绀、心界扩大、心力衰竭、肺充血及肝淤血。婴儿脚气病病情凶险而且病程进展迅速,常于症状出现后1~2天内突然死于心力衰竭。

造成硫胺素缺乏的常见原因有:长期摄入碾磨过度的精白米面、缺乏其他杂粮和多种副食品的补充、吸收障碍以及需要量增加等。

2. 参考摄入量及食物来源 中国营养学会建议硫胺素的推荐摄入量(RNI)为成年男性1.4mg/d、女性1.3mg/d,可耐受最高摄入量(UL)为50mg/d。硫胺素的需要量与碳水化合物代谢有关,一般认为0.5mg的硫胺素即能满足4.2MJ(1000kcal)热量的需要。

硫胺素广泛存在于各类食物中,其良好来源是动物的内脏如肝、肾、心,瘦肉以及全谷、豆类和坚果。未经精制的谷类含有大量的硫胺素,目前谷物仍为我国传统膳食中硫胺素的主要来源。

(七)核黄素

核黄素(riboflavin)也称维生素B_2,为黄棕色针状结晶,在酸性溶液中稳定,碱性溶液中不稳定。在日光或紫外线照射下易降解,其降解产物失去核黄素的性质并且可促进脂质过氧化,因此需避光储存。

1. 生理功能及缺乏表现 核黄素在体内经磷酸化后,形成黄素单核苷酸(FMN)及黄素腺嘌呤二核苷酸(FAD),均为黄素酶的辅酶。核黄素以黄素酶的辅酶形式参与体内多种物质的氧化还原反应,其中涉及物质代谢及能量代谢,并与视网膜感光作用及生长发育有关。在氨基酸、脂肪酸和碳水化合物的代谢中亦起重要作用。核黄素还参与维生素B_6、烟酸和一些药物的代谢,并与体内铁的吸收及储存有关,对促进生长发育、维持身体健康起着重要作用。黄素腺嘌呤二核苷酸是谷胱甘肽还原酶的辅酶,因此核黄素还是体内抗氧化防御系统的成员,具有抗氧化作用。

核黄素缺乏的主要表现为眼部、口腔和皮肤症状,缺乏时可引起睑缘炎、口角炎、唇炎、舌炎、脂溢性皮炎及阴囊炎等，与美容关系较密切。具体表现如下：

（1）眼部症状：核黄素缺乏早期并无特异性的表现，可有畏光、流泪和视力疲劳等症状。进一步可发展为球结膜充血、角膜周围血管增生、角膜透明度下降及角膜与结膜交界处出现水疱。严重时出现睑缘炎、畏光、视物模糊、角膜浑浊、溃疡甚至穿孔和失明。有研究显示，老年性白内障以及暗适应能力下降与核黄素缺乏有关。

（2）口腔症状：主要为口角炎、唇炎和舌炎。口角炎可表现为口角湿白、裂纹、疼痛及溃疡；唇炎可表现为唇部肿胀、干裂、出血、溃疡及色素沉着；舌炎可表现为舌肿胀和疼痛、色紫红、有裂纹、舌乳头萎缩及地图舌。

（3）皮肤症状：主要表现为脂溢性皮炎，常见于鼻翼两侧、脸颊、下颌、前额及眉间，也可见于耳后、腋下、腹股沟等处，还可表现为酒渣鼻。男性可患阴囊炎，状似湿疹，又称阴囊湿疹样皮炎，常有发痒、红肿、脱屑、渗出、结痂并伴疼痛感。女性偶见阴唇炎，表现为会阴部炎症及瘙痒。

由于核黄素缺乏常表现为口腔与生殖器官的炎症变化，故称口腔-生殖器综合征。此外，核黄素缺乏还可影响铁的吸收，导致继发性铁营养不良甚至贫血。

2. 参考摄入量及食物来源 核黄素的需要量与能量代谢密切相关，成人按4.2MJ（1000kcal）需核黄素0.5mg供给。中国营养学会建议核黄素的推荐摄入量（RNI）为成年男性1.4mg/d，成年女性1.2mg/d。

动物性食物含核黄素一般较植物性食物高，尤其动物的内脏，如肝、肾和心脏含量最丰富，蛋类及奶类也有较多的含量。植物性食物中的大豆及绿叶蔬菜中含量较高，谷类和一般蔬菜较少，尤其是谷物精加工可造成核黄素大量损失。

为预防核黄素缺乏，在日常膳食中需注意选择富含核黄素的食物，改进烹调方法以减少核黄素的损失，对发育期儿童及青少年可适当补充核黄素强化食品。

（八）烟酸

烟酸（niacin），即维生素B_3、维生素PP，也称尼克酸、抗癞皮病因子等。为白色针状结晶，易溶于水和酒精，对酸、碱和热比较稳定。一般烹调加工损失极少。

1. 生理功能及缺乏表现

（1）参与体内物质代谢和能量代谢及核酸的合成：烟酸以烟酰胺的形式，在体内构成辅酶Ⅰ和辅酶Ⅱ。辅酶Ⅰ和辅酶Ⅱ是细胞生物氧化过程中的递氢体，作为200多种酶的辅酶，在糖类、脂类、氨基酸、类固醇等物质的代谢以及核酸的合成中起着重要作用。

（2）构成葡萄糖耐量因子：以辅酶形式存在的烟酸还是葡萄糖耐量因子的组成成分，具有增强胰岛素效能的作用。

（3）维持神经、消化系统和皮肤的正常功能：烟酸对维持神经、消化系统和皮肤的正常功能起着重要作用，缺乏时可出现相应的症状。

烟酸缺乏症又称癞皮病，临床上以皮肤、胃肠道及神经系统症状为主要表现，其典型症状为皮炎、腹泻和痴呆。皮炎是该病最典型的症状，常在肢体暴露部位出现对称性晒斑样损伤，以手背、足背、腕、前臂、手指、踝部等最多见，其次为肢体易受摩擦处。因角化过度表现为皮肤增厚，并有色素沉着、干燥及脱屑现象。小腿前部和外侧皮肤可呈鱼鳞样变化。消化系统以舌炎及腹泻最为显著，口、舌部症状表现为舌尖及边缘充血发红、舌乳头增大、舌及口腔黏膜溃疡，常伴有疼痛和烧灼感。可有食欲缺乏、恶心、呕吐、腹痛、腹泻，或腹泻与便秘交替出现等症状。神经精神系统可表现为失眠、焦虑、抑郁、淡漠和健忘，甚至发展成痴呆。周围神经炎可表现为四肢麻木、腓肠肌压痛及神经反射异常。该病常与脚气病、核黄素及其他营养素缺乏并存。

2. 参考摄入量及食物来源 烟酸除了从食物中直接摄取外，还可在体内由色氨酸转化而来，大约60mg色氨酸可转化为1mg烟酸。烟酸的膳食参考摄入量以烟酸当量(mgNE)来表示：

$$烟酸当量(mgNE) = 烟酸(mg) + 1/60\ 色氨酸(mg)$$

烟酸的需要量与能量代谢密切相关，其供给量相当于硫胺素的10倍。即成人按4.2MJ(1000kcal)需烟酸5mg供给。中国营养学会建议烟酸的推荐摄入量(RNI)为成年男性14mgNE/d、成年女性13mgNE/d，可耐受最高摄入量(UL)为35mgNE/d。

烟酸广泛存在于动植物性食物中，尤以内脏如肝、肾含量最高，瘦肉、鱼、酵母、豆类、坚果、花生及麦麸中含量较多。牛奶和蛋类烟酸含量较低，但是含有丰富的色氨酸，在体内可以转变为烟酸。玉米、高粱等谷物中所含的大多数烟酸为结合型，不能被机体吸收利用，因此在以玉米为主食的地区，居民易患烟酸缺乏症。加碱处理可使玉米中的结合型烟酸转变为游离型，易被人体利用。

（九）维生素B_6

维生素B_6包括吡哆醇(pyridoxine, PN)、吡哆醛(pyridoxal, PL)及吡哆胺(pyridoxamine, PM)3种天然存在形式，具有重要的生理功能，与美容关系密切，并与叶酸共同参与体内同型半胱氨酸的代谢，因而对心血管疾病有预防作用。

1. 生理功能及缺乏表现 维生素B_6主要以其活性形式磷酸吡哆醛作为近百种酶的辅酶参与体内代谢。在氨基酸、脂肪及不饱和脂肪酸代谢及一些神经介质的合成方面发挥重要作用，如同型半胱氨酸代谢为半胱氨酸的过程需要维生素B_6作为辅酶参与。维生素B_6也是血红素合成有关酶的辅酶，因而与造血功能有关。还可促进维生素B_{12}、铁和锌的吸收，对机体免疫功能亦有不同程度的影响。

维生素B_6的缺乏可导致上述功能的失调。人体缺乏维生素B_6可致眼、鼻和口腔周围皮肤出现脂溢性皮炎，并可扩展至面部、前额、耳后、阴囊及会阴等处。临床症状包括：口角炎、唇干裂、舌炎。个别有精神症状，如易受刺激、抑郁及精神错乱等。偶见低色素小细胞性贫血。幼儿维生素B_6缺乏可表现为烦躁、肌肉抽搐和癫痫样惊厥。

维生素B_6的缺乏常与其他B族维生素的缺乏同时存在。同型半胱氨酸是一种含硫氨基酸，是必需氨基酸之一——蛋氨酸的体内代谢产物。同型半胱氨酸在体内有两条代谢途径，其一是在叶酸、维生素B_{12}的参与及蛋氨酸合成酶的作用下，经过代谢过程又合成蛋氨酸，参与体内蛋白质代谢；其二是由同型半胱氨酸代谢为半胱氨酸的过程，此过程需要维生素B_6作为辅酶的参与。当叶酸、维生素B_{12}、维生素B_6缺乏时，上述代谢途径发生障碍，同型半胱氨酸就会在体内堆积，表现为血浆同型半胱氨酸浓度升高，称高同型半胱氨酸血症。

高同型半胱氨酸血症与动脉粥样硬化关系密切。流行病学研究以及营养素的补充干预研究结果表明，高同型半胱氨酸血症是除高胆固醇血症、高血压、吸烟等危险因素以外的冠心病的独立危险因素。即血浆同型半胱氨酸水平越高，患动脉粥样硬化的危险越大。血浆同型半胱氨酸水平升高导致心血管疾病的机制主要是：损伤血管内皮细胞、促进血栓形成、增强低密度脂蛋白致动脉硬化的作用等。血浆同型半胱氨酸浓度受维生素B_6和叶酸的影响，补充维生素B_6可降低其含量，进而减少发生心血管疾病的危险性。

2. 参考摄入量及食物来源 正常情况下，维生素B_6的食物来源比较广泛，且肠道细菌可合成一部分维生素B_6，因此不易缺乏。但在某些情况可出现缺乏，如妊娠、哺乳以及老年期对其需要量增高时，或在服用某些药物如避孕药及异烟肼时，对其有拮抗作用，因而应进行补充。

中国营养学会建议维生素 B_6 的适宜摄入量(AI)成年人为 1.2mg/d，50 岁以上为1.5mg/d，孕妇和乳母为 1.9mg/d。

维生素 B_6 存在于各种食物中，含量最高的食物有肉类，尤其是鸡和鱼，其次为肝脏、蛋黄、豆类及坚果，水果和蔬菜如香蕉、卷心菜、菠菜的维生素 B_6 含量也较高。但是在柠檬类水果和奶类食品中含量较低。

(十) 叶酸

叶酸(folic acid，FA)因最初由菠菜叶中分离得到而得名。叶酸为橙黄色结晶，微溶于热水，不溶于乙醇、乙醚及其他有机溶剂；叶酸的钠盐易溶于水，但在水溶液中容易被光解破坏，在酸性溶液中不稳定，在中性和碱性环境中对热稳定。

1. 生理功能及缺乏表现 食物中的叶酸经小肠吸收，在维生素 C 和还原型辅酶Ⅱ的参与下，叶酸转变为具有生物活性的四氢叶酸，发挥重要的生理功能。叶酸与核苷酸的合成有关，主要是作为一碳单位的载体，携带甲基、亚甲基和甲胺基等一碳基团，参与嘌呤、嘧啶核苷酸的合成，在细胞分裂和增殖中发挥作用。还参与氨基酸的代谢以及血红蛋白及甲基化合物如肾上腺素、胆碱、肌酸等的合成。由于叶酸与核酸及蛋白质的合成密切相关，故它对于正常血细胞生成、组织修复具有重要意义，并与神经系统功能及脂类代谢有关。有研究报道，叶酸可以预防动脉粥样硬化、阿尔茨海默病。

叶酸缺乏可引起巨幼红细胞性贫血、高同型半胱氨酸血症，怀孕早期缺乏叶酸是引起胎儿神经管畸形的主要原因。

2. 参考摄入量及食物来源 烟酸的膳食参考摄入量以膳食叶酸当量(DFE)来表示。中国营养学会建议叶酸的膳食参考摄入量(RNI)为：14 岁起至成年人为 400μgDFE/d，妊娠、哺乳及婴儿期需适当增加摄入量。

叶酸广泛存在于动植物性食物中，其良好来源为肝、肾、蛋类、绿叶蔬菜、酵母、马铃薯、豆类、麦胚、柑橘、香蕉及坚果等。

(十一) 维生素 B_{12}

维生素 B_{12} 分子中含有钴，又称钴胺素(cobalamin)。为红色结晶体，易溶于水和乙醇，在中性溶液中耐热，在强酸、强碱和光照下不稳定，氧化剂和还原剂均能将其破坏。

1. 生理功能及缺乏表现 维生素 B_{12} 在体内参与蛋氨酸、脂肪酸代谢，能促进红细胞的发育与成熟。膳食维生素 B_{12} 缺乏较少见，多数缺乏症是由于吸收不良而引起的。维生素 B_{12} 缺乏可引起巨幼红细胞性贫血、神经系统损害及高同型半胱氨酸血症等。

2. 参考摄入量及食物来源 人体对维生素 B_{12} 的需要量极少，我国营养学会建议维生素 B_{12} 的适宜摄入量(AI)成年人为 2.4μg/d。

膳食维生素 B_{12} 来源于动物性食物，主要为肉类、动物内脏、鱼、禽及蛋类，奶及奶制品中含量较少，植物性食物基本上不含维生素 B_{12}。

(十二) 抗坏血酸

抗坏血酸(ascorbic acid)又称维生素 C，为无色无味的片状晶体，易溶于水，微溶于丙酮与低级醇类，不溶于脂溶性溶剂。在水溶液中极易氧化，遇空气、热、光和碱性物质，尤其是在氧化酶及微量金属离子铁和铜等存在时，可促进其氧化过程。在食物储存过程中，抗坏血酸会有不同程度的破坏，采用冷藏、隔绝氧气及酸性处理等措施可减少其损失。

抗坏血酸与美容关系非常密切，是保持肌肤健康必不可少的一种维生素，在降低黑色素生成、保持皮肤洁白细嫩、促进胶原合成、保持皮肤弹性以及抗氧化、防衰老等方面扮演着非常重要的角色。

1. 生理功能及缺乏表现

(1)抗氧化作用:维生素C是体内一种强有力的抗氧化剂,可有效清除自由基和活性氧如羟自由基、过氧自由基、超氧自由基及过氧化物等。它可在脂质过氧化启动前清除过氧自由基,防止脂质过氧化。维生素C还具有较强的还原性,当其清除自由基后,可通过谷胱甘肽获得电子而恢复其还原性。体内抗氧化剂之间存在着相互还原作用,维生素C不仅可获得电子,还可通过供给电子,将维生素E、谷胱甘肽和类黄酮等生物抗氧化剂恢复成还原模式。这个过程将膜上维生素E的自由基形式还原为活性形式,减少了膜结合维生素E的消耗;使氧化型谷胱甘肽的双硫键还原为巯基,起到清除自由基的作用;并可保护类黄酮免受氧化。维生素C的抗氧化作用也能阻止色素生成,对清除皮肤黑斑、黄褐斑等有重要作用,因而具有保持皮肤洁白细嫩、防止衰老的功效。

(2)促进结缔组织中胶原蛋白的形成:胶原蛋白是皮肤、骨骼、肌腱、血管中结缔组织的主要成分,对维持皮肤、血管、骨骼和肌腱的韧性尤其重要。在胶原蛋白合成过程中,维生素C主要是在前胶原蛋白合成阶段的前α肽链形成过程中起作用,在此过程中部分脯氨酸、赖氨酸羟化酶催化形成羟脯氨酸与羟赖氨酸,这类酶的催化反应需铁的参与,维生素C通过使酶-铁复合物中的铁保持二价而间接发挥作用。羟脯氨酸与羟赖氨酸是胶原蛋白的重要成分。维生素C缺乏可引起胶原蛋白合成障碍,导致结缔组织的形成受影响,使血管脆性增加甚至引起出血,临床上表现为维生素C缺乏病的一系列症状和体征。

(3)促进铁的吸收及叶酸的利用:维生素C能将血浆铁转运蛋白中的三价铁还原为二价铁从而被释放出来,二价铁再与肝脏铁蛋白结合,提高了铁的利用率。维生素C还能促进铁在肠道内的吸收,其机制是阻止铁离子沉淀以及保持铁离子的二价状态,也可能是与铁螯合形成小分子可溶性复合物而有利于铁的吸收。维生素C还参与叶酸转变为具有生理活性的四氢叶酸的过程。铁是红细胞中血红蛋白不可缺少的物质,叶酸也是参与造血的维生素,均在体内发挥造血功能。因此维生素C在预防贫血方面起着重要作用。

(4)解毒、降低胆固醇、增强免疫力与防癌:维生素C可与金属离子络合而减少机体对铅、汞、镉、砷等毒物的吸收。参与类固醇的羟化反应,促使胆固醇转变为胆酸,降低血清胆固醇。促进抗体形成,增强免疫功能。还可阻断亚硝胺在体内的合成,预防癌症。

膳食摄入减少或机体需要增加又得不到及时补充时,体内抗坏血酸储存减少,可导致抗坏血酸缺乏。人体缺乏抗坏血酸可以引起维生素C缺乏病(坏血病),以毛细血管广泛出血为特征,毛细血管脆性增加,引起皮肤和牙齿出血等症状。皮肤可出现瘀血点、毛囊过度角化,其中毛囊周围轮状出血具有特异性。可伴有口、眼干燥,轻度贫血,还可伴有忧郁等精神症状。由于胶原蛋白合成障碍,导致创口、溃疡不易愈合,骨骼、牙齿等易于断裂和脱落,骨有机质形成不良而导致骨质疏松。

不适当的大量服用维生素C可能造成维生素C依赖症,若骤然停用,则由于体内代谢尚处于高水平,会很快消耗体内储备,故应逐渐减少用量。维生素C在体内分解之后生成草酸,摄入过多可致尿中草酸盐的大量排泄,增加患尿路结石的危险。

2. 参考摄入量及食物来源 中国营养学会建议抗坏血酸的推荐摄入量(RNI),成年人为100mg/d,成年人的可耐受最高摄入量(UL)为≤1000mg/d。

抗坏血酸的主要食物来源是新鲜蔬菜与水果,叶菜类蔬菜以及酸味水果含量较丰富。在辣椒、油菜、卷心菜、菜花等蔬菜以及柑橘、柠檬、柚子和草莓等水果中含量较高。野菜、野果中含量尤为丰富,如苋菜、苜蓿以及酸枣、猕猴桃、山楂、刺梨等。在食物烹饪过程中维生素 C 易遭破坏,故番茄、黄瓜、小水萝卜等建议洗净生食。

(十三)其他维生素及类维生素

1. 生物素 生物素(biotin)又名维生素 H,为无色无味的针状结晶,能溶于热水、乙醇,但不溶于有机溶剂。主要参与脂类、碳水化合物和蛋白质代谢,并与机体免疫功能有关。生物素有助于防止毛发脱落、皱纹过早形成和皮肤干燥脱屑。食物中以动物内脏、蛋黄、酵母、花生中含量较高,人肠道细菌也可大量合成。

2. 泛酸 泛酸(pantothenic acid)又名遍多酸、维生素 B_5,即抗皮炎维生素。泛酸在体内与巯乙胺、焦磷酸及 3'-磷酸腺苷结合成辅酶 A 参与机体代谢及能量转化,在脂肪合成和分解中也起着十分重要的作用,并与黏膜、皮肤正常功能的维持,动物毛皮的色泽及对疾病的抵抗力有关。泛酸在动植物性食物中分布很广,在动物的内脏、鱼肉、蛋类、整粒谷物、花生和马铃薯等食物中含量丰富。人类泛酸缺乏的情况很少见。

3. 胆碱 胆碱(choline)是卵磷脂和神经鞘磷脂的重要组成部分,为所有细胞维持正常功能所必需,具有保证细胞膜结构完整与传导信号的功能,可促进脑发育和提高记忆能力,防止记忆力衰退。胆碱也为脂类转运代谢所必需,它是一种具有乳化性质的 B 族维生素,能将脂肪和胆固醇乳化,阻止胆固醇在血管内壁沉积,并清除部分沉积物,同时还能改善脂肪的吸收利用,因此,具有预防心血管疾病的作用和抗脂肪肝的功能。胆碱广泛存在于食物中,蛋黄,动物的脑、心、肝,大豆及绿叶蔬菜中含量丰富。食品加工过程中还可加入一些胆碱,特别是在制备婴儿配方食品时,婴儿代乳品中胆碱的安全、有效供应须以母乳为模式。临床上全肠外营养需补充胆碱。

4. 肉碱、肌醇、维生素 P 肉碱、肌醇、维生素 P 等属于类维生素(quasi-vitamins),类维生素也被称为其他微量有机营养素,其含量比维生素多,机体可自身合成一部分,具有维生素的一些特点,但功能不太明确。

肉碱(carnitine)的化学名称为 *L*-β-羟基-三甲基氨基丁酸。在体内由赖氨酸和蛋氨酸作为原料,在维生素的辅助下合成,可分布于各种组织,尤以线粒体内含量居多。主要生理功能是促进脂肪酸进入线粒体内代谢,而脂肪酸氧化可提供更多的 ATP,故肉碱具有抗疲劳、降低血脂和体重的作用。由于肉碱在促进脂类代谢和间接促进能量生成方面的作用,所以它也被用作减肥类健美食品和运动型饮料的添加剂。肉碱能在人体肝脏合成,但在婴儿、青春期以及成人特定的生理条件下,可因合成不足而导致缺乏,如禁食、素食、剧烈运动、肥胖者以及摄入未强化肉碱配方食品的婴儿等。肉碱广泛存在于酵母、奶类、肝脏尤其是肉类食品中。

肌醇可防止毛发脱落,有抗肝脂肪变性的功能。在肝脏、酵母和麦胚中含量丰富。

生物类黄酮也被称为维生素 P,有助于维持血管的通透性,其良好的来源是柠檬、芸香和橘皮。

六 水

水(water)作为生命之源,是维持机体最基本生命活动的物质,是一种重要的宏量营养素,也是营养素吸收的媒介。水是美容、健康和生命的甘露,也是保持皮肤清洁、滋润、细嫩的廉价美容剂。水分充足,则皮肤润泽,富有弹性;水分缺乏,则皮肤干燥、皱缩,失去弹性。故水在美容方面有着举足轻重的作用。

（一）体内分布

水是体内含量最多的成分，主要分布于细胞内液和细胞外液，细胞内液约占总体水的2/3，细胞外液约占1/3。各组织器官的含水量相差较大，在代谢活跃的内脏和肌肉细胞中，水分的含量较高。血液中含水量最多，约占83%；脂肪组织中最少，约占10%；皮肤中含水分约为72%。

人体内水分的含量因年龄、性别和体形的胖瘦而有所不同。一般来讲，随年龄增加，水分含量下降。小儿体内含水量约占体重的75%，成人约占体重的65%。女性比男性含水量低。水的含量随脂肪的增多而减少。

（二）生理功能

1. 构成细胞和体液的重要成分 水是体液的主要成分，构成机体的内环境，对机体代谢具有重要作用。蛋白胶体中的水直接参与构成细胞与组织，这种结合水能使组织具有一定的形态、硬度和弹性。

2. 水是良好的溶媒 营养物质的吸收、运输，代谢废物的排出都需要溶解在水中才能进行，水与食物的消化吸收、腺体的分泌、新陈代谢等生理过程密切相关。

3. 调节体温 水的比热高，因而吸收的热能较多。水的蒸发热大，蒸发少量的汗液就能散发大量的热量。水的流动性大，可随血液迅速分布到全身，细胞内液和细胞间液之间水的交换非常迅速，故物质代谢产生的热量可在体内迅速分布。因此，水具有调节体温的作用，使体温不会因机体内外环境的改变而有明显的变化。

4. 润滑剂 在关节、胸腔、腹腔和胃肠道等部位，都存在一定量的水分，对关节、器官、肌肉及组织能起到缓冲、润滑和保护的功效。

（三）缺乏与过量

1. 水缺乏 水摄入不足或丢失过多可造成机体缺水，细胞外液电解质浓度增加形成高渗，细胞内水分外流导致脱水，以致血液黏稠，机体组织中的蛋白质和脂肪分解加强。水缺乏时皮肤、黏膜干燥，失去弹性并产生皱纹，使面色苍老，妨碍美容。

2. 水过量 如果摄入水量超过机体排出水的能力可引起水中毒。主要见于某些疾病状态，正常人一般不会出现水中毒。

（四）来源和需要量

人体所需水的来源主要有3个方面：饮用水及各种饮料、食物中的水分和代谢水。水的需要量受年龄、体力活动、环境温度、膳食与疾病等各方面的影响。一般情况下，人体最低需水量为1500ml/d，水的供给量按能量计为每天0.24～0.36ml/kJ或1～1.5ml/kcal。随年龄增加，水的相对需要量（即每千克体重的需水量）下降。

第三节　植物化学物与美容

一　概述

随着营养科学的发展，在膳食营养与健康、美容以及疾病关系的研究中，食物中已知必需营养素以外的化学成分日益受到人们的关注。食物是非常复杂的，含有多种成分。实践表明，单独一种或少量几种营养素的摄入，不能取代食物的摄入。人们逐渐认识到，食物中除含有已知的各种营养素外,还含有许多其他膳食成分,这些存在于天然食物中的生物活性物质,对人体健康和美容以及疾病的预防起一定的保护作用。其中一些成分已应用于临床美容实践中,如类黄酮等多种天然物质,可通过抑制过氧化脂质的形成而预防黄褐斑,起到增白美容的作用。还有些作为保健食品的功效成分被广为应用。

这些用于保健食品中的功效成分,也是来自普通食物的天然成分。在过去的20余年中,人们对多吃富含蔬菜和水果的膳食有益于健康的认识逐渐加深。大量流行病学研究表明,蔬菜和水果中含有一些生物活性物质,具有保护健康、预防诸如心血管疾病和癌症等慢性疾病的作用。在美容临床实践中,蔬菜和水果被广泛地使用,也收到了一定的效果。在合理营养、平衡膳食的基础上,适当增加富含功效成分食物的食用量,将有利于美容、促进健康和预防疾病。

目前已知的食物生物活性物质多存在于植物性食物中,被称为植物化学物(phytochemicals)。它是指生物进化过程中,植物保持其与周围环境(包括紫外线)相互作用的生物活性分子,是植物代谢过程产生的次级代谢产物。

植物由许多化学物质组成,其代谢过程所产生的代谢产物可分为初级代谢产物(primary metabolites)和次级代谢产物(secondary metabolites)。前者指植物获得能量的代谢过程所产生的一些成分,主要包括蛋白质、脂肪和碳水化合物,参与植物细胞的能量代谢和结构重建。后者是植物通过降解或合成代谢产生的多种低分子量末端产物,不再对代谢过程起作用,除个别是维生素的前体物(如胡萝卜素)外,曾经被认为是非营养素成分,现在称为植物化学物。它们可保护植物不受杂草、昆虫及微生物的侵害,作为植物生长调节剂或形成植物色素,维系植物生长及其与环境之间的相互作用。总而言之,这些种类繁多、含量微乎其微的植物次级代谢产物赋予了植物五彩缤纷之色、酸甜苦涩之味,有利于植物生存、防御病原或天敌的侵袭。

二 植物化学物的分类

植物化学物可根据化学结构或功能特点进行分类。几种主要的植物化学物有多酚、类胡萝卜素、植物固醇、皂苷、芥子油苷、蛋白酶抑制剂、单萜类、植物雌激素、硫化物和植酸。

(一) 多酚

多酚(polyphenols)是所有酚类衍生物的总称,主要为类黄酮和酚酸,前者也称黄酮类化合物。

1. 黄酮类化合物(flavonoids) 是广泛存在于植物界的一大类多酚化合物,泛指两个苯环(A与B环)通过中央三碳链相互连接而形成的一系列化合物。包括以黄酮(2-苯基色原酮)为母核的一类黄色色素和黄酮同分异构体(异黄酮)及其还原产物(黄烷酮)。主要有6类:

(1)黄酮及黄酮醇类,该类的槲皮素及其苷类为植物界分布最广、最多的黄酮类化合物;

(2)二氢黄酮及二氢黄酮醇类,存在于精炼玉米油中;

(3)黄烷醇类,如茶叶中的茶多酚主要是由儿茶素组成;

(4)异黄酮及二氢异黄酮类,主要存在于豆科植物中,如葛根素、大豆素;

(5)双黄酮类,多见于裸子植物中,如银杏黄酮;

(6)其他,如查耳酮、花色苷等。

研究表明,黄酮类化合物具有抗氧化、抗衰老、抗癌、防辐射等作用,其抗氧化作用与3、7位羟基密切相关。黄酮类化合物具有很多化学性质:还原性,可以直接给出电子而清除自由基;捕获自由基,中断链式反应;能与多种金属离子络合。这类化合物的强抗氧化活性正是这些基本化学性质的综合体现。

黄酮类化合物主要存在于水果和蔬菜的外层及整粒的谷物中。最常见的类黄酮是槲皮素，人体每日摄入量约为23mg。在美容方面研究得较多的有原花青素、茶多酚等。

2. 酚酸（phenolic acid） 包括羟基苯甲酸（hydroxybenzoic acids）和羟基肉桂酸（hydroxycinnamic acids）。羟基苯甲酸的衍生物包括对羟基苯甲酸、原儿茶酸和没食子酸等，羟基肉桂酸的衍生物有对羟基肉桂酸、咖啡酸和绿原酸等。

酚类化合物以大量的酚羟基作为氢或电子供体，比较稳定，不会引发新的游离基或链式反应而被迅速氧化，是很好的抗氧化剂。它还能与维生素等抗氧化剂产生协同效应。中草药的抗氧化活性和其总酚含量密切相关，多酚的抗氧化活性随分子量的增大而增强，并且与酚羟基的数量和位置有关。

酚酸广泛存在于植物性食物中，如绿原酸是一些氧化酶作用的底物，容易被氧化发生褐变，尤其在苹果和土豆切开后，可以显著地看到这种变化。姜黄是芥末中主要的黄色色素。

（二）类胡萝卜素

类胡萝卜素（carotenoids）是水果和蔬菜中广泛存在的，使植物呈现红色或黄色的植物次级代谢产物。通常分成无氧和含氧两种类型，它们对热的稳定性不同。α 和 β-胡萝卜素及番茄红素以无氧型类胡萝卜素的形式存在，对热稳定；叶黄素则以有氧型的形式存在，对热敏感。人体每天大约摄入 6mg 的类胡萝卜素。

（三）植物固醇

植物固醇（phytosterols）主要存在于植物的种子及其油料中，与胆固醇的结构区别是增加了一个侧链，可抑制胆固醇的吸收，降低血胆固醇。人体每日从膳食摄入的植物固醇为 150～400mg，仅 5% 能被吸收。

（四）皂苷

皂苷（saponins）又称皂素、碱皂体、皂角苷，是苷元为三萜或螺旋甾烷类化合物的一类糖苷，具有苦味，主要分布于陆地高等植物中，也有少量存在于海星和海参等海洋生物中。许多中草药如人参、远志、桔梗、甘草、知母和柴胡等的主要有效成分都含有皂苷。皂苷具有溶血特性，可抑制血小板聚集，有抗血栓作用。皂苷能溶血是因为多数皂苷能与胆固醇结合生成水不溶性的分子复合物。皂苷的生物活性与其所连接的糖链数目和苷元的结构有关，例如人参总皂苷没有溶血的现象，但分离后其中以人参萜三醇及齐墩果酸为苷元的人参皂苷有显著的溶血作用，而以人参二醇为苷元的人参皂苷则有抗溶血作用。一些皂苷对细胞膜具有破坏作用，表现出毒鱼、灭螺、溶血、杀精及细胞毒性等活性，应予注意。近年研究表明，大豆皂苷可降低血清胆固醇含量，改善心肌缺血和对氧的需求。根据膳食习惯和特点，平均每日摄入量约为 10mg，最高可达 200mg。

（五）芥子油苷

芥子油苷（glucosinolates）存在于所有十字花科植物中，其降解产物具有典型的芥末、辣根和花椰菜的味道。借助于植物中葡萄糖硫苷酶的作用，植物组织的机械性损伤可将芥子油苷转变为异硫氰酸盐、硫氰酸盐和吲哚等具有生物学活性的物质。白菜加热后芥子油苷含量可减少 30%～60%。芥子油苷的代谢产物可在小肠完全吸收。人体每天从膳食中摄入芥子油苷 10～50mg，素食者可高达 110mg。

（六）蛋白酶抑制剂

蛋白酶抑制剂（protease inhibitors）存在于所有植物中，特别是豆类、谷类等种子中含量更高。哺乳动物肠道中的蛋白酶抑制剂主要阻碍内源性蛋白酶(如胰蛋白酶)的活性,促使机体加强消化酶的合成反应。蛋白酶是使一些癌症具有侵袭能力的重要因子。人体平均每日摄入的胰蛋白酶抑制剂约为295mg,素食者摄入更多。所吸收的蛋白酶抑制剂能以生物活性形式在各组织中被检测出来,主要具有抑制肿瘤和抗氧化的作用。

(七) 单萜类

调料类植物中存在的植物化学物主要是典型的食物单萜类(monoterpenes)物质,如薄荷中的薄荷醇、香菜种子中的香芹酮、柑橘油中的柠檬油精。单萜类是挥发油中的主要成分。一些挥发油具有祛痰、止咳、平喘、健胃、解热、镇痛、消炎等作用。不仅在医药上有所应用,也是香料、日用食品及化学工业的重要原料,并用于化妆品添加剂。单萜类物质的每日摄入量大约为150mg。

(八) 植物雌激素

植物雌激素(phytoestrogen)为存在于植物中,可结合到哺乳动物体内雌激素受体上,并能发挥类似内源性雌激素作用的成分。主要包括异黄酮(isoflavones)和木脂素类(lignans)。化学结构是多酚类物质,属于植物雌激素。异黄酮几乎全部存在于大豆和大豆制品中。植物雌激素的作用只占人体雌激素作用的0.1%,尿中植物雌激素的含量可比内源性雌激素高10~1000倍。植物雌激素可发挥雌激素和抗雌激素两种作用。

(九) 硫化物

大蒜中的主要活性物质是氧化形式的二丙烯基二硫化物,称蒜素(allicin)。蒜素中的基本物质是蒜苷,大蒜结构受损时,蒜苷在蒜苷酶的作用下形成蒜素。新鲜大蒜中蒜素的含量可高达4g/kg。白菜中也含有硫化物(sulphide),但由于缺少蒜苷酶而不能形成具有生物活性的硫化物代谢产物。

(十) 植酸

植酸(phytic acid)又称肌醇六磷酸酯,是天然存在于谷类和豆类食物中,富含磷的一种有机化合物。主要存在于种子胚层和谷皮中。由于其螯合作用强,可妨碍某些矿物质的生物利用率。但其在抗氧化、抗肿瘤和免疫调节功能方面也具有生物活性。植酸有很强的螯合能力,其与金属离子(如铁离子、铜离子)形成螯合物,可减少金属离子所催化的氧化作用。一般单独使用效果不佳,但与其他抗氧化剂有协同、增效作用。

三 植物化学物的生物学作用

植物化学物具有多种功能,主要表现在:

(一) 抗癌作用

各种类型的癌症中约有1/3与营养因素有关,蔬菜和水果中所富含的植物化学物多有防止人类癌症发生的潜在作用,大约有30余种植物化学物可降低人群癌症发病率。癌症的发生是一个多阶段过程,植物化学物几乎可以在每一个阶段抑制肿瘤的发生。许多研究报道证实,植物化学物对多种癌细胞有不同程度的抑制作用,对皮肤癌、口腔癌、乳腺癌、肝癌、肺癌等均有一定的预防或治疗作用。

(二) 抗氧化作用

癌症与心血管疾病的发病机制、反应性氧分子及自由基的存在有关。人体抗氧化保护系统包括抗氧化酶系统(SOD、GSH-Px等)、内源性抗氧化物(尿酸、谷胱甘肽、α-硫辛酸、辅酶

Q_{10}等)、营养素(维生素 E、维生素 C 等)、植物化学物(类胡萝卜素、多酚、植物雌激素、蛋白酶抑制剂、硫化物等),均具有抗氧化作用。可有效清除超氧阴离子自由基和羟基自由基,中断自由基链式反应,保护脂质,以免发生过氧化损伤。

根据各种抗氧化剂作用机制的差异,将天然抗氧化剂分为以下几类:氧自由基清除剂、抗氧化酶、抗氧化酶活性增强剂、自由基产生抑制剂、金属离子络合剂等。

(三) 免疫调节作用

类胡萝卜素对免疫功能有调节作用,类黄酮具有免疫抑制作用,皂苷、硫化物和植酸具有增强免疫功能的作用。

(四) 抗微生物作用

蒜素是大蒜中的硫化物,有很强的抗微生物作用。芥子油苷的代谢物异硫氰酸盐和硫氰酸盐具有抗微生物活性。混合食用水芹、金莲花和辣根后,泌尿道中芥子油苷的代谢物能够达到治疗尿路感染的有效浓度。酸莓和黑莓可预防和治疗感染性疾病。

(五) 降低胆固醇作用

植物化学物(皂苷、植物固醇、硫化物和生育三烯酚等)有降低血胆固醇水平的作用。作用机制为植物固醇可减少胆固醇的肠外吸收。皂苷在肠中与初级胆酸结合形成微团,由于微团不能通过肠壁从而减少了胆酸的吸收,使胆酸的排出增加;皂苷还可增加初级胆酸在肝脏中的合成,降低血中的胆固醇浓度。原花青素可通过降低胆固醇水平,减少血管壁上的胆固醇沉积,提高血管弹性,从而降低血压;通过清除氧自由基和羟基,减少缺血再灌注过程中的氧化应激作用,对缺血再灌注后的心脏有保护作用。

植物化学物还具有调节血压、血糖和凝血机制以及抑制炎症等作用。

四 植物化学物与皮肤保健

植物化学物广泛存在于植物界,其中许多具有清除皮肤中自由基、促进皮肤新陈代谢、减少色素沉着、润泽肌肤等作用。在国外,含有植物化学物的具有抗衰老、抗炎、美白或皮肤再生功效的化妆品配方越来越受到人们的青睐。在国内,已产业化开发出许多植物化学物提取物,如银杏提取物、竹叶提取物、甘草黄酮、大豆异黄酮等,其中一些已被应用于化妆品行业。

(一) 抗皮肤过氧化与延缓衰老

根据衰老的自由基理论,体内过量的活性氧自由基与不饱和脂肪酸作用生成丙二醛(MDA)等物质,MDA 与细胞膜上的蛋白质等作用生成褐色素,沉淀于皮肤上形成各种色斑。自由基能使皮肤内的胶原纤维、弹性纤维交联、变性、变脆、失去弹性,当皮肤内水分不足时,容易使弹性纤维断裂而形成皱纹。类黄酮结构中的酚羟基具有还原性,其分子中的多个酚羟基可以作为氢供体,这些结构特性都赋予类黄酮清除皮肤中的自由基避免自由基对细胞损伤等作用。

(二) 美白

在紫外线照射下,角质细胞会释放一种细胞分裂——内皮素,当它被黑色素细胞的受体接受后,会刺激黑色素细胞增殖、分化,并激活酪氨酸酶的活性,提高黑色素的合成量。黄酮类化合物能够可逆性地抑制酪氨酸酶的活性,将黑色素的邻苯二醌结构还原成酚型结构,使色素褪色,抑制脂褐质和老年斑的形成。

(三) 抗辐射与防晒

皮肤经太阳暴晒,会出现晒黑、灼痛、红肿,甚至引起红疹、皮炎及皮肤癌等。芹菜黄素、槲皮素、芦丁、查尔酮以及原花青素等黄酮类化合物均可抑制辐射引发的脂质过氧化，在紫外线光区有强吸收，可有效地防护因紫外线引起的损伤。有资料报道，在研究茶多酚、茶色素对紫外线照射致小鼠皮肤光老化的防护作用中，茶多酚、茶色素能改善光老化模型小鼠真皮弹性纤维的病变。茶多酚、茶色素通过内服或外涂两种作用方式均可达到有效的皮肤防护作用。但内服及外涂剂量及作用机制有待深入研究。

（四）抗炎、抗过敏和抑菌

体外实验表明，黄酮类化合物可调节与炎症相关蛋白质的基因表达，可抑制与炎症发生相关酶的活性。黄芩苷对全身性过敏、皮肤过敏亦显示出很强的抑制活性，其抗皮肤过敏的机制是因其具有抗组织胺和乙酰胆碱的作用。皮肤表面的细菌容易引起感染和过敏，严重时可引起皮肤化脓和病变。黄芩苷具有广谱的抗菌活性，对金黄色葡萄球菌、铜绿假单胞菌、伤寒和布鲁司菌等细菌都有不同程度的抑制作用。由于黄芩苷能促进巨噬细胞的吞噬功能，因此，能有效地清除囊肿型痤疮里的死亡细胞、死亡菌体及其他残余物，加速痤疮的痊愈。

（五）收敛和保湿作用

黄酮类化合物与蛋白质以疏水键和氢键的方式发生复合反应，对人肌肤产生收敛作用。这一性质使含黄酮类化合物的化妆品在防水条件下对皮肤有很好的附着能力，并且可使粗大的毛孔收缩，使松弛的皮肤收敛、绷紧，从而使皮肤显现出细腻的外观。如原花青素具有多羟基结构，能与多糖（透明质酸）、蛋白质、脂类（磷脂）、多肽等复合，在空气中易吸湿，使得原花青素具有收敛和保湿作用。值得一提的是，植物化学物在皮肤方面的作用是综合性的，在抗皱、防晒、美白的同时也可起到保湿等作用，并可与维生素 C 或维生素 E 起协同效应。

（六）其他

植物化学物还具有祛红血丝、促进毛发生长和再生、除臭、防龋抗龋及预防牙周炎等作用。红血丝又名毛细血管扩张症，是因毛细血管扩张、皮肤收缩而形成的，表现为皮肤上的红斑、网状或树脂状皮损。芦丁可减少毛细血管的通透性，抑制红血丝的形成。据研究，植物化学物中的原花青素能促进毛发生长和再生，对毛发的作用主要是基于对毛囊细胞有增殖和再生功能。单宁对引起龋齿的细菌具有较强的抑制作用，可消炎、除口臭，对牙周炎也有防治作用。

第四节　营养素的供给途径与代谢

一　营养素的皮肤供给与代谢

人体皮肤的最外层是由角化了的覆层鳞状上皮细胞组成的角质层，细胞中充满了坚韧的角质蛋白。角质层是人体表面一个完整的半通透膜，对外界的绝大部分物质具有屏障作用，只允许微量的水分，少量可溶于皮肤表面脂膜的电解质如汞、铅、锌、铜等通过。一些脂溶性物质，如脂溶性维生素、雌激素、睾酮、皮质类固醇激素及脂肪，虽不能透过角质层，但可以通过开口于皮肤表面的毛囊皮脂腺透入真皮。而水溶性物质，如维生素 C、糖类、蛋白质及某些大分子化合物等则不能透过角质层和毛囊皮脂腺被吸收。

对皮肤细胞本身新陈代谢过程的研究证实：皮肤组织新陈代谢所必需的营养物质：糖、脂肪、蛋白质、矿物质、维生素和水分均只能来自真皮小血管（全身血液循环的一部分）的供应，任何透过皮肤进入体内的营养物质都不能被细胞直接利用，而是被吸收进真皮小血管进入全身血液循环。

此外，皮肤因具有排泄、排汗功能，能排出水溶性的维生素和矿物质等。

二 营养素的体内供给与代谢

（一）蛋白质的消化吸收及代谢

食物蛋白质的消化吸收从胃开始，在胃酸的作用下，蛋白质变性，空间结构被破坏，在小肠胰蛋白酶和糜蛋白酶的作用下，蛋白质被分解为氨基酸、部分二肽和三肽，然后通过小肠黏膜细胞中的中性、酸性和碱性氨基酸主动运输系统来进行运输。具有相似结构的氨基酸在共同使用同一种转运系统时，相互间具有竞争机制，从而保证了肠道能按食物中氨基酸的含量及比例进行吸收。所有被吸收的氨基酸通过肝门静脉运送到肝脏和其他组织或器官被利用，其余通过粪便排泄。

消化吸收以后进入人体的氨基酸先储存于人体各组织器官和体液中，与人体自身蛋白质分解产生的氨基酸一起统称为氨基酸池（amino acid pool）。氨基酸池中的氨基酸通过氨基酸载体出入细胞，进入细胞的氨基酸少数用于合成体内的含氮物质，大部分被用于重新合成蛋白质，以满足机体蛋白质的不断更新和修复。未被利用的氨基酸则经代谢转变为尿素、氨、尿酸和肌酐等，由尿和其他途径排出体外。

机体每天经皮肤、毛发和黏膜脱落、月经失血、肠道菌体死亡等途径丢失的蛋白质约在20g 以上，这种氮排出是机体不可避免的氮损耗，称为必要的氮损失。

人体每天通过食物摄取蛋白质，又通过排便、必要的氮损失等途径丢失蛋白质，营养学上将摄入蛋白质的量和排出蛋白质的量之间的关系称为氮平衡。氮平衡包括零氮平衡、正氮平衡和负氮平衡。健康的成人应维持在零氮平衡并富余 5%；儿童、孕妇、疾病恢复期等生理状态下，应保证适当的正氮平衡；饥饿、疾病及老年时往往处于负氮平衡。

（二）脂类的消化吸收及代谢

人体每天摄入 50～100g 甘油三酯、4～8g 磷脂和 300～450mg 胆固醇，主要消化场所在小肠。在肠道内各种激素的影响下脂类首先被乳化，进而被脂肪酶水解。脂肪水解后的小分子如甘油、中短链脂肪酸可直接吸收入血，长链脂肪酸和甘油单酯被小肠细胞吸收后又重新合成甘油三酯，并与磷脂、胆固醇及蛋白质形成乳糜微粒，由淋巴循环进入血液系统。血中的乳糜微粒是一种颗粒最大、密度最低的脂蛋白，是食物脂肪的主要运输形式，随血液流遍全身，以满足机体对脂肪和能量的需要，最终被肝脏吸收，从而开始一系列代谢过程。

首先，肝脏将内源性脂肪和食物中的脂肪及蛋白质等物质合成极低密度脂蛋白（very-low density lipoprotein，VLDL），接着随着血液的流动，最终形成含甘油三酯少、胆固醇多的低密度脂蛋白（low density lipoprotein，LDL），从而满足机体对各种脂类的需要，也可适当调节血中胆固醇的浓度。此外，体内还可合成高密度脂蛋白（high density lipoprotein，HDL），将体内的胆固醇、磷脂运回肝脏进行代谢。

不同来源的膳食脂肪的消化吸收过程大致相同。

（三）碳水化合物的消化吸收及代谢

碳水化合物的消化过程从口腔开始，主要场所在小肠。可消化多糖被淀粉酶水解的最终产物是单糖。膳食纤维不被消化吸收，但可在大肠发酵，产生水分、气体和短链脂肪酸，这些短链脂肪酸可被吸收,产生能量。

世界各地都有一部分人有不同程度的乳糖不耐受,由于他们体内乳糖酶的缺乏,使得机体不能或只能少量地分解、吸收乳糖,而大量的乳糖因未被吸收而进入大肠,在肠道细菌的作用下产酸、产气,引起胃肠不适、胀气、痉挛和腹泻等问题。造成乳糖不耐受的原因有先天性缺少或不能分泌乳糖酶,某些药物如抗癌药物、肠道感染使乳糖酶分泌减少,随年龄增加乳糖酶水平不断降低等。

食物碳水化合物经消化吸收后,使血糖明显升高。餐后血糖升高速度的快慢对不同健康水平和生理需要的人,有着重要的意义,通常用血糖生成指数来表示。它是指 50g 含碳水化合物的食物血糖应答曲线下面积,与同一个体摄入 50g 碳水化合物的标准食物(葡萄糖或面包)血糖应答曲线下面积之比。可以利用食物血糖生成指数的高低来指导选择食物,合理搭配膳食,有效控制血糖、帮助控制体重、改善胃肠道功能。

(四)矿物质的消化吸收及代谢

1. 钙的消化吸收及代谢 钙的吸收主要在小肠上段进行,以主动吸收、转运为主,钙浓度高时也可通过被动扩散来吸收。膳食钙的吸收率为 20% ~30%,当膳食钙不足或机体对钙的需要增加时,如青春发育期、妊娠和哺乳期,肠道对钙的吸收最为活跃,其吸收率可达 40% 以上。经肠道吸收的钙进入血液循环后,大部分沉积在骨骼,其余小部分被吸收的钙则保留在软组织和细胞外液中。正常情况下根据机体需要,通过甲状旁腺激素(parathyroid hormone, PTH)、降钙素(calcitonin, CT)和 1,25-$(OH)_2$-D_3 的相互作用来调节体内钙的吸收、排泄与储存。钙主要经肠道和泌尿系统排泄,体内钙大部分通过肠黏膜上皮细胞的脱落及消化液的分泌排入肠道,其中一部分被重吸收,其余则由粪便排出。

2. 磷的消化吸收及代谢 食物中的磷大部分是磷酸酯化合物,必须分解为游离的磷,然后以无机磷酸盐的形式被吸收。从膳食摄入的磷 70% 在小肠吸收,以主动吸收与扩散被动吸收两种机制来进行。甲状旁腺激素通过抑制肾近曲小管对磷的重吸收,增加尿磷排泄,从而降低血磷水平。1,25-$(OH)_2$-D_3 可促进小肠对磷的吸收。此外,活性维生素 D 与降钙素也可通过各自机制影响血磷水平。

血浆中的无机磷酸盐主要经过肾小球过滤,从尿中排出。当血磷浓度升高时,肾小管加强对磷的排泄;当血磷浓度降低时,肾小管对磷的重吸收增加。机体通常通过甲状旁腺激素来抑制肾小管对磷的吸收与排泄,以达到调节血磷浓度、维持体内磷平衡的目的。

3. 铁的消化吸收及代谢 铁的吸收主要在十二指肠和空肠中进行。肠黏膜上,通过转铁蛋白受体来调节对铁的吸收;在肠内,铁首先与运铁蛋白结合,再与运铁蛋白受体结合,将铁运送到细胞内。人体内铁的含量可直接影响运铁蛋白及其受体与血清铁结合的水平,然而食物中铁的存在形式也是机体吸收铁的重要影响因素之一。膳食中的铁分为非血红素铁和血红素铁两种形式。非血红素铁在植物性食物中含量多,易受植酸盐、草酸盐、碳酸盐、磷酸盐等因素影响,吸收率较低;血红素铁在动物性食物中存在较多,可直接被肠黏膜上皮细胞吸收,从而保持较高的吸收率。另外,由于生长发育、月经、妊娠等原因,机体对铁的需要量增加,可促进铁的吸收;胱氨酸、赖氨酸、组氨酸等氨基酸以及乳糖、维生素 C 等也可促进铁的吸收。

4. 碘的消化吸收及代谢 食物中的碘进入胃肠道后,需转变为碘化物才能被吸收,大约用时 3 小时。进入血液的碘可分布于乳腺、卵巢、肾脏、甲状腺等各组织中,但只有甲状腺能利用碘合成甲状腺素,是储存碘化物的唯一组织。在促甲状腺激素(thyrotropic stimulating hormone, TSH)的刺激下,碘由血液进入甲状腺滤泡细胞内,在碘过氧化物酶的作用下,碘离子迅速被氧化成碘分子，在甲状腺球蛋白内与酪氨酸结合，生成一碘酪氨酸和二碘酪氨酸，进而经配对反应生成具有活性的甲状腺素，包括 T_3 和 T_4，T_3 和 T_4 经肝、肾中的脱碘酶催化将碘释放，释放的碘可被腺体重新利用。体内的碘主要经肾脏排泄，约 90% 的碘随尿排出，10% 由粪便排出，极少数随汗液排出。

5. 硒的消化吸收及代谢 食物中的硒主要在小肠吸收，吸收率可达 50% ~100%。硒的吸收与硒的化学结构和溶解度有关，硒蛋氨酸较无机形式的硒更易吸收，溶解度大的硒化合物比溶解度小的更易吸收。经代谢后，大部分随尿排出，少量从肠道排出，粪中排出的硒大多为未被吸收的硒。硒摄入量高时可在肝内甲基化生成挥发性二甲基硒化合物随呼气排出。此外，少量硒也可从汗液分泌、毛发脱落而排出。

6. 其他 其他矿物质如锌、铬、镍等的吸收代谢途径大体相似，均主要在小肠被吸收，只是吸收率各有不同，继而与相应的转运蛋白结合，随血液转运至全身各组织器官，其中未被消化利用的部分随尿液、粪便排出，极少数随汗液排出。

（五）维生素的消化吸收及代谢

维生素主要在小肠上段被吸收，但维生素 B_{12} 的吸收在回肠中进行。脂溶性维生素的吸收过程与脂类消化产物相同。脂类的消化、吸收障碍将影响脂溶性维生素的吸收。

1. 维生素 A 的吸收及代谢 食物中的视黄醇一般以与脂肪酸结合而成的视黄酯（retinyl esters）的形式存在，视黄酯和类胡萝卜素又常与蛋白质结合成复合物，在各种酶的催化下，从食物中释放出游离的视黄醇和类胡萝卜素。游离的视黄醇和类胡萝卜素与其他脂溶性物质形成胶团，通过小肠绒毛的糖蛋白层进入肠黏膜细胞。膳食中 70% ~90% 的视黄醇及 20% ~50% 的类胡萝卜素被吸收，类胡萝卜素的吸收率随摄入量的增加而降低。

在小肠黏膜细胞内，β-胡萝卜素在酶的作用下转变为视黄醛，后者与视黄醛结合蛋白结合，然后在视黄醛还原酶的作用下，结合的视黄醛转变为视黄醇。据估计，大约 6mg 的 β-胡萝卜素相当于 1mg 视黄醇的活性，而 12mg 的其他类胡萝卜素才相当于 1mg 视黄醇的活性。没有转变为视黄醇的类胡萝卜素，可被吸收并转运至血液和其他组织。

肝脏储存类胡萝卜素的能力有限，过多的类胡萝卜素由血浆脂蛋白运送至脂肪组织储存。

肝脏是储存维生素 A 的主要器官，肾脏中视黄醇的储存量约为肝脏的 1%，眼色素上皮细胞内也储存有少量的视黄醇。

视黄醇从肝脏运至靶器官取决于肝实质细胞合成和分泌的视黄醇结合蛋白（retinol binding protein，RBP）。视黄醇通过与一系列转运蛋白结合形成视黄醇结合蛋白-甲状腺素运载蛋白复合体（VA-RBP-TTR 复合体），它作为循环中维生素 A 的主要形式，不被肾小球滤过，而靶细胞能够摄取 VA-RBP-TTR 复合体，靶细胞膜上的特异性受体识别 RBP，复合体释放视黄醇，经细胞融合作用，视黄醇进入细胞内。

维生素 A 在体内被氧化成一系列代谢产物，后者与葡萄糖醛酸结合后由胆汁进入粪便排泄。大约 70% 的维生素 A 经此途径排泄，其中一部分经肠-肝循环再吸收入肝脏。大约 30% 的代谢产物由肾脏排泄。类胡萝卜素主要由胆汁排泄。

2. 维生素 D 的吸收及代谢 食物中有 50% ~80% 的维生素 D 在小肠吸收。在胆汁的作用下维生素 D 与其他脂溶性物质形成胶团进入肠黏膜细胞内，进而掺入乳糜微粒经淋巴循环入血，而在皮肤中产生的维生素 D_3 则可缓慢地直接扩散入血液。两种来源的维生素 D 均可由特异载体——维生素 D 结合蛋白（DBP）携带运输进入肝脏开始代谢过程。在肝脏中，其首先被相应酶催化成 25-(OH)-D_3，继而进入肾脏，在一系列酶的催化下形成 1,25-$(OH)_2D_3$ 和

24,25-$(OH)_2D_3$。1,25-$(OH)_2D_3$合成后，由肾脏释放入血，与DBP松散式结合，并运输至各个靶器官，产生生物学效应。

3. 维生素E的吸收及代谢 食物中生育三烯酚或游离的生育酚的吸收过程与维生素D的吸收类似，此处不再赘述。只是生育三烯酚是以酯化形式存在的，必须经过酶的水解才能被吸收。维生素E的吸收率在20%～50%之间，最高可达80%。

维生素E可从乳糜微粒转移到如高密度脂蛋白、低密度脂蛋白、极低密度脂蛋白及红细胞膜上进行运输。大多数维生素E以非酯化的形式储存在脂肪细胞中，少量也可储存在肝脏、肺、心脏、肌肉、肾上腺和大脑中。

4. 硫胺素的吸收及代谢 硫胺素主要在空肠和回肠吸收，当其浓度≤2μmol/L时由主动转运系统吸收，需要消耗ATP以及Na^+的协助，浓度高时可通过被动扩散吸收。吸收后的硫胺素在空肠黏膜细胞中被磷酸化，主要以焦磷酸硫胺素（TPP）、三磷酸硫胺素（TTP）、二磷酸硫胺素（TDP）和一磷酸硫胺素（TMP）4种形式存在，这4种形式在体内可以相互转化，然后经门静脉到达肝脏，进而经血液到达各组织。代谢产物则主要由肾脏随尿排出体外，少量由汗液排出。

5. 核黄素的吸收及代谢 核黄素主要在胃肠道上部被吸收，仍然是一个需要Na^+和ATP参与的主动转运过程。在肠道黏膜上皮细胞中，核黄素被磷酸化为黄素单核苷酸（FMN），进而在浆膜面再脱磷酸化成为游离的核黄素，再经门静脉入肝，经代谢转变为作为辅酶的黄素单核苷酸（FMN）和黄素腺嘌呤二核苷酸（FAD）。血浆清蛋白、免疫球蛋白、纤维蛋白原可作为载体将核黄素、FMN、FAD等运输至全身各组织，以肝脏、肾脏、心脏中含量最高。

6. 叶酸的吸收及代谢 叶酸在肠道的转运也是主动转运过程，需由载体介导，并受pH、能量等因素的影响。在膳食中叶酸多以多个谷氨酸结合的形式存在，不易被小肠吸收，需经空肠黏膜上相关酶的水解方能被吸收。叶酸在体内可经胆汁、粪便和尿液排泄，少量可随汗液与唾液排出。

7. 抗坏血酸的吸收及代谢 在吸收前，抗坏血酸可被氧化成脱氢型抗坏血酸，在其进入肠黏膜细胞或其他组织细胞后，在谷胱甘肽的协助下可很快被还原成抗坏血酸，比未被氧化的抗坏血酸更易被吸收。吸收途径有直接扩散和依赖Na^+的主动转运两种形式。人、猴和豚鼠体内不能合成抗坏血酸，须由食物供给，与大多数水溶性维生素不同，抗坏血酸在体内可以有一定量的储存。故摄入无抗坏血酸膳食时，在一定时期内不会出现缺乏症状。抗坏血酸主要随尿排出，其次为汗和粪便，其排出量依据体内储存、摄入量和肾功能而定。

8. 维生素B_6的吸收及代谢 维生素B_6可通过被动扩散进入空肠和回肠，其后可被磷酸化成磷酸吡哆醛（PLP）和磷酸吡哆胺（PMP），而吸收后未被磷酸化的维生素B_6部分可被运送至肝脏，其3种非磷酸化形式可通过相应酶的激活转化为各自的磷酸化形式。在组织中，维生素B_6以PLP形式与多种蛋白结合、蓄积和储存，尤以肌肉组织中最多，占储存量的75%～80%。PLP可被分解为4-吡哆酸从尿中排出，少数随粪便排出。

9. 维生素B_{12}的吸收及代谢 维生素B_{12}的吸收与胃黏膜分泌的糖蛋白内因子（IF）密切相关。当食物通过胃时，维生素B_{12}与IF结合形成维生素B_{12}-IF复合物，维生素B_{12}-IF复合物进入肠道后附着在回肠内壁黏膜细胞的受体上，在肠道酶的作用下，内因子释放出维生素B_{12}，经由肠黏膜细胞吸收进入血液，与转移蛋白结合并被运输至细胞表面有特异性受体的组织，如肝、肾、骨髓等。其在体内的主要储存部位是肝脏。

第三章 各类食物的营养价值与美容

俗话说,有健才有美,否则,美就成了“无本之木,无源之水”。有了健康的身体,才会使人容光焕发、精力充沛。健康的身体是均衡营养、有效保养等因素综合作用的结果,因此首先需对供给身体营养的食物有充分的了解。食品是人类获得各种营养素和能量的基本来源,是人类赖以生存和繁衍的物质基础。食品的营养价值(nutritional value)是指某种食品所含营养素和能量能满足人体营养需要的程度。食品营养价值的高低,取决于食品中营养素种类是否齐全、数量是否充足、相互比例是否适宜及是否易被消化吸收。不同食品因其营养素的构成不同,其营养价值也各不相同。如粮谷类食品的营养价值主要在于含有丰富的碳水化合物,但蛋白质营养价值较低;蔬菜和水果含有丰富的维生素、矿物质和膳食纤维,但蛋白质和脂肪的含量极少。因此,食物的营养价值是相对的。即使是同种食品,因其品种、部位、产地、成熟程度和烹调加工方法不同,营养价值也会存在一定差异。

第一节 食物营养价值的评定及意义

一 食物营养价值的评定

食物营养价值的评定主要包括两个方面:食物所含营养素的种类与含量、食物所含营养素的质量。

(一) 营养素的种类及含量

在评定某食品营养价值时,首先应分析其所含营养素的种类,并确定各种营养素的含量。通常认为食品的营养素种类和含量越接近人体需要,其营养价值就越高。在实际工作中,除用化学分析法、仪器分析法、微生物法、酶分析法等来测定食品中营养素的种类及含量外,还可通过查阅食物成分表,初步评定食物的营养价值。

(二) 营养素的质量

在评价食品的营养价值时,营养素的质与量是同等重要的。营养素的质量优劣体现在其可被人体消化吸收和利用的程度上。人体对该食物营养素的消化吸收率和利用率越高,其营养价值就越高。如:人体对动物性蛋白质的吸收、利用率要比植物性蛋白质高,因此认为动物性蛋白质的营养价值高于植物性蛋白质。

评价营养素的质量,主要依靠动物喂养实验及人体试食临床观察结果,根据生长、代谢、生化等指标,与对照组进行比较分析从而得出结论。

(三) 营养质量指数

营养质量指数(index of nutrition quality,INQ)为评价食品营养价值的指标。INQ 即营养素密度(待测食品中某营养素含量与该营养素参考摄入量的比)与能量密度(该食品中所含能量与能量参考摄入量的比)之比。公式如下:

INQ = 某营养素密度 ÷ 能量密度 = (某营养素含量 ÷ 该营养素参考摄入量) ÷ (所产生的能量 ÷ 能量参考摄入量)

INQ = 1,说明食物中该营养素的供给与能量的供给达到平衡。INQ > 1,说明食物中该营养素的供给高于能量的供给。因此,INQ≥1 说明该食物的营养价值高。INQ < 1 说明食物中该营养素的供给少于能量的供给,长期单独食用该食物可能会发生该营养素的不足或能量过剩,因此该食物的营养价值低。INQ 是评价食物营养价值的简明指标。

二 食物营养价值评定的意义

食物营养价值评定的意义有以下几点:

1. 全面了解各种食物的天然组成成分,包括其所含营养素种类和数量、非营养素类物质、抗营养因素等;找出现有主要食品的营养缺陷;指出改造或创制新食品的方向,解决抗营养因素问题,充分利用食物资源。

2. 了解在加工、烹调过程中食物营养素的变化和损失,采取相应有效措施,最大限度地保存食物营养素含量,提高食物营养价值。

3. 指导人们科学选购和合理搭配食品,配制营养平衡的膳食,以达到促进健康、预防疾病和健体美容的目的。

第二节 谷类食物的营养价值与美容

一 谷类的结构和营养素分布

谷类(grain)主要包括小麦、大米、玉米、高粱、荞麦、燕麦、小米等。各种谷类种子形态大小不一,但结构基本相似。谷粒的最外层是谷壳,主要起保护谷粒的作用。谷粒去壳后,其结构可分为谷皮、糊粉层、胚乳和胚芽四部分。

(一) 谷皮

谷皮(silverskin)为谷粒外面的数层被膜,包括果皮和种皮等,主要由纤维素和半纤维素等组成,含有较多的矿物质、B 族维生素及其他营养素,约占谷粒重量的 7%。

(二) 糊粉层

糊粉层(aleurone layer)介于谷皮与胚乳之间,含较多的蛋白质、脂肪和丰富的 B 族维生素及矿物质,约占谷粒重量的 7%。此层营养素含量相对较高,有重要的营养学意义,但在加工时易与谷皮同时脱落而混入糠麸中。

(三) 胚乳

胚乳(endosperm)是谷粒的主要组成部分,含少量脂肪、矿物质、维生素和大量的淀粉以及一定量的蛋白质。约占谷粒重量的 83%。蛋白质在靠近胚乳周围部分含量较高,越向胚乳中心含量越低。

（四）胚芽

胚芽（embryo）位于谷粒一端，富含脂肪、蛋白质、矿物质、B族维生素和维生素E，约占谷粒重量的3%。胚芽质地较软而韧性较强，不易粉碎，但在加工过程中易与胚乳分离而损失。

二 谷类的营养素种类及特点

谷类食物中营养素的含量与组成因品种、气候、地区及加工方法的不同而有差异。

（一）蛋白质

不同谷类食物中蛋白质的含量不同，多数谷类食物蛋白质含量在7.5%～15%之间。主要由谷蛋白（glutelin）、醇溶蛋白（prolamin）、清蛋白（albumin）和球蛋白（globulin）组成。不同的谷类食物中各种蛋白质所占的比例也不相同，见表3-1。谷类食物蛋白质中主要是醇溶蛋白和谷蛋白。

表3-1 几种谷类食物的蛋白质组成

食物名称	蛋白质含量(%)			
	谷蛋白	醇溶蛋白	清蛋白	球蛋白
大米	80	5	5	10
小麦	30～40	40～50	3～5	6～10
玉米	30～45	50～55	4	2
高粱	32	50～60	1～8	1～8

在3种主要的谷类食物小麦、大米和玉米中，小麦的蛋白质含量最高，大米的含量相对较低，但从氨基酸模式的角度看，大米蛋白质质量优于玉米和小麦，其生物利用率也高。谷类蛋白质的生物价：高粱56、小米57、玉米60、大麦64、小麦67、大米77。

谷类蛋白质因其必需氨基酸组成不合理，赖氨酸含量少，苏氨酸、色氨酸、苯丙氨酸、蛋氨酸含量偏低，所以其蛋白质营养价值低于动物性食物。但因其是我国居民的主食，是膳食蛋白质的主要来源，故常采用蛋白质互补的方法来提高谷类蛋白质的营养价值。提倡谷类与豆类混食，多种谷类混食，并用动物性蛋白质和大豆蛋白质补充，从而起到蛋白质的互补作用，达到必需氨基酸的平衡，提高蛋白质的营养价值。

（二）脂类

谷类脂肪含量低，大米和小麦约为2%，玉米和小米可达4%，荞麦最高可达7%。谷类中的脂肪主要集中在胚芽和糊粉层，在谷类加工时，易转入副产品中。从米糠中可提取与机体健康有密切关系的米糠油、谷维素和谷固醇。

谷类脂肪组成主要为不饱和脂肪酸，质量较好。从小麦和玉米胚芽中提取的胚芽油，80%为不饱和脂肪酸，其中亚油酸占60%，具有降低血清胆固醇、防止动脉粥样硬化的作用。

（三）碳水化合物

谷类碳水化合物含量最为丰富，主要集中在胚乳的淀粉细胞中。稻米中的含量最高，小麦次之，玉米中含量较低，但都在70%以上。

谷类碳水化合物主要是淀粉。淀粉经烹调后容易被消化吸收，其利用率在90%以上，是供给热能最经济的来源。谷类淀粉包括直链淀粉和支链淀粉两种。直链淀粉易溶于水，较黏稠，易消化。支链淀粉则相反，如糯米中含支链淀粉较多，故难以消化。

（四）维生素

谷类中的维生素主要以B族维生素为主，是膳食B族维生素的重要来源，如硫胺素、核黄素、烟酸、泛酸等，其中硫胺素和烟酸含量较多，核黄素含量普遍较低。在黄色玉米和小米中还含有较多的胡萝卜素，在小麦胚粉中含有丰富的维生素E。

谷类维生素主要分布在糊粉层和胚芽中，因此谷类加工的精度越高，保留的胚芽和糊粉层越少，维生素的损失就越多。

玉米含烟酸较多，但主要为结合型，不易被人体吸收利用，须经过适当加工将其变为游离型的烟酸后才能被吸收利用，故以玉米为主食并以传统方式食用地区的居民容易发生烟酸缺乏病（癞皮病）。

（五）矿物质

谷类含矿物质为1.5%～3%，主要存在于谷皮和糊粉层中，其中主要是磷、钙，由于多以植酸盐的形式存在，大部分不能被机体吸收利用。谷类食物含铁少，为1.5～3mg/100g，且吸收利用率也很低。谷物中含有植酸酶，可分解植酸盐释放出游离的钙、磷，提高其利用率，该酶在55℃的环境中活性最强，当米、面经过蒸煮或焙烤后，约有60%的植酸盐可被水解，从而使矿物质被机体吸收利用。

（六）水分

谷类食物水分的正常范围在11%～14%之间。水分含量过高，可增强酶类的活性，以致营养成分分解及产热，并引起微生物的大量繁殖。

三 谷类食物与美容

谷类食物作为主食，是必不可少的日常食物。具有美容保健功效的主要有玉米、稻谷、小麦、荞麦、燕麦、粟米、苡仁等，这类食物含有丰富的蛋白质、脂肪、碳水化合物以及各种维生素、矿物质、纤维素，营养丰富。因其含量比例的不同而具有不同的美容功效。

1. 玉米 又称苞米、玉蜀黍等，中医认为玉米味甘，性平，入大肠、胃经。具有补中健脾、利湿和胃的功效。因其富含钙、镁、硒等矿物质及卵磷脂、亚油酸、维生素E、硫胺素、核黄素、胡萝卜素、膳食纤维，因而有降脂、降压、降胆固醇、软化血管、减肥、抗衰老等作用。

2. 稻米 稻谷即大米，品种较多，因其黏性不同又分为粳米、籼米、糯米，颜色不同而有黑、紫、赤、绿米等。中医认为，稻米味甘、性平，入脾、胃经。具有补中益气、健脾和胃、生气血、养脏腑、促进生长发育的功效。稻米除含淀粉外，外胚层还含有丰富的硫胺素和食物纤维，胚芽中含有不饱和脂肪酸，但在加工过程中易丢失在米糠里，因此糙米比精米营养全面。从营养及美容的角度来看多吃糙米、少食精米，可促进排便、排除毒素、预防维生素缺乏，并有降脂减肥的功效。特别是黑米的蛋白质含量较普通大米高，且硫胺素、核黄素及钙、磷、铁、锌等含量也很丰富，是美容保健的佳品。

3. 小麦 小麦为我国北方人的主要粮食。中医认为，小麦味甘、性凉，入心、脾、肾经。具有养心、益肾、除热、止渴、止泻等保健作用。小麦富含碳水化合物、蛋白质及纤维素。小麦胚芽油含丰富的维生素E，具有抑制过氧化脂质的形成、祛斑抗衰的效果。

4. 大麦 大麦主要产于长江以北各省，青藏高原是大麦的“故乡”，大麦是我国青藏高原和西南部地区的主要粮食作物。大麦既可食用，又可药用，具有多种保健功效。中医认为，大麦味甘、性凉，具有补中益气、止渴、利尿、通便等功效。大麦含有丰富的膳食纤维，常食可预防动脉粥样硬化、冠心病、糖尿病、结肠癌等疾病的发生。大麦芽可用于酿酒，能消食化滞，还具有美容乌发的功效。

5. 荞麦 荞麦又称乌麦，味甘、性凉，入脾、胃、大肠经。具有开胃消食、利肠消炎的功效。荞麦营养价值丰富，其主要特点是赖氨酸的含量较其他粮谷类食物高，赖氨酸为人体必需氨基酸之一，常食荞麦可弥补其他粮谷类食物赖氨酸含量的不足。荞麦面中还含有较多的烟酸、芦丁及微量元素铬(具有刺激胰岛素分泌的作用，目前已成为糖尿病患者的理想食品)、铁、磷、镁等，可降低血脂及胆固醇、防治心血管疾病及糖尿病。荞麦面中含有丰富的硫胺素、核黄素及亚油酸，含量明显高于白面，是美容保健的佳品。

6. 燕麦 性味甘温，具有温补阳气、双补心脾、止汗收敛的功效。含有极丰富的亚油酸、维生素 E，是高蛋白、低饱和脂肪酸、膳食纤维含量高的食物，可降脂、降胆固醇、抗衰老，为防治心血管疾病、糖尿病及病后体弱的滋补佳品。

7. 粟米 又称谷子，谷子脱皮后即为小米。小米味甘、咸，性凉，入脾、胃、肾经。具有和胃健脾、益肾、除热解毒的功效。富含 B 族维生素，且含有丰富的谷氨酸、丙氨酸和蛋氨酸。营养丰富、全面，美容保健价值较高。小米油具有很好的美容作用，古人曰："黑瘦者食之，百日即肥白"，且有滋阴壮阳的功效。谷糠具祛风、止痒的功效，糠水浴可治疗湿疹、皮炎等皮肤病。

8. 苡仁 药食两用，性味甘淡，微寒。具有健脾渗湿、利水消肿、清热排脓、祛风除湿的功效。"久服轻身益气"，可滋养、美白肌肤，增强皮肤代谢，亦可治疗扁平疣、痤疮等症，其油可润发护发。

第三节 豆类的营养价值与美容

一 豆类的营养价值

豆的种类很多，可分为大豆类(包括黄豆、黑豆和青豆)和其他豆类(包括豌豆、绿豆、蚕豆、小豆、芸豆等)，是我国居民饮食中优质蛋白质的重要来源。

(一) 大豆的营养素种类及特点

1. 蛋白质 大豆含有 35% ~40% 的蛋白质，是植物性食物中含蛋白质最多的。豆类蛋白质由球蛋白、清蛋白、谷蛋白及醇溶蛋白组成，其中球蛋白含量最高。大豆蛋白质含有人体需要的全部氨基酸，属完全蛋白，其氨基酸组成接近人体需要，具有较高的营养价值，而且富含谷类蛋白较为缺乏的赖氨酸，是唯一能代替动物蛋白的植物性食物，与其他食物混食可以起到蛋白质的互补作用，故大豆蛋白为优质蛋白。

2. 脂类 大豆所含脂肪量为 15% ~20%，脂肪组成以不饱和脂肪酸居多，其中油酸占 32% ~36%，亚油酸占 51.7% ~57%，亚麻酸 2% ~10%，此外还有 1.64% 左右的磷脂。由于大豆富含不饱和脂肪酸，所以是高血压、动脉粥样硬化等疾病患者的理想食物。大豆油的天然抗氧化力较强，因而是较好的食用油。

3. 碳水化合物 大豆中含有 25% ~30% 的碳水化合物，其中只有一半是可供利用的淀粉、蔗糖、阿拉伯糖和半乳聚糖，另一半是人体不能消化吸收的棉子糖和水苏糖，存在于大豆细胞壁中，在肠道细菌作用下发酵产生氨和二氧化碳，可引起腹胀。

4. 维生素 大豆富含B族维生素，其中核黄素在植物性食物中含量较高。鲜豆中还含有维生素C。

5. 矿物质 大豆中的矿物质含量略高于其他豆类，含量在4%左右，包括钾、钠、钙、镁、铁、锌、硒等。与谷类相比，大豆中钙、钾、钠等的含量较高，但微量元素含量略低于谷类。大豆中铁的含量较为丰富，每100g可达7～8mg；此外还含有丰富的膳食纤维，每100g可达10～15g。

（二）大豆的特殊成分

大豆中含有一些特殊的抗营养因素，可影响某些营养素的消化吸收。在食用大豆时要注意处理这些抗营养因素。

1. 蛋白酶抑制剂 蛋白酶抑制剂是存在于大豆、棉子、花生、油菜子等植物中，能抑制胰蛋白酶、糜蛋白酶、胃蛋白酶等蛋白酶的物质的统称。其中以抗胰蛋白酶因子（或称胰蛋白酶抑制剂）存在最为普遍，对人体胰蛋白酶的活性有部分抑制作用，可妨碍蛋白质的消化吸收，对动物有生长抑制的作用。常压蒸汽加热30分钟或1kg压力加热10～25分钟即可破坏生大豆中的抗胰蛋白酶因子。大豆中脲酶的抗热能力较抗胰蛋白酶因子强，且测定方法简单，故常采用脲酶反应来判定大豆中抗胰蛋白酶因子是否已经被破坏。但是近年来国外一些研究表明，蛋白酶抑制剂作为植物化学物同时具有抑制肿瘤和抗氧化的作用，因此对其具体评价尚需进一步深入研究。

2. 胀气因子 占大豆碳水化合物50%的棉子糖和水苏糖在肠道微生物的作用下可产气，故将两者称为胀气因子（flatus-producing factor）。大豆经加工制成豆制品后胀气因子可被除去。棉子糖和水苏糖都是由葡萄糖、半乳糖和果糖组成的支链杂糖，又称大豆低聚糖，是生产浓缩大豆蛋白和分离大豆蛋白时的副产品。由于人体内缺乏水苏糖和棉子糖的水解酶，它们可不经消化吸收直接到达大肠，被双歧杆菌利用并促进其生长繁殖。

3. 植物红细胞凝集素 植物红细胞凝集素（phytohematoagglutinin）是能凝集动物和人红细胞的一种蛋白质，可影响动物和人的生长。加热即可被破坏。

4. 皂苷和异黄酮 是大豆中存在的主要植物化学物，其中皂苷具有溶血的特性。最近有研究证明此两类物质具有抗氧化、降低血脂和血胆固醇的作用，特别是大豆皂苷，大豆异黄酮主要为金雀异黄素。此外，还具有雌激素样作用和抗溶血、抗真菌、抗细菌、抑制肿瘤等作用。

5. 植酸 大豆中存在的植酸可与锌、钙、铁、镁等螯合而影响它们的吸收利用。在pH 4.5～5.5时可得到含植酸很少的大豆蛋白，因此在此pH条件下35%～75%的植酸可溶解，但对蛋白质影响不大。

6. 豆腥味 大豆中有很多酶，其中脂肪氧化酶是产生豆腥味及其他异味的主要酶类。用95℃以上温度加热10～15分钟或用乙醇处理后减压蒸发的方法，以及采用纯化大豆脂肪氧化酶等都可去除部分豆腥味。

大豆虽营养价值高，但存在上述某些抗营养因素，其蛋白质消化率只有65%，通过水泡、磨浆、加热、发芽、发酵等方法制成豆制品，其消化率明显提高，如豆浆消化率可达85%，豆腐消化率可达95%。

（三）其他豆类的营养价值

其他豆类主要有豌豆、蚕豆、绿豆、豇豆、小豆、扁豆等。蛋白质含量约为20%，脂肪含量极少，碳水化合物含量占50%～60%，其他营养素含量与大豆相近，详见表3-2。

表3-2 每100g豆类的营养成分

食物名称	水分(g)	蛋白质(g)	脂肪(g)	碳水化合物(g)	膳食纤维(g)	Ca(mg)	P(mg)	Fe(mg)	维生素A(IU)	硫胺素(mg)	核黄素(mg)	烟酸(mg)	维生素C(mg)
大豆	8.0	40.0	18.0	27.0	3.5	190	500	7	10	0.5	0.2	3.0	0
豌豆	13.4	21.7	1.0	55.7	6.0	58	360	5	100	0.5	0.15	4.5	0
蚕豆	13.3	26.0	1.2	50.9	5.8	100	129	7	150	0.5	0.1	3.0	0
绿豆	13.6	23.0	1.7	54.7	4.0	110	430	6	100	0.5	0.24	3.0	0
豇豆	17.0	23.9	2.0	49.3	4.7	75	570	4	-	-	-	-	0
小豆	14.9	20.9	0.7	54.9	5.0	75	430	4	20	0.5	0.1	2.5	0
扁豆	14.8	19.6	1.6	54.5	5.9	75	570	4	-	-	-	-	0

二 豆制品的营养价值

豆制品不仅指以大豆为原料生产的豆制品，还包括以其他豆类为原料生产的豆制品。大豆制品包括非发酵豆制品和发酵豆制品两种。非发酵豆制品有豆浆、豆腐、豆腐干、干燥豆制品(如腐竹)等，发酵豆制品有腐乳、豆豉、臭豆腐等。

此外，大豆及其他油料(如花生、葵花子)的蛋白质制品主要有4种：分离蛋白质，蛋白质含量约为90%，可用以强化和制成各种食品；浓缩蛋白质，蛋白质含量约为70%，其余为纤维素等不溶成分；油料粕粉，用大豆或脱脂豆粕碾碎而成，有粒度大小不一、脂肪含量不同的各种产品；组织化蛋白质，将油粕、大豆分离蛋白质和浓缩蛋白质除去纤维，加入各种调料或添加剂经高温高压膨化而成。

将豆类制成豆制品可提高蛋白质消化率，如整粒熟大豆蛋白质消化率为65.3%，豆腐蛋白质消化率为92%～96%，豆浆为85%。大豆经系列加工制作的豆制品，不仅除去了大豆内有害成分，而且使大豆蛋白质结构从密集变为疏松状态，蛋白酶易进入分子内部而提高消化率，从而提高大豆营养价值。另外干豆类几乎不含维生素C，但经发芽成豆芽后，其含量明显增高。几种豆制品的营养素含量如表3-3所示。

表3-3 几种豆制品每100g中主要营养素含量

食物名称	蛋白质(g)	脂肪(g)	碳水化合物(g)	维生素A(μgRE)	硫胺素(mg)	核黄素(mg)	维生素C(mg)
豆浆	1.8	0.7	1.1	15	0.02	0.02	0
豆腐	8.1	3.7	4.2	–	0.04	0.03	0
豆豉	24.1	–	36.8	–	0.02	0.09	0
黄豆芽	4.5	1.6	4.5	5	0.04	0.07	8
绿豆芽	2.1	0.1	2.9	3	0.05	0.06	6

三 豆类食物与美容

豆类食物为低糖、高蛋白食物，大豆的油脂含量高于杂豆类。豆类蛋白具有显著降低胆固醇、甘油三酯、低密度脂蛋白的作用。其脂肪多为不饱和脂肪酸、油酸、亚油酸、磷脂，为优质脂肪。其维生素、矿物质含量高，是一类价廉物美的保健食品。

1. 大豆及其制品 大豆有黄大豆（黄豆）及黑大豆（黑豆）之分。全国各地均有栽培。中医认为，黑豆味甘、性平，入脾、胃经，具有滋阴补肾、养血明目、补脾益气、润肤乌发等功效。黄大豆入脾、大肠经，有养血健脾、利水消肿、润泽肌肤的作用。豆类的营养价值很高，其中以黄豆的营养价值最高，有“豆中之王”的美称。黄豆的蛋白质含量高，可达40%左右，高于其他粮谷类食物，并含有人体多种必需氨基酸，尤以赖氨酸含量最高。膳食中经常搭配豆制品，可弥补粮谷类食物赖氨酸含量的不足。豆油含有人体必需的不饱和脂肪酸如亚油酸、亚麻酸，有降低胆固醇的作用。还含有丰富的矿物质如钙、磷、铁等和多种维生素，易被人体吸收利用，为优质食品。大豆还可被制成豆浆、豆腐等豆制品，加工后的豆浆或豆腐更易被肠胃消化、吸收，提高了营养价值。常食豆制品可强壮身体，使皮肤光滑细腻、毛发润泽光亮，是美容保健的上等营养品。

2. 绿豆 绿豆又名青小豆，味甘、性凉，具有清热解毒、消暑利水的功效。绿豆煮食可调和五脏、安神补气、滋润皮肤；绿豆芽做菜，既可解毒，又可补充维生素；绿豆汤是夏季清暑的饮料，老少皆宜。

3. 赤小豆 性味甘、微寒，有利水除湿、清热解毒的功效。药食两用，富含维生素E、膳食纤维及钾、镁、磷、锌、硒等矿物质，有降糖、降脂、降压、除湿解毒的功效，久食可减肥。

第四节 蔬菜、水果及坚果类的营养价值与美容

一 蔬菜类的营养价值

蔬菜按其结构及可食部分不同，可分为叶菜类、根茎类、瓜茄类、鲜豆类和菌藻类。各种蔬菜所含营养成分因其种类不同，差异较大。

（一）蔬菜的营养素种类及特点

新鲜蔬菜的特点都是含有大量的水分，含水量在90%以上，碳水化合物含量不高，蛋白质含量少，脂肪含量更低，因此不能作为能量和蛋白质的来源，而是维生素和矿物质的主要来源。此外还含有较多的纤维素、果胶和有机酸，能刺激胃肠蠕动和消化液的分泌，因此它们还能促进食欲和帮助消化。蔬菜在体内的最终代谢产物呈碱性，对维持体内的酸碱平衡起重要作用。

1. 叶菜类 膳食中常见的蔬菜主要是叶菜类，如白菜、卷心菜、菠菜、油菜等。叶菜类蛋白质含量较低，一般为1%～2%，脂肪含量不足1%，碳水化合物含量为2%～4%，膳食纤维含量约为1.5%。叶菜类是胡萝卜素、维生素B_2、维生素C、矿物质及膳食纤维的良好来源。绿色蔬菜和橙色蔬菜的维生素含量较为丰富，特别是胡萝卜素的含量较高，维生素B_2含量虽不很丰富，但在我国居民膳食中仍是维生素B_2的主要来源。国内一些营养调查报告表明，维

生素 B_2 缺乏症的发生，往往与食用绿色蔬菜不足有关。叶菜类维生素 C 的含量多在 35mg/100g 左右，其中菜花、西兰花等含量较高，每 100g 所含维生素 C 在 50mg 以上；维生素 B_1、烟酸和维生素 E 的含量较谷类和豆类低；矿物质含量在 1% 左右，种类较多，包括钾、钠、钙、镁、铁、锌、硒、铜、锰等，是膳食矿物质的主要来源。

2. 根茎类 根茎类蔬菜包括萝卜、藕、山药、芋头、马铃薯、甘薯、竹笋等。根茎类蔬菜的蛋白质含量为 1% ~2%；脂肪含量不足 0.5%；碳水化合物含量相差较大，低者在 3% 左右，高者可达 20% 以上；膳食纤维的含量较叶菜类低，约为 1%；维生素和矿物质含量见表 3-4 和表 3-5。胡萝卜中含胡萝卜素最高，每 100g 中可达 4130μg。硒的含量以芋头、洋葱、马铃薯等最高。

表 3-4 常见根茎类蔬菜维生素含量（每 100g）

食物名称	胡萝卜素 (μg)	维生素 B_1 (mg)	维生素 B_2 (mg)	烟酸 (mg)	维生素 C (mg)	维生素 E (mg)
白萝卜	20	0.02	0.03	0.30	21.0	0.92
胡萝卜	4130	0.04	0.03	0.60	13.0	0.41
毛笋	0	0.04	0.05	0.30	9.0	0.15
藕	20	0.09	0.03	0.30	44.0	0.73
山药	20	0.05	0.02	0.30	5.0	0.24
芋头	160	0.06	0.05	0.70	6.0	0.45
马铃薯	30	0.08	0.04	1.10	27.0	0.34
甘薯	220	0.07	0.04	0.60	24.0	0.43
洋葱	20	0.03	0.03	0.30	8.0	0.14

表 3-5 常见根茎类蔬菜矿物质含量（每 100g）

食物名称	钙(mg)	磷(mg)	钾(mg)	钠(mg)	镁(mg)	铁(mg)	锌(mg)	硒(μg)	铜(mg)	锰(mg)
白萝卜	36	26	173	61.8	16	0.50	0.30	0.61	0.04	0.09
胡萝卜	32	27	190	71.4	14	1.00	0.23	0.63	0.08	0.24
竹笋	9	64	389	0.4	1	0.50	0.33	0.04	0.09	1.14
毛笋	16	34	318	5.2	8	0.90	0.47	0.38	0.07	0.35
藕	39	58	243	44.2	19	1.40	0.23	0.39	0.11	1.30
山药	16	34	213	18.6	20	0.30	0.27	0.55	0.24	0.12
芋头	36	55	378	33.1	23	1.00	0.49	1.45	0.37	0.30
马铃薯	8	40	342	2.7	23	0.80	0.37	0.78	0.12	0.14
甘薯	24	46	174	58.2	17	0.80	0.22	0.63	0.16	0.21
洋葱	24	39	147	4.4	15	0.60	0.23	0.92	0.05	0.14

3. 瓜茄类 包括冬瓜、南瓜、丝瓜、黄瓜、茄子、番茄、辣椒等。瓜茄类因水分含量高，营养素含量相对较低。蛋白质含量为 0.4% ~1.3%，脂肪含量低，碳水化合物含量为 0.5% ~

9.0%，膳食纤维含量在1%左右。胡萝卜素含量以南瓜、番茄和辣椒最高，维生素C含量以辣椒、苦瓜较高。番茄中的维生素C含量虽然不是很高，但受有机酸保护，损失很少，且食入量较多，是人体维生素C的良好来源。辣椒中还含有丰富的硒、铁和锌，是一种营养价值较高的食物。

4. 鲜豆类 包括毛豆、豇豆、四季豆、扁豆、豌豆等。与其他蔬菜相比，营养素含量相对较高。蛋白质含量为2%～14%，平均4%左右，其中毛豆和上海出产的发芽豆可达12%以上；脂肪含量不高，除毛豆外，均在0.5%以下；碳水化合物含量在4%左右，膳食纤维含量为1%～3%。胡萝卜素含量普遍较高，每100g中的含量大多在200μg左右，其中以甘肃出产的龙豆和广东出产的玉豆较高，可达500μg/100g以上。此外，还含有丰富的钾、钙、铁、锌、硒等矿物质。铁的含量以发芽豆、刀豆、蚕豆、毛豆最高，每100g中的含量在3mg以上；锌的含量以蚕豆、豌豆和芸豆较高，每100g中的含量均超过1mg；硒的含量以玉豆、龙豆、毛豆、豆角和蚕豆最高，每100g中的含量在2μg以上。维生素B_2的含量与绿叶蔬菜相似。

5. 菌藻类 菌藻类食物包括食用菌和藻类食物。食用菌是指供人们食用的真菌，有500多个品种，常见的有蘑菇、香菇、银耳、木耳。藻类是无胚、自养、以孢子进行繁殖的低等植物，包括海带、紫菜、发菜等，富含蛋白质、膳食纤维、碳水化合物、维生素和微量元素。蛋白质含量以发菜、香菇和蘑菇最为丰富，干品在20%以上。蛋白质氨基酸组成比较均衡，必需氨基酸含量占蛋白质总量的60%以上。脂肪含量低，在1.0%左右。碳水化合物含量差别较大，干品在50%以上，如蘑菇、香菇、银耳、木耳等；鲜品较低，如金针菇、海带等，不足7%。胡萝卜素含量差别较大，在紫菜和蘑菇中含量丰富，其他菌藻中含量较低。维生素B_1和维生素B_2含量也比较高。微量元素含量丰富，尤其是铁、锌和硒，其含量约为其他食物的数倍甚至10余倍。在海产植物中，海带、紫菜等中还含有丰富的碘，每100g干海带中的碘含量可达36mg。

（二）蔬菜的特殊成分

蔬菜中常含有各种芳香物质和色素，使食品具有特殊的香味和颜色，可赋予蔬菜良好的感官性状。

芳香物质为油性挥发性化合物，亦称精油，主要成分为醇、酯、醛和酮等。有些芳香物质是以糖苷或氨基酸状态存在的，必须经过酶的作用分解成精油才具有香味。

此外，蔬菜中还含有一些酶类、杀菌物质和具有特殊生理活性的植物化学物。如萝卜中含有淀粉酶，生食有助于消化；苹果、洋葱、番茄等含有的类黄酮为天然抗氧化剂，除具有保护心脑血管、预防肿瘤等多种生物学作用外，还可保护维生素A、维生素E、维生素C等不被氧化破坏；南瓜、苦瓜已被证实有明显降低血糖的作用。

（三）蔬菜制品的营养价值

蔬菜制品包括脱水蔬菜、罐藏蔬菜、速冻蔬菜、腌制蔬菜和蔬菜汁等。

1. 脱水蔬菜 脱水蔬菜的水分含量通常在7%～10%之间，其中的矿物质、碳水化合物、膳食纤维等成分得到浓缩。在脱水过程中，维生素C有部分损失，损失程度因干制方法的不同而异。一般来说，真空冷冻干燥法的营养素损失最小，而且由于浓缩效应，干制后的营养素含量升高。长时间的暴晒或烘烤则损失较大，维生素C的损失率最高可达100%。胡萝卜素不溶于水，不会随水流失，热稳定性较高，一般加工后的保存率可达80%～90%。但是胡萝卜素具有高度不饱和的结构，对氧化比较敏感。

2. 罐藏蔬菜 蔬菜罐头中的维生素保存率随储藏温度的升高和储藏时间的延长而降

低。罐藏蔬菜经过热烫、热排气、灭菌等工艺后，水溶性维生素和矿物质可能受热降解和随水流失。

3. 速冻蔬菜 速冻蔬菜经过清洗—热烫—包冰衣—装袋—深冻几步处理后，水溶性维生素有一定损失，但胡萝卜素损失不大。

4. 腌制蔬菜 蔬菜腌制前往往要经过反复的洗、晒或热烫，其水溶性维生素和矿物质损失严重。因此腌制蔬菜不是维生素 C 的良好来源。传统酱菜的盐含量可达10% 以上。近年来出现了大量低盐酱菜，其盐含量在7% 左右，但需加入防腐剂。

5. 蔬菜汁 蔬菜汁是浑浊汁，通常由多种蔬菜调配而成，包含了蔬菜中的主要营养成分，营养价值较高，但它除去了蔬菜中的大部分膳食纤维。

与新鲜蔬菜相比，蔬菜制品贮藏性稳定，贮藏期长，消费方便，但是营养价值都有部分损失，故提倡多吃新鲜蔬菜。

（四）蔬菜类食物与美容

蔬菜类食物品种繁多，因其所含成分的差异而各具特长。

1. 黄瓜 原名胡瓜。黄瓜味甘、性凉，入脾、胃、大肠经。具有清热解毒、滋阴止渴、利水消斑的作用。黄瓜含有多种维生素，如维生素 B_1、维生素 B_2、维生素 C、胡萝卜素及多种矿物质和膳食纤维，是一种很好的美容保健品，可滋养皮肤，又可消脂减肥。黄瓜汁敷面可护肤、保湿、祛斑。

2. 南瓜 性味甘温，具有补中益气、润肠通便的作用，可降脂、降压、降糖、润泽肌肤。

3. 胡萝卜 味甘、性平，入脾、肺经。《本草纲目》中记载："下气补中，利胸膈肠胃，安五脏，令人健食。"现代营养学研究发现，胡萝卜含有胡萝卜素及钙、磷、铁等矿物质，是一种价廉有效的美容食物，内服外用均可。如常食胡萝卜汁或与肉同食，可滋润皮肤，防止皮肤干燥、粗糙；外用胡萝卜汁揩面，可消除色素沉着，减少皱纹形成，但过量食用胡萝卜可使皮肤黄染。

4. 冬瓜 性味甘淡、微寒，具有利水消痰、清热解毒、止渴生津的作用。《食疗本草》中记载"欲得身体轻健者，则可长食之；若要肥，则勿食之"，说明冬瓜有减肥的功效。冬瓜含有胡萝卜素、B 族维生素、维生素 C 等维生素及钙、磷、铁等矿物质。内服具有滋润、营养、减肥的作用，外用冬瓜肉熬膏，涂面按摩，久之可消斑净面。冬瓜确为减肥、美容保健的佳品。

5. 豆芽 包括黄豆芽和绿豆芽，性味甘凉，具有清热解毒、润肌肤、行气血的功效。除含有豆类的蛋白质、脂肪、矿物质等原有的成分外，其维生素如维生素 B_2、维生素 C 等的含量则高出豆类 2 ~4 倍，是日常食用的良菜。常食豆芽既能降低胆固醇，防止动脉硬化，又能提供丰富的维生素，尤其是维生素 C，可营养皮肤、毛发，防治黄褐斑等皮肤色素沉着症。

6. 丝瓜 味甘，性凉。鲜嫩时可作为蔬菜食用，具有清热解毒、行血脉、通经络的作用。丝瓜含多种营养成分，如蛋白质、维生素、矿物质、木糖、纤维素等，常食用有减肥的功效；捣汁外用敷面，则有护肤除皱的作用。

7. 番茄 性味甘、酸、平，具有生津止渴、健胃消食、凉血平肝、清热解毒的功效，营养丰富。其中所含的黄酮类物质具有降脂、降压、促进血液循环的作用；膳食纤维可增加肠道的排毒作用，是一种良好的保健、减肥、美容蔬菜。

8. 竹笋 为毛竹的幼苗，性味甘、微寒，具有清热消痰、止渴生津、益气的功效，是一种营养丰富，高蛋白、低脂肪、低淀粉、多纤维的蔬菜。含有 16 种氨基酸，既具预防高血压、冠心病、糖尿病、肥胖症等保健功效，又有滋养、润泽皮肤的美容作用。

9. 山药 味甘、性平，入脾、肺、肾三经。具有健脾补肺、固肾益精、滋养容颜的作用。《本草纲目》中记载山药“益气力，长肌肉，强阳，久服耳目聪明，轻身不饥，延年”。山药除含丰富的淀粉外，还含有蛋白质、矿物质、胡萝卜素、维生素C及胆碱、皂苷等成分。久食可助消化，使肌肉健壮、皮肤白皙、毛发乌黑润泽，为美容保健的药食两用品。

10. 菇类 菇类有香菇、平菇、草菇等，性味甘平，具有养阴润肺、丰血益气、健脑强身、降脂、降胆固醇、增强免疫力、润泽皮肤、抗衰老等作用。

11. 黑木耳、银耳 性味甘平，具有补益气血、养阴润燥、通血脉、养颜润肤的功效。尤其黑木耳具有很高的营养价值，可降脂、降胆固醇，且有良好的防治心脑血管疾病及肥胖症的功效，是美容保健的上等佳品。

二 水果类的营养价值

（一）水果的营养素种类及特点

水果种类很多，主要有苹果、橘子、桃、梨、杏、葡萄、香蕉和菠萝等。水果和蔬菜一样，主要提供维生素和矿物质。蛋白质、脂肪含量一般不超过1%，碳水化合物含量差异较大，低者为5%，高者可达30%。维生素B_1和维生素B_2含量不高，胡萝卜素和维生素C含量因品种不同而异，其中胡萝卜素含量最高的水果为柑橘、杏、鲜枣，含维生素C丰富的水果为鲜枣、草莓、橙、柑、柿子等（表3-6）。矿物质含量除个别水果外，相差不大（表3-7）。

表3-6 常见水果的维生素含量（每100g）

食物名称	胡萝卜素（μg）	维生素B_1（mg）	维生素B_2（mg）	烟酸（mg）	维生素C（mg）	维生素E（mg）
苹果	20	0.06	0.02	0.20	4.00	2.12
梨	33	0.03	0.06	0.30	6.00	1.34
桃	20	0.01	0.03	0.70	7.00	1.54
杏	450	0.02	0.03	0.60	4.00	0.95
枣	240	0.06	0.09	0.90	243.00	0.78
葡萄	50	0.04	0.02	0.20	25.00	0.70
柿子	120	0.02	0.02	0.30	30.00	1.12
草莓	30	0.02	0.03	0.30	47.00	0.71
橙	160	0.05	0.04	0.30	33.00	0.56
柑橘	890	0.08	0.04	0.40	28.00	0.92
柠檬	0	0.05	0.02	0.60	22.00	1.14
桂圆	20	0.01	0.14	1.30	43.00	0.00
荔枝	10	0.10	0.04	1.10	41.00	0.00
香蕉	60	0.02	0.04	0.70	8.00	0.24
西瓜	450	0.02	0.03	0.20	6.00	0.10

表3-7 常见水果的矿物质含量(每100g)

食物名称	钙(mg)	磷(mg)	钾(mg)	钠(mg)	镁(mg)	铁(mg)	锌(mg)	硒(μg)	铜(mg)	锰(mg)
苹果	4.0	12.0	119.0	1.6	4.0	0.60	0.19	0.12	0.06	0.03
梨	9.0	14.0	92.0	2.1	8.0	0.50	0.46	1.14	0.62	0.07
桃	6.0	20.0	20.0	166.0	7.0	0.80	0.34	0.24	0.05	0.07
杏	14.0	15.0	226.0	2.3	11.0	0.60	0.20	0.20	0.11	0.06
枣	22.0	23.0	375.0	1.2	25.0	1.20	1.52	0.80	0.06	0.32
葡萄	5.0	13.0	104.0	1.3	8.0	0.40	0.18	0.20	0.09	0.06
柿子	9.0	23.0	151.0	0.8	19.0	0.20	0.08	0.24	0.06	0.50
草莓	18.0	27.0	131.0	4.2	12.0	1.80	0.14	0.70	0.04	0.49
橙	20.0	22.0	159.0	1.2	14.0	0.40	0.14	0.31	0.03	0.05
柑橘	35.0	18.0	154.0	1.4	11.0	0.20	0.08	0.30	0.04	0.14
柠檬	101.0	22.0	209.0	1.1	37.0	0.80	0.65	0.50	0.14	0.05
桂圆	6.0	30.0	248.0	3.9	10.0	0.20	0.40	0.83	0.10	0.07
荔枝	2.0	24.0	151.0	1.7	12.0	0.40	0.17	0.14	0.16	0.09
香蕉	7.0	28.0	256.0	0.8	43.0	0.40	0.18	0.87	0.14	0.65
西瓜	8.0	9.0	87.0	3.2	8.0	0.30	0.10	0.17	0.05	0.05

(二) 水果的特殊成分

水果中含有纤维素、半纤维素和果胶,有促进肠蠕动的作用,是天然的缓泻剂。果胶是制备果酱不可缺少的胶冻,在山楂、苹果、海棠中含量较多。水果中还含有大量的酶和有机酸,如菠萝和无花果中含有蛋白酶。水果中的有机酸以苹果酸、柠檬酸和酒石酸为主,此外还有乳酸、琥珀酸、延胡索酸等,有机酸因水果种类、品种和成熟度的不同而异。未成熟的果实中琥珀酸和延胡索酸较多,柑橘类和浆果类水果中柠檬酸含量丰富。有机酸能刺激人体消化腺的分泌,增进食欲,有利于食物的消化。有机酸还可使食物保持一定的酸度,对维生素 C 的稳定性具有保护作用。

(三) 水果制品的营养价值

水果制品主要有罐头类和干果类。罐头类营养价值的变化同罐藏蔬菜。干果是新鲜水果经过加工晒干而成的,如葡萄干、杏干、蜜枣和柿饼等。由于加工的影响,维生素损失较多,尤其是维生素 C。但干果便于储运,并具有一定风味,故有一定的食用价值。

(四) 水果类食物与美容

水果因含有丰富的维生素和矿物质,其美容保健作用日益被重视。

1. 苹果 苹果味甘、性凉,具有生津润肺、和脾开胃、健肤驻颜等功效。苹果营养丰富,含钙、磷、铁等矿物质和维生素 B_1、维生素 B_2及山梨醇、有机酸等。尤其是含有丰富的纤维素、果胶。纤维素和果胶可促进肠蠕动、保持肠道湿润、防止便秘、减少肠道对有害物质的吸收,有利于皮肤健美,因而有健肤美容的作用,是一种价廉物美、四季皆宜的美容水果。

2. 山楂 山楂又名红果、山里红等,味酸性微温。具有消食化滞、健脾开胃、活血化瘀等功效。含有丰富的维生素 C、山楂酸、柠檬酸、黄酮等,具有良好的降脂、改善微循环的作用,可预防高血压、冠心病，保肝、护肝，减肥瘦身，减少皮肤色素沉着。

3. 柿子 柿子味甘涩、性寒，入肺、胃、大肠经。具有清热润肺、去黑润肤等作用。柿子除含丰富的糖分外，还含有纤维素，有润肠的功效。常食柿饼有乌发、去黑斑、美容的作用。

4. 柑橘 柑橘味甘、性温，具有理气、化痰等功效。含有丰富的维生素 B_1、维生素 C、烟酸、胡萝卜素和钙、磷、铁等矿物质，尤其含有大量的维生素 C，常食有祛除口臭、防治皮肤色素沉着的作用，但大量食用可使皮肤黄染，停用后可自行消退。

5. 大枣 大枣味甘、性温，入心、脾经。大枣自古以来就是一种具有健脾安神、益气补血、悦泽容颜功效的滋补佳品。民间有“一日吃三枣，终生不显老”的说法。《本草备要》中记载“补中益气，滋脾土，润心肺，调营卫，缓阴血，悦颜色……”，是说大枣可促进气血化生，气血足则面色红润、皮毛润泽、肌肉结实。

6. 龙眼肉 龙眼肉具有养血、补心脾、安神益智、悦泽容貌的功效。“当归龙眼酒”可安神补血，久服轻身不老。龙眼肉含有钾、钙、镁、磷、铁等微量元素及维生素 A、维生素 B_2、维生素 C 和烟酸等多种维生素，久用有明显的美容效果。

另外，具有润肺生津、含有机酸和无机盐丰富的梅子，低脂、含钾丰富、润肺通便的香蕉，高水分、解暑利尿的西瓜，润肺生津、止渴降糖、润燥润肤的梨等均是美容保健水果中的上品。

三 坚果类的营养价值

（一）坚果的营养素种类及特点

坚果以种仁为食用部分，因外覆木质或革质硬壳，故称坚果。按照脂肪含量的不同，坚果可分为油脂性坚果和淀粉类坚果，前者富含油脂，包括核桃、榛子、杏仁、松子、腰果、花生等，后者淀粉含量高而脂肪含量很少，包括栗子、银杏、莲子等。

坚果蛋白质含量多在 12% ~22% 之间，其中有些蛋白质含量更高，如西瓜子和南瓜子中的蛋白质含量达 30% 以上；坚果脂肪含量较高，多在 40% 左右，其中松子、杏仁、榛子、葵花子等达 50% 以上，坚果中的脂肪多为不饱和脂肪酸，富含必需脂肪酸，是优质的植物性脂肪；碳水化合物含量较少，多在 15% 以下，但栗子、腰果、莲子中的含量较高，在 40% 以上；坚果是维生素 E 和 B 族维生素的良好来源，包括维生素 B_1、维生素 B_2、烟酸和叶酸，黑芝麻中维生素 E 的含量可达 50. 4mg/100g，在栗子和莲子中还含有少量的维生素 C；坚果富含钾、镁、磷、钙、铁、硒、铜等矿物质，黑芝麻中铁的含量最高，腰果中硒的含量最高，榛子中锰的含量最丰富，另外锌的含量在坚果中普遍较高。

（二）坚果类食物与美容

坚果由于含有丰富的维生素、矿物质及不饱和脂肪酸而成为营养丰富的美容保健食物。

1. 核桃仁 又称胡桃仁，味甘、性温，具有润肠通便、补肾固精、润肤悦颜、生发乌发等功效。《本草拾遗》称其“食之令人肥健”，《食疗本草》谓之“通经络，润血脉，黑须发，常服骨肉细腻光滑”。核桃仁营养丰富，含有蛋白质、脂肪、钙、磷、锌、锰等矿物质和微量元素及多种维生素。所含蛋白质中含有 18 种氨基酸。脂肪酸主要为不饱和的亚油酸，可营养肌肤，防止肌肤干燥，具有生发、润发、乌发的作用。久食能令体形消瘦者强健，同时也有健脑益智的作用，是一种很好的美容佳品。

2. 花生 花生又名落花生，具有丰富的营养素，我国古人认为花生具有滋补、益寿的功能，被人们誉为“长生果”。花生味甘、性平，具有润肺和胃、滋养容颜、令人肥健的作用。花生富含蛋白质，尤其含有人体必需的8种氨基酸，且比例适宜；花生丰富的脂肪中80%以上是不饱和脂肪酸，此外还含有维生素A、B族维生素、维生素E、维生素K及钙、磷、铁等多种微量元素，这些都是具有美容保健、抗老防衰功效的物质。常食花生可使瘦者强健、肌肤细腻光滑、毛发润泽。

3. 黑芝麻 黑芝麻富含蛋白质、脂肪、钙、磷，特别是铁含量极高，每100g黑芝麻含铁量高达50mg。富含不饱和脂肪酸及维生素A、维生素D、维生素E等，这些营养特点使黑芝麻具有抗脂质过氧化、减少色斑形成、使皮肤富有弹性、毛发乌黑发亮等美容保健的功效。

4. 莲子 莲子味甘涩、性平，具有养心、益肾、补脾、驻颜乌发的功效。《神农本草经》中赞其“养神，益气力。久服轻身不老，不饥延年”。莲子含有蛋白质、脂肪及铁、钙、磷等矿物质和多种维生素。莲子与大米或小米煮粥食用，可令人强健、乌发。

另外还有滋补肝肾、润肺明目、养发润肤的枸杞子，养心安神、润肠通便、补肾养肝、软化血管的柏子仁，滋阴养颜、补益润肠、抗衰老、轻身延年的松子仁等，均是瘦身美体、防病保健、美容驻颜的佳品。

第五节　畜禽肉类的营养价值与美容

畜禽肉类食物是人们膳食的重要组成部分，该类食物能供给人体优质蛋白质、脂肪、维生素和矿物质，是食用价值较高的食品。

畜禽肉类指畜类和禽类的肉，前者指猪、羊、牛、兔、马、骡、驴、犬、鹿、骆驼等牲畜的肌肉、内脏及其制品，后者包括鸡、鸭、鹅、火鸡、鹌鹑、鸵鸟、鸽子等的肌肉及其制品。

一　畜禽类的营养价值

畜禽肉主要提供蛋白质、脂肪、矿物质和维生素。动物因其种类、年龄、肥瘦程度及部位不同，营养素分布各异。肥瘦程度不同的肉类中，脂肪和蛋白质的含量变动较大，瘦肉多含蛋白质，肥肉中大部分是脂肪，心、肝、肾等内脏器官脂肪含量少而蛋白质、维生素、矿物质和胆固醇含量较高。

（一）蛋白质

畜禽肉中的蛋白质主要存在于动物的肌肉组织和结缔组织中，含量一般为10%～20%，因动物的种类、年龄、肥瘦程度以及部位而异。在畜肉中，猪肉的蛋白质含量平均在13.2%左右；牛肉、羊肉、兔肉、马肉、鹿肉和骆驼肉可达20%左右；狗肉约17%。在禽肉中，鸡肉、鹌鹑肉的蛋白质含量较高，约20%；鸭肉约16%；鹅肉约18%。

畜禽不同部位的肉，因肥瘦程度不同，其蛋白质含量差异较大。如鸡胸肉的蛋白质含量约为20%，鸡翅约为17%；羊前腿肉的蛋白质含量约为20%，后腿肉约为18%，里脊肉和胸腹肉约为17%；猪里脊肉的蛋白质含量约为20%，后臀尖约为15%，肋条肉约为18%，前腿肉约为16%。

畜禽内脏器官心、肝、肾等的蛋白质含量较高，而脂肪含量较少。不同的内脏蛋白质含量也有差异。畜类动物的内脏中，一般肝脏含蛋白质较高，为18%～20%，心、肾为14%～17%；禽类动物的内脏中，一般胃的蛋白质含量较高，为18%～20%，心和肝为13%～17%。

畜禽的皮肤和筋腱主要由结缔组织构成。结缔组织的蛋白质含量为35%～40%，其中大部分为胶原蛋白和弹性蛋白，如猪皮含蛋白质28%～30%，其中85%是胶原蛋白。由于胶原蛋白和弹性蛋白缺乏色氨酸和蛋氨酸等，为不完全蛋白质，因此以猪皮和筋腱为主要原料的食品(如:膨化猪皮、猪皮冻、蹄筋等)的营养价值较低,需要和其他食品配合,补充必需氨基酸。

畜禽的骨是一种坚硬的结缔组织,其中的蛋白质含量约为20%,骨胶原占有很大比例,为不完全蛋白质。骨可被加工成骨糊添加到肉制品中,以充分利用其中的蛋白质。

畜禽血液中的蛋白质含量约为:猪血12%、牛血13%、羊血7%、鸡血8%、鸭血8%。畜血血浆蛋白质含有人体所需的必需氨基酸,营养价值高,其赖氨酸和色氨酸含量高于面粉,可作为蛋白质强化剂添加在各种食品中。

(二) 脂肪

脂肪含量因动物的品种、年龄、肥瘦程度、部位等不同有较大差异,低者为2%,高者可达89%以上。在畜肉中,猪肉的脂肪含量最高,羊肉次之,牛肉最低。在禽肉中,火鸡和鹌鹑的脂肪含量较低,在3%左右;鸡和鸽子在9%~14%之间;鸭和鹅达20%左右。

畜禽类内脏脂肪含量在2%~11%之间;脑最高,在10%左右;猪肾、鸭肝、羊心和猪心居中,在5%~8%之间;其他在4%以下。

畜肉脂肪组成以饱和脂肪酸为主,主要是硬脂酸、软脂酸和油酸等,熔点较高。禽肉脂肪含有较多的亚油酸,熔点低,易于消化吸收。胆固醇含量在瘦肉中较低,每100g含有70mg左右;肥肉比瘦肉高90%左右;内脏中更高,一般为瘦肉的3~5倍;脑中胆固醇含量最高,每100g可达2000mg以上。

动物脂肪所含的必需脂肪酸明显低于植物油脂,因此其营养价值也低于植物油脂。在动物脂肪中,禽类脂肪的必需脂肪酸含量高于畜类脂肪;畜类脂肪中,猪脂肪的必需脂肪酸含量又高于牛、羊等动物的脂肪。总的来说,禽类脂肪的营养价值高于畜类脂肪。

(三) 碳水化合物

碳水化合物主要以糖原的形式存在于肌肉和肝脏,一般含量为1%~5%。健康动物如宰前过度疲劳,糖原含量就低。动物被宰杀后,畜肉在存放过程中由于酶的分解作用,糖原含量下降,乳酸含量相应增高,畜肉的pH逐渐变低。

(四) 维生素

畜禽肉可提供多种维生素,主要以B族维生素和维生素A为主。内脏含量比肌肉中多,其中肝脏的含量最为丰富,特别富含维生素A和维生素B_2,维生素A的含量以牛肝(20 220μg/100g)和羊肝(20 972μg/100g)最高,维生素B_2则以猪肝(2.08mg/100g)最丰富。暗色的肉中维生素B_1和维生素B_2的含量高于白色的肉。禽肉中还含有较多的维生素E,维生素E具有抗脂肪氧化的作用,所以禽肉比畜肉不容易腐败。

(五) 矿物质

肉类中所含矿物质的总量一般为0.8%~1.2%,瘦肉中的含量高于肥肉,且多集中于内脏器官中。肉类为铁和磷的良好来源,还含有一些铜。肉类中的铁以血红素的形式存在,不但消化吸收率较高,而且不易受食物中其他因素的干扰,以猪肝和鸭肝含量最丰富。内脏还有丰富的锌和硒,牛肾和猪肾的硒含量是其他一般食品的数十倍。此外,畜禽肉还含有磷、钠、钾、硫、铜等,钙的含量虽然不高,但吸收利用率很高。

(六) 水分

肌肉中的水分含量约为75%,以结合水、不易流动水和自由水的形式存在。结合水约占肌肉总水分的5%,在蛋白质分子表面借助极性基团与水分子的静电引力紧密结合,形成水分子层;不易流动水约占肌肉总水分的80%,以不易流动水状态存在于肌原丝、肌原纤维及肌膜之间;自由水约占肌肉总水分的15%,存在于细胞外间隙,能自由流动。

（七）浸出物

浸出物是指除蛋白质、维生素、盐类外能溶于水的物质，包括含氮浸出物和无氮浸出物。

含氮浸出物为非蛋白质含氮物质，占肌肉化学成分的1.65%，占总含氮物质的11%。多以游离状态存在，包括原肌球蛋白、肌肽、肌酸、肌酐、嘌呤碱等，是肉品呈味的主要成分。

无氮浸出物为不含氮的可浸出的有机化合物，包括糖类和有机酸，占肌肉化学成分的1.2%。糖类在肌肉中含量很少，主要有糖原、葡萄糖、果糖和核糖。核糖是细胞中核酸的组成成分；葡萄糖是肌肉收缩的能量来源；糖原是葡萄糖的聚合体，是肌肉内糖的主要存在形式，但动物宰杀后，肌糖原逐渐分解为葡萄糖，并经糖酵解作用生成乳酸。

二　肉类制品的营养价值

肉类制品是指以肉类作为主要原料，经过进一步加工制成的产品。

（一）腌腊制品

腌腊制品是我国传统风味的肉制品之一，是将肉进行腌制、酱渍、晾晒、烘烤或熏烤等工艺制成的生或半生制品，食用前还需热加工。

腌腊制品的显著特点是其含盐量上升，水分含量明显下降。相对而言脂肪和蛋白质含量由于水分减少而增高。在贮藏过程中，由于盐、酱和脂肪氧化作用，产生特殊的风味。

（二）酱卤制品

酱卤制品也是我国传统风味的肉制品之一。酱卤肉制品制作中并不另加油脂，肉中部分脂肪溶入卤汤中，使产品的脂肪含量有所减少。长时间炖煮后使游离脂肪酸增加，饱和脂肪酸减少，并使B族维生素大量损失。

（三）熏烧烤制品

熏制过程中产品表面水分含量下降，并产生酚类、有机酸等物质，提高了肉制品的保藏性。但高温熏制可产生较多的多环芳烃类致癌物。烤制过程中水分含量下降，脂肪部分流失。含硫氨基酸、色氨酸等较为敏感的氨基酸部分分解，降低了肉类的营养价值，其中色氨酸和谷氨酸的裂解产物致癌性最强。因此在加工过程中应注意降低熏烤温度。

（四）干制品

干制品是指将瘦肉先经热加工再成型干燥，或先成型再经热加工而制成的一大类水分含量很低的熟肉类制品。干制品加工过程中大幅度减少了水分含量，因而产品中蛋白质含量很高。其中不添加脂肪的肉松和肉干都是蛋白质的良好来源。加工过程中，脂肪有部分损失，含量下降，但油酥肉松脂肪含量较高。在炒制和干制过程中，B族维生素有一定损失，但因为浓缩效应，成品中维生素的绝对含量与原料相当。

（五）油炸制品

油炸食品的脂肪含量大幅度升高，如果挂糊后油炸，则其碳水化合物含量也有所增加。油炸中如果使用富含不饱和脂肪酸的植物油，则油脂在油炸高温下会发生热氧化聚合、环化、水解后聚合等反应，可产生大量有毒物质和多环芳烃类致癌物质，必需脂肪酸含量下降；如果使用黄油、牛油、猪油等，则会显著增加产品中饱和脂肪酸和胆固醇的含量；如果使用人造黄油，则因其中含有相当多的反式脂肪酸，将对心血管健康造成威胁。此外，油炸食品中还存在蛋白质过热产生的致癌物质，以及碳水化合物受高热后产生的丙烯酰胺致癌物。因此油炸食品的生产和消费中应尽量避免高温处理和油脂加热对食物营养价值的不良影响。

（六）香肠制品

中式香肠需要加入较多的肥肉丁，以在低水分活度下保持较好口感，其脂肪含量往往高达40%以上；但蛋白质含量高于西式灌肠，在20%以上；各种维生素和矿物质含量与原料肉水平相当。

（七）火腿制品

中式火腿经长期的细菌和真菌作用，其中游离氨基酸含量大大增高，脂肪中游离脂肪酸含量升高，并有一定程度的脂肪氧化作用，对其独特风味的形成有所贡献。西式火腿脂肪含量较低，蛋白质较为丰富，含盐量也大大低于中式火腿，是营养价值较高的肉制品。

（八）肉类罐头制品

肉类罐头须经高温长时间加热处理，其中B族维生素溶入汤汁，并有一定破坏损失。含硫氨基酸在加热中可能受到损失，所产生的硫化氢可能与罐头中的金属发生反应而变色。

（九）其他制品

其他制品包括肉糕和肉冻两大类。一般来说，肉糕、肉冻等产品含水量较高，脂肪中含有蔬菜等配料，相对脂肪含量低。

三　畜禽肉类食物与美容

肉类食品含蛋白质、脂肪较高，能够保证能量，是构造身体组织的原料，尤其是优质蛋白的主要来源，如果担心肥胖而拒绝摄入，则不仅会影响健康，而且还会影响人体的美。

猪肉味甘、咸，性平，具有滋阴润燥的功能，含有人体所需的蛋白质、脂肪及钙、铁、磷等矿物质。其中具有较好美容作用的是猪皮和猪蹄，含有极其丰富的胶原蛋白，其次为弹性蛋白。如果人体缺乏胶原蛋白，细胞结合水的能力就会降低，皮肤则会出现干燥脱屑、弹性减弱、易生皱纹等现象。常食猪皮、猪蹄可使肌肉润泽而富有弹性，减少皱纹的产生，延缓衰老。适量摄取猪脂，具有润肤的功效，但因其中含有大量饱和脂肪酸，胆固醇含量亦高，长期大量食用易致心脑血管疾病和肥胖症的发生，但外用可治手足破裂，有润肤的作用。

第六节　水产类的营养价值与美容

水产类包括各种鱼类和其他水产动物，如虾、蟹、贝类等。水产动物可提供优质蛋白、不饱和脂肪酸、维生素A、维生素D、维生素E、维生素B_2、烟酸等多种维生素及钙、磷、硒、铁、锌等多种矿物质。水产动物的含氮浸出物较多，有别于畜禽肉，滋味鲜美独特。鱼肉含水分多，肌肉纤维短细，比畜禽肉细嫩，更易消化吸收，营养价值很高。

一　水产类的营养价值

水产类一般由水分（70%～85%）、蛋白质（15%～20%）、脂肪（1%～10%）、碳水化合物（0.5%～1.0%）及矿物质（1.0%～1.5%）等成分组成。水产品的营养素组成因动物的种类、年龄、性别、营养状况、肥瘦程度及捕获季节等不同而有较大的差异。

（一）鱼类

1. 蛋白质　鱼类蛋白质含量为15%～22%，平均为18%左右。蛋白质主要分布于肌浆和肌基质,肌浆主要含肌球蛋白、肌溶蛋白、可溶性肌纤维蛋白、肌结合蛋白和球蛋白;肌基质主要包括结缔组织和软骨组织,含有胶原蛋白和弹性蛋白。鱼类蛋白质的氨基酸组成较平衡,与人体需要接近,利用率较高,生物价可达85%~90%,但氨基酸组成中色氨酸含量偏低。

鱼肉蛋白质生物学价值仅次于鸡蛋,特别适合儿童和老人食用。鱼肌肉中的红肌含有丰富的氨基乙磺酸,它是一种含硫氨基酸,有利于胎儿、新生儿的大脑和眼睛发育,对防止高血压、动脉硬化及保护视力等都有重要作用。

2. 脂肪 鱼类含脂肪很少,一般为1%~3%。鱼的种类不同脂肪含量差别也较大,如鲜鱼脂肪含量在1%以下,而河蟹脂肪含量高达10.8%。鱼类脂肪在肌肉组织中含量很少,主要分布在皮下和内脏周围。

鱼类脂肪多由不饱和脂肪酸组成(占80%),熔点较低,通常呈液态,消化吸收率可达95%。鱼类脂肪中含有长链多不饱和脂肪酸,如EPA、DHA,具有降低血脂、防治动脉粥样硬化的作用。

鱼类的胆固醇含量一般为100mg/100g,但虾子、鲳鱼子和蟹黄中胆固醇含量比较高,分别为896mg/100g、1070mg/100g和500mg/100g。

3. 碳水化合物 鱼类碳水化合物含量较低,约为1.5%。有些鱼不含碳水化合物,如鲳鱼、鲍鱼、银鱼等。碳水化合物的主要存在形式为糖原。鱼类肌肉中的糖原含量与其致死方式有关,捕后即杀者糖原含量最高;挣扎疲劳后死去的鱼类,体内糖原消耗严重,由于糖酵解作用强,鱼类肌肉中的糖原几乎全部变为乳酸,含量降低。除糖原外,鱼体内还含有多糖类,这些多糖类按有无硫酸基分为硫酸化多糖和非硫酸化多糖,前者如硫酸软骨素、硫酸乙酰肝素、硫酸角质素,后者如透明质酸、软骨素等。

4. 维生素 鱼肉中维生素的含量也非常丰富,如鱼贝肉中所含的维生素A、维生素D、维生素E均高于畜禽肉。海鱼肝脏特别富含维生素A和维生素E,可作为膳食及药用鱼肝油的维生素A的来源。鱼肉中B族维生素的含量也较丰富,螃蟹及鳝鱼含有较多的核黄素和烟酸,如每100g鳝鱼中核黄素的含量为1~2mg,是猪肉核黄素含量的10倍。一些生鱼中含有硫胺素酶,在生鱼存放或生吃时可破坏硫胺素,但加热可破坏此酶,因此鲜鱼应尽快加工烹制或冷藏以减少硫胺素的损失。

5. 矿物质 鱼肉中矿物质的含量为1%~2%,高于畜肉,其中磷占40%,钙、钠次之。此外,鱼肉中钾、镁、铁、锌、碘、硒等含量都较丰富,其中钙、硒含量明显高于畜禽肉类,海鱼中还含有钴。虾、蟹、贝类都富含多种矿物质,如牡蛎是含锌、铜最高的海产品,其中铜含量高达30mg/100g。海产鱼特别富含碘,为0.5~1mg/kg;而一般淡水鱼只有0.05~0.4mg/kg。

6. 含氮浸出物 鱼肉中含氮浸出物的含量均在2%~5%之间,主要有游离氨基酸、氧化三甲胺(trimethylamine oxide,TMAO)、肌酸、肌酐、肌肽、鹅肌肽(anserine)、甜菜碱、牛磺酸和尿素等。在浸出物中,所有红色鱼肉中游离氨基酸的含量均较多,其中组氨酸的含量占大半;白色鱼肉中游离氨基酸的含量不多,只有甘氨酸及丙氨酸。TMAO广泛分布于海产动物组织中,淡水动物组织中几乎不含TMAO。TMAO带有淡甘味,鱼捕获后,TMAO在细菌的作用下被还原成三甲胺(TMA),这是引起鱼肉特有腥臭的原因。鱼肉中肌酸含量较多,略有苦味;肌酐含量甚微,但肌酸可在体内转化为肌酐。淡水鱼肉中不含肌肽和鹅肌肽。贝类和甲壳类肌肉中富含甜菜碱,具有清快的鲜味。硬骨鱼类肌肉中尿素含量极少,而软骨鱼类肌肉中含量较多。软骨鱼在鲜度降低的过程中,由于细菌脲酶的作用,尿素被分解为氨,使其具有氨的刺激气味。

7. 色素 鱼肉有白色和深色之分,深色肉含有较多的脂质、糖原、维生素、酶类和肌肉红色素(肌红蛋白和少量血红蛋白)等,味道较腥,一般活动性强的金枪鱼、鲣鱼、沙丁鱼等的暗色肉较多。白色肉腥味较轻,银鳕鱼、大黄鱼、比目鱼等的白色肉较多。鱼类的血液色素为血红蛋白,但软体动物的血液色素是含铜的铜蓝蛋白。鱼类皮肤含有黑色、黄色、红色及白色等多种色素细胞,主要色素有各种类胡萝卜素及胆汁色素。

(二)其他水产动物

其他水产动物是指软体动物和虾蟹类,其营养成分因品种不同差异较大。蛋白质含量略低于鱼类,为9%~18%,平均为15%左右;其中虾、黄螺等的含量较高,可达18%以上。甲壳类肌肉蛋白质中的缬氨酸和赖氨酸含量低于鱼肉;贝类的蛋氨酸、苯丙氨酸、组氨酸含量较鱼类和甲壳类低,但精氨酸和胱氨酸含量却远比其他水产动物高。脂肪的含量低于鱼类,一般均在1%以下。碳水化合物的含量高于鱼类,约在3%左右,其中海蟹头、香海螺等可达10%以上。维生素以核黄素、烟酸、维生素A的含量较为丰富。在鲜淡菜、红螺、鲜扇贝和江虾中含有丰富的维生素E。矿物质中钙和硒的含量较高,尤其富含硒,含硒最高的是蟹、海参等,可达80mg/100g以上,是其他食物的数十倍。钙的含量以虾、螺中最高,石螺的含钙量可达2458mg/100g。此外,还含有较多的锌、铁、磷、钾、钠等。

其他水产动物也含有较多的含氮浸出物,滋味鲜美,深受人们喜爱。

二 水产制品的营养价值

水产制品主要是干鱼类,水分含量减少,相对而言脂肪和蛋白质的含量增高,其他成分损失较少,一般便于储藏,具有特殊风味和较高的食用价值。

三 水产类食物与美容

水产类食物品种较多,日常食用的有鱼、贝、虾、蟹类及海带、海藻等。而鱼、贝、虾、蟹类的共同特点是蛋白质含量高,均为优质蛋白,易被机体消化、吸收和利用,脂肪含量低,且多为不饱和脂肪酸,胆固醇含量低,维生素、矿物质含量高,含有一些陆地动植物没有的成分,有利于营养的均衡,是美容保健的良好食品。如鱼类脂肪中的不饱和脂肪酸有利于皮肤、毛发健美,可预防心脑血管疾病的发生;鱼肉中还富含锌、磷、铁、镁、铜等微量元素和维生素A、B族维生素、维生素D、维生素E等,有利于身体健康及皮肤、毛发的健美。另外海带、海藻类食物具有软坚散结、消痰利水、祛脂降压的功效,含有丰富的碘,可用于防治缺碘引起的甲状腺肿大,并含丰富的维生素B_1、维生素B_2及矿物质,是瘦身美体、乌发柔发、美容保健的常用食物。

第七节　蛋类的营养价值与美容

蛋类主要指鸡、鸭、鹅、鹌鹑、火鸡等的蛋。各种蛋的结构和营养价值基本相似,其中食用最普遍、食用量最大的是鸡蛋。蛋类在我国居民膳食构成中所占比例为1.4%,主要提供营养价值高的蛋白质。蛋类制成的蛋制品有皮蛋、咸蛋、糟蛋、冰蛋等。

一 蛋类的结构和营养素分布

蛋类的结构基本相似，主要由蛋壳、蛋清和蛋黄三部分组成。蛋壳位于蛋的最外层，在蛋壳外有一层水溶性胶状黏蛋白，对防止微生物进入蛋内和蛋内水分及二氧化碳过度向外蒸发有保护作用。蛋被产出时，这层膜即附着在蛋壳的表面，外观无光泽，呈霜状，根据此特征，可鉴别蛋的新鲜程度。如蛋外表面呈霜状，无光泽而清洁，表明蛋是新鲜的；如无霜状物，且油光发亮、不清洁，则说明蛋已不新鲜。由于这层膜是水溶性的，在贮存时要防潮，不能水洗或淋雨，否则会很快变质腐坏。

蛋壳的颜色因鸡的品种而异，由白色到棕色，与蛋的营养价值无关。蛋清包括两部分，即外层的稀蛋清和包裹在蛋黄周围的胶冻样的稠蛋清。蛋黄表面包有蛋黄膜，由两条韧带将蛋黄固定在蛋的中央。

蛋各部分的主要营养组成见表3-8。

表3-8 蛋各部分的主要营养组成(%)

成分	全蛋	蛋清	蛋黄
水分	73.8~75.8	84.4~87.7	44.9~51.5
蛋白质	12.8	8.9~11.6	14.5~15.5
脂肪	11.1	0.1	26.4~33.8
糖类	1.3	1.8~3.2	3.4~6.2
矿物质	1.0	0.6	1.1

二 蛋类的营养素种类及特点

蛋的微量营养成分受到品种、饲料、季节等多方面因素的影响，但蛋中宏量营养素的含量总体上基本稳定，各种蛋的营养成分有共同之处。

(一) 蛋白质

蛋类蛋白质的含量约为12.8%。蛋清中的蛋白质为胶状水溶液，由卵清蛋白、卵黏蛋白、卵球蛋白等5种蛋白质组成；蛋黄中的蛋白质主要是卵黄磷蛋白和卵黄球蛋白。鸡蛋蛋白含有人体所需的各种氨基酸，而且氨基酸组成模式与合成人体组织蛋白所需模式相近，易被消化吸收，其生物学价值达95，是最理想的天然优质蛋白质和高营养价值食品。在评价食物蛋白质营养质量时，常以鸡蛋蛋白质作为参考蛋白。蛋白质中赖氨酸和蛋氨酸含量较高，和谷类、豆类食物混合食用，可弥补后两者赖氨酸或蛋氨酸的不足。

(二) 脂类

蛋清中含脂肪极少，98%的脂肪存在于蛋黄中。蛋黄中的脂肪几乎全部以与蛋白质结合的良好乳化形式存在，因而消化吸收率高。

鸡蛋黄的脂肪含量为28%~33%，其中，中性脂肪含量占62%~65%，磷脂占30%~33%，固醇占4%~5%，还有微量脑苷脂类。蛋黄中性脂肪的脂肪酸中，以单不饱和脂肪酸油酸含量最为丰富，约占50%，亚油酸约占10%，其余主要是硬脂酸、棕榈酸和棕榈油酸，含微量的花生四烯酸。

蛋黄是磷脂的极好来源，所含卵磷脂具有降低血胆固醇的功效，并能促进脂溶性维生素的吸收。鸡蛋黄中的磷脂主要为卵磷脂和脑磷脂，此外还有神经鞘磷脂。各种禽蛋的蛋黄中总磷脂含量相似。它们使蛋黄具有良好的乳化性质，但因含有较多不饱和脂肪酸，容易受到脂肪氧化的影响。

蛋中胆固醇含量极高，主要集中在蛋黄。其中，鹅蛋黄含量最高，每100g达1696mg；其次是鸭蛋黄；鸡蛋黄略低，但每100g也达1510mg；鹌鹑蛋最低。全蛋胆固醇含量为500～700mg/100g，加工成咸蛋或松花蛋后，胆固醇含量无明显变化。蛋清中不含胆固醇。

（三）碳水化合物

鸡蛋碳水化合物含量较低，为1%～3%，蛋黄略高于蛋清，加工成咸蛋或松花蛋后有所提高。碳水化合物以两种状态存在，一部分与蛋白质结合，含量约为0.5%；另一部分游离存在，含量约为0.4%，其中98%为葡萄糖，其余为微量的果糖、甘露糖、阿拉伯糖、木糖和核糖。蛋清中主要是甘露糖和半乳糖，与蛋白结合；蛋黄中主要是葡萄糖，大部分以与磷脂、磷蛋白结合的形式存在。

（四）维生素

蛋中维生素含量十分丰富，且品种较为完全，包括维生素A、维生素D、维生素E、维生素K、B族维生素和微量的维生素C，绝大部分存在于蛋黄中。鸭蛋和鹅蛋的维生素含量总体而言高于鸡蛋。此外，蛋中的维生素含量受到品种、季节和饲料中维生素含量的影响。

（五）矿物质

蛋中的矿物质主要存在于蛋黄，蛋清中含量较低。其中，钙、磷、铁、锌、硒等含量丰富。蛋黄中的铁因与磷蛋白结合，吸收率不高。

三 蛋类中的特殊成分

在生鸡蛋蛋清中，含有抗生物素蛋白和抗胰蛋白酶。抗生物素蛋白能与生物素在肠道内结合，影响生物素的吸收，引起食欲缺乏、全身无力、毛发脱落、皮肤发黄、肌肉疼痛等生物素缺乏的症状；抗胰蛋白酶能抑制胰蛋白酶的活力，妨碍蛋白质的消化吸收，故不可生食蛋清。烹调加热可破坏这两种物质，消除它们的不良影响。但是蛋不宜过度加热，否则会使蛋白质过分凝固，甚至变硬、变韧，形成硬块，反而影响食欲及消化吸收。

四 蛋制品的营养价值

蛋类的主要制品包括皮蛋、咸蛋、糟蛋、五香蛋、蛋粉、冰蛋、蛋黄酱等。其中，皮蛋、咸蛋、糟蛋和五香蛋为我国特有的传统风味产品，而蛋粉、冰蛋、蛋黄酱为国外引入的蛋制品，其中蛋粉和冰蛋主要用作食品加工的原料，而蛋黄酱则被用作调味品。

（一）皮蛋

皮蛋经过碱处理，维生素B_1和维生素B_2受到较为严重的破坏，含硫氨基酸含量减少，镁、铁等微量元素的生物利用率下降，但钠和配料中所含的矿物质含量增加。

(二) 咸蛋

由于盐的作用,蛋黄中蛋白质发生凝固变性并与脂类成分分离,蛋黄中的脂肪聚集形成出油现象。往腌渍水中加入白酒可使咸蛋出油量增加,可能是因为酒精促进蛋白质的变性所致。用酒精处理的同时可以增加咸蛋的风味。蛋黄中的类胡萝卜素溶于油脂中,使蛋黄油呈现鲜艳的色泽。咸蛋制作过程对蛋的营养价值影响不大,但是钠含量大幅度上升,所以需要控制食盐摄入量的高血压、心血管疾病和肾病患者应注意,不要经常食用咸蛋。

(三) 糟蛋

糟蛋是鲜蛋经糯米酒糟腌渍而成的产品,主要用鸭蛋作为加工原料。糟蛋的加工原理是酒精与鸡蛋内容物发生作用,使蛋白和蛋黄中的蛋白质变性凝固,并抑制微生物的生长。加工过程中加入的食盐具有防腐和调味的作用,可促进蛋白和蛋黄的凝固,并帮助蛋黄出油。因此,糟蛋可以不经加热直接食用,其营养素含量与鲜蛋差别不大。

(四) 冰蛋

冰蛋是指将蛋液杀菌后装罐冷冻的蛋类产品,分为冰全蛋、冰蛋白和冰蛋黄 3 种。它可用于糕点、饼干、面包、面食品、冰激凌、糖果及肉制品等的生产中。其营养价值与鲜蛋差别不大。

(五) 蛋粉

蛋清、蛋黄和全蛋经巴氏消毒后,可以用喷雾干燥、冷冻干燥等方法脱水制成蛋粉,用于各种食品的配料,也可用于提取蛋黄油、卵磷脂等成分。制作蛋粉对蛋白质利用率无影响,但如果蛋粉在室温下储藏 9 个月,其中的维生素 A 可损失 75% 以上, B 族维生素约损失 45% ,其他维生素基本稳定。

(六) 卤蛋类

市售卤蛋软罐头是鹌鹑蛋或鸡蛋经过预煮、去壳或敲壳和卤制后,装罐或装袋灭菌制成的食品。在卤蛋产品的生产过程中,卤液中加有多种调味料,渗入蛋体内后可使产品具有独特香味。常用配料有食盐、味精、白糖、酱油、大茴香、小茴香、桂皮、花椒、陈皮、良姜、丁香等。腌制后于65℃干燥,经真空包装后微波杀菌即为成品。蛋的卤制过程中主要造成 B 族维生素的损失和钠含量的增加,蛋壳中钙和部分微量元素部分溶出,提高了蛋白部分的矿物质含量,但蛋白质和脂类等营养素基本保持稳定。

五 蛋类食物与美容

蛋类含有丰富的蛋白质、磷脂、维生素 A、维生素 B_1、维生素 B_2、维生素 D 及各种宏量和微量元素,为所有食品中质量、种类、组成最优质的蛋白质,所含氨基酸比例非常适合人体需要。如鸡蛋,蛋清性味甘凉,蛋黄性味甘平,具有滋阴润燥、补益中气、养血安神、润肤白面、去皱祛斑的作用。《普济方》中记载"鸡子三枚,浸酒,密封四七日,每夜以白敷面,面果今白",可见鸡蛋不论内服外用都有美容作用。外用蛋清制成面膜,有消炎、清洁、营养、保湿、柔嫩肌肤的作用。此外,其他禽蛋如鹌鹑蛋、鸽蛋等也可选用。

第八节 奶类的营养价值与美容

奶类是指动物的乳汁,经常食用的是牛奶和羊奶。奶类经浓缩、发酵等工艺可制成奶制品,如奶粉、酸奶、炼乳等。奶类及其制品具有很高的营养价值,不仅是婴儿的主要食物,也是老弱病患者的营养食品。

一 奶类的营养素种类及特点

奶类为水、脂肪、蛋白质、乳糖、矿物质、维生素等组成的复杂乳胶体。奶味微甜，并具有由低分子化合物如丙酮、乙醛、二甲硫、短链脂肪酸和内酯形成的特有香味。奶类食品主要提供优质蛋白质、维生素 A、维生素 B_2 和钙。除牛奶外，还有羊奶和马奶。

（一）蛋白质

牛奶中的蛋白质含量比较恒定，约为 3.0%；羊奶中的蛋白质含量为 1.5%，低于牛奶；人乳中的蛋白质含量为 1.3%，低于牛奶和羊奶。牛奶中的蛋白质主要由 79.6% 的酪蛋白、11.5% 的乳清蛋白和 3.3% 的乳球蛋白组成。酪蛋白属于结合蛋白，与钙、磷等结合，形成酪蛋白胶粒，以胶体悬浮液的状态存在于牛奶中。其结合方式是一部分钙与酪蛋白结合成酪蛋白钙，再与胶体状态的磷酸钙形成酪蛋白钙-磷酸钙复合胶粒，该结合蛋白对酸敏感。乳清蛋白属热敏性蛋白，受热时发生凝固，对酪蛋白具有保护作用。乳球蛋白与机体免疫有关。奶类蛋白质的消化吸收率为 87% ~89%，生物学价值为 85，属优质蛋白，容易被人体消化吸收。

（二）脂肪

奶类脂肪含量约为 3.0%，以微粒状的脂肪球分散在乳浆中，吸收率达 97%。奶类脂肪中脂肪酸组成复杂，水溶性挥发性脂肪酸（如丁酸、己酸、辛酸）含量较高，这是奶类脂肪风味良好且易于消化的原因。油酸占 30%，亚油酸和亚麻酸分别占 5.3% 和 2.1%，此外还有少量的卵磷脂、胆固醇。

（三）碳水化合物

奶类碳水化合物的含量为 3.4% ~7.4%，人乳含量最高，羊奶次之，牛奶最少。碳水化合物的主要存在形式为乳糖。由于乳糖可促进钙等矿物质的吸收，也为婴儿肠道内双歧杆菌的生长所必需的物质，因而对于幼儿的生长发育具有特殊的意义。但对于部分不经常饮奶的成年人来说，其体内乳糖酶活性过低，大量食用奶制品可能导致乳糖不耐受。用固定化乳糖酶将乳糖水解为半乳糖和葡萄糖可以解决乳糖不耐受问题，同时可提高产品的甜度。

（四）维生素

牛奶中含有几乎所有种类的维生素，包括维生素 A、维生素 D、维生素 E、维生素 K、B 族维生素和微量的维生素 C，只是这些维生素的含量差异较大（表 3-9）。总的来说，牛奶是 B 族维生素的良好来源，特别是维生素 B_2。

表 3-9　奶及奶制品维生素含量的比较（每 100g）

食物名称	维生素 A（μg）	维生素 B_1（mg）	维生素 B_2（mg）	烟酸（mg）	维生素 C（mg）	维生素 E（mg）
牛奶	24.0	0.03	0.14	0.10	1.00	0.21
鲜牛奶	84.0	0.04	0.12	2.10	0.00	0.19
人乳	11.0	0.01	0.05	0.20	5.00	0.00
全脂牛奶粉	141.0	0.11	0.73	0.90	4.00	0.48
全脂羊奶粉	0.00	0.06	1.60	0.90	0.00	0.20

续表

食物名称	维生素 A (μg)	维生素 B_1 (mg)	维生素 B_2 (mg)	烟酸 (mg)	维生素 C (mg)	维生素 E (mg)
酸奶	26.0	0.03	0.15	0.20	1.00	0.12
奶酪(干)	152.0	0.06	0.91	0.60	0.00	0.60
奶油	297.0	0.00	0.01	0.00	0.00	1.99
黄油	0.00	0.00	0.02	0.00	0.00	0.00
炼乳(甜)	41.0	0.03	0.16	0.30	2.00	0.28

（五）矿物质

牛奶中的矿物质含量为0.7%～0.75%，富含钙、磷、钾。100ml 牛奶中含钙 104mg，且吸收率高，是钙的良好来源。奶中铁含量低，用牛奶喂养婴儿时，应注意铁的补充。

二 奶类中的特殊成分

（一）酶类

牛奶蛋白质部分为血液蛋白转化而来，其中含有大量酶类，主要是氧化还原酶、转移酶和水解酶。水解酶包括淀粉酶、酯酶、蛋白酶、磷酸酯酶等。各种水解酶可以帮助消化营养物质，对幼儿的消化吸收功能具有重要意义。

溶菌酶对牛奶的保存也有重要意义。牛奶中溶菌酶含量为 10～35μg/100ml。由于溶菌酶的抗菌能力，新鲜未经污染的牛奶可以在 4℃条件下保存 36 小时之久。

乳过氧化物酶是一种含血红素的糖蛋白，也具有一定的抗菌作用，它与过氧化氢和硫氰酸盐组成具有抑菌和杀菌作用的体系，对革兰阳性菌具有抑制作用，对大肠杆菌等一些革兰阴性菌具有杀灭作用。

牛奶中的碱性磷酸酯酶常用作热杀菌的指示酶，加热后测定此酶活性可推知加热的效果。酯酶的存在使牛奶脂肪缓慢水解而酸败。

（二）有机酸

牛奶的 pH 在 6.6 左右，其中有机酸含量较低。奶类的有机酸中，90%为柠檬酸，能促进钙在奶中的分散，其含量随乳牛营养和泌乳期的不同而变化。此外，牛奶中还含有微量的丙酮酸、尿酸、丙酸、丁酸、醋酸、乳酸等。丁酸也称酪酸，是牛奶脂肪中的代表性成分之一。丁酸对包括乳腺癌和肠癌在内的一系列肿瘤细胞的生长和分化有抑制作用，可诱导肿瘤细胞的凋亡、防止癌细胞的转移，可能与其可促进 DNA 的修复、抑制促肿瘤基因的表达、促进肿瘤抑制基因的表达有关。某些肠道细菌发酵碳水化合物后可以产生丁酸，对预防大肠癌的发生有益。

（三）其他生物活性物质

奶类中含有大量的生理活性物质，其中较为重要的有乳铁蛋白(lactoferrin)、免疫球蛋白、生物活性肽、共轭亚油酸(conjugated linoleic acid)、激素和生长因子等。

乳铁蛋白在牛奶中的含量为 20～200μg/ml，其作用除调节铁代谢、促进生长外，还具有多方面的生物学功能，如调节巨噬细胞和其他吞噬细胞的活性、抗炎、促进肠黏膜细胞的分裂更新、阻断氧自由基的形成、刺激双歧杆菌的生长等，此外还具有抗病毒效应。乳铁蛋白经蛋白酶水解后形成的片段也具有一定的免疫调节作用。

活性肽类是奶类蛋白质在人体肠道消化过程中产生的蛋白酶水解产物，包括具有吗啡样活性或抗吗啡样活性的镇静安神肽、抑制血管紧张素Ⅰ转化酶的抗血管紧张素胺、抑制血小板凝集和血纤维蛋白原结合到血小板上的抗血栓肽、刺激巨噬细胞吞噬活性的免疫调节肽、促进钙吸收的酪蛋白磷酸肽（casein phosphopeptides，CPP）、促进细胞合成DNA的促进生长肽、抑制细菌生长的抗菌肽等。

三 奶制品的营养价值

奶制品主要包括消毒鲜奶、奶粉、炼乳、酸奶、奶油、奶酪等。

（一）消毒鲜奶

消毒鲜奶是将新鲜生牛奶经过过滤、加热杀菌后，分装出售的饮用奶。消毒鲜奶除维生素B_1和维生素C有损失外，营养价值与新鲜生牛奶差别不大，市售消毒鲜牛奶中常强化了维生素D和维生素B_1等营养素。

（二）奶粉

奶粉是经脱水干燥制成的粉。根据食用目的，可制成全脂奶粉、脱脂奶粉、调制奶粉等。

全脂奶粉是将鲜奶浓缩除去70%～80%的水分后，经喷雾干燥或热滚筒法脱水制成的。喷雾干燥法制得的奶粉粉粒小、溶解度高、无异味、营养成分损失少、营养价值较高；热滚筒法制得的奶粉颗粒大小不均、溶解度小、营养素损失较多。一般全脂奶粉的营养成分约为鲜奶的8倍左右。

脱脂奶粉是将鲜奶脱去脂肪，再经上述方法制成的奶粉。此种奶粉的脂肪含量仅为1.3%，脱脂过程使脂溶性维生素损失较多，其他营养成分变化不大。脱脂奶粉一般供腹泻婴儿及需要少油膳食的患者食用。

调制奶粉又称“母乳化奶粉”，是以牛奶为基础，参照人乳组成的模式和特点，进行调整和改善，使其更适合婴儿的生理特点和需要而制得的奶粉。调制奶粉主要减少了牛奶粉中的酪蛋白、甘油三酯、钙、磷和钠的含量，添加了乳清蛋白、亚油酸和乳糖含量，并强化了维生素A、维生素D、维生素B_1、维生素B_2、维生素C、叶酸和微量元素铁、铜、锌、锰等。

（三）炼乳

炼乳为浓缩奶的一种，分为淡炼乳和甜炼乳。

鲜奶在低温真空条件下浓缩，除去约2/3的水分，再经灭菌制成的炼乳，称为淡炼乳。因受加工的影响，维生素遭受一定的破坏，因此常添加维生素加以强化，按适当的比例冲稀后，营养价值基本与鲜奶相同。淡炼乳在胃酸作用下，可形成凝块，便于消化吸收，适合婴儿和对鲜奶过敏者食用。

甜炼乳是在鲜奶中加入约15%的蔗糖后按上述工艺制成的。其糖含量可达45%左右，利用渗透压的作用抑制微生物的繁殖。因糖分过高，需经大量水冲淡，营养成分相对下降，不适合婴儿食用。

（四）酸奶

酸奶是在消毒鲜奶中接种乳酸菌并使其在控制条件下生长繁殖而制成的奶制品。牛奶经乳酸菌发酵后游离的氨基酸和肽增加，因此更易消化吸收。乳糖减少，使乳糖酶活性低的成人易于接受。维生素 A、维生素 B_1、维生素 B_2 等的含量与鲜奶相似，但叶酸含量增加了 1 倍，胆碱含量也明显增加。此外，酸奶的酸度增加，有利于维生素的保护。乳酸菌进入肠道后可抑制一些腐败菌的生长，调整肠道菌相，防止腐败胺类对人体的不良作用。

(五) 奶油

奶油是由牛奶中分离的脂肪，一般含脂肪 80% ~83%，而含水量低于 6%，主要用于佐餐和面包、糕点的制作。

(六) 奶酪

奶酪为一种营养价值很高的发酵乳制品，是在原料奶中加入适当量的乳酸菌发酵剂或凝乳酶，使蛋白质发生凝固，并加盐、压榨排出乳清后制成的产品。

奶酪中的蛋白质大部分为酪蛋白，经凝乳酶或酸的作用而形成凝块。但也有一部分清蛋白和球蛋白包含于凝块之中。此外，经过发酵作用，奶酪中还含有胺类、氨基酸和非蛋白氮成分。除少数品种外，大多数品种的蛋白质中包裹的脂肪成分多占奶酪固形物的 45% 以上，而脂肪在发酵中的分解产物使干酪具有特殊的风味。在奶酪的制作过程中，大部分乳糖随乳清流失，少量乳糖在发酵中起促进乳酸发酵的作用，对抑制杂菌的繁殖有重要作用。

奶酪含有原料中的各种维生素，其中脂溶性维生素大多保留在蛋白质凝块中，而水溶性维生素部分损失，但含量仍不低于原料奶。原料奶中微量的维生素 C 几乎全部损失。奶酪外皮部分中的 B 族维生素含量高于中心部分。

硬质奶酪是钙的极佳来源，软奶酪含钙量较低。镁在奶酪制作过程中也得到浓缩，硬质奶酪中的镁含量约为原料奶含量的 5 倍。钠的含量因品种不同而异，农家干酪因不添加盐，钠含量仅为 0.1%；而法国羊奶干酪中的盐含量可达 4.5% ~5.0%。

此外，成熟奶酪中含有较多的胺类物质。它们是在后熟过程中游离氨基酸经脱羧作用形成的产物，包括酪胺、组胺、色胺、腐胺、尸胺和苯乙胺等。其中以酪胺含量最高，如切达干酪中的酪胺含量达 35 ~109mg/100g。

四 奶类食物与美容

奶类有牛奶、羊奶等。牛奶味甘、性平，入脾胃经，具有补虚益胃、生津润肤的作用。牛奶的营养成分丰富而又全面，含有人体所需的蛋白质、脂肪、乳糖、维生素及钙、磷、铁等矿物质，特别是牛奶蛋白为完全蛋白，含有 8 种人体必需的氨基酸，尤其是植物蛋白所缺乏的蛋氨酸和赖氨酸，既是一种滋补强壮食品，又具有很好的美容作用。常饮牛奶，可使皮肤光滑细腻、富有弹性、毛发润泽、肌肉结实。外用牛奶洗面，亦能使皮肤光泽白皙，对皮肤干燥、粗糙、弹性差等均有很好的防治作用。

第九节　加工食品的营养价值与美容

一 糖果

糖果是以砂糖和液体糖浆为主体，经过熬煮，配以部分食品添加剂，再经调和、冷却、成形等工艺操作，构成具有不同物态、质构和香味的，精美而耐保藏的甜味固体食品。多数经过包装后成为一种既卫生又美观，且便于携带的糖类食品。

甜味剂是糖基糖果的主要成分。常用的甜味剂有各种糖类、糖浆等，属于天然甜味剂，亦称营养甜味剂。人工甜味剂使用较少，只在特殊用途的糖果中应用。常见的甜味剂有蔗糖、转化糖、玉米糖浆等。

蔗糖是最常见的甜味剂，一般以甘蔗或甜菜为原料提取。在室温下 1 份水中能溶解约 2 份蔗糖，生成 67% 的溶液。在不经搅拌的情况下冷却，溶液呈过饱和状态；再继续冷却，特别是在搅拌后，就开始结晶。提高水温能得到更高浓度的糖液。蔗糖浓度越高，溶液的沸点也越高。糖果制造者利用沸点与蔗糖浓度的紧密关系来控制糖果的最终含水量。转化糖与蔗糖有关，在糖果中应用广泛。蔗糖可被酸或酶水解为葡萄糖和果糖。玉米糖浆是含有葡萄糖、麦芽糖、高糖和糊精的黏性液体，也称为淀粉糖浆，用玉米淀粉加酸或加酶经水解和不完全糖化而制成，可阻碍蔗糖结晶。玉米糖浆还可以增加糖果的黏性，减少因温度或机械振动引起的糖结构的变脆，减缓糖果在口中的溶化速度，并增加糖果的咀嚼性。

为了使糖果具有人们所期望的色泽、香气、滋味、形态和质构，除了甜味剂，还需向糖果中添加其他辅料。如为了增加糖果的韧性和弹性而添加明胶和树胶，为增加稠度而添加淀粉及改性淀粉，为增加润滑性和搅打性而添加蛋清和油脂。通过加入其他食品，如牛奶、水果、坚果、巧克力、可可、茶等来增加糖果的花色和改善糖果的风味。同时这些成分也影响到糖果的营养价值，如牛奶糖含有较多的蛋白质和钙。

二 糕点

一切糕点制品都可以被视为优良的浓缩食品，制造糕点的各种原料和制品，都含有蛋白质、油脂和酸。

原料中除蛋白质、油脂和酸外，还含有人体所必需的矿物质(磷、钙等)。原料和成品中的维生素含量对人体有重要意义。因此，在某些制品中，常用人工方法予以增补。

油脂在光、空气和水的作用下，会产生复杂的氧化质变，因此，凡含大量油脂的制品，不宜长期保藏，否则，全体产品会失去原有的风味和营养。

三 软饮料

软饮料在不同国家有不同的概念，一般描述为以补充人体水分为主要目的的流质食品，我国规定软饮料中乙醇的含量应在 0.5% 以下。软饮料有很多种分类方法，我国的国家标准是根据使用原料、产品形态及作用的不同，将软饮料分为 10 类：碳酸饮料类、果汁(浆)或果汁饮料、蔬菜汁饮料、含乳饮料、植物蛋白饮料、瓶装饮用水、茶饮料、固体饮料、特殊用途饮料和其他饮料类(如矿泉水、活性水、富氧水等)。

(一) 碳酸饮料类

碳酸软饮料是含有二氧化碳的软饮料，有果汁型、果味型、可乐型、低能量型和其他型 5 种。原果汁含量在 2.5% 以上的为果汁型，低于 2.5% 的为果味型；可乐型分有色和无色两种，有色可乐的颜色来自焦糖色素；低能量型饮料的能量为每 100ml 不高于 75J；其他型是以食用香精赋香的饮料。

(二) 果蔬饮料

果蔬饮料不但具有普通软饮料的基本功能,而且还富含维生素C、胡萝卜素和矿物质,其含有的一些特殊生理活性物质如儿茶素、绿原酸、黄酮类化合物等已日益受到重视。

1. 原果汁 是用机械方法从水果中获得的100%水果原汁。以浓缩果汁加水还原制成的,与原果汁固形物含量相等的还原果汁也称原果汁。

2. 原果浆 是以水果可食部分为原料用打浆工艺制成的,没有去除汁液的浆状产品,或是浓缩果浆的还原制品。

3. 浓缩果汁 是以物理方法从原果汁中除去部分天然水分的制品。

4. 果汁饮料 是在果汁或浓缩果汁中加入水、糖液制成的果汁含量不低于50%(*W/V*)的制品。

5. 水果露 用果汁加入水、糖液制成的果汁含量不低于50%(*W/V*)的制品。

四 酒类

酒类是一种特殊食品,已成为世界性的含酒精饮料。

酒类的成分十分复杂,具有丰富的营养价值和生理活性成分,即使是白酒中,除了98%的乙醇和水,还发现了300余种其他物质,形成了酒的香气、口味和其他特质;酒中含有的氨基酸、蛋白质、维生素和矿物质等,都是人体必需的。从现代营养学角度来说,每克乙醇含有29.7kJ(7.1kcal)可被机体充分利用的能量,远高于同质量的碳水化合物和蛋白质的能量值。而啤酒、葡萄酒、黄酒等发酵酒富含小分子的碳水化合物、氨基酸和肽类;发酵酒类含有丰富的B族维生素、矿物质和水分,以及乙醇、多酚等生理活性物质。在《黄帝内经》中对酒的描述还有"经络不通,病生于不仁,治之以按摩醪药"的记载。据现代医学理论,适量的乙醇具有促进血液循环,提高机体代谢效率的功能。

(一) 白酒

白酒为中、高度酒。乙醇全部燃烧的产能量为29.4kJ(7kcal)/g,其中70%可被身体利用,故每克白酒可提供能量21kJ(5kcal)。空腹饮酒对健康损害较大,饮烈性酒比低度酒危害大。少量饮酒,同时摄入食物,可减少酒精对肝、脑的危害。

(二) 啤酒

啤酒是世界上饮用最为广泛、消费量最高的一类酒。啤酒的乙醇含量约为4%,此外还含有果糖、葡萄糖、麦芽糖和糊精,多种维生素及钙、磷、钾、镁、锌等矿物质,还含有一定量的氨基酸、脂肪酸。

(三) 葡萄酒

葡萄酒是最具代表性的一种果酒,其主要成分为乙醇,含量约为10%,还含有糖、有机酸、酯类、多酚,多种氨基酸、维生素以及钾、钙、镁、锌、铜、铁等矿物质,其香味来自丙醇、异丁醇、异戊醇、乳酸乙酯等。

(四) 黄酒

黄酒是中国最古老的饮料酒。酒体中含有糖类、糊精、有机酸、高级醇及多种维生素,还有较多的含氯化合物,其氨基酸含量居各种酿造酒之首。

酒类除了上述常见营养成分外,还有很多非营养化学成分。如有机酸、酯类、醇、醛、酮、酚类化合物等。另外还有一些嫌忌成分，如甲醇、甲醛和杂醇油等，并可能具有毒副作用。

五 调味品

调味品是指以粮食、蔬菜等为原料，经发酵、腌渍、水解、混合等工艺制成的各种用于烹调调味和食品加工的产品以及各种食品的添加剂。

(一) 调味品分类

目前，我国调味品大致可分为如下六大类：

1. 发酵调味品 指以谷类和豆类为原料，经微生物的酿造工艺而生产的调味品。其中又包括酱油类、食醋类、酱类、腐乳类、豆豉类、料酒类等多个门类，其中每一门类又包括天然酿造品和配制品。

2. 酱腌菜类 包括酱渍、糖渍、糖醋渍、糟渍、盐渍等各类制品。

3. 香辛料类 指以天然香料植物为原料制成的产品，包括辣椒制品、胡椒制品、其他香辛料干制品及配制品等。还包括大蒜、葱、洋葱、香菜等生鲜蔬菜类调味品。

4. 复合调味品类 包括固态、半固态和液态复合调味料。也可以按用途划分为开胃酱类、风味调料类、方便调料类、增鲜调料类等。

5. 其他调味品 包括盐、糖、调味油，以及水解植物蛋白、鲤鱼汁、海带浸出物、酵母浸膏、香菇浸出物等。

6. 各种食品添加剂 是指为改善食品品质和色、香、味以及防腐和加工工艺的需要而加入食品中的化学合成或天然物质，包括味精、酶制剂、柠檬酸、甜味剂、酵母、香精、香料、乳化增稠剂、品质改良剂、防腐剂、抗氧化剂、食用色素等。

(二) 主要调味品的特点和营养价值

调味品除具有调味价值外，大多也具有一定的营养价值和保健价值。其中部分调味品因为使用量非常少，其营养价值并不十分重要；但也有部分调味品构成了日常饮食的一部分，并对维持健康起着不可忽视的作用。同时，调味品的选择和食用习惯往往对健康也有着相当大的影响。

1. 酱油和酱类调味品 酱油和酱是以小麦、大豆及其制品为主要原料，接种曲霉菌种，经发酵酿制而成的。酱油品种繁多，可以分为风味酱油、营养酱油、固体酱油三大类。风味酱油中的日式酱油加入了海带汁、鲤鱼汁，另一些中式风味酱油加入了鸡精、虾油、香菇汁、香辛料等，不仅增加了鲜味，也使营养价值有所提高。营养酱油起步较晚，主要包括减盐酱油和铁强化酱油两类，铁强化酱油中添加了 EDTA 铁。固体酱油是将酱油真空浓缩后再加入食盐和鲜味剂制成的产品。

酱油和酱类的鲜味主要来自于含氮化合物，含量高低是其品质的重要标志。优质酱油的总氮含量多在 1.3% ~1.8% 之间，氨基酸态氮 >0.7%。其中谷氨酸含量最高，其次为门冬氨酸，这两种氨基酸均具鲜味。以大豆为原料制作的酱蛋白质含量比较高，可达 10% ~12%；以小麦为原料制成的甜面酱的蛋白质含量在 8% 以下；若在制作过程中加入芝麻等蛋白质含量高的原料，则蛋白质的含量可达 20% 以上。酱类中氨基酸态氮的含量与酱油大致类似，黄酱在 0.6% 以上，甜面酱在 0.3% 以上。

酱油中含有少量还原糖以及少量糊精，它们也是构成酱油浓稠度的重要成分。甜味成分包括葡萄糖、麦芽糖、半乳糖，以及甜味氨基酸如甘氨酸、丙氨酸、苏氨酸、丝氨酸、脯氨酸等。

糖的含量在不同品种之间差异较大,低者在3%以下,高者可达10%左右。黄酱中还原糖的含量很低,以面粉为原料制成的甜面酱的糖含量可高达近20%,高于以大豆为原料制成的大酱。以大米为主料的日本酱的碳水化合物含量可达19%左右。

酱油中含有一定数量的B族维生素,其中维生素B_1的含量在0.01mg/100g左右;而维生素B_2含量较高,可达0.05~0.20mg/100g;烟酸含量在1.0mg/100g以上。酱类中维生素B_1的含量与原料含量相当;而维生素B_2含量在发酵之后显著提高,含量在0.1~0.4mg/100g之间;烟酸含量也较高,可达1.5~2.5mg/100g。此外,经过发酵可产生植物性食物中含有的维生素B_{12},对素食者预防维生素B_{12}缺乏具有重要意义。

2. 醋类 醋是一种常用的调味品,按原料可以分为粮食醋和水果醋,按照生产工艺可以分为酿造醋、配制醋和调味醋,按颜色可以分为黑醋和白醋。目前,大多数食醋都属于以酿造醋为基础调味制成的复合调味酿造醋。粮食醋的主要原料是大米、高粱、麦芽、豆类和麸皮等。通过蒸煮使淀粉糊化,在真菌分泌的淀粉酶的作用下转变为小分子糊精、麦芽糖和葡萄糖,经酵母发酵,转变成酒精,再经醋酸发酵产生有机酸。其中加入少量盐、糖、鲜味剂和各种香辛料,可以制成各种调味醋。

与酱油相比,醋中蛋白质、脂肪和碳水化合物的含量都不高,但却含有较为丰富的钙和铁。

3. 味精 味精即谷氨酸单钠结晶而成的晶体,是以粮食为原料,经谷氨酸棒状杆菌等细菌发酵产生的天然物质,作为蛋白质的氨基酸成分之一,存在于几乎所有的食品中。1987年,联合国食品添加剂委员会认定,味精是一种安全的物质,除了2岁以内婴幼儿食品不宜添加之外,可添加于各种食品中,其阈值浓度为0.03%,适宜浓度为0.1%~0.5%。

目前市场上销售的"鸡精"、"牛肉精"等复合鲜味调味品中含有味精、鲜味核苷酸、糖、盐、肉类提取物、蛋类提取物、香辛料和淀粉等成分,调味后能赋予食物丰富而自然的美味,增加食品鲜味的浓厚感和饱满感,消除硫黄味和腥臭味等异味。需要注意的是,核苷酸类物质容易被食品中的磷酸酯酶分解,最好在菜肴加热完成之后再加入。

4. 盐 咸味是食物中最基本的味道,而膳食中咸味的来源是食盐,也就是氯化钠。钠离子可以提供最纯正的咸味,而氯离子为助味剂。钾盐、铵盐、锂盐等也具有咸味,但咸味不正而且有一定苦味。食盐不仅提供咸味,也是食品保存中最常用的抑菌剂。在食品加工中,单独食用的食物食盐浓度较低,与主食配合食用者则相对较高;低温或常温环境食用的食物食盐浓度较低,高温环境食用者则较高。此外,食盐浓度也需要与甜味剂、酸味剂、鲜味剂的浓度相协调。

健康人群每日摄入6g食盐即可完全满足机体对钠的需要。摄入食盐过量,与高血压的发生具有相关性。由于我国居民平均摄盐量远高于推荐数值,因此在日常生活中应当注意控制食盐摄入量,患有高血压、心血管疾病、糖尿病、肾脏疾病和肥胖等疾病的患者应当选择低钠盐,并注意调味清淡。

另外,有些调味品还具有美容作用,如生姜,性味辛温,具有发汗、解毒、散寒、温中、和胃、驱湿、解乏增力之功效,可增强血液循环、改善皮肤供血、促进新陈代谢,并具血液稀释和防凝作用,可使皮肤红润光泽,外用又可治脱发和冻疮。另外,大蒜等也具有美容保健的作用。

六 营养强化食品与功能性食品

(一)营养强化食品

食物的精华部分为营养素,但几乎没有一种天然食品能满足人体对各种营养素的需要,而且食品在烹调、加工、储存等过程中往往有部分营养素损失。因此,为了满足人类的营养需要,维持和提高人们的健康水平,预防营养素缺乏和慢性病的发生,提出了食品营养素强化的设想,并在实践中对某些食品进行适当的营养素强化。

现已有许多国家开展了营养强化工作。有些国家还法定对某类食品进行强制添加一定的营养素,如我国规定食盐必须强化碘,并在 1994 年建立了营养强化剂的使用标准(GB 14880),在促进和规范食品营养强化方面取得了明显的成效,但过度补碘也可能对健康造成危害。各地也不断涌现出一些维生素、矿物质和氨基酸强化的食品,如核黄素面包、高钙饼干和人乳化配方奶粉等。

食品营养强化主要有 4 种作用:弥补天然食物的营养缺陷;补充食品在加工、储存及运输过程中营养素的损失;简化膳食处理,方便摄食;适应不同人群生理及职业的需要。

营养强化食品适当强化某些营养素,促进身体健康,对美容也有一定的促进作用。

(二) 功能性食品

功能性食品即俗称的保健食品。保健食品是一类与人类健康密切相关的食品,具有特定的保健功能,对亚健康人群起着促进健康、增强机体免疫力、预防疾病以及辅助药物治疗的作用,因此保健食品是近 20 余年来新近发展的一类特殊食品。保健食品的属性并不都是食品,除具有食品的属性以外,还具有药物的属性,如有丸、丹、膏、散、片剂、口服液等不同剂型。我国的保健食品除以传统的食物为原料外,还包含部分中药,其中有药食同源的中药和一些具有保健作用的草药。适当选用保健食品能增强机体免疫力,对健体美容也有很好的帮助。

第四章　合理营养与美容

第一节　公共营养与美容

一　公共营养的概念与特点

(一) 公共营养的概念

1997 年第 16 届国际营养大会为公共营养确定的定义是："公共营养是以人群营养状况为基础，有针对性地提出解决营养问题的措施，它阐述人群或社区的营养问题，以及造成和决定这些营养问题的条件。"与临床营养相比，其工作重点从个体水平转向群体水平，从微观营养研究转向范围广泛的宏观营养研究，如营养不良的消除策略、政策与措施等。

(二) 公共营养的特点

1. 宏观性　公共营养研究以整个国家、省(市)或地区的各种人群为对象，不局限于给个人或个别人群一个营养素失衡的总结表，也不局限于给个人一个改善食谱的建议，而是需要进一步分析营养与购买力、食品经济结构、经济发展趋势、国家或地区的营养政策、食品经济政策之间的关系。

2. 实践性　营养学的实践性很强，公共营养工作者要真正使人民受益，就不能停留在营养状况的分析评价上，而必须在社会实践中寻找改善居民营养状况的措施并分析其效果。

3. 多学科性　公共营养是营养学的一个部分，它在研究中部分地结合了临床医学、预防医学、基因学、农学，及社会科学如社会学、人类学、经济学和政治学。当前，公共营养专业人员所从事的食品与家庭安全、食品与营养政策等工作，与上述多种学科理论有关。

4. 社会性　公共营养对人群营养问题的研究涉及政治、经济发展、环境、农业政策、人道援助等以及营养改善法律规章的制订、修订与执行。解决营养问题的方法更是考虑到了卫生领域之外(贸易、农业等)的问题，如与食物相关的公共政策的制订等。

二　公共营养的目的与内容

(一) 公共营养的目的

公共营养是一个新的领域，近年来国际上提出公共营养的目的是："公共营养旨在阐述人群基础上的膳食及营养问题，并解释这些问题的程度、影响因素、结果以及如何制定政策、采取措施予以解决。"

发展公共营养的目标是为了更好地改善营养状况，尤其是改善那些正遭受营养不良严重影响的人群的营养状况。实现这个目标需要有效地运用现有的知识、方法并制定有关营养的政策及项目措施。另外，它侧重于因地制宜地解决营养问题，应依据其改善营养条件的有效性去衡量公共营养工作的成效。

（二）公共营养的内容

公共营养发展至今，其内容不断扩大，主要包括以下几个方面：膳食营养素参考摄入量和居民膳食指南的制订；营养调查与营养监测；营养配餐与食谱编制；营养教育；食物与营养的政策和法规。

1. 膳食营养素参考摄入量 制订、修订与执行膳食营养素参考摄入量是公共营养工作的基础。营养学家根据营养素需要量的相关知识，提出了适用于各年龄、性别及劳动、生理状态人群的膳食营养素参考量，并随着科学知识的积累及社会经济的发展予以更新。我国于2000年10月出版了《中国居民膳食营养素参考摄入量》（Chinese DRIs），成为公共营养工作重要的工作基础。

2. 居民膳食指南 膳食结构是指膳食中各类食物的数量及其在膳食中所占的比重。它既反映了人们的饮食习惯、生活水平高低，也反映出一个国家的经济发展水平和农业发展状况，是社会经济发展的重要特征。中国营养学会先后出版了第一版、第二版和第三版《中国居民膳食指南》，在第三版中对该指南进行了量化，并设计了“中国居民平衡膳食宝塔”，以简明扼要、通俗易懂的“宝塔”图形方式提出了每日食物指导方案，以便于群众理解和真正实行。

3. 营养调查与营养监测 营养调查与营养监测是公共营养的主要工作内容和方法之一，是营养工作者进行科学研究工作的依据，也是食品工业、农业制订发展计划的依据。营养调查是以个体为基础的人群膳食摄取情况和人体营养水平的调查。我国曾于1959年、1982年、1992年、2002年分别进行了4次全国性的营养调查，调查结果有助于全面了解我国不同经济发展时期人们的膳食组成变化和营养状况。作为公共营养的主要工作内容和方法，营养调查是横断面地调查人群的营养状况，而营养监测则是纵向了解人群宏观的营养信息。营养监测的内容包括数据的收集、数据分析、资料分析利用。

4. 营养配餐与食谱编制 营养配餐是指按人们身体的需要，根据食物中各种营养物质的含量，为就餐者设计一天、一周或一个月的食谱，使人体摄入的蛋白质、脂肪、碳水化合物、维生素和矿物质等几大营养素比例合理。营养配餐是均衡膳食的一种措施，平衡膳食的原则通过食谱才得以表达出来，充分体现其实际意义。

5. 营养教育 营养教育是健康教育的组成部分，主要是通过营养信息交流和行为干预，帮助个体和群体掌握食物与营养知识以及健康生活方式的教育活动过程。其目的是消除或减轻影响健康的膳食营养因素，改善营养状况，预防与膳食相关的营养性疾病的发生。它以有组织、有计划、有系统和有评价的干预活动，为人们提供改变不良膳食行为所必需的知识、技能，帮助养成良好的膳食行为与生活方式，使人们在面临营养方面的问题时有能力做出有益于健康的选择。常见的营养教育方式包括专题研讨会、普及培训班、大众传媒交流等。

6. 食物与营养的政策和法规 随着营养科学的发展及一些国家采取的营养政策不断取得成就，越来越多的营养学家及政策制定者认识到，不能使营养学的社会实践仅停留在说明人群营养现状上，必须分析社会人群营养制约因素和营养问题的形成条件，包括环境条件和社会经济条件，并制定相应改善营养的政策和措施，改善营养状态，促进人群健康。国家食物与营养的政策、法规的制定可为食物的生产与消费、人群营养与健康、综合国力的增强提供强有力的法律保障。

三 公共营养与美容

俗话说，自然美才是真正的美，通过饮食调养，美才能持久，应用化妆品得到的美只能算"表面美"。公共营养的研究内容与美容美体息息相关，如有关美容美体的营养素需要量的制定、有益美容美体的饮食搭配、营养配餐、美容营养咨询等内容均属于公共营养的研究范畴。可以说只有做好公共营养，包括个体和群体的营养指导、营养配餐、营养教育、营养咨询等，才能使更多人做到自然美，感受美的真谛。

第二节 营养素需要量

一 概述

机体为维持适宜的营养状况，在一段时间内平均每天必须从食物中摄入的或机体实际吸收的该营养素的最低量，称为个体对该营养素的需要量。适宜的营养状况是指机体处于良好的健康状态并能够维持这种状态。良好的健康状态可以有不同的标准或水平，因此，联合国粮农组织（FAO）和世界卫生组织（WHO）联合专家委员会在20世纪80年代后期定义了3个不同水平的需要量：

1. 基础需要量 是指为预防临床可察知的功能损害所需要的营养素的量。在保证这个量的状态下，机体能够正常生长发育，但体内没有或很少有储存，所以短期的摄入不足就可能造成缺乏。

2. 储备需要量 是指能维持组织中储存一定水平营养素的需要量。在保证这个量的状态下，机体不仅能正常生长发育，而且还有一定的储备量。所以短期的摄入不足一般不会造成明显的临床可察知的功能损害。

3. 预防营养缺乏症需要量 是指能预防某种营养素缺乏症的需要量。此量仅能满足预防营养素缺乏的需要，机体能否正常生长发育，这不是其关注的重点，所以此量一般比基础需要量还低。

二 每日膳食营养素供给量

为维持健康及日常活动，人体必须每天从膳食中获得各种营养物质。人体对各种营养素的需要量随年龄、性别和生理状况而异，过多或不足对人体都是有害的。为了避免营养素摄取不足，20世纪早期营养学家就开始建议营养素的参考摄入量，20世纪40年代到80年代，许多国家都制定了各自推荐的营养素供给量。我国自1955年开始制定"每日膳食营养素供给量（RDA）"，并以此为设计和评价膳食的质量标准，以及制订食物发展计划和指导食品加工的参考依据。

RDA是指在生理需要量的基础上，考虑了人群安全率而制定的膳食中适宜的能量和营养素供给量。人群安全率考虑的是：①个体差异性；②消化吸收损失；③加工烹调损失；④应激等特殊情况需要量的波动；⑤社会、经济条件（如地理条件影响食物生长状况、经济条件影响居民消费等）。

RDA 略高于生理需要量，但一般不主张再增加能量。一般营养素 RDA 以该人群平均需要量加两个标准差作为安全率，能量 RDA 则仅为该人群的平均需要量。RDA 是作为保证正常人身体健康而提出的膳食质量标准，是设计和评价群体膳食的依据，并曾作为国家和地方制定发展食品经济计划和指导食品加工的参考。

三 膳食营养素参考摄入量

RDA 的主要目的是为了避免营养素摄入不足，随着社会的发展、生活水平的提高及物质的日益丰富，相当一部分人群营养素的摄入量已远高于 RDA，而大部分的营养素摄入过多对机体也是不利的。传统的 RDA 没有制定营养素的最高摄入量，已经不能适应当前社会的需要，应当进行修订，美国于 1996 年确定了分步制定 DRIs 的计划和组织安排。中国营养学会于 1998 年成立了中国居民膳食营养素参考摄入量专家委员会及秘书组，着手制定工作。委员会下设 5 个工作组，分别为：①能量及宏量营养素工作组；②常量元素工作组；③微量元素工作组；④维生素工作组；⑤其他膳食成分工作组，分别负责 5 个部分的工作。经过 2 年多的努力，于 2000 年 10 月出版了《中国居民膳食营养素参考摄入量》。

（一）膳食营养素参考摄入量的定义与概念

膳食营养素参考摄入量简称 DRIs，是在 RDA 的基础上发展起来的一组每日平均膳食营养素摄入量的参考值，包括 4 项内容：平均需要量（EAR）、推荐摄入量（RNI）、适宜摄入量（AI）和可耐受最高摄入量（UL）。

1. 平均需要量（EAR） EAR 是某一特定性别、年龄及生理状况群体对某营养素需要量的平均值。摄入量达到 EAR 水平时可以满足群体中半数个体对该营养素的需要，而不能满足另外半数个体的需要。

EAR 是制订 RNI 的基础，如果个体摄入量呈常态分布，则一个人群某种营养素的 RNI 为平均值加两倍的标准差，即 RNI = EAR + 2SD。针对人群，EAR 可以用于评估群体中营养素摄入不足的发生率；针对个人，可以检查其营养素摄入不足的可能性。

2. 推荐摄入量（RNI） RNI 相当于传统使用的 RDA，它可以满足某一特定群体中绝大多数（97% ~98%）个体的需要。长期摄入 RNI 水平，可以维持组织中有适当的储备。

RNI 是健康个体的膳食营养素摄入量目标，个体摄入量低于 RNI 时并不一定表明该个体未达到适宜营养状态。如果某个体的平均需要量达到或超过了 RNI，可以认为该个体没有摄入不足的危险。因为摄入量达到了 RNI，可以满足 97% ~98% 个体的需要，即个体中该营养素摄入不足的概率只有 2% ~3%，属于小概率事件（统计学上将发生率低于 5% 的事件称为小概率事件），发生的可能性极小。

3. 适宜摄入量（AI） AI 是通过观察或实验获得的健康人群某种营养素的摄入量。AI 应能满足目标人群中几乎所有个体的需要。AI 的准确性远不如 RNI，可能显著高于 RNI。

当某种营养素的个体需要量研究资料不足，没有办法计算出 EAR，因而不能求得 RNI 时，可用 AI 来代替 RNI。AI 主要用作个体的营养素摄入目标，当健康个体摄入量达到 AI 时，出现营养缺乏的危险性很小。

4. 可耐受最高摄入量(UL)　UL 是平均每日可以摄入该营养素的最高量。这个量对一般人群中的几乎所有个体都不至于损害健康。

UL 的主要用途是检查个体摄入量过高的可能,避免发生中毒。当摄入量超过 UL 时,发生毒副作用的危险性增加。在大多数情况下,UL 包括膳食、强化食品和营养素添加剂等来源的营养素之和。对许多营养素来说,当前还没有足够的资料来制定其 UL 值,但并不意味着过多摄入这些营养素没有潜在的危险。

(二) 膳食营养素参考摄入量的应用

膳食营养素参考摄入量的应用包括两个方面,即评价膳食和计划膳食。在评价膳食工作中,将其作为一个尺度或标准,来衡量人们实际摄入的能量和营养素的量是否适宜;在计划膳食工作中,将其作为营养素摄入量的目标,建议如何摄取食物来达到这个目标。

1. 应用 DRIs 评价个体营养素摄入量　人体营养状况的测定和评价,一般是通过膳食调查、人体体格测量、营养水平的生化检验以及营养不足或缺乏的临床检查来进行综合评价的。膳食调查与评价是营养状况评价的重要组成部分。其评价过程需要准确地收集膳食摄入资料,正确选择评价参考标准,并且合理解释所得的结果。DRIs 可以作为膳食调查与评价中的评价参考值。

(1)用 EAR 评价个体营养素摄入量:由于在一般的膳食调查中只能收集一个人几天的膳食资料,所以实际上只能评估在一段时间内观察到的摄入量是高于还是低于相应人群的 EAR。当观察到的摄入量低于 EAR 时可以认为必须提高,因为摄入不足的概率高达 50%;如果观察到的摄入量高于 EAR 时则难以确定摄入量是否适宜。

(2)用 RNI 或 AI 评价个体营养素摄入量:在膳食调查中,当观察到的平均每天摄入量达到或超过 RNI 或 AI 时一般可以认为摄入量是充足的,因为如前所述摄入不足的概率只有 2% ~ 3%。在实际判断中,考虑到人的个体差异,当摄入量达到 RNI 或 AI 的 90% 以上时就可认为摄入量充足。如果摄入量低于 RNI 或 AI 的 90%,则一般难以确定摄入量是否不足。

(3)用 UL 评价个体营养素摄入量:在膳食调查中,当观察到较长时间内(如 1 个月等)平均每天摄入量达到或超过 UL 时,则一般可认为该营养素摄入量偏高,有发生毒副作用的危险,应进行适当调整。应注意,在大多数情况下,UL 包括膳食、强化食品和营养素添加剂等来源的营养素之和。

总之,在实际应用中,当个体营养素摄入量低于 EAR 时,可认为摄入量不足。当摄入量高于 EAR,但未达到 RNI 或 AI 的 90% 时,则难以确定摄入量是否适宜,为安全起见,应当进行改善。当摄入量达到 RNI 或 AI 的 90%,但未超过 UL 时,可认为摄入量是充足、安全的。当摄入量超过 UL 时,可认为摄入量偏高。当然,膳食调查评价结果只是个体营养状况测定的一个方面,应结合人体体格测量、营养水平的生化检验和营养不足或缺乏的临床检查来进行综合评价才可靠。

2. 应用 DRIs 评价群体营养素摄入量　评价群体营养素摄入量一般需关注两个方面的问题:一是人群中有多大比例的个体对某种营养素的摄入量低于其需要量;二是有多大比例的个体日常营养素摄入量很高,可能面临健康风险。要正确评价人群的营养素摄入量,需要获得准确的膳食资料、选择适当的参考值、调整个体摄入量变异的分布及影响因素,并对结果进行合理的解释。

(1)用 EAR 和 RNI 评价群体营养素摄入量:在实际工作中,凡已制定了 EAR 和 RNI 的营养素常用 EAR 切点法评价群体摄入量是否适宜。EAR 切点法不要求计算每一摄入水平的摄入不足危险度,只需简单地计数在观测人群中有多少个体的日常摄入量低于 EAR。这些个体在人群中的比例就等于该人群摄入不足个体的比例。例如调查某小学 7～10 岁儿童 500 人，膳食维生素 C 摄入量平均为 50mg/d、范围为 20～150mg/d，其中 150 人的摄入量 <39mg/d(7～10 岁儿童的 EAR 值)，占 30%；50 人的摄入量 >80mg/d(7～10 岁儿童的 RNI 值)，占 10%；300 人的摄入量在 39～80mg/d 之间，占 60%。那么，对于该人群维生素 C 营养状况就可以这样评价：该校 7～10 岁学生的维生素 C 摄入量偏低，有 30% 的学生摄入不足，应当积极改善；只有 10% 的学生摄入量充足；其余 60% 的学生摄入量处于不足和充足之间，可能也需要加以改善。

(2)用 AI 评估群体营养素摄入量：对于那些没有 EAR 和 RNI 的营养素而言，只能用 AI 来作为评价的参考值。当人群的平均摄入量或中位摄入量等于或大于该人群的营养素 AI 时，可以认为人群中发生摄入不足的几率很低。当平均摄入量或中位摄入量在 AI 以下时，则不能判断群体摄入不足的程度。

(3)用 UL 评估群体营养素摄入量：用 UL 评估摄入营养素过量而危害健康的风险。根据日常摄入量的分布来确定摄入量超过 UL 者所占的比例，日常摄入量超过 UL 的这一部分人可能面临健康风险。进行此种评估时，有的营养素需要准确获得各种来源的摄入总量，有的营养素只需考虑通过强化、补充剂和作为药物的摄入量。

总之，对群体膳食资料进行评价应选择适当的参考值来评估摄入不足或摄入过多的危险。对于有 EAR 的营养素，摄入量低于 EAR 者在群体中占的百分数即为摄入不足的比例。对于有 AI 的营养素，主要是比较群体平均摄入量或中位摄入量与 AI 的关系。但当平均摄入量低于 AI 时，则没有办法判断摄入不足的比例。日常摄入量超过 UL 者所占的百分数就是人群中有过量摄入风险个体所占的比例。

3. 用 DRIs 为个体计划膳食 在设定个体营养素摄入量目标时，应是各种营养素的摄入量在安全范围之内，即都能达到各自的 RNI 或 AI(至少达 90%)，而又不超过它们的 UL。能量以 EAR 作为摄入目标，同时根据体重等实际情况给予适当调整。

4. 用 DRIs 为群体计划膳食 在设计群体营养素摄入量目标时，应先查出每一个体该营养素的 RNI 或 AI 值，采用加权平均法算出平均摄入量，作为该群体的营养素摄入量目标。能量采用 EAR 加权平均。

第三节 膳食结构与膳食指南

一 概述

(一) 膳食结构的基本概念

膳食结构是指膳食中各类食物的数量及其在膳食中所占的比重。一个地区膳食结构的形成与当地经济、文化、科学知识水平、自然环境条件和饮食习俗等多方面的因素有关。一般可以根据各类食物所能提供的能量及各种营养素的数量和比例来衡量膳食结构的组成是否合理。

(二) 膳食结构类型和特点

膳食结构类型的划分有许多方法，但最重要的依据仍是动物性和植物性食物在膳食构成中的比例。根据膳食中动物性、植物性食物所占的比重，以及能量、蛋白质、脂肪和碳水化合物的供给量的不同，可以将世界不同地区的膳食结构分为以下 4 种类型。

1. 动植物性食物平衡的膳食结构(日本模式)　膳食中动物性食物与植物性食物比例比较适当,该类型以日本为典型代表。其膳食构成特点是:谷类的消费量为年人均94kg;动物性食物消费量为年人均63kg,其中海产品所占比例达50%,动物性蛋白质占蛋白质总量的42.8%;奶类消费量为年人均90kg;每天能量摄入保持在8368kJ(2000kcal)左右。宏量营养素供能比例为:碳水化合物57.7%,脂肪26.3%,蛋白质16.0%。

该类型膳食的特点是:能量能够满足人体需要,又不至于过剩。蛋白质、脂肪和碳水化合物的供能比例合理。来自于植物性食物的膳食纤维和来自于动物性食物的营养素(如铁、钙等)并重,均比较充足,同时动物脂肪含量不高。此类膳食结构有利于预防营养缺乏性和营养过剩性疾病,有利于健康,目前已经成为世界各国调整膳食结构的参考。

2. 以植物性食物为主的膳食结构(发展中国家模式)　大多数发展中国家如朝鲜、印度、巴基斯坦、孟加拉和非洲一些国家及中国经济欠发达地区等属此类型。其膳食构成以植物性食物为主,动物性食物为辅。其膳食构成是:谷物食品消费量大,年人均200kg;果蔬类消费量大,年人均180kg;动物性食物消费量小,年人均仅10~20kg,一般为每月数次或过年过节加餐时才摄入动物性食物。动物性蛋白质一般占蛋白质总量的10%~20%,低者不足10%;植物性食物提供的能量约占总能量的90%。该类型膳食的特点是能量基本可满足人体需要,但蛋白质、脂肪摄入量均较低,来自于动物性食物的营养素如铁、钙、维生素A的摄入量不足。营养缺乏症是这些国家人群的主要营养问题,如蛋白质-能量营养不良发生率高,人群整体上身材较矮小、体质较弱、健康状况不良、劳动力较低。但从另一方面看,以植物性食物为主的膳食结构,膳食纤维充足、动物性脂肪较低,有利于冠心病和高脂血症等现代"富贵病"的预防。

3. 以动物性食物为主的膳食结构(欧美发达国家模式)　这是多数欧美发达国家如美国、西欧、北欧诸国的典型膳食结构。其膳食构成是:粮谷类食物消费量低,人均每年60~75kg;动物性食物及食糖的消费量大,人均每年消费肉类100kg左右、奶和奶制品100~150kg、蛋类15kg、食糖40~60kg,以动物性食物为主,属于营养过剩型膳食。以提供高能量、高脂肪、高蛋白质、低膳食纤维为主要特点,人均日摄入蛋白质100g以上、脂肪130~150g、能量高达13807~14644kJ(3300~3500kcal)。与以植物性食物为主的膳食结构相比,营养过剩是此类膳食结构国家人群所面临的主要健康问题。心脏病、脑血管病和恶性肿瘤已成为西方人的三大死亡原因,尤其是心脏病的死亡率明显高于发展中国家。但营养不良的发生率低,这是其突出优点。

4. 地中海膳食结构　以地中海命名是因为该膳食结构的特点是居住在地中海地区的居民所特有的,地中海地区属亚热带地区,可种植大量的蔬菜、水果等植物性食物,其居民在欧美发达国家膳食模式的基础上加入大量的植物性食物,发展为其特有的膳食结构。希腊、意大利是该种膳食结构的代表。其主要特点是:

(1)膳食富含植物性食物,包括水果、蔬菜、谷类、豆类、果仁等。

(2)食物的加工程度低,新鲜度较高,该地区居民以食用当季、当地产的食物为主。

(3)橄榄油是主要的食用油。

(4)每天食用少量或适量的奶酪和酸奶。

(5)每周食用少量或适量的鱼、禽、蛋类。

(6)以新鲜水果作为典型的每日餐后食品,甜食每周只食用几次。

(7)每月食用几次红肉(猪、牛和羊肉及其制品)。

(8)大部分成年人有饮用葡萄酒的习惯。

此膳食结构的突出特点是饱和脂肪摄入量低,膳食中含大量复合碳水化合物,蔬菜、水果摄入量较高。地中海地区居民心脑血管疾病的发生率很低，已引起了西方国家的注意，并纷纷参照这种膳食模式改进自己国家的膳食结构。

二 中国居民的膳食结构

（一）中国居民传统的膳食结构特点

中国居民的传统膳食以植物性食物为主，谷类、薯类和蔬菜的摄入量较高，肉类的摄入量比较低，奶类消费在大多地区极低，与以植物性食物为主的膳食结构较接近。此种膳食的特点是：

1. 高碳水化合物 我国南方居民多以大米为主食，北方居民以小麦粉为主食，谷粮类食物的供能比例占70%以上。

2. 高膳食纤维 谷粮类食物和蔬菜中所含的膳食纤维丰富，因此我国居民膳食纤维的摄入量很高。这是我国传统膳食的优势之一。

3. 低动物脂肪 我国居民传统的膳食中动物性食物的摄入量很少，动物脂肪的供能比例一般在10%以下。

（二）中国居民的膳食结构现状及变化趋势

当前中国城乡居民的膳食结构整体趋势仍以植物性食物为主、动物性食物为辅。但中国幅员辽阔，各地区、各民族以及城乡之间的膳食构成存在很大差别，富裕地区与贫困地区差别较大。而且随着社会经济发展，尤其是20世纪90年代以来西方饮食对中国膳食结构的冲击较大，特别是在大中城市，我国居民膳食结构向"富裕型"膳食结构的方向转变。而在偏远山区，营养不良问题仍很突出，因此我国面临着营养过剩和营养不良的双重挑战。2002年第四次全国营养调查资料表明，我国居民膳食质量明显提高，城乡居民能量及蛋白质摄入量基本得到满足，肉、禽、蛋等动物性食物消费量明显增加，优质蛋白比例上升。城乡居民动物性食物分别由1992年的人均每日消费210g和69g上升到248g和126g。与1992年相比，农村居民膳食结构趋向合理，优质蛋白质占蛋白质总量的比例从17%增加到31%，脂肪供能比由19%增加到28%，碳水化合物供能比由70%下降到61%。同时，我国居民的膳食结构还存在很多不合理之处，居民营养与健康问题仍需予以高度关注。城市居民膳食结构中，畜肉类及油脂消费过多，谷类食物消费偏低。2002年城市居民每人每日油脂消费量由1992年的37g增加到44g，脂肪供能比达到35%，超过WHO推荐的30%的上限。城市居民谷类食物供能比仅为47%，明显低于55%～65%的合理范围。此外，奶类、豆类制品摄入过低仍是全国普遍存在的问题，一些营养缺乏症依然存在。儿童营养不良在农村地区仍然比较严重，5岁以下儿童生长迟缓率和低体重率分别为17.3%和9.3%，贫困农村分别高达29.3%和14.4%。生长迟缓率以1岁组最高，农村平均为20.9%，贫困农村则高达34.6%，说明农村地区婴儿辅食添加不合理的问题十分突出。铁、维生素A等微量营养素缺乏是我国城乡居民普遍存在的问题。我国居民贫血患病率平均为15.2%，2岁以内婴幼儿、60岁以上老人、育龄妇女贫血患病率分别为24.2%、21.5%和20.6%。3～12岁儿童维生素A缺乏率为9.3%，其中城市为3.0%，农村为11.2%；维生素A边缘缺乏率为45.1%，其中城市为29.0%，农村为49.6%。全国城乡钙摄入量仅为每标准人日389mg，还不到适宜摄入量的一半。

综上所述，我国居民的膳食结构应保持以植物性食物为主的传统结构，增加蔬菜、水果、奶类和大豆及其制品的消费。在贫困地区还应努力提高肉、禽、蛋等动物性食物的消费。此外，我国居民的食盐摄入量普遍偏高，食盐的摄入量要降低到每人每日6g以下。对于特定人群如老年人、孕妇、儿童及特殊职业人群应进行广泛的营养教育和分类指导，参照《中国居民膳食指南》提供的膳食模式进行调整。

三 膳食指南

（一）膳食指南的发展历史

膳食指南（dietary guidelines，DG）是根据营养学原则，结合国情，教育人民群众采用平衡膳食，以达到合理营养、促进健康目的的指导性意见。

膳食指南并非营养学或公共卫生的新事物，作为卫生政策的一部分已有近百年的历史，它是由早期的食物目标，历经膳食供给量、膳食阶段目标演变而来的。1918年，英国推荐儿童膳食必须包含一定量的牛奶。20世纪30年代，国际联盟向大众推荐膳食应包含具有保健作用的食品，如牛奶、叶菜类、鱼、肉、蛋等。1968年，瑞典出版了第一部膳食目标。美国也于1977年提出了膳食目标，1980年改为膳食指南，由政府颁布，每5年修订一次，至1995年出版第4版，2005年4月修订出版时，将体力活动加入膳食指南，并予以强调。

其他国家也纷纷于20世纪七八十年代提出了各自的膳食指南：加拿大于1976年，法国、瑞典、挪威于1981年，新西兰于1982年，丹麦、英国于1983年，日本于1984年，德国于1985年，韩国、芬兰于1987年，匈牙利、印度于1988年，新加坡于1989年第一次制定自己国家的膳食指南。随后一些发展中国家也提出了各自的膳食指南，有些国家增加了预防缺乏病和食品卫生方面的内容，之后又陆续增加了各类人群的膳食指南。

（二）《中国居民膳食指南》

《中国居民膳食指南》（以下简称《膳食指南》）的核心是提倡平衡膳食与合理营养以达到促进健康的目的，也就是在现代生活中提倡均衡营养的概念。

中国营养学会于1989年制定了我国第一版《膳食指南》，共有以下8条内容：食物要多样；饥饱要适当；油脂要适量；粗细要搭配；食盐要限量；甜食要少吃；饮酒要节制；三餐要合理。该指南自发布后，在指导和教育人民群众采用平衡膳食、增强体质方面发挥了积极作用，但由于当时我国主要在于解决温饱问题，《膳食指南》未得到足够重视，所以宣传较少、作用有限。该版《膳食指南》一直用到1997年为止。

1992年全国营养调查和中国8省（1989～1995年）居民健康与营养调查结果表明，我国居民因食物单调或不足所造成的营养缺乏症如缺铁性贫血、维生素D缺乏病和儿童生长迟缓等虽在逐渐减少，但仍不可忽视；与此同时，与膳食结构不合理有关的慢性病如心血管疾病、脑血管疾病、恶性肿瘤等的患病率明显上升。膳食调查结果表明，我国居民膳食中维生素A、维生素B_2和钙摄入量普遍不足，部分居民膳食中谷类、薯类、蔬菜所占比例明显下降，油脂和动物性食物摄入过高，能量过剩、体重超重在城市成年人群中日渐突出，食品卫生问题也是有待改善的重要方面。为此，针对我国经济发展和居民膳食结构的不断变化，1997年4月由中国营养学会常务理事会通过并发布第二版《中国居民膳食指南》，包括以下8条内容：食物多样，谷类为主；多吃蔬菜、水果和薯类；常吃奶类、豆类或其制品；经常吃适量的鱼、禽、蛋、瘦肉，少吃肥肉和荤油；食量与体力活动要平衡，保持适宜体重；吃清淡少盐的膳食；如饮酒应限量；吃清洁卫生、未变质的食物。同时公布了特定人群的膳食指南，并作了较为详尽的解释。该版《膳食指南》与第一版《膳食指南》相比，强调"常吃奶类、豆类或其制品"，以弥补我国居民膳食钙摄入严重不足的缺陷。提倡居民注意食品卫生，增强自我保护意识。该《膳食指南》对于改善我国居民的营养状况、提倡平衡膳食等发挥了很大作用。该版《膳食指南》一直用到 2007 年为止。

随着我国经济的发展和居民生活水平的提高，以及我国居民饮食出现的新特点，第二版《膳食指南》已不能很好地解决我国居民所面临的饮食营养新问题。中国营养学会受卫生部的委托，于 2007 年开始着手制定新版的《膳食指南》工作，历时 1 年左右，于 2008 年 1 月 15 日，卫生部在新闻发布会上公布了我国第三版《膳食指南》(2007 年版)。该《膳食指南》共分三部分：一般人群的膳食指南；特定人群的膳食指南；中国居民平衡膳食宝塔。一般人群的膳食指南共 10 条，内容如下：

1. 食物多样，谷类为主，粗细搭配 在自然界中，存在各种各样的食物，各种食物所含的营养素的种类和含量各不相同。到目前为止，任何一种天然食物都不能提供人体所需的全部营养素，即使是自然界最完美的食物母乳，也有缺陷，仅能满足 4 ~ 6 个月婴儿的需要。正是因为各种食物营养素含量各有缺陷和优势，平衡膳食必须由多种食物组成，才能满足人体各种营养需要，达到合理营养、促进健康的目的。因而要提倡人们广泛食用多种食物。多种食物至少应包括以下 5 大类：

(1)粮谷类及薯类：粮谷类包括米、面、杂粮；薯类包括马铃薯、甘薯、木薯等。主要提供碳水化合物、蛋白质、膳食纤维和 B 族维生素。

(2)动物性食物：包括肉、禽、鱼、蛋、奶等，主要提供蛋白质、脂肪、矿物质、维生素 A、B 族维生素和维生素 D。

(3)豆类和坚果：包括大豆、其他干豆类及花生、核桃、杏仁等坚果类，主要提供蛋白质、脂肪、膳食纤维、矿物质、B 族维生素和维生素 E。

(4)蔬菜水果类：主要提供膳食纤维、矿物质、维生素 C、胡萝卜素及有益健康的植物化学物。

(5)纯能量食物：包括动植物油、淀粉、食用糖和酒类，主要提供能量。动植物油还可提供维生素 E 和必需脂肪酸。

谷类食物是中国传统膳食的主体，是最好的基础食物，也是最经济的能源食物。但随着经济的发展及居民生活水平的提高，人们倾向于吃更多的动物性食物。根据 2002 年中国居民营养与健康状况调查的结果，在一些比较富裕的家庭中动物性食物的消费量已超过了谷类食物的消费量，这类膳食提供的能量和脂肪过高，而膳食纤维和水溶性维生素过低，对一些慢性病的预防不利。坚持以谷类为主，就是为了保持我国膳食的良好传统，避免高能量、高脂肪和低碳水化合物膳食的弊端。人们应保持每天适量的谷类食物的摄入，一般成年人以每天摄入 250 ~ 400g 为宜。另外要注意粗细搭配，经常吃一些粗粮、杂粮和全谷类食物，每天最好能吃 50 ~ 100g 的粗杂粮，相当于吃 1 根玉米或 1 碗小米粥或 1 个全麦馒头。

2. 多吃蔬菜水果和薯类 蔬菜和水果含有丰富的维生素、矿物质和膳食纤维。蔬菜的种类繁多，包括鲜豆类、根茎类、叶菜类、瓜茄类和菌藻类等。不同品种所含营养成分不尽相同，红、黄、绿等深色蔬菜和一般水果，是胡萝卜素、叶酸和维生素 B_2、矿物质(钙、磷、钾、镁、铁)、膳食纤维和天然植物化学物的主要或重要来源。我国近年来开发的野果如猕猴桃、刺梨、沙棘、黑加仑等也是维生素 C 和胡萝卜素的丰富来源。有些水果中维生素及一些矿物质的含量不如新鲜蔬菜高，但水果含有的葡萄糖、果酸、枸橼酸、苹果酸、果胶等物质比蔬菜丰富。红黄色水果如鲜枣、柑橘、柿子和杏等是维生素 C 和胡萝卜素的丰富来源。

薯类含有丰富的淀粉、膳食纤维以及多种维生素和矿物质。近20年来,我国居民薯类的摄入量明显下降,我国城乡居民平均每标准人日薯类摄入量在1982年为179.9g,到2002年则下降为49.1g。建议适当增加薯类的摄入,每周吃5次左右,每次摄入50~100g。薯类最好用蒸、煮、烤的方式,可以保留较多的营养素,尽量少用油炸方式,以减少油和盐的用量。

富含蔬菜、水果和薯类的膳食对保持身体健康和肠道正常功能,提高免疫力,降低患肥胖、糖尿病、高血压等慢性疾病的风险和预防某些癌症具有重要作用。所以近年来各国膳食指南都强调增加蔬菜和水果的摄入种类和数量。推荐我国成年人每天吃蔬菜300~500g,最好深色蔬菜约占一半,水果200~400g,并注意增加薯类的摄入。

3. 每天吃奶类、大豆或其制品 奶类营养成分齐全,组成比例适宜,容易被消化吸收。奶类除含丰富的优质蛋白质和维生素外,含钙量较高,且利用率也很高,是天然钙质的最好来源。大量的研究表明,儿童青少年饮奶有利于生长发育、增加骨密度,从而推迟成年后发生骨质疏松的年龄,中老年人饮奶可以减少骨质丢失,有利于骨健康。2002年中国居民营养与健康状况调查结果显示,我国城乡居民钙摄入量仅为389mg/标准人日,不足推荐摄入量(800mg/d)的一半。奶制品摄入量为27g/标准人日,仅为发达国家的5%左右。因此,应大力提倡增加奶类的摄入量。建议每人每天饮鲜奶300g或相当量的奶制品,对于饮奶量更多或有高血脂和超重肥胖倾向者应选择减脂、低脂、脱脂奶及其制品。乳糖不耐受者可少量多次饮用或选用含益生菌的酸奶。

大豆含丰富的优质蛋白质、必需脂肪酸、B族维生素、维生素E和膳食纤维等营养素,同时还含有卵磷脂、低聚糖,以及异黄酮、皂苷和植物固醇等多种植物化学物。大豆是重要的优质蛋白质来源。为提高农村居民的蛋白质摄入量及防止城市居民过多消费肉类带来的不利影响,应多吃大豆及其制品。建议每人每天摄入30~50g大豆或相当量的豆制品。

4. 常吃适量的鱼、禽、蛋和瘦肉 鱼、禽、蛋和瘦肉均属于动物性食物,是人类优质蛋白、脂类、脂溶性维生素、B族维生素和钙、铁、锌等矿物质的良好来源,是平衡膳食的重要组成部分。动物性食物不仅蛋白质含量高,而且氨基酸组成更适合人体需要,尤其是富含赖氨酸和蛋氨酸,如与谷类或豆类食物搭配食用,可发挥蛋白质互补作用。但动物性食物一般都含有一定量的饱和脂肪酸和胆固醇,摄入过多可能增加患冠心病等心脑血管疾病的危险性。

鱼类脂肪含量一般较低,且含有较多的多不饱和脂肪酸,有些海产鱼类富含EPA和DHA,对预防血脂异常和心脑血管疾病等有一定作用,所以在本条目中将鱼类排在首位。禽类脂肪含量也较低,且不饱和脂肪酸含量较高,其脂肪酸组成优于畜类脂肪。蛋类富含优质蛋白质,各种营养成分比较齐全,是较好的优质蛋白质来源。畜肉类一般含脂肪较多,能量高,但瘦肉脂肪含量较低,铁含量高且利用率好。肥肉为高能量、高脂肪食物,摄入过多会引起肥胖,且是某些慢性病的危险因素,应当少吃。

目前我国部分城市居民食用动物性食物较多,尤其是猪肉食入过多,应调整肉食结构,适当多吃鱼、禽肉,减少猪肉的摄入量。相当一部分城市和多数农村居民平均吃动物性食物的量还不够,应适当增加。推荐成人每日摄入量:鱼虾类50~100g,畜禽肉类50~75g,蛋类25~50g。

5. 减少烹调油用量,吃清淡少盐饮食 脂肪是人体能量的重要来源之一,并可提供必需脂肪酸,有利于脂溶性维生素的消化吸收。排斥脂肪摄入是不健康的饮食行为,但脂肪摄入过多也是引起肥胖、高血脂、动脉粥样硬化等多种慢性疾病的危险因素之一,所以应该适量摄入。食盐的摄入量过高与高血压的患病率密切相关。2002年中国居民营养与健康状况调查结果显示,我国城乡居民平均每天摄入烹调油42g,已远高于1997年《中国居民膳食指南》的推荐量25g；每天的食盐平均摄入量为12g，是WHO建议值的2.4倍。同时相关慢性疾病患病率迅速增加，与1992年相比，成年人超重上升了39%，肥胖上升了97%，高血压患病率增加了31%。食用油和食盐摄入过多是我国城乡居民共同存在的营养问题。

为此，建议我国居民应养成吃清淡少盐膳食的习惯，即饮食不要太油腻，不要太咸，不要摄食过多的动物性食物和油炸、烟熏、腌制食物。建议每人每天烹调油用量不超过30g；食盐摄入量不超过6g，且应包括酱油、酱菜、酱中的食盐量。

6. 食不过量，天天运动，保持健康体重 进食和运动是保持健康体重的两个主要因素，进食可提供人体能量，运动消耗人体能量。如果进食量过大而运动量不足，多余的能量就会在体内以脂肪的形式积存下来，增加体重，造成超重或肥胖；相反，若进食量不足，可由于能量不足引起体重过低或消瘦。体重过高和过低都是不健康的，易患多种疾病，缩短寿命。所以，应保持进食量和运动量的平衡，使摄入的各种食物提供的能量能满足机体需要，而又不造成体内能量过剩，将体重维持在适宜范围。中国成年人的健康体重是指体质指数（BMI）在18.5～23.9kg/m^2之间。

正常生理状态下，食欲可以有效控制进食量，不过饱就可保持健康体重。对于那些食欲调节不敏感的人群，满足食欲的进食量常常超过实际需要，过多的能量摄入导致体重增加。所以食不过量对他们来说意味着少吃几口，不要每顿饭都吃到十成饱。另外，在日常生活中要做到食不过量，必须养成细嚼慢咽的饮食习惯，因为进食过快也是造成肥胖的重要因素。

我国超重和肥胖的发生率正在逐年增加，与人们生活方式的改变、体力活动减少、进食量相对增加有极大的关系，从而导致了心血管疾病、糖尿病和某些肿瘤发病率的增加。运动不仅有助于保持健康体重，还能够降低患冠心病、高血压、脑卒中、2型糖尿病、乳腺癌、结肠癌和骨质疏松等慢性疾病的风险，同时还有助于调节心理平衡、有效消除压力、缓解焦虑和抑郁症状、改善睡眠。目前我国大多数成年人体力活动不足或缺乏体育锻炼，应改变久坐少动的不良生活方式，养成天天运动的习惯，坚持每天多进行一些消耗能量的活动。建议成年人每天进行累计相当于步行6000步以上的身体活动。日常活动中，骑自行车7分钟、拖地8分钟、中速步行10分钟和打太极拳10分钟，以上每项运动的活动量相当于步行1000步左右，而日常生活起居等基本活动量约相当于步行2000步，可将6000步加以分解应用。如果身体条件允许，最好进行30分钟中等强度的运动。

7. 三餐分配要合理，零食要适当 合理安排一日三餐，进餐定时、定量是很重要的。成人早餐提供的能量应占全天总能量的20%～30%，午餐应占40%，晚餐应占30%～40%。可根据职业、劳动强度和生活习惯进行适当调整。婴幼儿、学龄前儿童、孕妇、乳母等特定人群可在三餐之外适当加吃1～2次点心，占总能量的7.5%～15%。一般情况下，早餐安排在6:30～8:30、午餐在11:30～13:30、晚餐在18:00～20:00进行为宜。要天天吃早餐并保证其营养充足，午餐要吃好，晚餐要适量。不暴饮暴食，不经常在外就餐，尽可能与家人共同进餐，并营造轻松愉快的就餐氛围。零食作为一日三餐之外的营养补充，可以合理选用。但来自零食的能量应计入全天能量摄入之中。

8. 每天足量饮水，合理选择饮料 水是生命之源，是日常膳食的重要组成部分，在生命活动中发挥着重要功能。体内水的来源包括饮水、食物中含的水和体内代谢产生的水。水的排出主要通过肾脏，以尿液的形式排出；其次是经皮肤、经肺呼出和随粪便排出。进入体内和排出体外的水量基本相等，处于动态平衡。水的需要量主要受年龄、环境温度、身体活动等因素的影响。一般来说，健康成人每天需要水2500～3000ml，一半左右的水可由食物和汤汁提供，另一半需通过饮水摄入。在温和气候条件下生活的轻体力活动的成年人，每日最少饮水1200ml(约6杯)。在高温或强体力劳动的条件下，应适当增加饮水量。饮水不足或过多都会对人体健康造成危害。饮水应少量多次，要主动，应养成在感到口渴前就喝水的习惯。饮水最好选择白开水。

饮料多种多样，需要合理选择。如奶制品饮料和纯果汁饮料含有一定量的营养素和有益的膳食成分，适量饮用可以作为膳食的补充。有些饮料添加了一定量的矿物质和维生素，适合热天户外活动和运动后饮用。多数饮料都含有一定量的糖，大量饮用(特别是含糖量高的饮料)会在不经意间摄入过多能量，造成体内能量过剩，导致肥胖的发生。另外，饮用饮料后如不及时漱口刷牙，残留在口腔内的糖会在细菌的作用下产生酸性物质，损害牙齿健康。碳酸饮料主要含糖和香精，营养价值不高。咖啡具有利尿作用，过量饮用含咖啡类饮料可引起体液丢失，同时对记忆力有干扰作用，经常饮用还会引起心悸或心律不齐。

9. 饮酒应限量 中国酒文化源远流长，在节假日、喜庆和交际的场合，饮酒是一种习俗。高度酒含能量高，白酒基本上是纯能量食物，不含其他营养素。无节制地饮酒，会使食欲下降、食物摄入量减少，从而引起多种营养素缺乏、急慢性酒精中毒、酒精性脂肪肝，严重时还会造成酒精性肝硬化。过量饮酒还会增加患高血压、脑卒中等疾病的危险，并可导致事故及暴力事件的增加，对个人健康和社会安定都是有害的，应该严禁酗酒。另外饮酒还会增加患某些癌症的危险。饮酒应尽可能选用低度酒，如啤酒、葡萄酒和果酒等，并控制在适当的限量以下。建议成年男性一天饮用酒的酒精量不超过25g，相当于啤酒不超过750ml，葡萄酒不超过250ml；成年女性一天饮用酒的酒精量不超过15g，相当于啤酒不超过450ml，葡萄酒不超过150ml。孕妇和儿童青少年应禁酒。

10. 吃新鲜卫生的食物 一个健康人一生需要从自然界摄取大约60吨的食物。人体一方面从这些食物中吸收利用所需的各种营养素，以满足自身生长发育和新陈代谢的需要；另一方面又必须防止其中的有害因素诱发疾病。食物放置时间过长就会引起腐败变质，产生对人体有毒、有害的物质。另外，食物中还可能含有或混入各种有害因素，如致病微生物、寄生虫和有毒化学物质等。吃新鲜卫生的食物是防止食源性疾病、实现食品安全的根本措施。

正确采购食物是保证食物新鲜卫生的第一关。一般来说，正规的超市和商场、大型的食品企业比较注重产品的质量，也更多地接受了政府和消费者的监督，在食品卫生方面具有较大的安全性。购买预包装食品还应留心查看包装标识，特别应关注保质期、生产日期和生产单位；同时要注意对食品的理化检验，如颜色是否正常、有无酸臭异味、形态是否异常，以便判断食物是否腐败变质。烟熏食品和腌制食品可能含有苯并芘或亚硝酸盐等有害成分，不宜多吃。

食物合理储藏可以保持新鲜，避免受到污染。高温加热能杀灭食物中的大部分微生物，延长保存时间。冷藏温度常为4~8℃，一般不能杀灭微生物，只适于短期贮藏。而冻藏温度低达-20℃，可抑制微生物生长，可保持食物新鲜，适于长期贮藏。

烹调加工过程是保证食物卫生安全的一个重要环节。要注意保持食物加工环境和用具的洁净以及良好的个人卫生，避免食物烹调时的交叉污染。对动物性食物应当注意煮熟、煮透，煎、炸、烧烤等烹调方式应尽量少用。腌制食物时要注意加足食盐，避免高温环境。

有一些动物或植物性食物含有天然毒素，如河豚、毒蕈、含氰苷类的苦味果仁和木薯、发芽的马铃薯、鲜黄花菜等。为了避免误食中毒，一方面需要学会鉴别这些食物；另一方面还应了解对不同食物进行浸泡、清洗、加热等去除毒素的具体方法。

四 中国居民平衡膳食宝塔

为了帮助群众将《膳食指南》的原则具体应用于日常膳食实践，中国营养学会专家委员会在2007年出版了《膳食指南》后，又研究了中国居民各类食物消费量的有关问题。在学习外国经验及参考我国有关研究工作的基础上，提出了"中国居民平衡膳食宝塔"（以下简称"平衡膳食宝塔"）。该"平衡膳食宝塔"是根据《膳食指南》的核心内容，结合中国居民膳食的实际现状，把平衡膳食的原则转化成各类食物的重量，便于人们在日常生活中实行，是人们在日常生活中贯彻《膳食指南》的方便工具。

"平衡膳食宝塔"（图4-1）提出了一个在营养方面比较理想的膳食模式，同时注意了运动的重要性。它所建议的食物量，特别是奶类和豆类食物量可能与大多数人当前的实际摄入量还有一定的距离，对某些贫困地区来讲可能距离更远。但为了改善中国居民的膳食营养状况，应以其为目标，努力争取逐步达到目标。

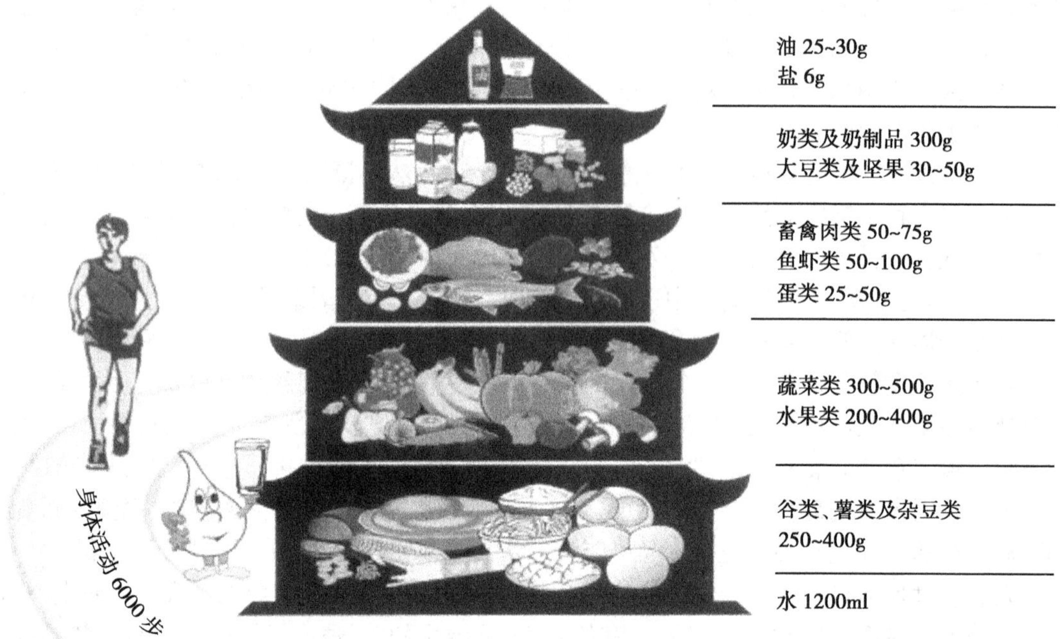

图4-1 中国居民平衡膳食宝塔

（资料来源：中国营养学会．中国居民膳食指南，2007年）

（一）"中国居民平衡膳食宝塔"说明

1. "平衡膳食宝塔"共分5层，包含人们每天应吃的主要食物种类。"宝塔"各层食物位置和面积不同，在一定程度上反映了各类食物在膳食中的地位和应占的比重。谷类、薯类及杂豆类食物位居底层，每人每天应该摄入250～400g；蔬菜和水果居第2层，每天应分别摄入300～

500g 和 200～400g；鱼、禽、肉、蛋等动物性食物居第 3 层，每天应该摄入 125～220g（畜禽肉类 50～70g，鱼虾类 50～100g，蛋类 25～50g）；奶类、豆类及坚果类食物居第 4 层，每天应摄入相当于鲜奶 300g 的奶类及奶制品和相当于大豆 30～50g 的豆类及制品；烹调油和食盐居塔顶，每天烹调油不超过 25～30g，食盐不超过 6g。"平衡膳食宝塔"没有建议食糖的摄入量，因为目前我国居民糖的摄入量还不多，对健康的影响还不大。但多吃糖有增加龋齿的危险，尤其是儿童青少年不应吃太多的糖和含糖高的食品及饮料。饮酒的问题在《中国居民膳食指南》中已有说明。新的"平衡膳食宝塔"增加了水和身体活动的内容，将水放在"宝塔"底层与谷类一起显示足量饮水的重要性；此外还增加了身体活动的形象，建议成年人每天进行累计相当于步行 6000 步以上的身体活动，强调了运动的重要性。

2. "平衡膳食宝塔"建议的各类食物摄入量都是指食物可食部分的生重。各类食物的重量不是指某一种具体食物的重量，而是一类食物的总量。"平衡膳食宝塔"中所标示的各类食物建议量的能量水平在 7550～10 900kJ（1800～2600kcal）之间。

（1）谷类、薯类及杂豆：谷类包括稻米、小麦、玉米、高粱等及其制品，如米饭、馒头、烙饼、麦片等。薯类包括马铃薯、番薯及木薯等，可替代部分粮食。杂豆主要指大豆以外的其他干豆类，如红豆、绿豆、豇豆、蚕豆及芸豆等。谷类、薯类及杂豆是膳食中能量的主要来源。建议量是以原料的生重计算，如面包、切面、馒头应折合成相当的面粉量来计算，而米饭、大米粥等应折合成相当的稻米量来计算。

谷类、薯类及杂豆类食物的选择应重视多样化，粗细搭配。适量选择一些全谷类制品、杂粮类、杂豆及薯类，每 100g 玉米糁和全麦粉所含的膳食纤维比精面粉分别多 10g 和 6g，因此建议每次摄入 50～100g 粗粮或全谷类制品，每周 5～7 次。

（2）蔬菜：蔬菜包括叶菜类、根茎类、鲜豆类、瓜茄类及菌藻类等。深色蔬菜是指深绿色、深黄色、紫色、红色等颜色较深的蔬菜，一般含维生素和植物化学物比较丰富，因此在每日建议摄入的 300～500g 新鲜蔬菜中，深色蔬菜最好占一半以上。菌藻类含有相当丰富的各种营养素，还含有多糖、碘等具有提高免疫力和抗肿瘤作用的成分，宜多吃，建议每周摄入 50～100g 的菌藻类（以干重计）。

（3）水果：建议每天摄入新鲜水果 200～400g。在鲜果供应不足时可选择一些含糖量低的纯果汁或干果制品。蔬菜和水果各有优势，不能完全相互替代。

（4）肉类：肉类包括猪肉、牛肉、羊肉、鸡肉、鸭肉、鸽子肉及动物内脏类，建议每天摄入 50～70g。目前我国居民的肉类摄入以猪肉为主，但猪肉含脂肪较高，应尽量选择瘦畜肉或禽肉。动物内脏有一定的营养价值，但应注意其胆固醇含量较高，不宜过多食用。

（5）水产品类：水产品包括鱼、虾、蟹、贝类等食物，其特点是脂肪含量低，含蛋白质丰富且易于消化，是优质蛋白质的良好来源。建议每天的摄入量为 50～100g，有条件的可以多吃一些。

（6）蛋类：蛋类包括鸡蛋、鸭蛋、鹅蛋、鹌鹑蛋、鸽蛋、鸵鸟蛋及其加工制成的蛋制品等。蛋类的营养价值较高，建议每日的摄入量为 25～50g，相当于半个至 1 个鸡蛋的量。

（7）奶类：奶类有牛奶、羊奶、马奶和驴奶等，以牛奶最为常见。奶制品包括奶粉、酸奶、奶酪等，不包括奶油、黄油。建议量相当于液态奶 300g、酸奶 360g、奶粉 45g，有条件的可以多吃一些。

婴幼儿要尽可能地选用符合国家标准的配方奶制品。饮奶多者、中老年人、超重者和肥胖者建议选择脱脂或低脂奶。乳糖不耐受者可以食用酸奶或低乳糖奶及奶制品。

（8）大豆及坚果类：大豆包括黄豆、黑豆、青大豆，其常见的制品包括未发酵的豆制品和发酵的豆制品，未发酵的包括豆腐、豆浆、豆腐干及腐竹等，发酵的包括豆豉、豆腐乳和臭豆腐等。

推荐每日摄入 30～50g 大豆，以提供蛋白质的量计算，40g 干豆相当于 80g 豆腐干、120g 北豆腐、240g 南豆腐、800g 豆浆。坚果包括花生、核桃、瓜子、杏仁、榛子等，由于坚果的蛋白质与大豆相似，有条件的居民可吃 5～10g 坚果替代相应量的大豆。

（9）烹调油：烹调油包括植物油和动物油，植物油包括花生油、大豆油、菜子油、葵花子油、芝麻油、调和油等，动物油包括猪油、牛油、黄油等，应尽量少食用动物油。每天烹调油的建议摄入量为不超过 30g。烹调油也应多样化，应经常更换种类，食用多种植物油。

（10）食盐：健康成年人一天食盐（包括酱油和其他食物中的食盐）的建议摄入量以不超过 6g 为宜。一般 20ml 酱油中含盐 3g，10g 黄酱中含盐 1.5g，如果菜肴需要用酱油和酱类，则应注意减少食盐用量。

（二）“中国居民平衡膳食宝塔”的应用

1. 确定适合自己的能量水平　“平衡膳食宝塔”中建议的每人每日各类食物适宜摄入量范围适用于一般健康成人，是一个平均量，在实际应用时要根据个人年龄、性别、身高、体重、劳动强度等实际情况适当调整。如年轻人、身体活动强度大者需要的能量高，应适当多吃些主食；老年人、活动少者需要的能量少，可少吃些主食。能量是决定食物摄入量的首要因素，一般来说人们的进食量可自动调节，当一个人的食欲得到满足时，对能量的需要也就会得到满足。但由于人们膳食中脂肪摄入的增加和日常体力活动的减少，许多人目前的能量摄入超过了自身的实际需要。对于正常成人，体重是判定能量平衡的最好指标，每个人应根据自身的体重及其变化适当调整食物的摄入，主要应调整的是含能量较多的食物的摄入量。

2. 根据自己的能量水平确定食物需要　“平衡膳食宝塔”建议的每人每日各类食物的适宜摄入量范围适用于一般健康成年人，按照 7 个不同能量水平分别建议了各类食物的摄入量，应用时要根据自身的能量需要进行选择（表 4-1）。建议量均为食物可食部分的生重量。“平衡膳食宝塔”建议的各类食物摄入量是一个平均值。每日膳食中应尽量包含“平衡膳食宝塔”中的各类食物，但无须每日都严格按照其建议的各类食物的量吃。例如烧鱼比较麻烦，就不一定每天都吃 50～100g 鱼，可以改成每周吃 2～3 次鱼、每次 150～200g，这样较为切实可行。实际上平时喜欢吃鱼的多吃些鱼、喜欢吃鸡的多吃些鸡都无妨碍，重要的是一定要经常遵循“平衡膳食宝塔”各层中各类食物的大体比例。在一段时间内，短则 3～5 天，长则 7～10 天评价一次，各类食物摄入量的平均值应当大致符合“平衡膳食宝塔”的建议量。

表 4-1　按照 7 个不同能量水平建议的食物摄入量（g/d）

能量水平	1600kcal	1800kcal	2000kcal	2200kcal	2400kcal	2600kcal	2800kcal
谷类	225	250	300	300	350	400	450
大豆类	30	30	40	40	40	50	50
蔬菜类	300	300	350	400	450	500	500
水果类	200	200	300	300	400	400	500
肉类	50	50	50	75	75	75	75
奶类	300	300	300	300	300	300	300
蛋类	25	25	25	50	50	50	50
水产品	50	50	75	75	75	100	100
烹调油	20	25	25	25	30	30	30
食盐	6	6	6	6	6	6	6

注：1kcal = 4.184kJ

3. 食物同类互换，调配丰富多彩的膳食 人们摄入多种多样的食物不仅是为了获得合理均衡的营养，也是为了使饮食更加丰富多彩，以满足人们的口味享受。假如人们每天都吃同样的50g肉、40g豆，难免久食会生厌，那么合理营养也就无从谈起了。“平衡膳食宝塔”中每一类食物中都有很多品种，虽然每种食物所含营养素各不相同，但同一类食物所含营养成分往往较为接近，在膳食中可以互相替换。

应用“平衡膳食宝塔”可把营养与美味结合起来，按照同类互换和丰富多样的原则调配日常饮食。同类互换就是“以粮换粮、以肉换肉、以豆换豆、以菜换菜”。例如大米可与面粉或杂粮互换，馒头可与相应量的面条、烙饼、面包等互换，大豆可与相当量的豆制品互换，猪肉可与等量的牛、羊、鸡、鸭及兔肉互换，鱼可与虾、蟹、贝类等水产品互换，牛奶可与羊奶、酸奶、奶粉或奶酪等互换。

丰富多样就是选用食物的品种、形态、颜色、口感和烹调方式经常变换。例如每日吃40g豆类及豆制品，掌握了同类互换和丰富多样的原则就可以变换出多种吃法：可以全量互换，即全换成相当量的豆浆或豆干，今天喝豆浆，明天吃豆干；也可以分量互换，如1/2换豆浆、1/2换豆腐；或早餐喝豆浆，中餐吃红烧豆腐等。

4. 要因地制宜充分利用当地资源 我国幅员辽阔，各地的饮食习惯及食物资源不尽相同，要因地制宜充分利用当地资源才能有效地应用“平衡膳食宝塔”。例如沿海地区可适当提高鱼及其他水产品的摄入量；牧区奶类资源丰富，可适当提高奶类摄入量；山区则可充分利用山羊奶以及花生、核桃等资源。在某些情况下，由于地域、经济或物产所限无法进行同类互换时，也可以暂用营养素含量相对接近的食物类别间的互换来代替。如豆类代替乳类、肉类，蛋类代替鱼类，不得已时也可用花生、核桃等坚果类代替大豆或鱼、肉、奶等动物性食物。

5. 要养成习惯，长期坚持 膳食对健康的影响是长期的，长则几年甚至是几十年，短则数月，不是一两天或几天内就能发生明显变化的。故应用“平衡膳食宝塔”需要自幼养成习惯，并长期坚持，才能充分体现其对健康的重大促进作用。

第四节 营养配餐与食谱编制

一 营养配餐

（一）营养配餐的概念

营养配餐，就是按人们身体的需要，根据食物中各种营养物质的含量，将身体对营养素的需要量转化为对食物的需要量，并设计出一天、一周或一个月的食谱的过程。营养配餐是实现平衡膳食的一种措施。平衡膳食的原则通过食谱才表达出来，充分体现了其实际意义。

（二）营养配餐的目的和意义

1. 营养配餐可将膳食营养素参考摄入量具体落实到用膳者的每日膳食中，使他们能按需要摄入足够的能量和各种营养素，同时又可防止营养素或能量的过高摄入。

2. 可根据人群对各种营养素的需要，结合当地食物的品种、生产季节、饮食习惯、经济条件和烹调水平，合理选择各类食物，达到平衡膳食。

3. 通过编制营养食谱，可指导集体食堂管理人员有计划地管理食堂膳食，也有助于家庭有计划地管理家庭膳食，并且有利于成本核算。

（三）营养配餐的理论依据

营养配餐是一项实践性很强的工作，与人们的日常饮食息息相关，要做到营养配餐科学合理，需要以一系列营养理论为指导。

1. 中国居民膳食营养素参考摄入量 如本章第二节所述，中国居民膳食营养素参考摄入量（DRIs）是每日平均膳食营养素摄入量的一组参考值，包括平均需要量（EAR）、推荐摄入量（RNI）、适宜摄入量（AI）和可耐受最高摄入量（UL）。制定DRIs的目的在于：①评价人群的营养状况；②可作为计划膳食的营养素目标，并为国家食物发展供应计划提供依据。DRIs是营养配餐中能量和主要营养素需要量的确定依据，其中RNI是健康个体膳食摄入营养素的目标。编制营养食谱时，首先以能量的RNI为依据确定需要量，制订出食谱后，还需要以各营养素的RNI为参考评价食谱的编制是否合理，如果能量、蛋白质与RNI相差不超过10%，维生素和矿物质在RNI的90%以上、UL以下，则说明编制的食谱合理可行，否则需要加以调整。

2.《中国居民膳食指南》和“中国居民平衡膳食宝塔” 《膳食指南》本身就是合理膳食的基本规范，它将营养理论转化为通俗易懂、简明扼要、可操作性强的指南，其目的就是合理营养、平衡膳食、促进健康。因此，营养食谱的制订需要根据《膳食指南》考虑食物的合理搭配。“平衡膳食宝塔”是《膳食指南》量化和形象化的表达，是人们在日常生活中贯彻《膳食指南》的工具。“宝塔”建议的各类食物推荐量既以人群的膳食实践为基础，又兼顾食物生产和供给的发展，具有实际指导意义。同时“平衡膳食宝塔”还提出了应用时的具体建议，如同类互换和丰富多样的原则，对制订营养食谱具有实际指导作用。

3. 食物成分表 食物成分表是营养配餐工作中必不可少的工具，要开展好营养配餐工作，就必须了解和掌握食物的营养成分。中国疾病预防控制中心营养与食品安全所于2002年和2004年分别出版了新的《食物成分表》第一册和第二册，2002年版第一册所列食物以原料为主，各项食物都列出了产地和食部，包括1506种食物的31项营养成分。2004年版第二册是对第一册的补充，共包括757种食物的一般营养成分数据，239种食物的氨基酸数据，323种食物的脂肪酸数据。通过食物成分表，人们在编制食谱时才能将营养素的需要量转换为食物的需要量。在评价食谱所含营养素摄入量是否满足需要时，同样需要用到食物成分表中各种食物的营养成分数据。

需要说明的是，食物成分表中的“食部”是指按照当地的烹调习惯和饮食习俗，把从市场上购买的食物去掉不可食的部分之后，所剩余的可食部分所占的比例。列出食部的比例是为了便于计算市品每100克（或其他零售单位）的营养素含量。市品的食部不是固定不变的，它会因食物的运输、储藏和加工处理工艺的不同而有所改变。因此当认为食部的实际情况和表中食部栏内所列数据有较大出入时，可以自行测量食部的实际量。

4. 膳食平衡理论 营养问题的核心是膳食平衡，即在营养平衡的基础上尽量兼顾膳食性、味平衡，据此进行科学的烹调和调配，使食谱既美味可口又能达到膳食供给量标准。膳食平衡包括十大平衡，即：主食与副食的平衡，酸碱平衡，荤与素的平衡，杂与精的平衡，饥与饱的平衡，食物冷与热的平衡，干与稀的平衡，食物寒、热、温、凉四性的平衡，动与静的平衡，情绪与食欲的平衡。实际应用时，如能按照《膳食指南》和“平衡膳食宝塔”调配制饮食，基本上能够保证膳食平衡。

（四）营养配餐现状

1. 中小学生营养餐 学生营养餐是营养配餐中的一个重要组成部分，因关系到青少年的体质健康而受到普遍关注。学生营养餐是一种将营养科学与烹饪技术相结合配制的膳食，它是根据国家规定的不同年龄段学生每餐应摄取的各种营养素的量折合成各类食物的量,研制出科学的食谱,再根据食谱和进餐人数进行选料、加工、配制的营养配餐。

国际上实行学校供餐计划的国家约有 47 个,发达国家的学校供餐时间都较长,有的已有近 100 年的历史。通过长期发展,这些国家形成了较为完善的管理体系与运作模式。许多国家对学校供餐专门立法,将这项计划纳入法制轨道,从而保持其持久、稳定地开展。如美国于 1943 年通过立法,专门拨款开展学生餐和学生奶计划,1946 年颁布《美国学校午餐法》,1966 年颁布《美国学校早餐法》和《儿童营养法》,1997 年还出台了《特殊牛奶项目规划》等。日本于 1954 年制定了《日本学校供餐法》等。

我国的学生营养餐工作早在 20 世纪 80 年代中期就已开始开展,1993 年,国务院印发的《90 年代中国食物结构改革与发展纲要》中指出:"今后要从中小学生抓起,增加食物和营养方面科普知识的教育。"1997 年,国务院发布《中国营养改善行动计划》,明确提出:有计划、有步骤地普及学生营养午餐。1998 年,卫生部发布了《学生营养午餐营养供给量》,规定了学生营养午餐营养素摄入标准值及各类食物的供给量,包括学生营养午餐定义、标准、营养教育及食谱编制原则和方法。由于党和国家领导人的直接关怀、政府部门加大推行力度,自 1999 年起学生营养餐工作加快了发展的步伐,取得了一定的成绩。目前,全国已有 30 多个城市的学生营养午餐工作有了一定规模,以北京、上海规模最大,日供量在 30 万份以上。最近在一些省份也陆续开始开展中小学生早餐伙食补贴计划,资金虽然有限但意义重大,说明我国开展学生营养餐的工作迈上了一个新的台阶。当然,普及学生营养餐的工作是一项艰苦复杂、涉及多方面的系统工程,需要政府、社会各界、学校和家庭的多方配合、共同努力,才能持续、稳定地发展下去。

2. 餐饮业的营养配餐 营养配餐在国外(如日本、美国、西欧等国)发展较早,它首先是从集体配餐开始的。在美国,由农业部统一制定营养配餐标准,建立集体食堂,统一餐具,国家给予财政补贴,供给平价原料,以中小学生、老年人等为主要对象,设有营养师配餐。第二次世界大战后至今,日本人身高明显增加、体质增强、寿命明显延长,被营养界誉为"日本奇迹",其变化与营养配餐息息相关。日本于 1947 年颁布了《营养师法》,1952 年颁布了《营养改善法》,培养了大量的营养师,在餐饮业中从事营养配餐工作,日本已成为当今世界上营养师密度最高的国家之一。

我国从 20 世纪 90 年代前后开始进行营养配餐的试验。近 20 年来,营养配餐越来越受到人们的重视。目前已出现了不少专业的营养配餐公司,有的已经实现了营养配餐工厂化生产。但还存在很多问题,如还没有一整套完善的、科学的、摆脱传统手工操作的工艺流程和良好的操作规范标准,营养配餐的专业人员还很短缺等。随着人们对膳食质量要求的提高,以及相关法规、规范(如国民营养条例)的完善,餐饮业的营养配餐将有很大的发展空间。

二 营养食谱的编制

(一) 营养食谱的编制原则

根据营养配餐的理论依据,营养食谱的编制需遵循以下原则:

1. 保证营养平衡

(1) 按照《中国居民膳食指南》的要求,膳食应满足人体对能量、蛋白质、脂肪以及各种矿物质和维生素的需要量。调配时不仅品种要多样,而且数量要充足,当然也要防止过量的问题,对于一些特殊人群,如孕妇、乳母、婴幼儿和儿童青少年,还要注意易缺乏营养素如钙、铁、锌等的供给。

(2)各营养素之间的比例要均衡。膳食能量来源中蛋白质、碳水化合物和脂肪的比例要合理,能量在各餐中的分配比例要适宜。膳食蛋白质中优质蛋白质应占适宜的比例。各矿物质之间也要配比适当。

(3)食物的搭配要合理。注意主食与副食、杂粮与精粮、荤与素等食物的平衡搭配。

(4)膳食制度要合理。应定时、定量进餐,成人和老人一日三餐,儿童三餐以外再加用一两次点心,孕妇、乳母也可在三餐之外加用点心,每天5~6餐。

2. 照顾饮食习惯,注意饭菜的口味 在保证营养平衡的基础上,尽量照顾就餐者的膳食习惯。在配餐之前,应让就餐者根据自己的喜好在食物成分表中挑选食物,在搭配食物时尽量根据其喜好而定,当然,在无法保证营养平衡的情况下如挑食、偏食,则应对其进行膳食习惯的矫正。同时应注重烹调方法,做到色香味美、质地宜人、形状优雅。

3. 考虑季节和市场供应情况 因与食物直接挂钩,所以配餐、编制食谱是一项实践性很强的工作。一个合格的配餐人员应熟悉市场可供选择的食物原料,了解其价格、季节和市场供应情况,如果不了解、不熟悉市场情况,则编制出来的食谱所用的食物有可能无法获得,这将使营养配餐工作成为"纸上谈兵"。

4. 兼顾经济条件 食谱编制工作还要兼顾就餐者的经济条件,既要使食谱符合营养要求,又要使就餐者在经济上有承受能力,这样才会使食谱有实际意义。现在人们往往错误地认为越贵的食物越有营养,其实,营养价值往往与价格无关,自然界中每种食物都有其存在的价值或意义,没有不好的食物,只有不平衡的膳食。

(二)营养食谱的编制方法

1. 确定能量和营养素的摄入目标 根据就餐者的年龄、性别、体力活动情况,查阅《中国居民膳食营养素参考摄入量表》,作为膳食能量和营养素的摄入目标设计依据。其中能量目标的设计依据最为重要,可在中国居民膳食营养素参考摄入量的基础上根据体重的实际情况给予适当增减,如体重偏瘦者可适当增加5%~10%;超重、肥胖者可适当减少5%~10%。

例如30岁男性,轻体力劳动,查表可知能量的RNI为10041kJ(2400kcal),蛋白质的RNI为75g,脂肪占总能量的20%~30%。钙的AI为800mg/d,碘的RNI为150μg/d,铁的AI为15mg/d,锌的RNI为15.0mg/d,硒的RNI为50mg/d,维生素A的RNI为800μgRE/d,维生素E的AI为14mg/d,维生素B_1的RNI为1.4mg/d,维生素B_2的RNI为1.4mg/d,维生素C的RNI为100mg/d,烟酸的RNI为14mgNE/d。

脂肪和碳水化合物的具体需要量应进行适当的计算:

膳食中脂肪参考摄入量(g)=全日能量参考摄入量(kcal)×脂肪占总能量的比重/脂肪的产能系数9(kcal/g)

膳食中碳水化合物参考摄入量计算采用减差法,即能量主要由蛋白质、脂肪和碳水化合物提供,确定蛋白质和脂肪的摄入量后,可从总能量中扣除脂肪和蛋白质提供的能量,剩余的能量则由碳水化合物提供。

膳食中碳水化合物参考摄入量(g)=[全日能量参考摄入量(kcal)-脂肪提供的能量-蛋白质的摄入量×蛋白质的产能系数4(kcal/g)]÷碳水化合物的产能系数4(kcal/g)

上例中,脂肪占总能量的比例可取平均值,即25%,则膳食中脂肪参考摄入量(g)=2400×25%÷9≈67g;膳食中碳水化合物参考摄入量(g)=(2400-2400×25%-75×4)÷4=375g。综上所述,可得出该男子主要的营养目标为:能量2400kcal、蛋白质75g、脂肪67g、碳水化合物375g。

2. 食物选择

(1)食物选择原则:食物选择的依据为《中国居民膳食指南》、“平衡膳食宝塔”以及膳食平衡理论,具体原则如下:

1)五大类食物齐全:从平衡膳食的角度考虑,要求5层“平衡膳食宝塔”中的食物最好平时都能摄取到,因为每类食物所含的营养素各有作用,各类食物都摄入才能更好地发挥互补作用,均衡营养的可能性才更大。

2)品种多样:每天所吃的食物品种尽量多样化,尤其是五大类食物中每类都还可分为几个亚类,不能只吃其中的某一或某几亚类,如蔬菜类可分为鲜豆类、根茎类、叶菜类、瓜茄类和菌藻类,与其选5种叶菜类,还不如鲜豆类、根茎类、叶菜类、瓜茄类、菌藻类各选一种。从平衡膳食的角度出发,一般要求每天最好能吃20种以上的食物,以保证各种营养素的需要,而特殊人群如孕妇,最好每天能吃25种以上的食物。

3)颜色多样:食物的颜色与营养素的含量有一定的关系,如红、黄、绿的蔬菜水果往往维生素的含量较高,所以编制的食谱中最好各种颜色的食物都能占一定的比例。一般建议选择的食物应包括红、黄、绿、白及黑5种颜色。红色食物如番茄、草莓、红豆、樱桃、红薯等;黄色食物如香蕉、玉米、小米、胡萝卜、芒果、黄豆等;绿色食物如空心菜、芹菜等绿叶菜;白色如稻米、小麦、豆腐、牛奶、萝卜等;黑色食物如黑米、黑豆、香菇、黑木耳、黑李等。

4)以谷类为主:在所选的食物中应以谷类为主食,成年人最好食用2个以上品种,摄入量为250~400g/d,不要长期食用过于精细的大米、白面,应适当食用糙米、全麦粉和其他杂粮,以增加B族维生素和其他营养素的供给。一般建议粗杂粮每天摄入50~100g,老年人最好摄入100g以上。

5)蔬菜以深色菜为主:蔬菜的品种要多样化,建议每天选择5种以上的蔬菜,其中深色蔬菜、绿叶菜要占一半以上,才能提供数量较多的维生素C、胡萝卜素和其他水溶性维生素以及钾、钙等矿物质。由于菌藻类含有较多的保健成分,而且营养素含量较高,故应注意摄入,一般建议每周食用50g以上的菌藻类食物。

6)水果以鲜果类为主:蔬菜在我国以吃熟菜为主,在烹调过程中容易造成维生素的损失,而水果一般为生吃,维生素损失较少,所以可作为蔬菜的补充。建议每天选用1~2种的水果,尤其是鲜果类,选择以当地、当季为原则。

7)动物性食物应占一定比例:动物蛋白是很好的蛋白质,其吸收和利用均较佳,应注意适量摄入。大豆蛋白也是优质蛋白质,动物蛋白与大豆蛋白的供给量应占蛋白质总供给量的1/3~1/2,其中动物蛋白要占优质蛋白的1/2以上。但比例也不能太高,否则将摄入过多的动物脂肪和胆固醇。为保证维生素A的供给,建议每人每周最好能吃1次的动物肝脏(50g),每周至少摄取1次海产品以补充锌和碘。

8)其他:选择食物时还必须兼顾季节、市场供应情况、经济条件、饮食习惯以及烹调配菜的需要。

(2)品种分配:如上所述,一般成人每天应摄入20种以上的食物,这20种食物应如何合理分配到各类食物中去,也是配餐选择食物的关键步骤之一。食物品种的分配应参照“平衡膳食宝塔”各层食物的大致比例进行,也即越底层的食物类别,因量越多,搭配品种时也可多些;越接近塔尖的食物类别,因量越少,搭配品种时应少些。这样一方面可以保证合理分配,另一方面在日常生活中也较容易实行。分配可参照以下方案进行:选择3~4种谷类,7种蔬菜类(其中菌类和藻类各占1种),2种水果,1种畜禽肉类,1种鱼虾类,1种蛋类,1种豆类,1种奶类,1 种油脂类,1 种盐,共计 20 种左右的食物。

(3)选定具体食物:根据食物成分表和配菜的需要选定具体食物,如表 4-2 所示。根据同类互换的原则调配食物,可编制出丰富多样的食谱。

表 4-2 食物品种与具体食物选定表

食物类别	品种	具体食物(举例)
谷类	4	稻米、小麦粉、小米、玉米
蔬菜类	7	四季豆、胡萝卜、菠菜、丝瓜、番茄、香菇、海带
水果类	2	苹果、香蕉
畜禽肉类	1	猪肉
鱼虾类	1	花蛤
蛋类	1	鸡蛋
豆类	1	豆腐
奶类	1	牛奶
油脂类	1	花生油
盐	1	盐
合计	20	

3. 确定食物用量 确定各类食物的用量是配餐的难点。目前有 3 种方法:①计算法,根据三大营养素的需要量来确定各类食物的用量。计算法是营养配餐的基本方法,但其计算量大,过程繁琐,费时、费力,所以目前除了疾病人群的营养配餐,一般较少使用。②食物交换份法,本法将食物归类,计算出各类食物的份数。方法相对简便,适合非专业人员使用。③宝塔法,即以"平衡膳食宝塔"中各类食物的推荐量为参考量,此法最为简便,值得推荐。

(1)计算法:由于绝大多数食物都含蛋白质、脂肪和碳水化合物,使得计算法配量错综复杂。需遵循优势法则:营养素中量多者优先,优先解决碳水化合物的用量问题,然后是蛋白质,最后是脂肪;配餐起始时假设食物只含主要营养素,如假设粮谷类只含碳水化合物;主食优先,先配主食,再配副食。

1)用碳水化合物配主食:主食的数量主要根据各类主食原料中碳水化合物的含量确定。即主食数量=膳食中碳水化合物的目标量÷某种食物碳水化合物的百分含量。本例中,碳水化合物的目标量为 375g,主食有 4 种:稻米、小麦粉、小米和玉米。首先根据餐次分配比例来确定这 4 种主食各需要提供的碳水化合物的目标量。如果餐次比例为早餐占 20%,午餐占 40%,晚餐占 40%;早餐吃小米粥,午餐吃干饭(稻米和玉米混合,各占一半),晚餐吃面,根据食物成分表查得 4 种主食的碳水化合物的量为稻米 76.3%、小麦粉 71.5%、小米 73.5%、玉米 69.6%,则:

所需稻米的量 $=375\times20\%\div76.3\%=98$(g)

所需小麦粉的量 $=375\times40\%\div71.5\%=210$(g)

所需小米的量 $=375\times20\%\div73.5\%=102$(g)

所需玉米的量 $=375\times20\%\div69.6\%=108$(g)

实际上副食也含有一定量的碳水化合物,为避免最终食谱碳水化合物量偏多的问题,碳水化合物的目标量不宜全部由主食提供。按经验,一般主食只提供 80% 左右的碳水化合物,余下 20% 由副食提供,也即上例主食的量修正后为:稻米 78g、小麦粉 168g、小米 82g、玉米 86g。

2)用剩余蛋白质配动物性食物和豆类食物：主食的量确定后，接下来应确定各种副食的用量。在副食中，动物性食物和豆类食物尤为重要，是优质蛋白质的主要来源，故其用量由蛋白质来确定。但必须注意的是，此时决定动物性食物和豆类用量的蛋白质量不是整个食谱的蛋白质目标量，因为主食已提供了部分蛋白质，这部分量应扣除。即：

动物性食物和豆类食物应提供的蛋白质量 = 摄入目标量 - 主食提供的蛋白质量

上例中，通过查食物成分表计算可得出，主食提供的蛋白质为：稻米 6g、小麦粉 18.82g、小米 7.38g、玉米 6.97g，合计约 39g。动物性食物和豆类食物应提供的蛋白质量为 75 - 39 = 36g。

考虑到中国人群奶类的摄入量较低，所以在动物性食物中优先保证奶类的摄入量，剩余蛋白质量的 2/3 由其他动物性食物提供，1/3 由豆类食物提供。

上例中，牛奶的摄入量根据“平衡膳食宝塔”的推荐确定为 300g，提供蛋白质 300 × 3% = 9g，剩余蛋白质为 36 - 9 = 27g。豆类应提供的蛋白质占 1/3，即 27 × 1/3 = 9g，豆腐的用量为 9 ÷ (8.1/100) = 111g。猪肉、花蛤、鸡蛋应提供的蛋白质占 2/3，即 27 × 2/3 = 18g，可设定三者平均分，即各提供蛋白质 6g。猪肉的用量为 6 ÷ (17.9/100) = 34g，花蛤的用量为 6 ÷ (7.7/100) = 78g，鸡蛋的用量为 6 ÷ (12.8/100) = 47g。

3)根据“平衡膳食宝塔”配蔬菜水果：蔬菜水果主要提供维生素、矿物质和膳食纤维，与蛋白质、脂肪和碳水化合物关系较小，所以其用量主要根据“平衡膳食宝塔”的推荐量来确定。确定蔬菜和水果的总量后，再根据平均分配和烹调的需要确定各种蔬菜水果的用量。

上例中，由“平衡膳食宝塔”推荐量可得蔬菜总量为 450g，水果的总量为 400g。蔬菜中主菜为 5 种，可先确定每种各 90g，然后其中一种量分 20g 由菌藻类提供。即四季豆 90g、胡萝卜 90g、菠菜 90g、丝瓜 90g、番茄 70g、香菇 10g、海带 10g。水果每种各 200g，即苹果 200g、香蕉 200g。

4)用剩余脂肪配烹调油用量，食盐按 WHO 的推荐量确定：根据食物成分表计算可知上述各种食物提供的脂肪量，将脂肪的目标量减去主、副食提供的脂肪数量即为烹调油的需要量。

上例中，根据计算得主、副食所提供的脂肪量约为 37g，因此花生油的用量为 67 - 37 = 30g。

食盐按 WHO 的推荐量 6g 计算。

根据上述的计算，上例的食物用量归纳如表 4-3 所示。

表 4-3 计算法确定的各种食物用量(g)

食物类别	品种	具体食物举例
谷类	4	稻米 78、小麦粉 168、小米 82、玉米 86
蔬菜类	7	四季豆 90、胡萝卜 90、菠菜 90、丝瓜 90、番茄 70、香菇 10、海带 10
水果类	2	苹果 200、香蕉 200
畜禽肉类	1	猪肉 34
鱼虾类	1	花蛤 78
蛋类	1	鸡蛋 47
豆类	1	豆腐 111
奶类	1	牛奶 300
油脂类	1	花生油 30
盐	1	盐 6
合计	20	

（2）食物交换份法：食物交换份法简单易行，易于被非专业人员掌握。该法是将常用食物按其所含的营养素量的近似值归类，计算出每类食物每份所含的营养素值和食物质量，然后根据每类食物的内容列出表格供交换使用，最后根据不同能量需要，按蛋白质、脂肪和碳水化合物的合理分配比例，计算出各类食物的交换份数和实际重量，并按每份食物等值交换表选择食物。

首先将食物分为4个组9大类（表4-4）。谷薯组：主要提供碳水化合物和膳食纤维；果蔬组：主要提供维生素、矿物质和膳食纤维；肉蛋组：主要提供蛋白质；供热组：主要提供脂肪和碳水化合物。

表4-4　交换份法中各类食物交换份的营养素含量

组别	类别	每份重量(g)	能量(kcal)	蛋白质(g)	脂肪(g)	碳水化合物(g)
谷薯组	谷薯类	25	90	2.0	—	20.0
果蔬组	蔬菜类	500	90	5.0	—	17.0
	水果类	200	90	1.0	—	21.0
肉蛋组	大豆类	25	90	9.0	4.0	4.0
	奶类	160	90	5.0	5.0	6.0
	肉蛋类	50	90	9.0	6.0	—
供热组	坚果类	15	90	4.0	7.0	2.0
	油脂类	10	90	—	10.0	—
	纯糖类	20	90	—	—	20

1）按平衡营养原则和饮食习惯，一般预先给予蔬菜、水果份数，另考虑中国人缺钙的特点，奶类也应优先确定。算出这三类食物所提供的三大营养素量。

本例中，可先配蔬菜1份（500g）、水果2份（400g）、奶类2份（320g），共提供：碳水化合物＝17＋42＋12＝71g；蛋白质＝5＋2＋10＝17g；脂肪＝5×2＝10g。

2）按剩余的碳水化合物确定谷薯类份数。剩余的碳水化合物为碳水化合物的目标量减去上述食物所提供的碳水化合物的量。本例中，剩余的碳水化合物＝375－71＝304g，谷薯类所需份数＝304÷20＝15份，共需375g。此15份谷薯类提供蛋白质30g。

3）按剩余的蛋白质确定肉蛋类份数。剩余的蛋白质量为蛋白质的目标量减去上述食物中所含的蛋白质量。本例中，剩余的蛋白质＝75－17－30＝28g。肉蛋组食物所需的份数＝28÷9＝3份，可大豆类食物1份(25g)，肉蛋类食物2份(100g)。肉蛋类所提供的脂肪＝4＋6×2＝16g。

4）按剩余的脂肪确定供热组份数。剩余的脂肪为脂肪的目标量减去上述食物中所含的脂肪量。本例中，剩余的脂肪＝67－10－16＝41g，油脂类所需份数＝41÷10＝4份（40g），也可硬果类1份（15g），油脂类3份（30g）。

份数确定后，最后按计算法所提供的各种食物的分量方法进行配置，如表4-5所示。

（3）宝塔法：针对正常健康或亚健康的人群，其三大营养素的比例在正常范围内，“宝塔”根据实践经验将能量和食物的量对应起来，即给出了不同能量水平的各类食物推荐量（表4-1），可直接根据能量确定各类食物的用量，然后根据实际情况进行适当调整，这种方法绕开了营养素的复杂计算，较为简便。

表4-5 食物交换份法确定的各类食物用量(g)

食物类别	份数	量(g)	具体食物举例
谷类	15	375	稻米75、小麦粉150、小米75、玉米75
蔬菜类	1	500	四季豆100、胡萝卜100、菠菜100、丝瓜100、番茄80、香菇10、海带10
水果类	2	400	苹果200、香蕉200
畜禽肉类	0.5	25	猪肉25
鱼虾类*	0.5	75	花蛤75
蛋类	1	50	鸡蛋50
豆类*	1	25	豆腐100
奶类	2	320	牛奶320
油脂类	4	40	花生油40
盐	1	6	盐6

*:鱼虾类每份为150g;豆类的量换算为豆腐的量,按蛋白质相等来折算,豆类:豆腐=1:4

1)查找能量的目标量。本例中能量为2400kcal。

2)查找宝塔相应能量水平建议的食物摄入量。本例中,谷类为350g,大豆类为40g,蔬菜类为450g,水果类为400g,肉类为75g,奶类为300g,蛋类为50g,水产品为75g,烹调油为30g,食盐为6g。

3)按食物交换份法各种食物的配量方法进行配量,如表4-6所示。

表4-6 宝塔法确定的各种食物用量(g)

食物类别	"宝塔"推荐量(2400kcal)	具体食物举例
谷类	350	稻米70、小麦粉140、小米70、玉米70
蔬菜类	450	四季豆90、胡萝卜90、菠菜90、丝瓜90、番茄70、香菇10、海带10
水果类	400	苹果200、香蕉200
畜禽肉类	75	猪肉75
鱼虾类	75	花蛤75
蛋类	50	鸡蛋50
豆类	40	豆腐160
奶类	300	牛奶300
油脂类	30	花生油30
盐	6	盐6

4. 根据《中国居民膳食营养素参考摄入量标准》进行量的调整 前面的步骤中,不管是哪种确定食物用量的方法,都是以能量为主线,确定三大营养素的目标量,然后依此进行配量。至于确定后的食物量所含的维生素和矿物质能否满足就餐者的营养需求,尚不明确。另外,即

使是根据三大营养素需要量所确定出来的食物，其所含的蛋白质、脂肪和碳水化合物的量和目标量也是有一定差距的。如计算法中用蛋白质确定动物性食物和豆类用量时，剩余的目标蛋白质量全用来配动物性食物和豆类食物，而其后配的蔬菜水果中其实也有含蛋白质的，只是因为含量较低暂且不考虑而已。所以还必须对确定下来的食物用量进行适当调整，以使所有的营养素都能接近推荐摄入量。方法是根据食物成分表提供的营养素数据，算出上述食物所能提供的能量和各种营养素的量，然后与DRIs表比较，若能量、蛋白质在其推荐摄入量的90% ~ 110%范围内，维生素和矿物质在推荐量的90%以上、UL值以下，则可认为是合理的。若相差太远，则必须调整食物的用量，直至合理为止。此步骤一般手工计算难以完成，可借助膳食营养计算软件来进行。

5. 合理分配餐次 前面的步骤已确定了一整天的食物品种和用量，根据人们的饮食习惯和生理需求，这一整天的食物并不适合一次性摄取完，而是应该进行合理的分餐。按我国大多数居民的习惯，一般成人一日三餐，而婴幼儿、儿童、青少年、孕妇、乳母等可在三餐之外加用1 ~2次的点心。如前所述，按能量分配，一般早餐能量占20% ~30%，午餐占40%，晚餐占30% ~40%。显然，各种食物的分配并不能按这个比例来进行，因为不现实，且即使可行也会给烹调带来极大的困难。合理的做法是有些食物早餐吃，有些食物午餐吃，有些食物晚餐吃。分餐一般按表4-7中所示原则进行。

表4-7 食谱编制中的分餐原则

餐次	谷类(种)	蔬菜(种)	水果(种)	动物性食物(种)	豆类	奶类	油脂(%)	盐(g)
早餐	1	1	1	1	三餐均可	早晚均可	20	1
午餐	2	3	1	1			40	3
晚餐	1	3	—	1			40	2

本例中，分餐后的结果如下(按“平衡膳食宝塔”得出的食物量)：

早餐：小米70g、菠菜90g、苹果200g、鸡蛋50g、花生油6g、盐1g；

午餐：稻米70g、玉米70g、四季豆90g、胡萝卜90g、香菇10g、香蕉200g、猪肉75g、豆腐160g、花生油12g、盐3g；

晚餐：小麦粉140g、丝瓜90g、番茄70g、海带10g、花蛤75g、牛奶300g、花生油12g、盐2g。

6. 配菜肴 上步中将食物合理分餐后，接下来应该进行的是合理地配菜。配菜肴对于初学者是难点，主要体现在两个方面：一是什么食物与什么食物配的问题，配餐者最担心的是是否有搭配禁忌，是否会“相克”。比如民间流传的人参与萝卜“相克”，土豆与牛肉“相克”，红、白萝卜“相克”等。现有的科学实验表明，食物与食物之间存在“相克”的情况是比较少见的。除了少数在营养素方面存在相互影响外，目前尚无证据表明食物间会“相克”，所以只要口感适合，绝大部分食物是可以混在一起煮或吃的。二是菜肴的命名，菜肴命名有一般的规律可循，一般可用其原料名称之和来命名。如原料有香菇、豆腐，用来做汤，则可命名为香菇豆腐汤。根据前述的营养平衡理论，可按如下原则配菜肴：如果是吃稀饭，则考虑配一道青菜，一个蛋，一个水果；如果是吃干饭，则可按两菜一汤一水果来配，其中两菜中一道为全素菜，另一道为半荤半素菜，体现荤素搭配；如果是面食类，则可将大部分配料加入面食中，可命名为什锦面等。总之，配菜要遵循少而精的原则，因为配太多道菜肴会不可避免地增加烹调油的用量和摄入量,这对身体不利。

本例中,各餐可配的菜肴为:

早餐:小米粥,素炒菠菜,水煮蛋,水果;

午餐:双色饭,素炒四季豆,胡萝卜炒肉,香菇豆腐汤,水果;

晚餐:什锦面,牛奶。

7. 开出食谱“处方” 按食谱“处方”的要求开出合格的带量食谱,一般应包括餐次、食谱名称、食物名称及用量三部分,如表4-8所示。

表4-8 食谱“处方”表

餐次	食谱名称	食物名称及用量(g)
早餐	小米粥	小米70
	素炒菠菜	菠菜90、花生油6、盐1
	水煮蛋	鸡蛋50
	水果	苹果200
午餐	双色饭	稻米70、玉米70
	素炒四季豆	四季豆90、花生油4、盐1
	胡萝卜炒肉	胡萝卜90、猪肉75、花生油4、盐1
	香菇豆腐汤	香菇10、豆腐160、花生油4、盐1
	水果	香蕉200
晚餐	什锦面	小麦粉140、丝瓜90、番茄70、海带10、花蛤75、花生油12、盐2
	牛奶	牛奶300

(三)美容营养食谱举例

1. 富含维生素C的美容营养食谱(表4-9) 维生素C具有良好的抗氧化功能,具有美白、祛斑、保持皮肤水分等功效。同时维生素C作为羟化酶的辅酶,可促进胶原蛋白的合成,从而起到促进皮肤、肌肉创口愈合的效果。

表4-9 富含维生素C的美容营养食谱

餐次	食谱名称	食物名称及用量(g)
早餐	地瓜粥	稻米60、地瓜30
	拌空心菜	空心菜90、花生油7、盐1
	水煮蛋	鸡蛋50
	水果	草莓200
午餐	小米饭	稻米70、小米60
	四季豆炒猪肉	四季豆80、猪肉40、花生油4、盐1
	素炒苋菜	苋菜100、花生油4、盐1
	香菇豆腐汤	香菇10、豆腐100、芹菜10、花生油3、盐1
	水果	猕猴桃200
晚餐	阳春面	小麦粉120、黄瓜90、番茄70、海带10、花蛤50、菜子油1、盐2
	牛奶	牛奶300

营养成分分析：能量8485kJ（2028kcal）、蛋白质73g、脂肪58g、钙1016mg、铁31mg、锌13mg、维生素A 934μg、维生素E 33mg、维生素B_1 1.3mg、维生素B_2 1.4mg、维生素C 308mg（占RNI的308%）。

2. 富含维生素A的美容营养食谱（表4-10） 维生素A对于维持皮肤的完整性非常重要，它可促进上皮的生长，对皮肤、呼吸道、角膜细胞的生长有利。同时维生素A还有明目的效果，可用来防治夜盲症。

表4-10 富含维生素A的美容营养食谱

餐次	食谱名称	食物名称及用量(g)
早餐	炸酱面	挂面90、小白菜90、番茄70、香菇10、花生油10、盐2
	牛奶	牛奶300
午餐	玉米饭	稻米70、玉米(鲜)60
	绿豆芽炒猪肝	绿豆芽80、猪肝20、花生油3、盐1
	素炒波菜	波菜100、花生油3、盐1
	花蛤豆腐汤	花蛤50、豆腐100、芹菜10、花生油4、盐1
	水果拼盘	橘(早橘)90、苹果110
晚餐	咸粥	稻米120、盖菜90、皮蛋50、猪肉50、花生油6、盐1
	水果	柑200

营养成分分析：能量9326kJ（2229kcal）、蛋白质76g、脂肪66g、钙853mg、铁31mg、锌15mg、维生素A 2948μg（占RNI的368%）、维生素E 25mg、维生素B_1 1.3mg、维生素B_2 1.7mg、维生素C 242mg。

3. 富含维生素E的美容营养食谱（表4-11） 维生素E是一种很强的抗氧化脂溶性维生素，具有养颜、抗衰老、祛斑的功效。

表4-11 富含维生素E的美容营养食谱

餐次	食谱名称	食物名称及用量(g)
早餐	小米粥	小米80
	西红柿炒蛋	西红柿80、鸡蛋30、葵花子油5、盐1
	水果	石榴200
午餐	玉米饭	稻米80、玉米60
	素炒黄花菜	黄花菜90、花生油5、盐1
	丝瓜花蛤汤	丝瓜60、花蛤50、葵花子油5、盐1
	红烧豆腐	豆腐8、葵花子油5、盐1
	水果	苹果200
晚餐	饺子	小麦粉120、白菜50、韭菜10、猪肉40、葵花子油5、盐1
	炒菠菜	菠菜100、葵花子油4、盐1
	牛奶	牛奶300

营养成分分析：能量9268kJ(2215kcal)、蛋白质82.3g、脂肪67g、钙973mg、铁30mg、锌15mg、维生素A 1117μg、维生素E 45mg(占RNI的320%)、维生素B_1 1.4mg、维生素B_2 1.4mg、维生素C 112mg。

4. 富含钙的美容营养食谱(表4-12)　钙可促进骨骼和牙齿的生长，预防婴幼儿佝偻病、成年人骨软化症、老年人骨质疏松症，可促进形体美。

表4-12　富含钙的美容营养食谱

餐次	食谱名称	食物名称及用量(g)
早餐	包子	小麦粉70、白菜100、韭菜10、花生油6、盐1
	茶叶蛋	鸡蛋40
	水果	橄榄200
	牛奶	牛奶200
午餐	咸饭	稻米90、红米60、盖菜100、香菇10、茶油9、盐1
	黄豆猪脚汤	猪脚40、黄豆20、盐1
	柠檬汁	柠檬200
晚餐	面条	小麦粉120、海蛎30、虾皮20、西红柿100、茶油8、盐1
	炒芥蓝	芥蓝100、茶油6、盐1
	牛奶	牛奶200

营养成分分析：能量9125kJ(2181kcal)、蛋白质85g、脂肪65g、钙1323mg(占RNI的165%)、铁28mg、锌21mg、维生素A 1263μg、维生素E 24mg、维生素B_1 1.6mg、维生素B_2 1.5mg、维生素C 225mg。

5. 富含铁的美容营养食谱(表4-13)　铁具有促进骨髓细胞造血、防治缺铁性贫血的效果，可使肌肤红润、皮肤细腻。

表4-13　富含铁的美容营养食谱

餐次	食谱名称	食物名称及用量(g)
早餐	面包	荞麦粉90
	水煮蛋	鸡蛋40
	牛奶	牛奶300
	水果	草莓200
午餐	营养粥	稻米80、小米70、鸭肝60、虾米10、胡萝卜50、芹菜50、花生油8、盐1、香菇10
	豆干茄子煲	豆干50、茄子100、花生油8、盐1
	水果	枇杷200
晚餐	地瓜饭	稻米120、地瓜40
	炒苋菜	苋菜100、猪肉10、花生油8、盐1
	盖菜虾蛄汤	盖菜100、虾蛄50、玉米油6、盐1

营养成分分析：能量9184kJ(2195kcal)、蛋白质82g、脂肪62g、钙971mg、铁45mg(占RNI的300%)、锌15mg、维生素A 2065μg、维生素E 35mg、维生素B_1 1.2mg、维生素B_2 2.1mg、维生素C 248mg。

6. 富含锌的美容营养食谱(表4-14) 锌具有促进食欲、防治皮肤粗糙、促进第二性征的发育的作用，可促进美感的形成。

表4-14 富含锌的美容营养食谱

餐次	食谱名称	食物名称及用量(g)
早餐	饺子	小麦粉100、胡萝卜50、香菇20、韭菜50、花生油7、盐1
	煎蛋	鸡蛋40
	水果	梨200
午餐	双色饭	稻米80、玉米70
	青椒炒猪腰	青椒100、猪腰60、花生油5、盐1
	海蛎豆腐汤	豆腐100、海蛎50、花生油5、盐1
	醋溜白菜	大白菜100、花生油5、醋5、盐1
	水果	无花果200
晚餐	青菜面	小麦粉130、莴笋叶50、番茄50、猪肉20、海带10、花生油8、盐1
	牛奶	牛奶300

营养成分分析：能量9079kJ(2170kcal)、蛋白质82g、脂肪62g、钙953mg、铁34mg、锌31mg(占RNI的212%)、维生素A 929μg、维生素E 29mg、维生素B_1 1.9mg、维生素B_2 2.13mg、维生素C 160mg。

第五节 食物的酸碱性

一 食物酸碱性

食物酸碱性的概念及其意义，在食品工程领域与医学(营养学)领域存在共性和差异性。

在食品工程领域中，食物酸碱性的概念是指食物酸碱度的化学定性及其分类。它属于食品化学的研究范畴。其定性和分类的方法是：在体外，将食物燃烧后剩下的一些矿物质元素的氧化物(即灰分)溶于水，用酸碱滴定中和方法来测定其水溶液的酸碱度；其水溶液pH在7以下为酸性食物，7以上为碱性食物，7为中性食物。此测定方法判断食物酸碱性的决定因素是食物所含的矿物质元素的种类及含量，如食物灼烧后的灰分中所含的硫、磷、氯等非金属矿物质(即酸性元素)比例高，则其水溶液呈酸性；而含钾、钠、钙、镁等金属矿物质(即碱性元素)的比例高，则其水溶液呈碱性。测定的意义是评价食物的化学性质与成分，特别是在食物矿物元素含量的测定中使用很多；另外测定食物的灰分还可用来判断一些谷类食物的加工精度，精制度越高，矿物质流失越多。

五谷杂粮、豆类、蛋类、肉类与鱼类等，所含的硫、磷、氯都多于钾、钠、钙、镁，所以属于酸性食物;蔬菜、水果中的钾、钙、镁多于硫、磷、氯,所以属于碱性食物;牛奶含有丰富的磷,但钙质更多,属于碱性食物;食盐的主要成分是氯化钠,在体内解离的氯离子及钠离子含量相等,酸碱平衡,属于中性食物;糖、油、醋、茶等食物中的矿物质含量甚微,属于中性食物;至于汽水,因其在制造过程中加入磷,属于酸性食物。综上加以归纳可得:动物性食物中,除牛奶外,多半是酸性食品;植物性食物中,除五谷杂粮、豆类外,多半为碱性食品;而盐、油、糖、咖啡、茶等,都是中性食品。部分食物的酸碱度见表4-15和表4-16。

表4-15 酸性食品

食物名称	酸度	食物名称	酸度	食物名称	酸度	食物名称	酸度
奶酪	4.3	鳗	7.5	鸡肉汤	0.6	燕麦	17.8
蛋黄	19.2	蛤蜊	7.5	落花生	5.4	胚芽米	15.5
鲣鱼片	37.1	干贝	6.6	蚕豆	4.4	荞麦粉	7.7
鲷鱼卵	29.8	鱼卵	5.4	豌豆	2.5	大麦	3.5
鱿鱼	29.6	泥鳅	5.3	油炸豆腐	0.5	面粉	3.0
鲔鱼	15.3	鲍鱼	3.6	略炸豆腐	0.2	麸	3.0
章鱼	12.8	虾	3.2	慈菇	1.7	面包	0.6
鲤鱼	8.8	鸡肉	10.4	白芦笋	0.1	啤酒	1.1
鲷	8.6	马肉	6.6	紫菜(干燥)	5.3	清酒	0.5
牡蛎	8.0	猪肉	6.2	米糠	85.2	奶油	0.4
生鲑鱼	7.9	牛肉	5.0	麦糠	36.4		

表4-16 碱性食品

食物名称	碱度	食物名称	碱度	食物名称	碱度	食物名称	碱度
蛋白	3.2	莴苣	7.2	莲藕	3.8	草莓	5.6
人乳	0.5	胡萝卜	6.4	大黄瓜	2.2	橘子	3.6
牛奶	0.2	小松菜	6.4	茄子	1.9	苹果	3.4
扁豆	1.8	百合	6.2	洋葱	1.7	柿	2.7
大豆	10.2	三叶菜	5.8	香菇	17.5	梨	2.6
红豆	7.3	马铃薯	5.4	松茸	6.4	葡萄	2.3
豌豆荚	1.1	牛蒡	5.1	玉蕈	3.7	西瓜	2.1
豆腐	0.1	高丽菜	4.9	裙带菜	260.8	葡萄酒	2.4
蒟蒻粉	56.2	萝卜	4.6	海带	40.0	咖啡	1.9
红姜	21.1	南瓜	4.4	黄萝卜	5.0	茶	1.6
菠菜	15.6	竹笋	4.3	什锦酱菜	1.3		
油菜(撮菜)	10.6	地瓜	4.3	香蕉	8.8		
芋	7.7	野豌豆(薇)	1.6	栗子	8.3		

[资料来源:西崎弘太郎博士的测定报告。从100g的食品得到的灰分,用一规定的酸或碱中和,而所用的酸或碱的摩尔浓度(C),即为该食品的碱度或酸度]

在医学(营养学)领域,食物酸碱性是指食物在体内经过生物化学代谢后,所产生和残留的物质的成酸或成碱作用的属性。食品专业在体外定性为酸性或碱性的食物,分别在体内产生成酸或成碱作用,因此,食物的酸碱性在体内外基本是一致的。但食物进入人体后,经过消化吸收和各种复杂的代谢反应,形成数以千计的产物,这些产物有酸性、碱性,还有很多为中性,与食物在体外经燃烧得到的氧化物灰分有很大不同。如,糖、脂肪在体外燃烧不产生灰分,而在体内的代谢则产生乳酸、丙酮酸和酮体等酸性物质。至于食物酸碱性对体液酸碱平衡的影响程度另当别论,血液的酸碱度是各种代谢产物综合平衡与体液 pH 缓冲调节的结果。从医学(营养学)领域研究食物酸碱性有两方面的意义:一是食物在体内代谢过程的成酸、成碱作用及其对体液酸碱平衡的影响;二是食物酸碱性与营养素及膳食平衡的关系。

二 食物酸碱性与体液酸碱平衡的关系

(一) 体液酸碱平衡的生理基础

正常情况下,人体适宜的酸碱度用动脉血 pH 表示,应在 7.35 ~ 7.45 之间,平均值为 7.40,变动范围维持在很窄的弱碱性环境中。尽管机体不断摄入一些酸性或碱性食物,而且日常食物在体内代谢后的成酸作用远远超过成碱作用,但体液的酸碱度不会因为摄入食物的酸碱性而改变,实际上都稳定在正常范围内,除非在肾、肺等器官发生疾病,造成人体代谢功能失常时,才有可能会出现酸中毒。机体能够维持体液的酸碱平衡,归根于体内存在完整的 pH 缓冲和调节的功能。人体的体液酸碱平衡调节系统包括以下 4 个方面:

1. 血液缓冲系统 由弱酸(缓冲酸)及其相应的共轭碱(缓冲碱)组成,血液的缓冲系统主要有碳酸氢盐缓冲系统、磷酸盐缓冲系统、血浆蛋白缓冲系统、血红蛋白缓冲系统和氧合血红蛋白缓冲系统 5 种,可以立即缓冲所有的固定酸即除 H_2CO_3 以外的酸,如蛋白质分解代谢产生的硫酸、磷酸和尿酸,糖酵解产生的甘油酸、丙酮酸和乳酸,糖氧化过程中生成的三羧酸,脂肪代谢产生的 β-羟丁酸和乙酰乙酸等,其中以碳酸氢盐缓冲系统最重要。

2. 肺的调节作用 肺通过改变肺泡通气量来控制挥发酸(H_2CO_3)释出 CO_2 的排出量,使血浆中 HCO_3^- 与 H_2CO_3 比值接近正常,以保持 pH 的相对恒定。

3. 肾脏的调节作用 肾脏主要调节体内产生的固定酸,通过排酸或保碱的作用来维持 HCO_3^- 浓度,调节 pH,使之相对恒定。

4. 组织细胞的作用 人体大量组织细胞内液也是酸碱平衡的缓冲池,细胞的缓冲作用主要是通过离子交换进行的,如 H^+-K^+、H^+-Na^+、Na^+-K^+ 交换,以维持电中性。

(二) 人体内的食物成酸、成碱属性与酸、碱物质的来源

从营养学角度看,酸性食物是指在体内产生酸性作用的食物,碱性食物是指在体内产生碱性作用的食物。在体内,食物的成酸性质,是由于食物中氯、硫、磷等非金属元素的含量较高,在经过消化吸收和分解代谢后,最终产生的灰分呈酸性所致,如粮谷类、动物性食物、豆类等;食物的成碱性质,是由于食物中钙、铁、钾、镁、锌等金属元素含量较高,在经过消化吸收和分解代谢后,最终产生的灰分呈碱性所致,如蔬菜、水果、菌藻类及发过芽的谷类、豆类等。

每天从外界摄取的食物和新陈代谢过程中产生的代谢产物,有些是酸性,有些是碱性,这是体内酸性或碱性物质的主要来源。

体内酸性物质的来源中,最多的来源是碳酸,即挥发性酸。有机物碳水化合物、脂肪和蛋

白质作为能量代谢的最终产物之一是二氧化碳,二氧化碳进入血液与水形成碳酸,碳酸在肺部可重新分解释放出二氧化碳,然后呼出体外。由于二氧化碳随时经肺被呼出体外,所以挥发性酸不会对血液 pH 的稳定造成影响。除挥发性酸外,体内还产生了一些非挥发性酸,即固定酸。如含硫氨基酸氧化生成的硫酸,核酸、磷脂分解产生的磷酸,糖代谢的中间产物乳酸和丙酮酸,脂肪酸在肝内氧化时产生的酮体等。故糖、脂肪、蛋白质为“成酸物质”,属于内源性的酸性物质。至于调味品醋酸、饮料中的柠檬酸则属于外源性酸性物质,但数量很少,不是体内酸性物质的主要来源。固定酸主要由血液缓冲系统和肾脏的调节加以缓冲、平衡。

体内碱性物质的来源,包括内源性与外源性碱性物质。内源性碱性物质的来源主要是含金属元素矿物质丰富的碱性食品。碱性食品如蔬菜、水果等因含有较多的金属矿物质,被机体吸收后,金属离子在血中与碳酸氢根结合,提高了血中 HCO_3^- 的浓度,减少了游离氢浓度,因而增加了血液的碱性。不少水果都具有酸味,特别是未成熟的水果,这是由于它们含有较多的有机酸,如柠檬酸、苹果酸、草酸等。这些酸在体内经三羧酸循环氧化后,生成了二氧化碳和水,丧失了酸性性质,而它们的钾、钠、钙、镁等却与 HCO_3^- 结合成碳酸氢盐,为人体提供了碱性物质。外源性碱性物质的来源主要是食品加工过程中使用的小苏打等,数量极少。总之,从体内酸、碱物质来源的数量看,碱性物质远远少于酸性物质。

(三)食物酸碱性对体液酸碱平衡的影响

由于人体存在上述强大的体液酸碱平衡调节系统,因此食物的酸碱性偏向对体液酸碱平衡的影响非常小。虽然日常饮食摄入的酸性食物居多(主食稻谷,副食肉、蛋、鱼所提供的糖、脂肪、蛋白质三大营养素),而摄入的碱性食品较少,致使体内代谢产生的酸性物质较多,但人类在长期适应膳食条件后,体内已建立了完整的体液酸碱平衡缓冲系统和调节系统,以保障内环境(主要是血液)的酸碱平衡,缓冲食物酸碱性偏向对机体造成的影响。

血液的酸碱度是各种代谢产物综合平衡与体液 pH 缓冲调节的结果,健康人血液的 pH 恒定在 7.35~7.45 范围内,不会受摄入食物的影响而改变。因此,人体的血液是不可能单纯靠吃酸性食物就能“变酸”、吃碱性食物就能“变碱”的,正常人体也不存在酸性血液。人体血液与体液的酸碱值只要有一点点改变,就会造成新陈代谢的失调与混乱。如人体出现的酸中毒就是病理性的,主要为由肾、肺等器官发生疾病(如肾病尿毒症、糖尿病酮症、慢性阻塞性肺病等)及过度节食等引起的代谢性或呼吸性酸中毒,与多食酸性食物无关。可见,所谓酸性食物会使血液变酸及引起酸中毒、服食具有“碱性作用的保健食品能改变血液酸性”的诸多说法,实际上是在偷换概念,是不科学的,是误导产品消费的一种伪科学理论。

人的尿液本身偏酸(pH 5.0~7.0),而尿液的酸碱度并不能准确地反映体内的酸碱度。尿液的酸碱性与食物有关:肉、蛋摄入得多,尿液会偏酸;蔬菜、水果摄入得多,尿液会相对偏碱。但尿液的酸碱度是肾脏“调节”的结果,其 pH 不能代表血液的 pH。

三 食物酸碱性与营养素及膳食平衡的关系

食物酸碱性与营养素及膳食平衡之间存在一定的关系。合理搭配酸碱性食物是合理营养、平衡膳食的另一个角度。从合理营养的角度来讲,虽然食物的酸碱性本身对体液的酸碱性造成的影响甚小,但无论是吃得“过酸”还是“过碱”,都是一种营养不均衡的表现,长期如此,就会因营养失衡而对人体健康造成危害。因此食物的摄取能做到酸碱平衡,即荤素搭配最好。

多食碱性食品，意味着多食蔬菜、水果类植物性食物及牛奶等，而少食动物性食物（肉、蛋黄、海鲜）、谷物和甜食，这对营养过剩、能量过剩的人群是合适的，但对营养不良、能量负平衡的人群则不合适，因此以“酸碱”论食物“好坏”是一种认知错误。

总之，只要遵循合理营养、平衡膳食的原则，按照《中国居民膳食指南》的要求，大力提倡“食物多样，谷类为主，粗细搭配”，使人们在享受丰富食物的同时，使各种营养素的摄入量也达到人体的需求，注意天然新鲜食物的充分摄取，机体就能保持健康，肌肤则永葆健美。

中　篇

中医美容食膳学基础

第五章 食膳美容的中医基础理论

第一节 食膳美容的概述

一 食膳美容的概念

食膳美容是指在中医学基础与中医人体美学理论的指导下,运用食物或在食物中加入某些中药制成食膳制剂,通过日常饮膳或外用而达到美容目的的方法。严格地讲,食膳美容与食物美容、药膳美容的概念应加以区别。食物美容是指应用纯食物配伍制剂的美容方法,药膳美容是指应用食物加中药的食药复合配伍制剂的美容方法,而食膳美容则概括了食物美容与药膳美容的内涵。

食膳美容未来必将成为一门独立的学科,即中医美容食膳学。后者是在中医学基础与中医人体美学理论的指导下,专门研究食膳美容的理论、方法及其临床运用的学科,它既是中医美容学的分支学科,又是中医食膳学(食疗学)体系的分支部分。中医美容食膳学与中医养生学、中医食膳学在理论上是一脉相承的,在食疗方法上也有许多共同点,只是各自的临床范围和目的不同。

食膳美容的临床范围包括将食膳疗法运用于皮肤与形体美的预防保健和损容性疾病治疗,即食膳保健美容(食养美容)与食膳治疗美容(食疗美容)两方面。食膳美容的用法可分为内服法和外用法,本章讨论的食膳美容的基础理论主要针对内服法。

二 药食同源

药食同源又称医食同源,其含义是指中药与食物同样来源于自然界的动物、植物及部分矿物质,两者有许多相同相似之处。即两者不仅来源相同,而且性能和用法也基本相似,在作用上都能够起到营养、保健和治疗的目的,仅在性能的偏性与毒性方面有显著不同。药物是古人从尝试食物的过程中鉴别分化出来的,将效力强劲、有明显治病作用或有毒性、不宜长期或大量食用的“食物”列为药物;而有一部分食物功效明显,又能长期食用,介于一般食物与药物之间,被称为药食两用食物,在目前的食品卫生管理法中,药食两用食物按食品管理;剩下的就是性味平和、供日常食用的一般食物。

为了避免在食品中滥用药物,卫生部于2002年在《关于进一步规范保健食品原料管理的通知》中,对药食同源物品、可用于保健食品的物品和保健食品禁用物品作出了具体规定,其中,将丁香等 87 种列为既是食品又是药品的药食两用物品,将人参等 114 种列为可用于保健食品的中药,分别按食品与保健食品标准批准应用于食品的加工生产。

由于以往滥用化学药物导致许多药源性、医源性疾病,因而人们开始提倡多用天然药物,甚至以食为药、以食代药。结合医学模式转向以预防保健为主的总体趋势,未来食养、食补、食疗必将替代药补、药疗,药食两用食物的身价必将得到提高。

三 食膳美容的机制与特点

(一) 食膳美容的机制

中医食膳美容的机制是根据人体证候与体质状况,应用食物的性能加以调节,达到美容目的。由于"药食同源",中药和食物都具有四气、五味、归经等性能,都在中医理论指导下遵循辨证论治的法则。食膳美容的基本法则是辨证施膳(或辨质施膳),中药美容的基本法则是辨证施药,因此两者的作用机制基本一致。

具体分析,食膳美容与中药美容均以中医基础理论为核心,重视整体观念,运用精气神学说、阴阳五行学说、脏腑学说、四气五味学说、经络学说来辨证用食和用药。根据食物的性能,运用"五味入脏"的原理与"寒者热之,热者寒之"的法则,给予辨证施膳,可补益人体脏腑气血、纠正阴阳偏盛偏衰、实现脏腑阴阳平衡、使气血功能旺盛,表现在外则面色红润、毛发润泽、肌肤富有弹性、形体优美、青春常驻,或可治疗损容性疾病。

(二) 食膳美容的特点

食膳美容的特点可归纳为以下 3 个方面:

1. 自然疗法,安全可靠 食膳美容取材于天然食物,或辅以少量药物,因此较其他美容疗法更加自然、更少有副作用、更加安全可靠。

2. 立足整体,效果持久 食膳美容立足于整体阴阳平衡及对脏腑气血功能的调节,来达到体表美容的目的,因而整体性强,固本而效果持久。

3. 防治结合,美容健身 食膳美容以调养保健、调节平衡为核心,通过食膳养生使身体获得整体平衡,增强功能,不仅能健身养颜、预防皮肤衰老和损容性疾病的发生,而且也能有针对性地治疗损容性疾病,具有以养为本、以防为先、以调为治、防治结合的特点。

第二节 食物的食性理论

一 食性理论的概念

由于药食同源,共同来源于天然动植物,食物的性能与中药性能近似,同样具有四气(又称四性)、五味、升降浮沉、归经、有毒或无毒的特点,两者的差别仅在于食物的性能较为缓和、无毒性,因此中医食膳学也采用中药的药性理论来说明食物的性能。说明食物性能及其应用的理论称为食物的食性理论。具体而言,食物的食性理论是指研究和阐述食物的性味归经及其功效与应用的一系列基础理论。食物的食性理论是食膳美容临床实践的指导性、纲领性理论。

二 食物的四性

食物的四性(四气)与药物的四性一样,除有寒、热、温、凉的不同特性外,实际上还有平性,也称为五性。食物与药物的四性,是食药的重要作用特性之一,但一般将食物的四性分为寒凉食物、温热食物和平性食物三类。

1. 寒凉食物 寒性或凉性的食物基本上都具有清热泻火、凉血解毒、滋补养阴、生津解渴、平肝潜阳等作用,适合于阴虚燥火、血热毒盛、阳盛体质或感受热邪者及暑热季节食用。常用寒性或凉性的食物有:绿豆、赤小豆、黑豆、豆腐、豆浆、西瓜、梨、柑、柿、枇杷、火龙果、猕猴桃、青橄榄、余甘子、甘蔗、荸荠、菱、苦瓜、冬瓜、黄瓜、番茄、萝卜、藕、白菜、蕹菜、菠菜、竹笋、银耳、水鸭肉、兔肉、蟹、甲鱼、田鸡、蜂蜜等。

2. 温热食物 温性或热性的食物基本上都具有温补阳气、温经散寒、活血通络等作用,适合于体质虚寒、气滞血瘀或感受寒邪者及冬令寒冷季节食用。常用温性或热性的食物有:面粉、糯米、大枣、荔枝、龙眼、核桃、橘子、芒果、石榴、葱、姜、韭菜、大蒜、辣椒、胡椒、茴香、酒、醋、红糖、羊肉、牛肉、狗肉、鸡、番鸭、虾等。

3. 平性食物 平性食物无明显的寒热温凉偏性、作用缓和,适宜任何体质与病症,大多是基本营养食品,通常作为膳食结构中的主食,可长年食用。主要的平性食物有:大米、粳米、燕麦、小米、黄豆、芝麻、番薯、马铃薯、山药、南瓜、莲子、花生、板栗、葡萄、苹果、桃、香蕉、菠萝、椰子、香菇、蘑菇、白糖、猪肉、鸡蛋、牛奶、鲤鱼、鲫鱼等。

三 食物的五味

食物的五味概念与中药五味相同,从实际味觉看,食物与药物的味道主要有7种,即辛、甘、酸、苦、咸、淡、涩七味。值得注意的是,食物的味道与其功效有密切的相关性,即性味相连,许多食物往往具有多种味道,其功效亦具有复合性;在烹饪过程中如使食物的味道发生改变,则其功效亦会随之改变。一般来说,辛味多热,甘味多补,酸味多生津、敛阴、收涩,苦味多寒凉泻火,咸味多软坚、泻下,淡味多平性、渗利,涩味多固涩、止汗、止带、止血、止泻。但食物的味道与性能的关系并非都具有这样的规律性,实际上存在一些不同的情况,如薄荷味辛而性凉,葛根味辛、禹余粮味涩乃以功效定其味,实际口尝并无辛、涩味。因此,食膳学所指的食味,包含食物的味觉、滋味与功效两层含义。

1. 辛味食物 辛味食物大多含有挥发油。辛味"能散、能行",具有发散、驱寒、化湿、暖胃、开胃、行气、活血的功效,适用于表证、寒证、痰湿证、纳呆、胀气、气滞血瘀等。过食辛味有散气和上火的弊端。常用食物由辣椒、花椒、胡椒、茴香、丁香、生姜、葱、蒜、薤白、芫荽、薄荷、橘皮、桂皮等。

2. 甘味食物 甘味食物富含糖类或甜味素。甘味"能补、能和、能缓",具有补益、和中缓急、健脾养胃的作用,适用于体虚瘦弱、阴阳气血虚损、脾胃虚弱、脏腑不和、拘挛疼痛等。过食易令人壅塞气滞。常用食物有白糖、年糕、巧克力、红枣、龙眼、玉竹、甘蔗、甘草、罗汉果等。

3. 酸味食物 酸味食物富含有机酸。酸味"能收、能涩",具有收敛、固涩、柔润、生津、开胃、柔肝的作用,适用于阴虚津亏、气散滑泄、多汗、口干、久泻、遗精、白带、肝气升发太过、肝阳上亢、肝木侮土、食欲缺乏等。过食易令人痉挛。常用食物有乌梅、杨梅、青梅、余甘子、山楂、桑葚、酸枣、葡萄、苹果、柠檬等。

4. 苦味食物 苦味食物多含有生物碱、苷类、苦味质。苦味“能泄、能燥”，具有清热燥湿、泻下通便、止咳平喘的作用，适用于火热证、湿热证、便秘、咳喘、肿毒等。过食易令人骨重，并可伤脾胃。常用食物有苦瓜、青橄榄、苦菜、芦笋、芦荟、莲子芯、绿茶、杏仁、蛇胆等。

5. 咸味食物 咸味食物含钠盐较多。咸味“能下、能软、能坚”，具有泻下、软坚散结、引火下行、益肾坚阴的作用，适用于癥瘕积聚、痰结、热结、便秘等。过食易令人血凝。常用食物有食盐、鳖甲、海带、海藻、紫菜、海蜇、虾皮等。

6. 淡味食物 淡味食物多含淀粉。淡味“能渗、能利”，具有渗湿利尿的作用，适用于脾虚湿胜、湿热、小便不利、水肿等。常用食物有薏苡、扁豆、玉米、冬瓜、茯苓等。

7. 涩味食物 涩味食物含鞣质。涩味“能涩、能固”，具有收涩的作用，可用于收涩、止泻、止尿、止汗、止血、涩精止带。常用食物有石榴、板栗、莲子、芡实、银杏等。

四 食物的升降浮沉

升降浮沉也是食物性能的重要组成部分。与中药性能一样，“四性”寒热温凉是功能的一个层面，而升降浮沉又是功能的另一个层面。升与浮性能特征相近，降与沉性能特征相近。

1. 升 指性能趋于向上，能上升举陷。

2. 降 指性能趋于向下，能下降平逆。

3. 浮 指性能趋于入表，能发散透表。

4. 沉 指性能趋于入里，能下沉走里。

一般来说，性温热、味辛甘、质地轻的药食多具升浮的特性，具有升阳益气、发表(汗)、祛风、散寒、开窍、引药上行等作用，适用于表证、上焦疾患、下陷证，常见食物有生姜、葱蒜、香菜、香椿等；而性寒凉、味酸苦咸、质地重的药食多具沉降的特性，多主下行走里，有泻火、滋阴、潜阳、泻下、利水、消积、平喘、安神、引药下行等作用，适用于各种里证，常见食物有贝壳类、甲鱼、乌龟、山楂、石膏、豆腐等。

五 食物的归经

食物的归经是指食物有选择性或特殊性地作用于某一个脏腑经络的性能特征，即作用部位的相对特异性。如同是甘凉清热食物，芦根偏于清肺热，菊花偏于清肝热，百合偏于清心火。传统中医药学认为，食物的五味、五色、香臭等与归经关系密切，如酸入肝、甘入脾、苦入心、咸入肾、辛入肺；黑色入肾、白色入肺、黄色入脾、红色入心、青色入肝；而香气多入脾等。但也有例外，如莲子芯色青，却因其味苦而入心。另外，还有“同气相求”理论，即动物脏器为“血肉有情之品”，具有“以脏补脏、以脏治脏”的功能，也属于归经范畴，如猪肝补肝益血、狗肾补肾壮阳、猪肺润肺、猪肚养胃、猪心补心、猪脑补脑等。但临床上食物归经的确定，应综合分析，以其实际功效为准。

合理应用食物的归经特性，有利于精选食物，体现特异性、针对性，提高美容辨证施膳的效果。

六 食物的有毒与无毒

根据现代中药学药物毒性的概念,"有毒"是指药物具有强烈的药性,常用治疗量幅度较小或极小,安全性低,用之不当、药量稍有超过常用治疗量,即可对人体产生毒害,轻者损伤人体,重者使人毙命;"无毒"是指药物性能平和,常用治疗量幅度大,安全性高,长期服用亦无毒害。但古代医药文献中,对"毒性"有广义的认识,即把药物的性能偏性统称为"毒",由于药物久服必有偏性,故而有"是药三分毒"之说。

作为食物而言,可长期、大量食用而无毒性是其被选为食物的基本条件,因而从药学角度,食物是无毒的。有些食物的某些部位有毒,在食用时则会被去除,如河豚的腹部。食物虽然无毒,但因其有偏性,某些偏性较大的食物,因大量、长期食用,或由于不适合个人体质,则可成为身体不适或疾病产生的饮食致病因素,如过食辛辣燥热食品易长痘、引起咽炎、导致便秘,过食寒凉食物则易引起胃不适等。饮食不当导致疾病与损容,是现代人重要的病因根源。至于现代的食物中毒概念,并非指食物本身的毒性,一般是指由于食物污染而引起的病理反应。

七 食膳的配伍原则

食膳的配伍,是指食物或药膳的配方。其原则是:在辨证与辨质施膳原则的前提下,满足功效与色香味俱全的综合条件。

食膳美容方法,在辨证施膳的前提下,要求对各种食物及调味品进行适当的配伍组合,来增加营养成分,起到互相协同的作用,提高美容效果,同时还要考虑到烹饪后食物的色香味。因而美容食膳的烹饪不是简单的各种食物与佐料的堆集,而是要根据食物不同的性味和功能,遵循一定的配伍原则。

食膳配伍的法则与方剂学的君臣佐使配伍法则及中药学的七情配伍法则基本相同。

1. 君、臣、佐、使配伍法则

(1)君:是食膳配方中的主要功效原料,系针对主证起主要作用的食物。

(2)臣:是食膳配方中的辅助功效原料,系加强主要原料功效的食物。

(3)佐:是食膳配方中的佐料。一是牵制主料的偏性,起到反佐作用;二是针对兼证的配料。

(4)使:是食膳配方中的引经料或调和料。引经料是应用食物的升降浮沉和归经性能,引导主料功能在特定区域发挥作用的添加料;调和料是调和、缓和诸料的偏性,以及达到增加赋型、色香味等目的的添加料。

有的食膳用料简单,其配伍并不存在完整的君臣佐使配料关系,可以只有君料没有配料,如黑米粥;或只有君使配料,如百合冰糖饮等。

2. 七情配伍法则

(1)单行:指应用单种食物对损容性疾病进行调理。如应用绿豆或莲子芯单独煮汤食用防治痤疮;应用鳝鱼血外涂治疗面瘫。

(2)相须:指把性味功效相似的食物配合应用,同为主料,以增加作用。如乌鸡炖枸杞,可增强滋补、强身、补血的作用；当归生姜羊肉汤，当归与生姜增强了羊肉的温补作用。

(3)相使：指把性味功效有某种共性的食物合用，以一种为主料，另一种为辅料，辅料能增强主料的作用，此与君臣配伍意义相似。如薏苡冬瓜粥，以薏苡为主健脾化湿和中，辅以冬瓜清热，米粥养阴和胃。

(4)相畏：指一种食物或药物的腥味或毒性能被另一种食物或药物减轻或消除。如生姜鱼片汤或剁椒鱼头中鱼片或鱼头的腥味能被生姜和剁椒除去。

(5)相杀：指一种食物或药物能减轻或消除另一种食物或药物的毒性或不良反应。如蒜茸扇贝食膳，配方中的蒜和姜可以减轻扇贝的寒凉之性。

(6)相恶：指两种食物或药物合用，一种食物或药物能降低另一种食物或药物的功效。如人参恶萝卜，一般不放在一起煮；奶油与西红柿勿同食。

(7)相反：指两种食物或药物合用后，能增强或产生不良作用。如胡萝卜与白萝卜、海藻与甘草不一起配伍，牛奶与菠菜不同食等。

饮食中食物单行的情况较为普遍，但短时间内食用两种以上单行食物仍可视为配伍，因为食物的协同或拮抗作用更多的是在胃中与体内其他部位产生的。七情配伍中，相须、相使、相反是协同增强作用，相畏、相杀、相恶是拮抗削弱作用，食膳配伍应采取相须、相使配伍以增强功效，相畏、相杀配伍以牵制偏性与异味，同时应规避相恶、相反配伍，以避免效用降低和发生毒副作用。

八 食物的禁忌

(一) 食物配伍禁忌

食物配伍应尽可能避免搭配时出现相恶、相反作用。民间传统中有一些食物“相克”的经验，如：蜂蜜忌豆腐与生葱、海带忌猪血、牛肉忌田螺、番茄忌绿豆、甲鱼忌苋菜、鲫鱼忌厚朴、皮蛋忌红糖、鸡蛋忌豆浆、柿子忌牛奶与蟹等，若发生配伍不仅降低食物的营养价值，甚至可能在食用后出现身体不适或毒副作用。虽然其中有些是现代科学尚不能解释的，但也应予以谨慎对待。

(二) 妊娠食物禁忌

妊娠期生理功能发生变化，往往存在阴血偏虚而阳气偏盛的状况，此时宜选择平性与偏凉食物，即“产前宜凉”，故应忌食辣椒、韭菜、狗肉、羊肉、鹿肉、公鸡肉、麻雀、海马、干姜、荔枝、龙眼、白酒等辛热温燥的食物。存在妊娠恶阻者，应避免进食有腥臭味和油腻不易消化的食物。存在胎气不牢者，应忌食滑利、下气、散结等有可能导致流产的食物，如螃蟹尤其是蟹爪、芦荟、海带、萝卜、甲鱼、木耳、山楂、荸荠、马齿苋、苡米等。另外，过量摄入维生素 A 可导致早产和胎儿发育不健全；含咖啡因的饮品会影响胎儿的骨骼成长，甚至有出现手指、脚趾畸形的可能，也会增加流产、早产、婴儿体重过轻的概率；饮酒可导致胎儿畸形等；汽水、糖、薯片等高糖、高脂肪食物可增加患妊娠期糖尿病、妊娠期高血压的机会。因此，应适量食用或禁食上述食物。

(三) 产后饮食禁忌

在中国传统习惯中，妇女坐月子有很多禁忌，如不能吃生冷、寒凉的食物，以及不能吹风、不能洗头、不能洗澡等，这些在一定条件下是有道理的。产后多虚多淤，体质差的产妇易存在气血阴阳俱虚、冲任淤阻的状况，生冷、寒凉的食物会引起胃肠伤害与血凝，出现恶露不下、产后腹痛、身痛等诸多病症，故“产后宜温”，应忌食冷饮、冷水、凉茶，少食凉性水果。但也不能因为“产后宜温”而绝对禁食水果、蔬菜，或过食大热食品，否则会造成营养不均衡、食物偏性过度和产生热证等后果。若因产后失血伤津，阴虚内热明显者，则宜多食滋阴食品，应忌食葱、姜、蒜、辣椒等辛辣大热的食物，否则不仅容易引起便秘、痔疮等，而且能通过乳汁影响婴儿的胃肠功能。产后饮食还不宜大补，否则滋补过量易引起肥胖症，从而引发多种疾病，产妇肥胖还可导致乳汁中脂肪含量增多，引起婴儿肥胖或腹泻。总之，产后气血亏虚应以养血滋阴为主，食用既富含营养又易消化吸收的食物；蔬菜、水果不可少，新鲜的蔬菜和水果不仅可以补充维生素 C 和膳食纤维，而且还可以促进食欲，帮助消化及排便，防止产后便秘的发生；坚持膳食平衡原则，食物品种应多样化，饮食应规律而有节制，才能维护产妇身体健康。

(四) 病中食物禁忌

病中食物禁忌是指在患病的过程中不宜食用或禁用的食物。一些食物的偏性对某些疾病有加重病情的作用，应予以禁忌。如痤疮、毛囊炎、炎症性、过敏性的皮肤病患者，应忌食鱼、虾、蟹、鸡肉、辣椒等腥膻发物及辛辣刺激性食物等；阴虚火旺、两颧潮红者不宜食动火之品，如羊肉、狗肉等；阳虚忌寒凉，阳虚阴盛者应忌食寒凉、生冷的食物；阴虚忌温燥，阴虚火盛者应忌食温燥、伤阴的食物，并忌烟、酒等；失眠患者，忌喝浓茶、咖啡类易兴奋的饮品；水肿患者，忌咸食；消渴患者，忌食糖及含糖量高的食物；脑血管疾病、心脏病、高血压患者，应忌食肥肉、脂肪含量高的食物及动物内脏等；黄疸、胁痛者，应忌食动物脂肪、辛辣食物及烟、酒等；动脉硬化、高血压患者，忌吃人参；慢性支气管炎、支气管哮喘、肺气肿患者，尤其是肺功能不全者，切忌睡前喝酒，否则会在睡眠中出现呼吸不规则甚至呼吸停止等症状，导致生命危险；眼疾者忌吃大蒜；高热者忌食鸡蛋等。

第六章 食膳法则

第一节 合理饮食的原则

一 荤素搭配

食物品种多样，所含营养素各不相同，通常食物荤素搭配有利于平衡膳食、营养素的协同作用、提高营养价值和改善胃肠的消化吸收功能。一般来说，荤食多含脂肪、蛋白质、矿物质，而素食多含碳水化合物、维生素、纤维素，荤素搭配可使摄入的营养素均衡。荤素搭配还可提高食物的营养价值，如豆制品、面筋等素食与肉、蛋、禽类动物性食物搭配，能大大提高蛋白质的营养价值。此外，荤素搭配还有利于机体对营养素的消化吸收与利用，如素食可降低荤食的油腻性，纤维素可促进胃肠蠕动、帮助消化，而动物油脂可帮助蔬菜中脂溶性维生素的吸收等。

二 定时定量

保持饮食正常节律、定时定量，是维护生物钟和胃肠功能的基本原则。通常一日三餐，按时进食，不过饥、不过饱或暴饮暴食，不偏食、挑食。不定时则会扰乱胃肠节律，使胃液分泌与胃肠蠕动功能紊乱。过饥，因胃中无谷气之养而伤胃气，久则脾胃气虚；过饱，因胃气不能承载而致气滞食积。一般用餐不宜过快，尤其是脾胃虚弱、过饥者，不应吃得过快、过饱，胃病体弱者宜少食多餐。食后不宜久坐或即卧久睡，否则会影响胃肠气机活动，导致食谷不化、气滞食停、肥胖等症，古人云"饭后百步走，活到九十九"，饭后适当地散步有助于健康。但饭后也不宜剧烈运动，以免胃肠缺血和痉挛，影响消化液的分泌。除外，滋补食品宜空腹食用，生冷、寒凉、辛辣刺激食品不宜空腹食用。

三 体质适宜

不同的体质类型对食物的反应性是不同的，根据通常的饮食经验，阴虚阳亢、津亏燥热、火盛血热体质者，对辛辣燥热食品敏感，食之易伤阴、助火、动血，易引起口干舌燥、咽喉干痛、口舌起疱或溃疡、牙龈肿痛、目赤多眵、便秘、痔疮、便血等"上火"与身体不适症状；脾胃虚寒、阳虚体质者，饮食生冷、寒凉食物，易伤脾胃与阳气，易引起胃肠不适、胃疼腹痛、腹泻、肢冷畏寒或血凝痛经、月经推迟等；痰湿体质者，多食肥甘厚腻之品，易助痰湿，引起痰多、湿困、身重、肥胖等。

辨质施膳,即根据个人体质的个性特征采取适宜的膳食,是食膳美容保健、维护体质健康平衡的基本法则。一般而言,热性体质者,宜食凉性滋阴食品并冷服,忌燥热辛辣食品;寒性体质者,宜食温补热性食品并热服,忌生冷、寒凉食品;痰湿体质者,宜食清淡、消痰化湿食品,忌肥甘厚腻食品;营养不良、体质虚弱者,宜食营养价值高及具有补益作用的食物,忌消散耗损之品;营养过剩与食物积滞者,宜食清淡及消导通利食物,忌大鱼大肉、大补食物等。

四 疾病适宜

不同的疾病有其不同的适宜饮食,现代医学的临床营养学与中医食疗学的辨证施膳均是指导疾病用膳的科学理论。将两套理论结合应用将更加全面。

1. 临床营养学原则 根据病理与营养素的关系,制定适宜饮食。如,脑卒中患者的适宜饮食是低淀粉、低脂肪、低盐、高纤维、高矿物质,主食以五谷杂粮、蔬菜为主,多吃粗制米面;脂肪肝患者的适宜饮食是高蛋白、低糖、低热量、高矿物质和膳食纤维,多食蔬菜、水果和菌藻类,少吃肥肉,禁酒戒烟;糖尿病患者宜低糖、高蛋白、高维生素饮食等。

2. 中医食疗学原则 依据疾病的证候及其治则,辨证施膳。如,痤疮属热证者宜食绿豆、豆腐、冬瓜、笋、藕等清热解毒的凉性食物,而属痰湿证者宜食橘皮、荷叶、苡米等化痰祛湿的食物;胃疼属寒证者宜食生姜、大枣、桂圆、胡椒等温性健胃食物,而属热证者宜食百合、淮山药、蜂蜜等凉性和胃食物等。

五 季节适宜

一年四季气候变化,人体脏腑和皮肤自身的调节功能亦会产生相应的改变以适应季节气候对人体的影响。人类为了适应自然的变化,必须"顺四时而适寒暑"。《素问·四气调神大论》提出"春夏养阳,秋冬养阴"的四时顺养原则。《素问·上古天真论》中记载:"故当春之时,饮食之味宜减酸益甘,以养脾气;可食麦与草,用升阳宣散之药以却病。夏日心火盛,宜减苦增辛,以养肺气;宜食暖,不凉腹,慎食肥腻,多食蔬菜,可食菽与鸡,不吃夜食,不可多吃生冻之物。秋气肃杀,饮食之味宜减辛增酸,以养肝气;秋气燥,宜食芝麻与犬肉,以润其燥,少食烧、烤、油炸之物,禁寒饮并穿寒湿之衣。冬日饮食之味宜减咸增苦,以养心气;可食黍及猪肉,以其热性抗寒,宜用补药,可服食药酒。"

1. 春季饮食 早春时节,乍暖还寒,要少吃黄瓜、冬瓜、茄子、绿豆芽等寒性食物,多吃些葱、姜、蒜、韭菜、盖菜等温性食物,以祛阴散寒使春阳上升。暮春气温日渐升高,应以清淡饮食为主,除适当进食优质蛋白类食物及蔬果之外,可饮用绿豆汤、酸梅汤、绿茶等;不宜进食羊肉、狗肉、麻辣火锅、辣椒、花椒及胡椒等大辛大热之品,以防邪热化火,变发疮、痈、疖肿等疾病。

2. 夏季饮食 夏季酷热多雨,暑湿之气易乘虚而入,宜多食甘酸清润、清热养阴、祛暑利湿之品,如绿豆、西瓜、梨、金银花、乌梅等,少食肥肉、狗肉、羊肉、辣椒等辛热燥烈与油腻的食物。

3. 秋季饮食 秋天气候干燥,易伤肺金,宜食用芝麻、糯米、粳米、蜂蜜、枇杷、甘蔗、菠萝、奶类等柔润食物,少食辛辣、干燥的食物及炒货等。

4. 冬季饮食 冬季气候寒冷,寒邪易伤肾阳,是进补的好时机,适宜多食肉类、温补类食物，不宜过食生冷瓜果及冷性或偏寒凉性的食物。冬天气候寒冷，因此宜进食温热性的食物如核桃、羊肉等。

六 地理环境适宜

北方多寒冷干燥，南方多炎热湿气，因此北方饮食更适宜大肉与高热量食物，南方饮食更适宜清淡、清热、利湿的食物。水土地气亦会影响人体对食物的适应性，如四川属山地，水寒且多雾，食辣椒不热、不燥、不长痘，而当地人到广东、福建生活后照样食辣椒则会长痘。此外，高温环境工作、熬夜、空调或温室办公等情况，易患“燥火”，宜多饮水，补充水果、滋阴食物，少食燥热食品。

七 重视食物品质

注意食物的洁净和新鲜度，避免食用受污染以及腐败、酸败、霉变等变质的食物。力求食用天然、无公害的食物，避免食用受激素、化学药、农药、重金属、防腐剂等污染的食物。转基因食品与反式脂肪的摄入应予以控制。

第二节　食疗美容的常用治法

一 发汗法

美容临床常用于减肥轻身等。

(一) 食膳举例

1. 姜汤汗法　将生姜洗净，切成薄片，用水煎煮，加入红糖，趁热服用。

2. 热粥汗法　多穿些衣服或在气温较高的室内，迅速吃一些热粥，热粥以赤小豆粳米粥或绿豆糯米粥为佳。

3. 辣菜汗法　以辣椒、葱白、大蒜、生姜、芫荽等辣菜，做炒盘或汤肴餐食。

(二) 常用食物及配膳中药

生姜、辣椒、葱、蒜、芫荽、香薷、荷叶等。

二 祛风法

美容临床常用于痤疮、唇风、油风、发蛀脱发等。

(一) 食膳举例

1. 疏散外风　菊花甘草茶：白菊花 50g，生甘草 5g。水两碗，将两味药浸泡 30 分钟，煮沸 10 分钟，去渣，代茶饮用。

2. 平息肝风　天麻钩藤白蜜饮：天麻 5g，钩藤 15g，全蝎 10g，地龙 10g，干地黄 12g，白蜜适量。将五药同煎，去渣取汁，调入白蜜，空腹服，每日 2 ~ 3 次，每次 20ml。

3. 养血息风　松子桑葚粥：粳米 200g，松子仁 15g，鲜桑葚 20g，黑芝麻 10g。先将粳米煮粥，待半熟时，加入松子仁、黑芝麻同煮，将熟时加入桑葚，同煮成粥。

4. 凉血息风 莴苣炒藕片。

（二）常用食物及配膳中药

疏散外风类有菊花、金银花、薄荷；平息肝风类有天麻、钩藤、鸽肉、向日葵花盘；养血息风类有猪肘、鸡肉、海参、鸽肉、木耳、胡桃肉、桑葚等；凉血息风类有莴苣、藕、荸荠、丝瓜、马齿苋、苦瓜、猕猴桃、牡蛎肉、油菜、黄花菜、蕹菜等。

三 清热解毒法

美容临床常用于酒渣鼻、痤疮、粉花疮、油风、白发、发蛀脱发、黧黑斑、雀斑等。

（一）食膳举例

1. 清热解毒 凉拌蒲公英：鲜嫩蒲公英200g，香油、精盐、味精适量。将一大碗水煮沸，将蒲公英在水中氽1分钟捞出，切成小段，加入以上调味品，做菜食用。

2. 清热泻火 丝瓜汤。

3. 凉血清热 软炸牡蛎。

4. 滋阴清热 人参枸杞酒：人参2g，枸杞35g，熟地黄10g，冰糖40g，白酒1000g。人参切片，枸杞洗净去杂质，冰糖入锅内，用适量水加热溶化至沸，微炼至黄色时，趁热用纱布过滤去渣。将酒装入瓶内，将人参、枸杞入酒中，密封，浸泡10～15天，每日翻动、摇动1次，泡至参、杞色淡味薄。加入冰糖摇匀，再静置过滤，澄清，即可饮用。

（二）常用食物及配膳中药

清热、解毒、泻火类有蒲公英、黄豆芽、绿豆、豆腐、苋菜、蕹菜、菠菜、椿叶、莴苣、冬瓜、丝瓜、黄瓜、苦瓜、香蕉、绿茶、西瓜；凉血清热类有蕹菜、丝瓜、马齿苋、苦瓜、油菜、藕；滋阴清热类有金针菜、枸杞菜、枸杞子、蟹。

四 祛湿法

美容临床常用于“面游风”、发蛀脱发、面色萎黄等。

（一）食膳举例

1. 清热利湿 凉拌三苋：鲜苋菜100g，鲜冬苋菜100g，鲜马齿苋100g，调料适量。将三菜分别用开水焯至八成熟，捞出后浸入冷水中5～10分钟，取出控去水，切段，加入调料后拌匀即可。

2. 健脾渗湿 三色糯米饭：红小豆、薏苡仁、糯米、冬瓜子、黄瓜各适量。将红小豆及薏苡仁用水淘洗干净放入锅内先蒸20分钟，然后放入洗净的糯米及冬瓜子加水蒸熟。出锅后撒上黄瓜丁即可食用。此饭具有健脾、利水、减肥的功效，适用于脾虚痰浊型肥胖。

（二）常用食物及配膳中药

祛风胜湿类有樱桃、木瓜、五加皮、鹌鹑、黄鳝、鸡血；清热利湿类有马齿苋、香椿、荞麦、冬瓜、黄瓜、茄子、荸荠、紫菜、海带；健脾渗湿类有茯苓、薏苡仁、蚕豆、香椿、大头菜、豌豆、扁豆、茄子、龙眼肉。

五 化痰法

美容临床常用于黧黑斑、酒渣鼻、睑黡、油风、皮肤粗糙、面色晦暗、黧黑等。

（一）食膳举例

健脾燥湿化痰，黄芪茯苓粥：黄芪 20g，茯苓粉 30g，橘红 10g，粳米 30g，大枣（去核）10 枚。黄芪、橘红加水 500ml，煮至 200ml，去渣，加入淘净粳米煮沸后，放入大枣，煮至粥成时加茯苓粉，搅拌均匀，随时服用。

（二）常用食物及配膳中药

洋葱、杏、芥子、生姜、佛手、香橼、桂花、橘皮。

六 理气法

美容临床常用于黧黑斑、肥胖症等。

（一）食膳举例

健美茶：生首乌、夏枯草、山楂、泽泻、石决明、莱菔子、茶叶各 10g，山药 15g，研作细末，分作 7 份，每日服用 1 份。具平肝息风、理气化湿的功效，适用于肝郁气滞型肥胖。

（二）常用药物及配膳中药

香橼、橙子、橘子、柑、柑皮、荞麦、高粱、刀豆、菠菜、白萝卜、韭菜、茴香、大蒜、夏枯草、香附、茉莉花、玫瑰花。

七 活血化瘀法

美容临床常用于黧黑斑、酒渣鼻、睑黡、油风、白驳风、皮肤粗糙、面色晦暗等。

（一）食膳举例

牛肝粥：牛肝 500g，白菊花 9g，白僵蚕 9g，白芍 9g，白茯苓 12g，茵陈 12g，生甘草 3g，丝瓜 30g，大米 100g。将白僵蚕、白芍、白茯苓、茵陈、生甘草、丝瓜装入纱布包内，然后与牛肝、白菊花、大米一起熬粥，熟后捞出药包吃肝喝粥，每日早晚各一次。以上剂量可服 2 天，10 天 1 个疗程，中间间隔 1 周，连服 3 个疗程。

（二）常用食物及配膳中药

桃仁、油菜、慈菇、茄子、山楂、酒、醋、桃子、蟹、红糖、玫瑰花、桂花。

八 消食法

美容临床常用于食积。

（一）食膳举例

1. 橘皮生姜消食法 橘皮 7g 左右，加 1 块生姜与适量的糖，用沸水冲泡，代茶饮服，可治消化不良、胃脘胀满。

2. 山楂消食法 炒山楂 15g，煎水饮服。

3. 荸荠萝卜助消化法 取20只生荸荠、250g萝卜，捣烂挤汁热服，能帮助消化。

4. 米汤醋消食法 将1汤匙醋兑入适量米汤中饮服，可治因吃鸡蛋而引起的伤食。

5. 胡椒大枣助消化法 10粒胡椒捣成粉状，与10枚去核大枣、5片生姜一起煎汤服用，有助于消化。

6. 槟榔焦三仙消食法 取槟榔10g，焦山楂、焦神曲、焦麦芽（合称“焦三仙”）各15g，加水煎汁饮服，消食效果好。

7. 柠檬治消化不良法 用适量腌柠檬，送服稀粥。早晚各1次，可治消化不良。

8. 蚕豆皮助消化法 炒焦蚕豆皮泡水代茶饮用，能促进消化、健胃止渴。

9. 锅巴消食法 常食少量锅巴能消积食、止泄泻、治脾胃虚寒。

（二）常用食物及配膳中药

山楂、神曲、炒麦芽、锅巴、生萝卜汁、荸荠、胡萝卜汁、橘皮、柠檬、醋、蚕豆皮、鸡内金等。

九 通下法

美容临床用于便秘、减肥轻身等。

（一）食膳举例

1. 番泻叶茶 番泻叶5g，沸水冲泡代茶饮用，每日1次。

2. 荷叶粥 荷叶鲜品20g，干品10g，煎沸10分钟滤渣取汁，加薏苡仁适量，同煮成粥，调味食用。

3. 竹叶石膏粥 淡竹叶30g，生石膏30g，粳米100g，金银花15g，生大黄3g。生石膏先煎25分钟，下淡竹叶、金银花同煮约15分钟，生大黄煎1～2分钟，细筛滤汁，与粳米同煮至熟。

4. 四仁通便汤 甜杏仁、松子仁、大麻子仁、柏子仁各10g。将四仁共捣烂，加开水500ml冲泡，加盖片刻，当茶饮用，有润肠通便的功效。

5. 红薯大枣汤 红薯200g，大枣30g。先将红薯洗净、削皮、切碎，与大枣一起入锅，加水500ml左右，用武火熬至200ml时，加入蜂蜜和匀。用文火煮10分钟，温热服用。

6. 香蕉冰糖羹 将2根香蕉去皮，加入冰糖适量，放碗内隔水蒸，每日食2次。

（二）常用食物及配膳中药

番泻叶、大黄、荷叶、绿豆、火麻仁、魔芋、白菜、燕麦、香蕉、苹果、梨、柚子、西瓜等。

十 补益法

美容临床常用于粉花疮、睑黡、油风、白发、白驳风、早衰、皮肤干燥、脱屑、粗糙、毛发干枯等。

（一）食膳举例

1. 益气类 怀山药芝麻糊：怀山药150g，黑芝麻120g，粳米60g，鲜牛奶200g，玫瑰糖6g，冰糖120g。粳米洗净泡1小时，沥干，山药切小粒，黑芝麻炒香，将以上食物加水和牛奶拌匀磨碎后过滤取汁。锅中加入清水和冰糖，溶化后过滤取汁。将冰糖水入锅中继续烧沸后，将芝麻水倒入锅中，加入玫瑰糖，搅动成糊，煮熟，食之。本品可补脾胃、滋阴养肤。

2. 养血类 仙人粥：制首乌30～60g，红枣3～5枚，粳米100g，红糖适量。将制首乌置入砂锅内,加适量水煎煮20~30分钟,弃渣取汁备用。再将洗净的粳米、红枣同药汁稍加适量水煮粥,待粥将熟时,放入红糖调味稍煮沸,即可食用。早晚餐空腹食,10~20天为一疗程。忌葱、蒜;煎煮时忌用铁锅;大便溏薄者不宜服食。

3. 滋阴类 首乌鸡蛋:何首乌20g,枸杞15g,大枣6枚,鸡蛋2枚,前3味药与鸡蛋同煮至熟,去药渣后,食蛋饮汤,每日1剂,连服10~15天。本品可滋阴补肾、乌须发、治须发早白。

4. 助阳类 麻辣羊肉炒葱头。

(二)常用食物及配膳中药

补气类有粳米、糯米、小米、大麦、甘薯、山药、籼米、大枣、胡萝卜、香菇、豆腐、鸡肉、鹌鹑、牛肉、羊肉、兔肉、狗肉、青鱼、鲢鱼、葡萄、龙眼肉;补血类有桑葚、荔枝、乌贼鱼、带鱼、龟肉、牡蛎肉、鸡蛋黄、黑芝麻;滋阴类有银耳、黑木耳、大白菜、梨、葡萄、桑葚、牛奶、鸭蛋、甲鱼、猪皮、鹌鹑、鸽肉、海蜇、蟹、龟肉、干贝、牡蛎肉;助阳类有枸杞菜、枸杞子、核桃仁、韭菜、刀豆、羊肉、羊乳、狗肉、鸽蛋、鳝鱼、虾、淡菜。

第七章　食膳的制剂、烹饪与食用方法

第一节　食膳的制剂

一　食膳制剂的定义

食膳制剂是指根据营养和治疗的需要以及个人的饮食习惯和嗜好，将几种食物或食物与药物配在一起，制成供食用的各种饮食及其营养制剂。

二　食膳制剂的分类

食膳剂型较多，按制剂的配方原料可分为3类：一是纯食物食膳；二是食物加中药食膳；三是食物加强化营养素食膳，制成强化食品。按质地、形状分类，主要有固态类、半流质类、液态类，固态类有米饭、饼、糕、馒头、包子、散剂、蜜膏、蜜饯、糖果、菜等，半流质类有粥、汤羹等，液态类有汤剂、饮料、酒剂等。按临床适应对象分类，可分为一般膳食、软膳食、半流质膳食、流质膳食4类。

三　食膳制剂的配膳原则

（一）一般膳食

指符合平衡膳食的原则，膳食结构搭配科学合理，能量及各类营养素供应充足，能满足健康人对营养的需求、清香可口、易于消化的食膳制剂，适宜一般人群。基本要求如下：

1. 首选满足个体对各种营养素和能量的需要，合理搭配食物，符合平衡膳食的要求；

2. 注意食物烹调方法和剂型的花样，恰当地使用调味品和香料，做到色、香、味、美俱全，增强食欲；

3. 避免偏食、暴饮暴食、过于辛辣刺激、炸烤燥热或寒凉生冷，避免长期饮食过油、过甜、过咸、过多色素，减少反式脂肪酸与转基因食品的摄入。

（二）软膳食

指介于一般膳食和半流质膳食之间的，残渣较少、便于咀嚼、易于消化的食膳制剂，适宜牙病、消化功能差及老幼等人群。基本要求如下：

1. 食物要切碎烹调，烧烂煮软，易于消化，便于咀嚼；

2. 蔬菜切碎煮软时，维生素损失较多，要注意额外补充富含维生素的食物，如鲜蔬菜汁和水果汁等；

3. 一日三餐的营养素含量不低于普通膳食，必要时上、下午各增加一餐点心；

4. 软膳食需鲜美可口，不用油炸及粗纤维多的食物，忌用强烈辛辣的调味品。

（三）半流质膳食

指一般以液体为主，含食物残渣极少，比软食更易消化、易咀嚼、含纤维少、营养价值高的食膳制剂，适宜口腔、胃肠等疾病状态，消化道出血，手术患者等人群。基本要求如下：

1. 半流质膳食应极软，易于消化，易于咀嚼及吞咽；

2. 半流质膳食要求一日 5 ~ 6 餐，每 2 ~ 3 小时进餐一次，营养与能量要达到相应的需要量；

3. 对伤寒、痢疾患者的饮食，不能给予含纤维及易致胀气的食物，如蔬菜、生水果、牛奶等食品；

4. 禁食油脂多或用油煎炸、含较多粗纤维和使用了辛辣调味品的食物。

（四）流质膳食

指呈液体状，含水分较多，没有食物残渣，极易消化的食膳制剂，适宜重病、极度虚弱、腹部手术患者。基本要求如下：

1. 流质膳食要求呈液体或能在口中溶化为液体；

2. 流质膳食要求一日 6 ~ 7 餐，每 2 ~ 3 小时进餐一次，每次 200 ~ 250ml，总热量及营养素含量偏低；

3. 避免给予易致胀气的牛奶、豆浆及过甜的液体，禁用过酸、过咸的饮料，以免刺激伤口。

四 具体食膳剂型

（一）米饭

米饭是以粳米、糯米为基本原料，或加入其他食物或药物，如大枣、龙眼肉、山药、茯苓等蒸煮而成的食品，多作为主食。米饭性味平和，容易消化，具有补精益气、提供能量的作用，如八宝饭、苡仁饭、参枣米饭等。米饭的烹食方法一般有蒸食、煮食、炒食等。

（二）菜肴

菜肴指用生熟蔬菜、肉、蛋、鱼、虾等，加些佐料或药物，经过烹调加工制成的食品。菜肴色香味美，制作方法多样，有凉拌、蒸、焖、炒、卤、炙、煎、烩、煮、炸、爆、熬、溜、渍、腌、炖、烧等方法。如香椿鱼、黄芪鸡、猪肚炙（用洗净的猪肚以火熏烤后切成角状，再与炙附子、酒、葱、椒、盐、酱拌和煮熟而成）、鲤鱼羹（鲤鱼 500g，洗净去肠留鳞，与冬瓜 500g、葱 20g 同煮熟，加少许油盐调味，佐餐食之）等。一般肉类、鱼类、禽蛋类菜肴偏于补益，蔬菜类菜肴则具有多种功效。

（三）粥

粥又称作稀饭，一般以粳米、糯米、粟米、小米、高粱、大麦或小麦等粮食为主，酌加其他食物或药物，并用较多的水，煮成汤汁浓稠、水米交融的半流质状（稀粥）。粥易于消化，具有补养脾胃的作用。粥类的适用范围较广，内外、妇儿各科均宜，尤其是胃口不佳、病中及病后者食用。暑天人们常食绿豆粥或荷叶粥防暑，病后及妇女产后可食黄芪粥、枸杞粥、当归粥调理。

药膳粥的烹制方法：

1. 使用可食用的中药，如山药、扁豆、莲子、苡仁，与粮谷同煮；

2. 为了便于煮制与服食，可先将中药研为细末，如花椒粉、三七粉、人参粉，再与粮谷同煮；

3. 用中药新鲜原汁与粮谷同煮，如西瓜翠衣汁、竹沥汁；

4. 将中药加水煎煮，去药渣，用滤出的药汁与粮谷同煮；

5. 将中药的煎汁兑入用粮谷煮成的粥中；

6. 取新鲜的中药，趁其未干时切碎，加水研磨，过滤，澄取细粉，晒干备用。需要时，取适量与粮谷同煮。粥可加入糖、盐、油脂、味精等调味。

（四）羹

羹是菜肴的一种形式，常将肉、蛋、奶、鱼、银耳、瓜果、蔬菜等食物切细，适当配加其他药物，也可根据食物的滋味、性能加入适量的糖、盐、酱油、姜、花椒等佐料，用水煮熬，并以生粉勾芡成胶状而成。羹主要起滋润补益的作用，如银耳羹可养阴润肺、归参鳝鱼羹可益气养血。

（五）汤

用食物或药物加水一同煎煮，滤取煎液而成。汤剂的制作方法：将经初步加工后的药食倒入锅内，加清水和佐料，用武火烧沸后，转用文火熬至汁稠、味浓、质烂，即采用煮、熬、煨、炖的方法。也可在滤汁后与肉同煮食之，另有将药食与汁同食者。《饮膳正要》中记载的大麦汤系先将羊肉、苹果熬汤，过滤后用汤煮大麦仁，熬熟，加盐少许制成。

“汤者荡也”，起效迅速，根据选料的不同，可取得所需要的疗效。如猪胰汤，以水煎煮作汤饮之，不拘时，可益气健脾、润燥止咳，治疗气津两虚的消渴病。山药羊肉汤能补益脾肾。

（六）饮料

饮料一般呈液体状态，用质地轻薄、酸甜清香或具芳香成分的药食，加清水浸泡，煮沸、去渣、取汁而成，包括饮、浆、乳、茶、露、汁等，如枸杞茶、减肥茶、金银花露、五汁饮等。亦可将新鲜、多汁、可口的植物果实、茎、叶或根切碎或捣烂，绞取汁液，趁新鲜饮用。可加适量的蜜、糖或酒，冷饮或温服。

（七）酒剂

酒剂一般为澄明的液体，是将食物或药物用白酒或黄酒冷浸或加热浸泡，然后去渣制成的。也有用糯米等与其他食物或药物同煮，加酒经发酵制成米酒。酒本身是药食两用之品，可散寒、活血、温胃、助药力。因加用食物或药物的不同，其作用是多方面的，如枸杞酒补肝肾，虎骨木瓜酒强筋壮骨、追风除湿，猪肾酒治肾虚腰痛。

（八）散剂

散剂是将药食晒干或烘干、炒脆后，研磨成细粉末制成的。用沸水冲调成糊状，加糖或盐等调味品食用，或用温开水、米饮（米汤）送服。散剂食用方便，大多富含营养素，能健脾开胃。

（九）蜜膏

蜜膏是将食物和药物加水煎煮，去渣取汁液，浓缩至一定的稠度，然后加入炼制过的蜂蜜或白糖，再浓缩成半固体状而制得的稠膏。食用时用沸水化服。蜜膏主要具有滋养润燥的作用，如桑葚蜜膏可滋补肝肾；秋梨蜜膏可润肺清肺、生津止咳等；金樱子膏可补肾益精、固精缩尿、涩肠止泻，可治肾虚之梦遗滑精、遗尿白浊、小便不禁、女子带下等。

（十）蜜饯

一般选用水果或瓜菜等，加适量水或药液煎煮，待水或药液将干时，加入多量的蜂蜜或砂糖，以小火煮透，收汁即成。蜜饯味道甜美，可直接食用，也可切片作为浸泡剂饮用。因配伍不同，作用各异，但一般具有滋养、和胃、润燥生津的功效。

（十一）糖果

以白糖、红糖、饴糖等为主要原料，加水熬炼，至较稠厚时，掺入其他食物的汁液、浸膏或粗粉，搅拌均匀，再继续熬至挑起呈丝状而不粘手为止，待冷却，分割成块状。也可用制熟的食物与熬炼好的糖混合加工制成。糖果可嚼食或含化，其作用也较广泛，如止咳梨膏糖可清热、润肺、止咳；薄荷糖、马勃糖可清热、润燥、利咽；桑葚糖、芝麻糖可补益肝肾。

（十二）糕类

多用米粉制成，如治小儿伤食脾胃虚弱的"八仙糕"即由人参、茯苓等药物加白糖、糯米粉等蒸煮而成。

（十三）饼类

有素饼、煎饼、药烧饼等品种。素饼原指素馅饼，后引申为普通的面饼。如羊肉素饼以羊肉、面粉等原料制成，可治脾胃气弱、不禁风。煎饼是以少量的油煎成的饼。药烧饼是一种圆形的馅饼。

（十四）粉类

常用米粉、豆粉或鸡头粉加入肉菜类及药物制成粉条状，可作汤或用佐料拌食。如糯米粉线、鸡头粉线等。

第二节 烹饪方法

我国烹饪历史悠久，加工方法种类繁多。食品原料经过这些烹饪加工方法科学合理地加工后，不仅可以消毒灭菌、易于消化吸收、提高食品的营养价值，还能产生鲜美的味道，改善食品的感官性状，提高食欲，增强体质，保证人体健康。

一 烹饪的定义

烹饪是一门膳食的艺术。广义地说，烹饪是对食物原料进行热加工，将生的食物原料加工成熟食品；狭义地说烹饪是指对食物原料进行合理选择、调配，加工洗净，加热调味，使之成为色、香、味、形、质、养兼美的安全无害、利于吸收、益人健康、强人体质的饭食菜品。包括调味熟食和调制生食。

二 烹饪方法的类型

食品烹饪常用的方法主要有炖、焖、煨、蒸、煮、熬、炒、卤、炸、烧等。

（一）炖

炖法是将食物及其他原料同时下锅，注入清水，放入调料，置武火上烧开，撇去浮沫，再置文火上炖至熟烂的烹制方法。炖的具体操作方法：先将食物在沸水锅内焯去血污和腥味，然后放入炖锅内，另将所用药物用纱布包好，用清水浸漂 1～2 分钟后放入锅内，再加入生姜、葱、胡椒及清水适量，先用武火煮沸，撇去浮沫，再改用文火炖至熟烂。一般需要 2～3 小时。该法所制食品的特点是质地软烂、原汁原味。

(二) 焖

焖法是先将食物和药物用油炝加工后,改用文火添汁焖至酥烂的烹制方法。焖的具体操作方法:先将原料冲洗干净,切成小块,往热锅中倒入油烧至油温适度,将食物用油炝之后,再加入药物、调料、汤汁;盖紧锅盖,用文火焖熟。该法所制食品的特点是酥烂、汁浓、味厚。

(三) 煨

煨法是指用文火或余热对药物和食物进行较长时间的烹制。具体的操作方法有两种:一种是将食物和药物经炮制后,置于容器中,加入调料和一定数量的水慢慢地将其煨至软烂,制得的食品特点是汤汁浓稠、口味肥厚。另一种煨法是将要烹制的药物和食物预先经过一定的方法处理,再用阔菜叶或湿草纸包裹好,埋入刚烧的草木灰中,利用草木灰的余热将其煨熟,这种烹调方法花费时间较长,中途要添几次热灰,保持一定的温度。

(四) 蒸

蒸法是利用水蒸气加热的烹制方法,其特点是温度高,可以超过100℃,加热及时,有利于保持形状的完整。具体操作方法:将药物和食物经炮制加工后置于容器内,加好调味品、汤汁或清水,待水沸后上笼蒸熟,火候视原料的性质而定。一般蒸熟不烂的食品可用武火,对食物形状有要求的可用中火徐徐蒸制,可保持形状和色泽美观。常用的蒸法有粉蒸、包蒸、封蒸、扣蒸、清蒸及汽锅蒸6种。

(五) 煮

煮法是将食物及其他原料一起放在多量的汤汁或清水中,先用武火煮沸,再用文火煮熟。具体操作方法:将食物加工后,放置在锅中,加入调料,注入适量的清水或汤汁,用武火煮沸后,再用文火煮至熟。适用于体小、质软的原料。所制食品口味清鲜,煮的时间比炖的时间短。

(六) 熬

熬法是将食物经初加工后,放入锅中,加入清水,用武火烧沸后改用文火熬至汁稠黏烂。具体操作方法:将原料用水涨发后,拣去杂质,冲洗干净,撕成小块,锅内先注入清水,再放入原料和调料用武火烧沸后,撇净浮沫,改用文火熬至汁稠味浓即可。熬的时间比炖的时间更长,一般在3小时以上,多适用烹制含胶质多的原料。所制食品的特点是汁稠味浓。

(七) 炒

炒法是将经加工后的食物,放入加热的油锅内翻炒的烹制方法。具体的操作方法:将无骨质、嫩脆的动植物原料,经过初步加工,根据菜肴火候的要求,切成片、丁、条、丝或剞花刀后,炒勺放旺火上,加底油烧热,用油滑锅后,再倒入适量的油,油烧热后,放入切配好的主料,用勺或铲翻炒,加适量白油烧至120℃左右,推入上浆喂口的主料滑熟,沥去余油,原炒勺放葱、姜丝和辅料,用对好的白色青汁烹调出勺,动作要敏捷,断生即好,有些直接可以食用的味美色鲜的药物也可以同食物一起炒成。而芳香性的药物大多在出锅前勾芡加入,以保持其气味芬芳。炒的方法可分为4种,即生炒、熟炒、水炒、滑炒。

1. 生炒 主、辅料均采用生料,经加工改刀后,投入加底油的热炒锅里快速炒熟,出锅前调少许底芡,点明油装盘,称为生炒。如:肉片炒青椒,特点是肉色微红、青椒碧绿,脆嫩适口,清香宜人。

2. 熟炒 原料必须是熟的,操作方法同生炒。如回锅肉,熟肉切薄片,炒锅加适量油烧至五成熟,即150℃,投入切好的主料,推散倒入漏勺,沥去余油,原勺放豆瓣酱、葱、蒜片和主料翻炒,加各种调味料烹制,出锅前用淀粉调少许芡。菜肴色泽微红,味咸辣微甜,浓香不腻。

3. 水炒 水炒只用于炒蛋类原料。烹调中炒锅放适量清水烧开加调味料,调好口味,将打匀的鸡蛋慢慢倒入锅内，边倒主料边用手勺推，使主料凝固熟透，出菜前放香菜段，点香油提味。

4. 滑炒 选用质嫩的动物性原料经过改刀切成丝、片、丁、条等形状，用蛋清、淀粉上浆，用温油滑散，倒入漏勺沥去余油，原勺放葱、姜和辅料，倒入滑熟的主料，速用制备好的清汁烹炒装盘。因初加热采用温油滑，故名滑炒。

（八）卤

卤法是将经过初加工的食物，放入卤汁中用中火逐步加热烹制，使卤汁渗透其中，直至成熟。

（九）炸

炸法是武火多油的烹调方法。一般用油量比要炸的原料多几倍，具体操作方法：将药物制成药液或细末，调糊裹在食物表面再入油锅内炸透至熟。要求武火、油热，原料下锅时有爆炸声，掌握火候，防止过热烧焦。本法所制食品的特点是味香、酥脆。根据食物的特点分为清炸、干炸、软炸及酥炸等方法。

（十）烧

烧法是先将食物经过煸、煎、炸等处理后，进行调味调色，然后再加入药物和汤或清水，用武火烧开，文火焖透，烧至汤汁稠浓。本法所制食品的特点是汁稠味鲜。注意汤或清水要一次加足量，避免烧干或汁多。

第三节　影响食物营养价值的因素

一　加工对食物营养价值的影响

营养素是维持人体生命健康、维持基础代谢、促进生长发育和从事劳动的物质基础。人体必需的营养素包括碳水化合物、脂类、蛋白质、维生素、矿物质和水六大类。食品加工不仅可以改善色、香、味等感官性状，还会不同程度地影响食品的营养价值。

（一）碳水化合物的变化

谷类加工一般是经过碾磨除去杂质及部分谷皮而成为米或面，保留了大量易于消化吸收的淀粉和少量的纤维。为了提高感官性状和消化吸收率，一般将大米加工成精度为“九五米”的标准米，将面粉加工成精度为“八五粉”的标准粉。从营养素的含量来说，此精白米面保留了大量的淀粉和膳食纤维，有利于预防结肠癌和高血压。

水果和蔬菜经过漂洗加工过程，容易损失一些可溶性糖类，再经沥滤，会损失更多的单糖、双糖和某些多糖。长时间高温处理会发生焦糖化反应和美拉德反应，引起非酶褐变而使糖类失去营养价值，但可以提高食品的色、香、味等感官性状。

（二）脂类变化

食品中脂类加工容易发生脂类的水解、氧化、分解、聚合或其他降解反应。脂类发生水解反应，使脂肪酸从脂肪分子中分离出来，成为可被消化的游离脂肪酸，脂肪的营养价值不会降低。脂肪在酸、碱、脂酶参与下的过度加热或长期储存过程中，都会发生脂解、多不饱和脂肪酸的氧化反应，油脂脂解或氧化可引起酸败，降低营养价值，影响食品质量。

脂类在200℃以上可发生氧化聚合反应，产生的高温氧化的聚合物，影响肠道对脂类物质的消化吸收和利用。油脂的精炼加工可以去除杂色、异味，改良品质，并保持其化学性质的稳定。随着脂肪的氧化，脂肪酸的饱和度增加，顺式脂肪酸可变为能量高的反式脂肪酸，不再具备必需脂肪酸的性质。

（三）蛋白质的变化

热加工是食品加工和保存的最普遍、最有效的方法之一。适宜的加热条件，会使蛋白质发生变性，可破坏蛋白酶的活性、杀灭微生物或抑制微生物的生长繁殖、钝化酶、破坏食品原料中原有的有毒成分、提高蛋白质的消化率和营养价值、增强食品风味和口感。然而过度加热也会损失部分营养成分，影响蛋白质分子的空间结构，从而使蛋白质变性，使蛋白质的营养价值有所降低。含糖量低的蛋白质食物，如鱼类、肉类在高温下可引起胱氨酸的显著破坏及赖氨酸的损失，其他氨基酸则基本无改变。

谷粒所含的营养素在籽粒中分布不均匀，其中蛋白质大部分都存在于谷粒的胚芽中。小麦含有12%～14%的蛋白质，而面筋占总蛋白质的80%～85%。大米中蛋白质含量一般为8%，主要为谷蛋白。谷类食品蛋白质含量与其加工精度有直接的关系，与糙米相比，精白米中蛋白质的含量减少了8.4%。谷类食品经膨化或烘烤，能使蛋白质中的赖氨酸形成新的酰胺而受到损失，变得难以消化。对牛奶加热杀菌可使赖氨酸和胱氨酸含量分别下降10%和13%。当含有还原糖的蛋白质食品受热时，羰氨反应引起的蛋白质损失较为严重，如牛奶的干燥过程中，蛋白质与脂类、脂类氧化产物、醌类化合物发生反应，均会影响其营养价值。研究证明，加热对蛋白质的影响程度与加热时间、温度、湿度等因素有关。

对食品进行碱处理、脱水干燥、低温冷冻、放射线灭菌后，都会对蛋白质的营养价值产生不同程度的影响。比如大豆蛋白质在pH 12.2、40℃的条件下加热4小时后胱氨酸、赖氨酸含量逐渐减少；在碱处理下，温度超过60℃还会引起丝氨酸的减少，赖氨酸、色氨酸、精氨酸、胱氨酸和丝氨酸由*L*型变为*D*型，蛋白质的营养价值降低。食品经脱水干燥后，便于贮存和运输，但如温度过高、时间过长，蛋白质中的结合水会受到破坏，引起蛋白质变性，从而使食品的复水性降低、硬度增加、风味变差。低温冷冻能使肉类食品长期保藏，但冷冻和冻藏时蛋白质胶体中的水分析出，其质点逐渐集结而凝固，从而使蛋白质变性。放射线辐射会轻微地分解蛋白质。肉类食品在放射线作用下，容易发生脱氨、脱羧、硫基氧化、交联、降解反应，使食品风味变差。

（四）维生素的变化

食品加工中的整理、烫漂、冷冻、脱水、加热、灭菌、辐射、碾磨等都可使食品中的维生素有所损失，其损失程度取决于各种维生素对工序条件的敏感性。导致维生素损失的主要因素有氧化、加热、金属离子的影响、pH、酶的作用、水分以及上述因素的综合作用。

小麦粉中的维生素与小麦粉的出粉率和加工精度有关。过分提高小麦粉的加工精度，会使面粉变白，胚芽、谷皮中的维生素转移到其他副产品如麸皮、饲料中去，其中所含的维生素丢失，含量就越低。长期以精白粉为主食，可引起维生素缺乏症。与糙米相比，精白米中维生素B_1的含量减少59%，维生素B_2减少29%，烟酸减少48%。长期食用精白米，易患脚气病、口角炎和皮炎等营养缺乏症。如油脂的精炼加工会导致其中所含的维生素E和β-胡萝卜素受到损失。

食品加工可使某些食品的维生素利用率增高。如玉米中的烟酸多为结合型，不易被机体利用，若向玉米粉中添加一定量的碳酸氢钠，便可使结合型的烟酸变成可被机体利用的游离型烟酸，起到防治维生素缺乏症的作用；又如豆类发芽可使维生素C和维生素B_1的含量有所增加。

（五）矿物质的变化

食品加工对矿物质也有一定的影响，如烫漂、沥滤可使食物中的矿物质有所损失。在食品烹调过程中，矿物质容易从汤汁中流失。谷类中的矿物质主要分布在糊粉层和胚组织中，谷类经碾磨加工，出粉率越低，加工精度越高，胚芽、谷皮中的矿物质就会更多地转移到其他副产品如麸皮、饲料当中去，矿物质损失就越大。与糙米相比，精白米中钙含量减少43.5%。长期以精白米面为主食，可引起矿物质缺乏。

（六）膳食纤维的变化

膳食纤维在碾磨、热加工及挤压熟化等加工过程中会发生一定的变化。米面的精制过程中除去了谷物的外层皮壳，降低了总膳食纤维的含量，其中主要是不溶性膳食纤维。热加工可使膳食纤维中多糖的弱键受到破坏。小麦剧烈膨化可使膳食纤维的溶解度增加。小麦粉经高压蒸汽处理时会有不溶性膳食纤维的损失。

二 烹调对食物营养价值的影响

（一）烹调对食物营养素的影响

1. 炖 炖法可使水溶性维生素和矿物质溶于汤内，仅维生素被部分破坏，肌肉蛋白质部分水解，其中的肌球蛋白、肌肽以及部分被水解的氨基酸等溶于汤中而呈鲜味，结缔组织受热破坏，部分水解为明胶溶于汤中而使汤汁有黏性。烧和煨这两种烹调方法和炖相似。

2. 焖 焖法引起营养素损失的大小与焖的时间长短有关。时间长，则B族维生素和维生素C的损失大；时间短，维生素B_1的损失小，但食物经焖煮后消化率有所增加。

3. 蒸 蒸对营养素的影响与煮相似，部分维生素B_1、维生素C遭受破坏，但矿物质不受影响。

4. 煮 煮对糖类及蛋白质起部分水解作用，对脂肪则无显著影响。水煮会使水溶性维生素及矿物质溶于水中。实验结果表明，一般青菜与水同煮20分钟，则有30%的维生素C被破坏，另外有30%溶于汤内。苋菜煮25分钟后，有35%的维生素溶于汤内；其他耐热性不强的维生素B_1也会遭到破坏。煮的时候若加一点碱，则B族维生素、维生素C全部被破坏；如水煮面条时有部分蛋白质和矿物质及30%～40%的B族维生素溶于汤内，所以青菜煮面，不仅味道好，而且营养素保存得也较多。

5. 炒 炒是烹调方法的一种，有时可用蛋清或湿淀粉浆拌原料。配料通常是蔬菜，维生素C损失较大。干炒法的营养素损失较大，除维生素外，蛋白质因受干热而严重变性，影响消化，降低吸收率。

6. 卤 卤法可使食品中的维生素和矿物质部分溶于卤汁中，部分遭受损失，水溶性蛋白质溶入卤汁中，脂肪也减少一部分。

7. 炸 油炸时温度高，会对营养素造成不同程度的损失，蛋白质和脂肪可因高温炸焦而被破坏，营养价值降低。油炸可产生妨碍维生素A吸收的物质。如果油炸时在烹饪原料外裹一层糊，则可防止蛋白质被炸焦。

8. 熘 一般经先炸再熘的，因食品原料外面裹有一层糊，在油炸时因糊受热而变成焦脆的外壳，从而保护营养素少受损失。软熘法与蒸法相似。

9. 爆 爆法动作快速，旺火热油，一般是原料先经鸡蛋清或湿淀粉上浆拌匀，下油锅划散至熟，然后沥去油再加配料，快速翻炒，原料的营养成分因有蛋清或湿淀粉形成的薄膜保护，损失较少。

（二）各种烹调方法对营养素含量的影响

各种烹调方法烹制出的食物，不仅味道鲜美、口感美妙，而且还能促进人体对食物的消化吸收。如果初加工及烹调方法不当，会导致食物营养素的损失，从而降低食物的营养价值。

1. 初加工不当可造成食物营养素的损失。研究表明，反复淘洗米，会造成B族维生素损失30%～60%、无机盐损失70%、蛋白质损失15.7%、碳水化合物损失2%。淘米的次数越多，营养物质的损失就越多。若蔬菜切后再洗，则蔬菜在切配、洗涤、腌渍、清水浸泡的过程中，会造成大量营养物质的损失。如白菜中的维生素C，先洗后切，切后即烹调，几乎无损失；若切后放2小时，损失率为2.4%；切后冲洗25分钟，损失率为8.4%；切后浸泡30分钟，损失率为23.8%。白菜切后冲洗的时间越长，以及切后放置的时间越长，维生素的损失将越大，其中维生素C的损失最大。肉类原料切后再洗，也会造成有机物、脂肪、维生素及酶的流失，导致营养价值降低。

2. 不同烹调方法对食物营养物质造成的损失也是不同的。如煮面时，面条中的维生素B_1、维生素B_2分别损失49%和57%。油炸食物时，因高温和加碱，维生素C会损失36%，胡萝卜素会损失24%。烙饼时，烧饼中的维生素B_1和烟酸会分别损失10%，维生素B_2损失20%。用旺火炒白菜，维生素C的保存量为60%～70%；而水煮白菜时，40%的维生素C被破坏，30%溶于水中，仅能保存约30%。在煮肉或炖肉时，当温度达到63℃时就有相当的肉汁流出，使肉块收缩，随着温度升高，肉汁流出增加，当肉熟后，肉汁流出量达50%左右，肉中所含的营养物质也部分随肉汁流入到汤汁内。研究表明，煮肉时，肉中会溢出4%的蛋白质、40%～50%的无机盐、20%的维生素B_1；而用烤制的方法烹肉，则只有20%的水分以蒸发的形式损失掉。若用挂糊上浆、急火快炒的方法烹肉，则几乎无肉汁溢出，而损失最多的是维生素B_1，其次是维生素B_2和烟酸。

3. 烹调时，导热物质油、水也会对食物的营养价值产生影响。烹制动物性原料时，若用油导热，将会导致脂溶性维生素A、维生素D、维生素E和维生素K的损失。烹制植物性原料时，若用水导热，也会导致水溶性维生素及矿物质的损失，如用慢火煮炖，则可使其含有的水溶性维生素全部损失。

（三）各种食物在烹调过程中营养价值的改变

在烹调加工过程中，损失一定数量的营养素是不可避免的。但在某些食品不正确的烹调加工过程中，过分追求色、香、味、形等感官性状，会导致食品中大部分营养素的损失。因此，必须以现代营养学原理为指导，不断改进烹调方法，科学使用烹调手段，不仅要保证食品的色、香、味、形等感官性状，同时还要尽量减少烹调加工中营养素的损失，提高食物在体内的利用率、吸收率。各种食物在烹调过程中营养价值的改变会因食品种类、烹调加工方法的不同而改变。

1. 粮谷类食品在烹调过程中营养价值的改变 米类在烹调前一般需先淘洗、挑拣沙石等。在淘洗过程中会造成部分营养素的损失，特别是水溶性维生素如维生素B_1、维生素B_2、烟酸等和矿物质的损失，这是因为新米中维生素和矿物质大部分存在于米粒外层的糊粉层和胚芽中。实验证实，米越精白、搓洗次数越多、淘米前后浸泡的时间越长、淘米用水温度越高，则各种营养素的损失就越多。米被淘洗2次，维生素要损失40%，矿物质要损失15%，蛋白质要损失10%。因此，米淘洗次数越多，营养价值就越低。做米饭的正确烹调方法应该是：淘米不要用流动水冲洗或开水烫洗，应尽量减少淘米次数，一般不超过3次，水温不宜过高。

米类烹调加工方法以煮、蒸为主，对营养素的影响较小。煮饭时经过加热，会损失一部分维生素，如维生素 B_1 可再损失原含量的 17.2%，烟酸可再损失 21%。蒸馒头时，维生素 B_1、维生素 B_2 和烟酸含量的变化均不大。烙饼时，维生素 B_1、烟酸损失最多不超过 10%，维生素 B_2 可损失 20%。有些家庭有吃捞米饭的习惯，就是将米煮至变软、发胀时捞出，再放入笼屉内蒸熟，很多营养素都随着被丢弃的米汤而流失。熬粥时加碱，可把大米粥熬得又香又黏，口感好，但大部分维生素容易被破坏。把玉米做成玉米粥、蒸窝头、贴玉米饼时，都要在玉米面中添加小苏打，则不但色、香、味俱佳，而且易被人体吸收、利用。

面食的烹调方法有蒸、煮、炸、烙、烤等。不同的加热方式、受热时间及温度，造成营养素的损失也不同。一般蒸馒头、蒸包子、烙饼等，对面粉中的维生素影响较小；炸油条、油饼时，因油温高又加碱，可使维生素 B_1 全部被破坏，维生素 B_2 和烟酸也可损失 45% 左右。高温烘烤也会破坏绝大部分的维生素成分，烤饼时可使维生素 B_1 损失 30%，但维生素 B_2 和烟酸含量变化不大。水煮面时，维生素 B_1 和维生素 B_2 损失约 35%。糖在加热到熔点以上时，在没有氨基化合物存在时，会变为深色物质，即发生焦糖化，而在碱性条件下会加速这种变化；糖类在有氨基化合物存在的条件下加热时，糖类的羰基与氨基可结合形成褐色物质，亦称羰氨反应。它们可给食品带来良好的色泽和风味。

2. 动物性食物在烹调过程中营养价值的改变 动物性食物的烹调宜用炒、蒸、煮的方法。加热时间过长，易破坏食物中的脂肪、蛋白质等营养素。在加热时，肉、鱼类的脂肪组织中，一部分脂肪会游离出来而损失掉。一般加工时脂肪会发生质的变化，但过度加热则可使不饱和脂肪酸氧化分解，生成过氧化物、酸、醛等，对消化器官有害。热变性的脂肪不仅味感变劣，而且丧失营养，甚至还有毒性。含蛋白质多的食品如肉类、蛋类、豆类等在加热时，许多水溶性蛋白质会发生凝固，如鸡卵蛋白、血红素等，凝固的程度随加热时间的加长而增加，如煮蛋、鸡鸭血、猪血等，加热时间长，则会变硬，不仅鲜味减少，也不利于消化。但牛奶中的酪蛋白、豆奶中的大豆球蛋白，在加热时是不凝固的。蛋白质加热凝固后便不再溶于水，但会变得易于消化。肉类的结缔组织在受热后，生胶质易水解而形成明胶，明胶易溶于热水，冷却后便凝固，是可以消化利用的。因此，肉类食品在烹调时应尽量采用旺火急炒。加热时应注意控制油温。在熬、煮、炖、烧时，肉类中红色的血红蛋白与肌红蛋白被氧化成褐色的高铁血红蛋白。血红蛋白及肌红蛋白与亚硝酸盐作用后，可变为红色的亚硝酸血红蛋白及亚硝酸肌红蛋白。开水煮肉，肉表面的蛋白质凝固，其内部大部分油脂和蛋白质留在肉内，肉味就比较鲜美；冷水煮肉，用文火慢煮，脂肪、蛋白质就从肉内渗出，汤味肉香扑鼻，营养价值更高。

油炸时油温很高，食物中的蛋白质、脂肪、碳水化合物及怕热、易氧化的维生素都会遭到破坏，使食物营养价值降低。肉类在油炸前先用淀粉和鸡蛋上浆、挂糊，在食物表面就可形成隔绝高温的保护层，油不会浸入食物内部，可减少营养素损失，使口感滑嫩、味道鲜美。

熏烤不仅能使食品熟透，增强防腐能力，还能将食物表面烤成适度的焦皮，增加独特的风味。但肉、鱼等原料经熏烤后可产生对人体有害的致癌物质。所以在熏烤肉、鱼、肉肠类食品时，不应用明火直接熏烤，可用管道干热蒸气烤；且最好不要用糖来熏烤，如果一定要加糖，则应将温度控制在 200℃ 以下。

3. 蔬菜类食品在烹调过程中营养价值的改变 烹调前蔬菜在存放的过程中，由于氧化酶催化维生素 C 的氧化，可造成维生素 C 的损失。蔬菜类食品在清洗、加热等烹调加工过程中，容易导致矿物质的变化。蔬菜的汁液容易被分离出来，其中可溶性的矿物质随汁液流出，而钙、镁等盐类在酸性条件下也被溶解出来。如白菜在没有切碎时煮沸 4 分钟，钙的损失率为

16%，磷的损失率为46%；而在切碎煮沸时，则钙的损失率为25%，磷的损失率为53%。蔬菜类食品在清洗、加热等烹调加工过程中容易导致维生素的损失。蔬菜中天然的维生素A大多以胡萝卜素的形式存在，加工时损失少，残存约90%；维生素B_1在加工时因溶于水而损失，强热时损失大，在碱性条件下加热则损失更大，而在酸性条件下加工则损失较小；维生素B_2受光照易分解，可因溶解于水而损失，但比维生素B_1损失少，经普通加工损失约10%；维生素C易被氧化酶氧化，在有铜、铁离子存在时，维生素C更易被氧化，但在食盐、糖、胶体物质存在的情况下损失较小，由于易溶于水，因此，煮沸时大部分被溶解出来，经普通加工煮沸时在固形物中残留60%，在煮汁中残留10%。

蔬菜的正确烹调方法是先洗后切，清洗时尽可能地保持蔬菜茎、叶的完整性。先用干净凉水将蔬菜浸泡1小时左右，换清水1～3次，以去除蔬菜中的残留农药。切忌揉搓蔬菜和用开水浸泡或清洗蔬菜。清洗后再切，而且不宜切得过碎，应在烹调允许的范围内尽量保持其完整性，以减少易被氧化的维生素与空气的接触。切后应立刻烹调，以保持菜肴的色香味，减少营养素的氧化损失。

烹调蔬菜时尽量急火快炒、快速翻炒，缩短菜肴的烹调时间，并可减少原料汁液的溢出，所以用旺火炒出来的菜不仅色美味好，而且蔬菜中一些易被氧化的维生素如维生素C和胡萝卜素受热损失较少。为了消除某些蔬菜原料的异味、增进色、香、味、形或调整各种原料的烹调时间等，有时要用沸水将蔬菜焯一下。焯菜时要注意待火旺水沸后再将原料分次下锅，这样水温很快就可升高、沸腾；焯透后要将菜捞出立即冷却，不挤汁水，保持蔬菜色泽，减少营养素的损失。

熬菜和煮菜时，应在水煮沸后再将菜放入，这样既可缩短菜的受热时间，减少维生素的损失，又能减轻蔬菜色泽的改变。青菜类在急速煮熟时，叶绿素为叶绿酸而呈鲜绿色，加碳酸氢钠煮之则更易呈鲜绿色，但徐徐煮之或加酸煮之则会变为褐色的脱镁叶绿素。

几种蔬菜合炒或蔬菜与肉类混炒时，营养价值会更高。如将富含维生素C的深绿色蔬菜与富含维生素B_2的豆芽合炒，可获得维生素C和维生素B_2；将肉类与胡萝卜合炒，肉中丰富的优质蛋白、脂肪将有利于提高胡萝卜素的吸收率，有效地促进胡萝卜素转化为维生素A，从而大大提高胡萝卜素在人体内的利用率。

4. 调味品类在烹调过程中营养价值的改变 加热温度过高时，味精中的大部分谷氨酸钠变成焦谷氨酸钠，这样不但没有鲜味，反而会产生轻微的毒素，对人体健康不利；另外，味精在碱性环境下会发生化学变化，产生一种具有不良气味的谷氨酸二钠，失去调味作用，因此味精最好在菜肴出锅前加入。

烹调蔬菜时，加盐要掌握时机。如质地紧密、纤维素含量高的根茎类蔬菜，宜早放盐，尽快入味；瓜果类蔬菜含大量水分，如加盐过早，水分和水溶性营养素容易大量溢出，增大氧化和流失的损失量，影响口感，因此适合晚放盐；炒肉时，过早加盐，因蛋白质遇盐凝固，肉类就会趋向硬、老，口感粗糙，因此适合在炒至八成熟时放盐。

很多维生素如维生素C、B族维生素等"怕碱喜酸"，如烹炒白菜、豆芽、甘蓝、土豆和制作一些凉拌菜时适当加点醋，可提高维生素C的保存率。加醋后食物中的钙质会被溶解，可促进钙的吸收。加醋还有利于菜肴感官性状的改善，可以去除异味、增加美味，还可以使某些菜肴口感脆嫩，但有些绿色蔬菜类不宜加醋。

葱蒜等的香味在酶的作用下才表现出来，如果烹调时急速加热则会缺乏香味，长期放置或长时间加热则香味浓郁。

因此，在烹调加工中要掌握好食品成分相互作用的规律，掌握不同食品的烹调方法，保持食品的色、香、味、形和营养价值。

第四节　食膳的食用方法

食膳的食用方法主要关注服食的时间、剂量、温服或冷服、疗程、禁忌等，掌握正确的食用方法，是食膳保健和提高食疗效果的重要环节。

一、日常膳食

日常膳食通常一日三餐，定时定量，不过饥过饱，勿急食，宜细嚼慢咽，饱时勿食零食。饭菜多宜热食熟食，少冷食生食。脾胃虚弱者，饭后勿立即饮茶、吃水果等生冷食品，勿急坐、长卧或剧烈运动，宜轻微走动。对肥胖者，蔬菜、水果、菜汤、油脂食品宜先食，以提早产生和增加饱腹感。

二、食疗膳食

为提高疗效，食疗膳食或药膳通常不与正餐同食，一般宜在正餐前后 1～2 小时单独服食。如在正餐时间食用，则宜先食食疗膳食或药膳，再摄入少量易消化的主食以调和胃气、增加饱足感，不宜同时食用其他菜肴、茶、饮料及酒，以避免对药膳的吸收及功效产生影响。同时，食疗膳食或药膳服食前后数小时不宜食用与之有相恶、相反作用的食品。服食时的温度，一般来说，寒证、虚证宜温服，热证宜凉服。温补食膳昼食更宜，滋阴食膳夜食更宜，胃寒者不宜空腹食寒凉食膳。

食疗膳食服食的剂量，因人因膳而宜，每次应有足够的剂量。作为茶饮的食疗膳食，则一般适宜少量、频频饮服。大补、大泻食膳每次间隔 1 周左右，小补、小泻食膳可每日服食。食疗膳食应有一定的疗程，对补虚、增强体质、改善失调、恢复平衡、康复亚健康和慢性疾病、抗衰老等食膳均需坚持长期食用，针对急性病的食膳则应病愈即止。

第八章 常用美容食物与食膳方剂

第一节 常用美容食物

一 谷类

常用的谷类美容食物主要有:玉米、粳米、糯米、小麦、大麦、荞麦、粟米、高粱、薏苡仁等。

(一)玉米

【别名】 玉蜀黍、苞米、玉高粱、包谷。

【来源】 禾本科植物玉蜀黍的成熟种子。

【营养成分】 每100g含1401kJ(335kcal)热量、73g碳水化合物、8.7g蛋白质、3.8g脂肪、6.4g膳食纤维,矿物质主要含磷(218mg)、钾(300mg)、镁(96mg)等,维生素类主要含胡萝卜素(100μg)、维生素B_1(0.21mg)、维生素E(3.89mg)、维生素C(10.0mg)、烟酸(2.5mg)、维生素A(63μg)等。

【性味归经】 甘,平;归大肠、胃经。

【美容功效】 调中和胃、通便、嫩肤、抗皱、降脂、降压。

【食疗范围】 用于便秘、肠炎、皮肤粗糙、皮肤衰老、高脂血症、高血压、高胆固醇等。

【应用举例】 便秘:玉米面100g加水煮成玉米糊,每天早晨服。因其膳食纤维含量高而具有通便的功效。

【注意事项】 脾胃虚弱者,易致腹泻;玉米须具有利尿、瘦身的作用。

(二)粳米

【别名】 大米、硬米。

【来源】 禾本科植物稻(粳稻)的成熟种仁。

【营养成分】 每100g含1435kJ(343kcal)热量、78.3g碳水化合物、7.9g蛋白质,矿物质主要含磷(94mg)、硒(3.3mg)、锌(1.54mg)、钾(137mg)等,维生素类主要含烟酸(2.3mg)、维生素E(3.19mg)、维生素B_1(0.15mg)等。

【性味归经】 甘,平;归脾、胃、肺经。

【美容功效】 补益肺脾、益精强志、去皱养颜、抗衰老、治脚气。

【食疗范围】 用于脾胃虚弱、腹泻、自汗、烦热口渴、皮肤粗糙、皮肤衰老、脚气。

【应用举例】 自汗不止:粳米、小麦同炒为末,每次服20g,用米汤或牛奶送服。脾虚泄泻:粳米、淮山药共煮粥,每日食之。

【注意事项】 粳米营养丰富,且其营养素大多存在于谷皮中,所以一定要“蒸”而不要

“捞”,以免损失营养素。而糯米偏温,凡阴虚火旺者不宜多食。

（三）小麦

【别名】 淮小麦、浮小麦。

【来源】 禾本科植物小麦的成熟种子。

【营养成分】 每100g含1647kJ(340kcal)热量、7.5g碳水化合物、1.0g蛋白质、1.6g膳食纤维,矿物质主要含铁(3.5mg)、磷(153mg)、硒(9.9mg)等。维生素类主要含维生素B_1(0.2mg)、烟酸(2.5mg)、维生素E(1.15mg)等。

【性味归经】 甘,凉;入心、脾、肾经。

【美容功效】 补养心肾、和血健脾、除烦止渴、利水通便、嫩肤除皱、祛斑、抗衰老。

【食疗范围】 用于心肾两虚引起的心悸失眠、妇女脏燥、腹泻、自汗不止、小便不利、皮肤粗糙、早生皱纹、黄褐斑等。

【应用举例】 脏燥:症状为心神不安、悲伤欲哭。小麦30g、甘草10g、大枣6枚,加水煎煮温服。

【注意事项】 长期食用应尽量食全麦面粉,精面粉虽洁白,但它是利用小麦胚乳精加工而成的,有些营养物质丢失,长期食用会患脚气病。糖尿病患者适当忌食。

（四）粟米

【别名】 小米、粟谷、秫米、硬粟。

【来源】 禾本科植物粟的成熟种子。

【营养成分】 每100g含1506kJ(360kcal)热量、75g碳水化合物、9.0g蛋白质、1.6g膳食纤维,矿物质主要含钾(280mg)、镁(107mg)、锌(1.87mg)、铁(5.1mg)、硒(4.74mg)等,维生素类主要含维生素E(3.60mg)、维生素B_1(0.33mg)、维生素A(17μg)、胡萝卜素(100μg)等。

【性味归经】 甘、咸,凉;归脾、胃、肾经。

【美容功效】 健脾和胃、除烦止渴、抗衰除皱、健脑补血、降压。

【食疗范围】 用于食欲缺乏、贫血、失眠、口角炎、黄褐斑、皮肤早衰、高血压、脑血管硬化等。

【应用举例】 消化不良:小米煮粥,调以食盐,空腹进食。皮肤早衰:鸡肉100g、小米100g、冬菇4个共煮成糊状,调味后随量食用。

【注意事项】 忌与杏仁同食,可致吐泻。胃寒者少食。

（五）高粱

【别名】 蜀秫、木稷。

【来源】 禾本科植物蜀黍的成熟种仁。

【营养成分】 每100g含1464kJ(350kcal)热量、70g碳水化合物、10.4g蛋白质、4.3g膳食纤维,矿物质主要含钾(280mg)、铁(6.3mg)、锌(1.64mg)、磷(329mg)等,维生素类主要含维生素B_1(0.29mg)、维生素B_2(0.10mg)、维生素E(1.88mg)、烟酸(1.6mg)等。

【性味归经】 甘、涩,温;归脾、胃经。

【美容功效】 健脾益胃、养颜润泽、收敛、止泻、强筋、壮骨、降脂。

【食疗范围】 用于脾胃虚弱、慢性腹泻、贫血、老年骨质疏松、高脂血症。

【应用举例】 小儿腹泻:常食高粱粥;或高粱60g炒香,大枣10枚去核,炒焦存性,共研细末,加入白糖适量调和,每次9~15g,温开水送服。

【注意事项】 不可与中药附子同食;便秘者少食。

(六) 薏苡仁

【别名】 薏米、苡米、六谷子、起实。

【来源】 禾本科植物薏苡的成熟种仁。

【营养成分】 每100g含1506kJ(360kcal)热量、71g碳水化合物、12.8g蛋白质、2.0g膳食纤维,矿物质主要含钾(238mg)、硒(3.0mg)、锌(1.68mg)、镁(88mg)等,维生素类主要含维生素 B_1(0.22mg)、维生素 B_2(0.15mg)、维生素E(2.08mg)等。

【性味归经】 甘、淡,凉;归脾、胃、肺、肾经。

【美容功效】 健脾渗湿、清热排脓、防晒美白、嫩肤。

【食疗范围】 用于脾虚泄泻、白带、痤疮、疣、黄褐斑、脚气、慢性湿疹、高脂血症、皮肤粗糙。

【应用举例】 脾虚泄泻:薏苡仁、白扁豆各35g,煎煮服。痤疮:薏苡仁60g、紫背天葵20g,紫背天葵加水适量煮10分钟,去渣取汁与薏苡仁熬成粥,每日食之。

二 豆类

豆类美容食物主要有:赤豆、绿豆、黑大豆、黄大豆、豌豆、芸豆等。

(一) 赤豆

【别名】 赤小豆、红豆、红小豆。

【来源】 豆科植物赤豆或赤小豆的种子。

【营养成分】 每100g含1293kJ(309kcal)热量、63.4g碳水化合物、20.2g蛋白质、7.7g膳食纤维,矿物质主要含钾(860mg)、镁(138mg)、钙(74mg)、硒(3.8mg)、铁(7.4mg)等,维生素类主要含胡萝卜素(80μg)、维生素 B_1(0.16mg)、维生素E(14.36mg)、烟酸(2.0mg)等。

【性味归经】 甘、酸,平;归心、小肠经。

【美容功效】 利水除湿、消肿解毒、轻身减肥、排脓消痛、除疹止痒、增加皮肤弹性。

【食疗范围】 用于皮肤水肿、单纯性肥胖、风瘙瘾疹、湿疹、痤疮、皮炎、痈疽疮疡、皮肤衰老及弹性降低。

【应用举例】 瘾疹瘙痒:赤小豆、荆芥穗等份研成末,鸡蛋清调食。脾虚水肿:赤小豆50g、粳米100g、白糖适量,煮粥食之。

【注意事项】 阴虚津伤体质者忌用。以米粒紧、色紫赤者为佳。煮汤、粥或制作豆沙馅,加工各种食品均可。

(二) 绿豆

【别名】 青小豆。

【来源】 豆科植物绿豆的种子。

【营养成分】 每100g含1322kJ(316kcal)热量、55.6g碳水化合物、21.6g蛋白质、6.4g膳食纤维,矿物质主要含钾(787mg)、锌(2.18mg)、磷(337mg)、硒(4.28mg)等,维生素类主要含胡萝卜素(130μg)、维生素A(22mg)、维生素E(10.95mg)、维生素 B_1 和维生素C(各0.25mg)、烟酸(2.0mg)等。

【性味归经】 甘,寒;归心、肾经。

【美容功效】 清热解毒、消暑利水、祛斑润肤、消痈散结。

【食疗范围】 用于暑热症、消渴、小便不利、痈疖、丹毒、痘疹、雀斑、黑斑、痤疮。

【应用举例】 痤疮：绿豆粉100g，加水熬成糊状备用；每晚睡前先以温水洗净患处后外涂于患处，次日温水洗去。消渴：绿豆1000g，洗净加水煮烂共捣，滤取其汁，早晚各服50ml。

【注意事项】 虚寒体质、脾胃虚寒易腹泻者不可过食或久食。

（三）黑大豆

【别名】 黑豆、乌豆。

【来源】 豆科植物大豆或黑豆的种子。

【营养成分】 每100g含1594kJ(381kcal)热量、33.3g碳水化合物、36.1g蛋白质、10.2g膳食纤维，矿物质主要含钾(377mg)、钙(224mg)、锌(4.18mg)、磷(500mg)等，维生素类主要含维生素E(17.36mg)、维生素B_1(0.20mg)、维生素B_2(0.33mg)等。

【性味归经】 甘，平；入脾、胃经。

【美容功效】 补益肝肾、活血利水、强身健体、润肤益色、乌须黑发。

【食疗范围】 用于尿频、遗精、身体羸瘦、面色萎黄或苍白无华、皮肤粗糙干皱、头发枯黄或白发。

【应用举例】 肾虚体弱：炒黑大豆、天花粉各等份，研成粉末，面糊为丸，梧桐子大小，每服药20丸，煮黑豆汤送下，一日两次。

【注意事项】 《本草经集注》"恶五参、龙胆。得前胡、乌喙、杏仁、牡蛎良"。

（四）黄大豆

【别名】 黄豆。

【来源】 豆科植物大豆的黄色种子。

【营养成分】 每100g含1502KJ(359kcal)热量、186g碳水化合物、35.1g蛋白质、15.5g膳食纤维，矿物质主要含钾(503mg)、钙(191mg)、锌(3.34mg)、硒(6.14mg)等，维生素类主要含胡萝卜素(220mg)、维生素E(18.91mg)、维生素B_1(0.41mg)、维生素A(37μg)等。

【性味归经】 甘，平；归脾、大肠经。

【美容功效】 健脾宽中、益气强身、通便降脂、润肤养发。

【食疗范围】 用于脾虚体瘦、大便秘结、老年骨质疏松、高血压、高脂血症、脂肪肝、更年期综合征、皮肤干燥、衰老、头发干枯。

【应用举例】 皮肤干燥、衰老：猪皮750g、黄豆100g、酱油、料酒、盐、味精、葱、姜、桂皮、大料适量。猪皮洗净切片，黄豆泡透，同上述各调味品一同煮至烂熟，捞出调味品，加味精成冻，即可食之。

【注意事项】 不宜多食，性平，无所忌。

（五）豌豆

【别名】 青豆、寒豆、雪豆。

【来源】 豆科植物豌的种子。

【营养成分】 每100g含1310kJ(313kcal)热量、54.3g碳水化合物、20.3g蛋白质、10.4g膳食纤维，矿物质主要含钾(823mg)、镁(118mg)、硒(3.8mg)、铁(7.4mg)等，维生素类主要含胡萝卜素(250μg)、维生素A(42mg)、B_1(0.49mg)、维生素E(8.4mg)等。

【性味归经】 甘，平；归脾、肾经。

【美容功效】 益气和中、利湿解毒、润泽皮肤、祛斑美白。

【食疗范围】 用于慢性腹泻、脱肛、子宫脱垂、皮肤不泽、色斑。

【应用举例】 黄褐斑：豌豆20g、黑芝麻20g、胡桃仁20g，浸泡3小时，磨成豆浆每日服之。

【注意事项】 不宜多食，性平，无所忌。

三 蔬菜类

（一）白萝卜

【别名】 萝卜、莱菔、芦菔。

【来源】 十字花科植物莱菔的根。

【营养成分】 每100g含88kJ(21kcal)热量、5.8g碳水化合物、0.9g蛋白质、1.7g膳食纤维，矿物质主要含钾（173mg）、镁（16mg）等，维生素类主要含胡萝卜素（20μg）、维生素C（21mg）、维生素E(0.92mg)等。

【性味归经】 辛、甘，凉；归肺、胃经。

【美容功效】 消食化痰、下气宽中、清热解毒、散瘀祛斑。

【食疗范围】 用于消化不良、肠胃胀气、咳嗽痰多、黄褐斑、皮肤粗糙。

【应用举例】 去斑润肤：生白萝卜，绞取汁，去渣，每日饮之，逐渐显效。

【注意事项】 脾虚便溏者忌用，服用补气药如党参、人参、白术时不宜食白萝卜。

（二）胡萝卜

【别名】 红萝卜、黄萝卜。

【来源】 伞形科植物胡萝卜的根。

【营养成分】 每100g含109kJ(26kcal)热量、6.4g碳水化合物、1.2g蛋白质、1.2g膳食纤维，矿物质主要含钾(167mg)、镁(22mg)、磷(33mg)等，维生素类主要含胡萝卜素(20μg)、维生素C(24mg)、维生素E(1.8mg)、维生素B_1(0.03mg)、维生素B_2(0.04mg)、烟酸(0.6mg)等。

【性味归经】 甘，平；入脾、肺经。

【美容功效】 健脾化滞、润燥生津、养肝明目、养颜嫩肤、抗衰。

【食疗范围】 用于胃肠胀气、夜盲症、眼干燥症、皮肤干燥及老化、高血压。

【应用举例】 皮肤干燥、眼干燥症：取胡萝卜切片、猪肝切片，调味炒食。

【注意事项】 不能与酒同食。不宜大量食用，容易使皮肤色黄。

（三）藕

【别名】 莲藕。

【来源】 睡莲科植物莲的肥大根茎。

【营养成分】 每100g含293kJ(70kcal)热量、16.4g碳水化合物、1.9g蛋白质、1.2g膳食纤维，矿物质主要含磷(58mg)、镁(19mg)、钾(243mg)等，维生素类主要含胡萝卜素(20μg)、维生素C(44mg)、烟酸(0.3mg)、维生素E(0.73mg)等。

【性味归经】 甘，凉；归心、脾、胃经。

【美容功效】 生用清热生津、凉血止血、散瘀；熟用健脾益胃、止泻固精、润肤驻颜、减肥轻身。

【食疗范围】 生用于口渴唇干、血热出血的辅助治疗；熟用于单纯性肥胖、皮肤衰老、皮肤干燥。

【应用举例】 皮肤衰老：莲花、莲藕、莲子共阴干，研细末，按7∶8∶9的比例混合均匀，瓷瓶封存，每次1g，早晚服之。

【注意事项】 脾胃虚寒者不宜生用。

（四）山药

【别名】 淮山药、怀山药。

【来源】 薯蓣科植物薯蓣的根茎。

【营养成分】 每100g含234kJ(56kcal)热量、11.6g碳水化合物、1.9g蛋白质、0.8g膳食纤维，矿物质主要含钾(213mg)、锌(0.27mg)、磷(34mg)、硒(0.55mg)等，维生素类主要含胡萝卜素(20μg)、维生素E(0.24mg)、维生素B_1(0.55mg)、烟酸(0.3mg)等。

【性味归经】 甘，平；归脾、肺、肾经。

【美容功效】 补脾益肺、补肾涩精、润肤悦泽、延衰养颜。

【食疗范围】 用于面色萎黄、皮肤干燥少泽、早生皱纹、遗精、泄泻、食少。

【应用举例】 养颜除皱：鲜山药500g，蒸熟制泥，挤压成圆饼，其上摆放核桃仁、红枣、山楂、青梅，浇上蜂蜜，蒸10分钟，每日食之。

【注意事项】 痰湿、火热、积滞等实证者忌用。

（五）红薯

【别名】 甘薯、地瓜、山芋、白薯。

【来源】 薯科植物红薯的块根。

【营养成分】 每100g含414kJ(99kcal)热量、23.1g碳水化合物、1.1g蛋白质、0.8g膳食纤维，矿物质主要含磷(39mg)、镁(12mg)、硒(0.48mg)等，维生素类主要含胡萝卜素(25μg)、维生素A(125μg)、烟酸(0.6mg)、维生素C(26mg)等。

【性味归经】 甘，平；归脾、肺、肾经。

【美容功效】 健脾益气、减肥轻身、通便退黄。

【食疗范围】 用于便秘、肝炎、黄疸、单纯性肥胖的辅助治疗。

【应用举例】 单纯性肥胖：蒸、烤甘薯，长期食用。

【注意事项】 烂白薯(黑斑白薯)可引起中毒。

（六）百合

【别名】 蒜脑薯。

【来源】 百合科植物百合等同属多种植物的鳞茎。

【营养成分】 每100g含678kJ(162kcal)热量、38.8g碳水化合物、3.2g蛋白质、1.7g膳食纤维，矿物质主要含镁(12mg)、铜(0.24mg)、锰(0.35mg)等，维生素类主要含维生素C(18mg)、维生素B_2(0.04mg)、烟酸(0.7mg)等。

【性味归经】 甘、微苦，平；入心、肺经。

【美容功效】 润肺止咳、清心安神、润肤、消痤、通便。

【食疗范围】 用于大便干燥、痤疮、雀斑、皮肤干燥、皱纹、衰老、肺燥、口渴、唇干。

【应用举例】 痤疮：百合、绿豆各等份，洗净加水适量煮，熟时加入冰糖溶化，吃豆饮汤。

【注意事项】 脾胃虚寒者少食。

（七）茄子

【别名】 茄瓜、落苏、吊菜子。

【来源】 茄科植物茄的果实。

【营养成分】 每100g含88kJ(21kcal)热量、4.9g碳水化合物、1.1g蛋白质，矿物质主要含钾(142mg)、镁(13mg)、硒(0.48mg)等,维生素类主要含胡萝卜素(50μg)、维生素 E(1.13mg)、维生素 C(5.0mg)、烟酸(0.6mg)等。

【性味归经】 甘,凉;归脾、胃、大肠经。

【美容功效】 清热凉血、消肿利尿、祛风通络、健脾和胃。

【食疗范围】 用于扁平疣、寻常疣、水肿、小便不利、肝炎、食欲缺乏。

【应用举例】 鲜秋茄子剖开,外擦疣表面,以微热为度。每次 4~5 分钟,每日 2 次,至脱落为止。

【注意事项】 阳虚体质、脾胃虚寒者忌食。

(八) 大蒜

【别名】 胡蒜。

【来源】 百合科植物大蒜的鳞茎。

【营养成分】 每 100g 含 527kJ(126kcal)热量、26.5g 碳水化合物、4.5g 蛋白质、1.1g 膳食纤维,矿物质主要含钾(302mg)、钙(39mg)、磷(117mg)、硒(3.09mg)、锌(0.88mg)等,维生素类主要含维生素 E(1.0mg)、维生素 C(7.0mg)、维生素 B_2(0.06mg)等。

【性味归经】 辛,温;归脾、胃经。

【美容功效】 解毒杀虫、温中祛寒、宣窍通闭、延续衰老、生发。

【食疗范围】 用于开胃提神、腹痛泄泻、消化不良、虫积、斑秃。

【应用举例】 斑秃:鲜大蒜一枚,切厚片,摩擦患处至有轻度灼热感(充血),每日 1~2 次。

【注意事项】 生食具有刺激性,易致口舌灼痛、胃感灼烧、口臭。阴虚火旺、肺胃积热者不宜。

(九) 辣椒

【别名】 辣茄、香椒。

【来源】 茄科植物辣椒的果实。

【营养成分】 (青、尖椒)每 100g 含 96kJ(23kcal)热量、5.8g 碳水化合物、1.4g 蛋白质、2.1g 膳食纤维,矿物质主要含钾(209mg)、钙(15mg)、镁(15mg)等,维生素类主要含胡萝卜素(340μg)、维生素 A(57μg)、维生素 C(62mg)、维生素 E(0.88mg)等。

【性味归经】 辛,热;归心、脾经。

【美容功效】 温中健胃、散寒燥湿、发汗解表、减肥抗衰、改善血液循环。

【食疗范围】 用于脾胃虚寒、风湿痹痛、风寒感冒、斑秃、腋臭、皱纹、冻伤。

【应用举例】 冻疮:生姜 20g、辣椒 10g、葱 10g 共熬汤,浸洗,溃烂者不宜。斑秃:红辣椒 10g,加入 60ml 白酒中泡 5~7 天,取酒外搽,每日数次。

【注意事项】 阴虚火旺、阳热亢盛体质者忌用。失血、目疾、痔疮、溃疡者忌用。

(十) 生姜

【别名】 嫩者名紫姜、子姜;宿根名母姜、黄姜。

【来源】 姜科多年生草本植物姜的根茎。

【营养成分】 每 100g 含 171kJ(41kcal)热量、10.3g 碳水化合物、1.3g 蛋白质、2.7g 膳食纤维,矿物质主要含钾(295mg)、镁(44mg)、锰(3.2mg)、铁(7.4mg)等,维生素主要含胡萝卜素(170μg)、维生素 A(28μg)、烟酸(0.8mg)、维生素 C(4mg)等。

【性味归经】 辛,温;归脾、胃、肺经。

【美容功效】 发表散寒、温中止呕、抗衰红颜、增进食欲、镇痛解毒，外用生发、消白斑、除臭。

【食疗范围】 用于风寒感冒、疼痛、恶心呕吐、面色萎黄少泽、白癜风、腋臭、斑秃、老年斑。

【应用举例】 养颜泽面：生姜500g，捣碎取汁，澄去上层黄清液，取下层白而浓者，阴干成粉，名为姜乳，每日少量与面粉拌和做饼食之。腋臭：干姜、胡粉、生石灰各等份，研细末调匀，外涂患处，早晚各一次。

【注意事项】 阴虚内热、血热出血者忌用。

（十一）芹菜

【别名】 药芹、香芹、旱芹。

【来源】 伞形科旱芹的全草，茎供食用。

【营养成分】 每100g含59kJ(14kcal)热量、3.9g碳水化合物、1.4g膳食纤维，矿物质主要含钙(48mg)、钾(154mg)、镁(10mg)、磷(103mg)等，维生素类主要含维生素A(10μg)、维生素B_2(0.08mg)、维生素C(12mg)、维生素E(2.21mg)等。

【性味归经】 甘、苦，凉；入肝、胃经。

【美容功效】 清热凉血、平肝降压、利湿和胃、减肥瘦身。

【食疗范围】 用于高血压、高脂血症、肥胖症。

【应用举例】 生食、捣汁服、炒食、凉拌，常食用于高血压、肥胖症的食疗。

【注意事项】 脾胃虚寒、身体消瘦、血压偏低者少食。

（十二）黄瓜

【别名】 王瓜、刺瓜、胡瓜。

【来源】 葫芦科植物黄瓜的果实。

【营养成分】 每100g含63kJ(15kcal)热量、2.9g碳水化合物、0.8g蛋白质、0.5g膳食纤维，矿物质主要含镁(15mg)、钾(102mg)、硒(0.38mg)等，维生素类主要含维生素A(15μg)、维生素C(9mg)、维生素E(0.49mg)等。

【性味归经】 甘，凉；归脾、胃、大肠经。

【美容功效】 清热生津、利水消肿、消斑抗皱、去脂减肥、嫩肤美白。

【食疗范围】 用于肺胃津亏、口渴唇燥、口角炎、皮肤干燥、肥胖症、白癜风、面部黑斑、面部油腻、痤疮。

【应用举例】 面部皮肤干燥、皱纹、黑斑：黄瓜切片敷面，每日1～2次。单纯性肥胖、糖尿病：生吃、凉拌，久服有效。

【注意事项】 脾胃虚寒者少食。

（十三）苦瓜

【别名】 凉瓜、癞瓜。

【来源】 葫芦科植物苦瓜的果实。

【营养成分】 每100g含79kJ(19kcal)热量、4.9g碳水化合物、1.0g蛋白质、1.4g膳食纤维，矿物质主要含钾(256mg)、镁(18mg)、锌(0.36mg)等，维生素类主要含胡萝卜素(100μg)、维生素C(56mg)、维生素E(0.85mg)、维生素A(17μg)、烟酸(0.4mg)等。

【性味归经】 甘，寒；归心、脾、胃、肝经。

【美容功效】 清热解暑、清肝明目、降糖、疗疣。

【食疗范围】 用于中暑、烦热口渴、目赤疼痛、糖尿病、扁平疣。

【应用举例】 扁平疣:鲜苦瓜去籽,以酸茶水泡1周,取出,用菜油炸食之,每次100g左右,每日2~3次。

【注意事项】 脾胃虚寒者少食。

(十四)冬瓜

【别名】 水芝、白瓜、东瓜、枕瓜。

【来源】 葫芦科植物冬瓜的果实。

【营养成分】 每100g含46kJ(11kcal)热量、2.6g碳水化合物、0.4g蛋白质、0.7g膳食纤维,矿物质主要含磷(12mg)、钙(19mg)、镁(8mg)等,维生素类主要含维生素C(18mg)、维生素A(13μg)等。

【性味归经】 甘、淡,凉;归肺、大肠、膀胱经。

【美容功效】 清热生津、利尿消肿、消脂减肥、祛斑抗皱。

【食疗范围】 用于口渴唇燥、消渴、高血压、单纯性肥胖、糖尿病、色斑、皱纹、酒渣鼻。

【应用举例】 黄褐斑:冬瓜1个,去皮切片,白酒1500ml、水1000ml煮烂去渣,熬成膏,夜涂面,晨洗去。冬瓜瓤煎汤洗脸、洗澡,可使人皮肤嫩白润泽。

【注意事项】 脾胃虚寒、易腹泻者少食。

(十五)番茄

【别名】 西红柿。

【来源】 茄科植物番茄的果实。

【营养成分】 每100g含79kJ(19kcal)热量、4.0g碳水化合物、0.9g蛋白质、0.5g膳食纤维,矿物质主要含钾(163mg)、钙(10mg)、锌(0.13mg)等,维生素类主要含胡萝卜素(550μg)、维生素A(92μg)、烟酸(0.6mg)、维生素C(19mg)、维生素E(0.5mg)等。

【性味归经】 甘、酸,微寒;归肝、脾、胃经。

【美容功效】 生津止渴、健胃消食、降脂降压、驻颜消斑、抗皱。

【食疗范围】 用于口渴唇燥、皮肤干燥少泽、高血压、黄褐斑、雀斑、皱纹。

【应用举例】 生食、煮食、凉拌、取汁,长期食用可养颜除皱,治疗黄褐斑、雀斑。

【注意事项】 青色未熟的西红柿不宜食用,烹调时不宜久煮。

(十六)茭白

【别名】 茭瓜、茭笋、菰笋。

【来源】 禾本科植物菰前的肥大菌瘿。

【营养成分】 每100g含96kJ(23kcal)热量、5.9g碳水化合物、1.2g蛋白质、1.9g膳食纤维,矿物质主要含钾(209mg)、硒(0.45mg)、锰(0.49mg)等,维生素类主要含维生素E(0.99mg)、维生素C(5mg)、烟酸(0.5mg)等。

【性味归经】 甘、淡,凉。归脾、胃、大肠经。

【美容功效】 清热除烦、利尿除湿、润肠通便、退黄、滋润皮肤。

【食疗范围】 用于高血压、高血脂、黄疸、皮肤干燥、大便秘结、酒渣鼻。

【应用举例】 酒渣鼻:鲜茭60g,煎水饮服,每日1次。

【注意事项】 脾胃虚寒、易腹泻者少食。阳痿滑泄者忌食。

四 水果、坚果类

(一) 苹果

【别名】 起凡子、奈子。

【来源】 蔷薇科植物苹果的果实。

【营养成分】 每100g含217kJ(52kcal)热量、12.3g碳水化合物、0.2g蛋白质、1.2g膳食纤维,矿物质主要含钾(119mg)、锌(0.19mg)、磷(12mg)、镁(0.6mg)等,维生素类主要含维生素 B_1(0.06mg)、维生素C(4.0mg)、维生素E(2.12mg)等。

【性味归经】 甘、酸,凉。归脾、胃经。

【美容功效】 生津止渴、清热除烦、润肠通便、健脑提神、润肤美白、除皱消斑。

【食疗范围】 用于口燥唇干、便秘、记忆衰退、皮肤干燥、肤色黯黑、色斑、皮肤衰老、皱纹。

【应用举例】 生食、煮汤、榨汁,每日食之可改善便秘症状、抑制皮肤黑色素、美白皮肤。为天然健康的美容佳品。

【注意事项】 脾胃虚寒者少食或煮食为佳。

(二) 猕猴桃

【别名】 猕猴梨、金梨、毛梨。

【来源】 猕猴桃科植物猕猴桃的果实。

【营养成分】 每100g含205kJ(49kcal)热量、13.8g碳水化合物、1.7g蛋白质、4.1g膳食纤维,矿物质主要含钾(144mg)、钙(27mg)、铁(1.2mg)、锌(0.57mg)、铜(1.87mg)等,维生素类主要含胡萝卜素(120μg)、维生素C(30mg)、维生素A(20μg)、维生素E(2.43mg)等。

【性味归经】 甘、酸,寒;归脾、胃经。

【美容功效】 清热止渴、和胃降逆、养颜乌发。

【食疗范围】 用于津血亏虚、面色无华、呃逆干呕、头发早白、便秘、癌症放化疗后辅助食疗。

【应用举例】 生食、榨汁为好。胃癌呃逆干呕:鲜猕猴桃100g,榨汁加姜汁少许,慢慢饮之。

【注意事项】 脾胃虚寒者少食。

(三) 桑葚

【别名】 桑实。

【来源】 桑科植物桑的果穗。

【营养成分】 每100g含205kJ(49kcal)热量、13.8g碳水化合物、1.7g蛋白质、4.1g膳食纤维,矿物质主要含钙(37mg)、硒(5.65mg)、铁(0.4mg)等,维生素类主要含维生素E(9.87mg)、维生素 B_1(0.02mg)、维生素 B_2(0.06mg)等。

【性味归经】 甘,寒;归肝、肾经。

【美容功效】 滋阴养血、补肝益胃、生津润肠、乌须黑发、养颜润肤、降脂降压。

【食疗范围】 用于阴血亏虚引起的头昏耳鸣、目暗昏花、须发早白、遗精、便秘、皮肤干燥、高脂血症、高血压。

【应用举例】 须发早白：桑葚、何首乌、黑芝麻各等份，熬制成膏，每日食之。

【注意事项】 脾胃虚、便溏者少食。

（四）柠檬

【别名】 益母子、黎檬子。

【来源】 芸香科植物黎檬或洋柠檬的果实。

【营养成分】 每100g含146kJ(35kcal)热量、6.2g碳水化合物、1.1g蛋白质、1.3g膳食纤维，矿物质主要含钾(209mg)、镁(37mg)、锌(0.65mg)、钙(101mg)等，维生素类主要含维生素B_1(0.05mg)、烟酸(0.6mg)、维生素C(22mg)、维生素E(1.14mg)等。

【性味归经】 酸，平；归脾、胃、肝经。

【美容功效】 清热解暑、生津止渴、降脂瘦身、增白退斑、消除口臭。

【食疗范围】 用于暑热口渴、高脂血症、高血压、肥胖症、色斑、肤色发黑、皮肤生皱、口臭。

【应用举例】 黄褐斑：柠檬汁敷面或配合霜剂；口臭：鲜汁口服。

【注意事项】 鲜品味极酸，注意保护牙齿。

（五）龙眼肉

【别名】 益智、桂圆肉。

【来源】 为无患子科植物龙眼的假种皮。

【营养成分】 每100g含1310kJ(313kcal)热量、73.5g碳水化合物、4.6g蛋白质、2.0g膳食纤维，矿物质主要含钾(129mg)、镁(55mg)、硒(3.28mg)、铁(3.9mg)等，维生素类主要含维生素C(27mg)、维生素B_2(1.03mg)、烟酸(8.9mg)等。

【性味归经】 甘，温；归心、脾经。

【美容功效】 益心脾、补气血、安神、养血悦色、丰润肌肤、丰乳健胸。

【食疗范围】 用于心脾双虚引起的失眠、健忘、自汗盗汗、皮肤衰老、色素沉着、面色无泽萎黄、乳房不丰。

【应用举例】 红颜泽肤：当归、龙眼肉各等份，白酒适量，泡1周，每晚少量饮之。贫血、失眠、自汗盗汗：龙眼肉、莲子、芡实各等份，加水炖汤，睡前服用。

【注意事项】 痰湿盛、内火实证者忌用。

（六）白果

【别名】 银杏。

【来源】 银杏科植物银杏仁干燥成熟种子。

【营养成分】 每100g含1485kJ(355kcal)热量、72.6g碳水化合物、13.2g蛋白质，矿物质主要含钙(54mg)、锌(0.69mg)、硒((14.5mg)、锰(2.03mg)等，维生素类主要含维生素E(24.7mg)、维生素B_2(0.1mg)、烟酸(0.6mg)等。

【性味归经】 甘、苦、涩，平；归肺经。

【美容功效】 敛肺定喘、止带浊、缩小便、美白祛斑、去疣疗癣。

【食疗范围】 用于痰多喘咳、遗精、遗尿、痤疮、黑斑、扁平疣、酒渣鼻、癣。

【应用举例】 痤疮、黑斑：白果适量洗净，切开绞烂取汁，外涂患处，早晚各1次。

【注意事项】 本品有毒，生食或炒食过量可中毒，小儿尤易发生。

（七）胡桃仁

【别名】 核桃仁、胡桃肉。

【来源】 胡桃科植物胡桃仁的干燥成熟果实。

【营养成分】 每 100g 含 2623kJ(627kcal)热量、19. 1g 碳水化合物、14. 9g 蛋白质、58. 8g 脂肪、9. 5g 膳食纤维,矿物质主要含钾(385mg)、镁(131mg)、锌(2. 17mg)、硒(4. 62mg)、锰(3. 44mg)、铁(2. 7mg)等,维生素类主要含维生素 E(43. 21mg)、维生素 B_1(0. 15mg)、维生素 B_2(0. 14mg)、烟酸(0. 6mg)等。

【性味归经】 甘,温;归肺、肾、大肠经。

【美容功效】 补肾助阳、补肺敛肺、润肠通便、润肤悦色、驻颜黑发、健脑延衰。

【食疗范围】 用于腰膝酸软、牙齿松动、虚劳咳嗽、小便频数、肠燥便秘、记忆下降、早衰、皮肤衰老、白发脱发、头发干枯、白癜风、酒渣鼻。

【应用举例】 头发脱落:胡桃 2 个、榧子 3 枚、侧柏 30g,捣浸雪水,梳发。

白癜风:初生青胡桃 5 个、硫黄研细 15g、白矾 0. 3g,共研为膏。每日涂 2 ~3 次。

【注意事项】 阴虚火旺体质、大便溏泄者忌用。

(八) 红枣

【别名】 大枣。

【来源】 鼠李科植物枣的干燥成熟果实。

【营养成分】 每 100g 含 1105kJ(264kcal)热量、67. 8g 碳水化合物、3. 2g 蛋白质、6. 2g 膳食纤维,矿物质主要含钾(524mg)、钙(64mg)、镁(36mg)、锌(0. 65mg)、铁(2. 3mg)等,维生素类主要含维生素 E(3. 04mg)、维生素 C(380mg)、维生素 B_2(0. 16mg)等。

【性味归经】 甘,温;归脾、肾经。

【美容功效】 补脾和胃、益气生津、养血安神、驻颜抗衰、润泽肌肤。

【食疗范围】 用于心悸失眠、面色萎黄无泽、贫血、皮肤早衰、干枯失润。

【应用举例】 贫血失眠:红枣 10 ~20 枚,煎汤常服;面色萎黄:红枣 10 枚、花生 100g、蜂蜜 100g 共煮至糊状,每日食之。

【注意事项】 糖尿病、湿痰积滞者忌食。

(九) 莲子

【别名】 莲实。

【来源】 睡莲科植物莲的成熟果实。

【营养成分】 每 100g 含 1439kJ(344kcal)热量、67. 2g 碳水化合物、17. 2g 蛋白质,矿物质主要含钾(846mg)、钙(97mg)、镁(242mg)、铁(6. 4mg)、磷(285mg)、锰(8. 23mg)等,维生素类主要含维生素 B_1(0. 16mg)、烟酸(4. 2mg)、维生素 E(2. 71mg)等。

【性味归经】 甘、涩,平;归心、脾、肾经。

【美容功效】 养心益肾、补脾涩肠、轻身驻颜、乌发黑发、健脑安神。

【食疗范围】 用于失眠、记忆力下降、久泻、遗精、白发、面色无泽。

【应用举例】 悦色驻颜:胡桃肉 120g、莲子 30g、补骨脂 120g、葫芦巴 120g,研为粉末,用酒拌为丸,梧桐子大小,每服 30 丸,每日 1 次。

【注意事项】 中焦积滞、大便秘结者忌用。

(十) 黑芝麻

【别名】 芝麻、脂麻。

【来源】 胡麻科植物芝麻的干燥成熟种子。

【营养成分】 每 100g 含 2217kJ(530kcal)热量、24g 碳水化合物、19. 1g 蛋白质、46. 1g 脂

肪、14g 膳食纤维，矿物质主要含钙（780mg）、钾（358mg）、镁（290mg）、铁（22.7mg）、锌（6.13mg）、锰（17.85mg）等，维生素类主要含维生素 E（50.4mg）、维生素 B_1（0.66mg）、维生素 B_2（0.25mg）、烟酸（5.9mg）等。

【性味归经】 甘，平；归肝、肾、大肠经。

【美容功效】 滋养肝肾、补益精血、润燥通便、益寿延年、润肤乌发。

【食疗范围】 用于腰膝酸软、头昏耳鸣、肠燥便秘、须发早白、脱发、皮肤干燥、白癜风。

【应用举例】 少年白发：黑芝麻、桑葚各 250g，共捣碎加蜂蜜适量调匀，储消毒瓶中备用，每次服 6g，白开水送服，每日 3 次。

【注意事项】 大便溏泄者忌食，食疗以研末为好。

（十一）杏仁

【别名】 杏核仁。

【来源】 蔷薇科植物杏或山杏的成熟干燥种子的核仁。

【营养成分】 每 100g 含 2418kJ（578kcal）热量、19.7g 碳水化合物、21.3g 蛋白质、48.6g 脂肪、11.8g 膳食纤维，矿物质主要含钾（687mg）、钙（216mg）、镁（275mg）、铁（4.3mg）、硒（4.4mg）、磷（186mg）等，维生素类主要含维生素 B_1（0.24mg）、维生素 B_2（0.81mg）、烟酸（3.9mg）等。

【性味归经】 甘，平；归肺、大肠经。

【美容功效】 化痰止咳、润汤通便、润肤美白、祛斑洁肤。

【食疗范围】 用于肠燥便秘、皮肤干燥、面部黑斑、痤疮、白癜风、酒渣鼻。

【应用举例】 黑斑：杏仁适量，热水浸泡去皮捣烂，用鸡蛋清少许调匀，每晚睡前涂面部，次日洗净。

【注意事项】 苦杏仁味苦，有小毒，不宜多食。大便溏泄者忌用。

（十二）落花生

【别名】 花生、地果、长生果、花生米。

【来源】 豆科植物落花生的成熟种子。

【营养成分】 每 100g 含 2356kJ（563kcal）热量、21.7g 碳水化合物、24.8g 蛋白质、44.3g 脂肪、5.5g 膳食纤维，矿物质主要含钾（587mg）、磷（324mg）、镁（178mg）、硒（3.94mg）等，维生素类主要含维生素 A（5μg）、维生素 B_1（0.72mg）、维生素 E（18.09mg）等。

【性味归经】 甘，平；归脾、肺经。

【美容功效】 补脾益气、润肺下乳、健脑抗衰、滋润皮肤、止血、降胆固醇。

【食疗范围】 用于皮肤老化及干燥、过敏性紫癜、皮肤出血、胆固醇高、动脉硬化、记忆力下降。

【应用举例】 乳汁少：花生米 100g、猪蹄 1 只，共炖服。皮肤紫癜：带皮花生 50g、红枣 5 枚，煮食，每日 2 次。

【注意事项】 大便溏泄者忌用；血黏度高、有血栓的患者忌用。

五 肉、蛋、奶类

（一）猪肉

【来源】 猪科动物猪的肉。

【营养成分】 每100g含1653kJ(395kcal)热量、2.4g碳水化合物、13.2g蛋白质、37g脂肪,矿物质主要含钾(305mg)、磷(162mg)、硒(11.97mg)等,维生素类主要含维生素E(0.49mg)、烟酸(3.5mg)、维生素A(18μg)、维生素B_1(0.22mg)等。

【性味归经】 甘,平;归脾、胃、肾经。

【美容功效】 滋阴润燥、补血益气、润肤养颜。

【食疗范围】 用于体质虚弱、气血不足、皮肤粗糙、干燥少泽。

【应用举例】 血虚、面色萎黄:猪肉500g、黑木耳30g、红枣(去核)10枚,洗净一起放入锅内,加水急火煮开后,慢火炖2小时,调味食用。

【注意事项】 湿热痰盛者少食;适量食用,不可过食,尤其肥胖者;血脂、血压高者少食。

(二) 猪蹄

【别名】 猪脚。

【来源】 猪科动物猪的蹄。

【营养成分】 每100g含1088kJ(260kcal)热量、22.6g蛋白质、18.8g脂肪,矿物质主要含钙(33mg)、硒(5.85mg)、锌(1.14mg)等,维生素类主要含维生素B_2(0.1mg)、维生素A(3μg)、烟酸(1.5mg)等。

【性味归经】 甘、咸,平;归胃、肝经。

【美容功效】 补血通乳、托疮解毒、嫩肤除皱。

【食疗范围】 用于气血不足、乳汁量少、皮肤干燥、早生皱纹、雀斑。

【应用举例】 皮肤干燥、有皱纹:猪蹄2个、冬菇15g、玉兰花15g、色拉油、调味品适量。将猪蹄煮至六成熟,涂上糖,放入油中炸至金黄色,开水中稍煮,放入调味品蒸1.5小时,去骨调味,加已用开水焯过的冬菇、玉兰花即可食用。

【注意事项】 湿热痰盛者少食;血脂、血压高者少食。

(三) 猪肝

【来源】 猪科动物猪的肝。

【营养成分】 每100g含540kJ(129kcal)热量、5.0g碳水化合物、19.3g蛋白质、3.5g脂肪,矿物质主要含钾(235mg)、铁(22.6mg)、硒(19.2mg)、锌(5.78mg)、磷(310mg)等,维生素类主要含维生素A(4972μg)、维生素B_1(0.21mg)、维生素B_2(2.08mg)、维生素C(20mg)、维生素E(0.86mg)、烟酸(288mg)等。

【性味归经】 甘、苦,温;归肝经。

【美容功效】 补肝、养血、明目、抗贫血、抗衰老、驻容颜。

【食疗范围】 用于两目昏花、视物不清、夜盲症、贫血、面色萎黄。

【应用举例】 夜盲症、贫血、面色萎黄:鲜猪肝100g、鲜胡萝卜200g,生姜片、精盐、香油、香菜各适量。猪肝、胡萝卜洗净切片,放入锅中加生姜、盐、水共煮,待猪肝熟时加入其他调味品,每日食之。

【注意事项】 肥胖症、高血压、高血脂、冠心病患者忌食猪肝。

(四) 牛肉

【别名】 黄牛肉、水牛肉。

【来源】 牛科动物黄牛或水牛的肉。

【营养成分】 每100g含523kJ(125kcal)热量、2.0g碳水化合物、19.9g蛋白质、4.2g脂肪,矿物质主要含钾(216mg)、镁(20mg)、锌(4.73mg)、硒(6.45mg)、钙(23mg)等,维生素类

主要含维生素 B_2(0.14mg)、烟酸(5.6mg)、维生素 E(0.65mg)等。

【性味归经】 甘,温;归脾、胃经。

【美容功效】 补脾胃、益气血、强健筋骨、生肌长肉、促进伤口愈合。

【食疗范围】 用于久病体虚、中气下陷、面色萎黄、口唇色淡、皮肤衰老、术后外伤促进愈合。

【应用举例】 驻颜泽肤:牛肉 500g、胡萝卜 2 个、土豆 3 个、鲜豌豆 10g、番茄 10g、枸杞 30g、葱头 4 个、油 100g,食盐、花椒适量。将牛肉、胡萝卜、土豆、葱头洗净切丁,同牛肉放入油锅中煸至变色,加入鲜豌豆、番茄、枸杞共煮 2 小时,放入调味品,每日食之。

【注意事项】 阴虚内热体质者少食;老人、幼儿、消化功能差者少食。

(五) 鸡肉

【别名】 家鸡肉。

【来源】 雉科动物家鸡的肉。

【营养成分】 每 100g 含 699kJ(167kcal)热量、1.3g 碳水化合物、19.3g 蛋白质、9.4g 脂肪,矿物质主要含钾(251mg)、磷(156mg)、硒(11.75mg)等,维生素类主要含维生素 A(48μg)、维生素 E(0.67mg)、烟酸(5.6mg)等。

【性味归经】 甘,温;归脾、胃经。

【美容功效】 温中补脾、益气养血、补肾益精、丰乳驻颜。

【食疗范围】 用于体质虚弱、气血不足、肌肉消瘦、乳房不丰满、面色萎黄、免疫功能低下。

【应用举例】 补养阴血、润肤延衰:乌鸡一只(约 1000g)、黄精 15g、当归 9g、食盐适量。乌鸡洗净切块,同黄精、当归共煮 2 小时,加入食盐调味,每日食之。

【注意事项】 感冒发热者不宜,痰湿内热者少食。

(六) 驴肉

【别名】 毛驴肉。

【来源】 马科动物驴的肉。

【营养成分】 每 100g 含 485kJ(116kcal)热量、21.5g 蛋白质、3.2g 脂肪,矿物质主要含钾(325mg)、铁(4.3mg)、锌(4.26mg)、硒(6.1mg)等,维生素类主要含维生素 B_2(0.25mg)、烟酸(2.2mg)、维生素 E(1.42mg)等。

【性味归经】 甘、酸,平;归脾、胃、肝经。

【美容功效】 补益气血、定神定志、生肌长肉、强健筋骨、润肤泽面、祛斑驻颜。

【食疗范围】 用于体质虚弱、气血亏虚、心烦失眠、肌肉消瘦、皮肤弹性下降、皮肤色斑及少泽。

【应用举例】 体弱消瘦:经常炖食。

【注意事项】 营养丰富,性平,适用于任何虚弱体质。

(七) 鸡蛋白

【别名】 鸡蛋清。

【来源】 雉科动物鸡卵液清部分。

【营养成分】 每 100g 含 251kJ(60kcal)热量、3.1g 碳水化合物、11.6g 蛋白质、0.1g 脂肪,矿物质主要含钾(123mg)、镁(15mg)、硒(6.97mg)等,维生素类主要含维生素 B_1(0.04mg)、维生素 B_2(0.31mg)、烟酸(0.2mg)等。

【性味归经】 甘,凉;归脾、胃经。

【美容功效】 清热解毒、润肺利咽、润肤白面、除皱祛斑。

【食疗范围】 用于皮肤皱纹、黑斑、痤疮、黑痣、白癜风。

【应用举例】 痤疮、黑斑:鲜鸡蛋2个,浸入陈醋中3天后,待鸡蛋壳变软,取出蛋清,贮瓶备用。每晚涂面部皮肤痤疮、黑斑部位,次日早晨洗去。

【注意事项】 鸡蛋白美容一般均外用,对蛋清不过敏者即可。

(八) 牛乳

【别名】 牛奶。

【来源】 牛科动物黄牛的乳汁。

【营养成分】 每100g含1063kJ(254kcal)热量、3.4g碳水化合物、3.0g蛋白质、3.2g脂肪,矿物质主要含钙(104mg)、磷(73mg)、铁(0.3mg)、硒(1.94mg)、镁(11mg)、锌(0.42mg)等,维生素类主要含维生素A(24μg)、维生素B_2(0.14mg)、维生素C(1.0mg)、维生素E(0.21mg)等。

【性味归经】 甘,平;归脾、胃经。

【美容功效】 补虚损、益肺肾、壮气血、安心神、生津润燥、嫩肤美白、养颜除皱。

【食疗范围】 用于体质羸弱、营养不良、体瘦、失眠、面色憔悴、皮肤皱纹、弹性下降、干黑无泽。

【应用举例】 外用以牛乳洗面,可嫩肤美白。

【注意事项】 老少体弱者皆宜,适用于各种体质。

(九) 酸奶

【别名】 酸牛奶。

【来源】 牛乳经发酵加工制成。

【营养成分】 每100g含301kJ(72kcal)热量、9.3g碳水化合物、2.5g蛋白质、2.7g脂肪,矿物质主要含钙(118mg)、钾(150mg)、铁(0.4mg)、镁(12mg)、磷(85mg)等,维生素类主要含维生素A(26μg)、维生素B_2(0.15mg)、维生素C(1.0mg)等。

【性味归经】 甘、酸,平;归脾、胃、肺经。

【美容功效】 补益肺脾、健胃消食、生津润燥、润肤嫩肤、明目固齿、营养头发。

【食疗范围】 用于体质虚弱、食欲缺乏、口干唇燥、皮肤不泽、牙齿松动、头发枯槁。

【应用举例】 长期服用。

【注意事项】 适用于任何体质,夏季多饮,冬季气候寒冷则应少饮。

六 水产类

(一) 鲈鱼

【别名】 花鲈、鲈子鱼。

【来源】 鮨科动物鲈鱼的肉或除去内脏的全体。

【营养成分】 每100g含439kJ(105kcal)热量、18.6g蛋白质、3.4g脂肪,矿物质主要含钙(138mg)、钾(205mg)、镁(37mg)、硒(33.1mg)、铁(2.0mg)等,维生素类主要含维生素A(19μg)、维生素B_2(0.17mg)、烟酸(3.1mg)、维生素E(0.75mg)等。

【性味归经】 甘,平;归脾、胃、肝、肾经。

【美容功效】 益脾胃、补肝肾、嫩肤美白、增加弹性、强身健体。

【食疗范围】 用于脾胃虚弱、气血不足、泄泻水肿、筋骨不健、皮肤早衰无泽、消瘦、皮肤弹性减低。

【应用举例】 体弱消瘦：鲈鱼1000g、香菇6个、火腿300g、笋片150g、调味品适量。洗净放入盘中，加入各种调味品，蒸8分钟，淀粉勾芡，即可食用。

【注意事项】 适用于任何体质，过敏者应注意。

（二）带鱼

【别名】 裙带鱼、鞭鱼。

【来源】 带鱼科动物带鱼的肉。

【营养成分】 每100g含531kJ(127kcal)热量、3.1g碳水化合物、17.7g蛋白质、4.9g脂肪，矿物质主要含钾（280mg）、镁（43mg）、硒（36.6mg）等，维生素类主要含维生素E（0.82mg）、烟酸(2.8mg)、维生素A(29μg)、维生素B_2(0.06mg)等。

【性味归经】 甘，温；归脾、胃、肝经。

【美容功效】 益脾补虚、养肝补血、泽肤美发、养颜除皱、健脑提神、消瘿瘤。

【食疗范围】 用于脾胃虚弱，气血不足，老年痴呆，精神萎靡，头发脱落、干枯，皮肤早衰、弹性减低、黑瘦无泽，瘿瘤。

【应用举例】 1周食用2～3次，因腥气较重，不宜清蒸，以红烧或糖醋为佳，可养颜健美。

【注意事项】 皮肤过敏者忌用，一次不宜食过多。

（三）鳝鱼

【别名】 黄鳝。

【来源】 合鳃鱼科黄鳝属动物黄鳝的肉或全体。

【营养成分】 每100g含372kJ(89kcal)热量、18.8g蛋白质、1.4g脂肪，矿物质主要含钾(263mg)、磷（150mg）、硒（34.6mg）、铁（2.5mg）、锰（2.2mg）等，维生素类主要含维生素A(50μg)、维生素B_2(0.06mg)、烟酸(2.8mg)、维生素E(0.82mg)等。

【性味归经】 甘，温；归脾、肝、肾经。

【美容功效】 气补血、强筋骨、健脑提神、养肝明目、降血脂、调血糖、增加皮肤弹性、嫩肤抗皱。

【食疗范围】 用于气血不足、脾肾亏虚、身体虚羸、记忆力下降、高脂血症、糖尿病、皮肤弹性下降、粗糙。

【应用举例】 糖尿病、皮肤粗糙：大黄鳝600g、鲜辣椒150g、葱丝15g、精盐3g、料酒15g、酱油少许、香油10g、色拉油25g。将鳝鱼洗净切丝，辣椒切丝，色拉油烧热，放入葱丝煸香，加入鳝丝及其他调味品煸炒，出锅即可食。

【注意事项】 每次不宜多食，否则不易消化；内有实热者不宜食用。

（四）墨鱼

【别名】 乌贼鱼、乌鱼、墨斗鱼。

【来源】 乌贼科动物无针乌贼或金乌贼的肉。

【营养成分】 每100g含347kJ(83kcal)热量、3.4g碳水化合物、15.2g蛋白质、0.9g脂肪矿，物质主要含钾(400mg)、镁(39mg)、硒(37.5mg)、铜(0.69mg)等，维生素类主要含维生素B_1(0.02mg)、维生素B_2(0.04mg)、烟酸(1.8mg)、维生素E(1.49mg)等。

【性味归经】 甘、咸，平；归肝、肾经。

【美容功效】 壮补肝肾、滋阴养血、止血、滋润肌肤、养发乌发。

【食疗范围】 用于血虚贫血、各种出血,皮肤干燥、早衰、皱纹、萎黄不泽、黄褐斑,毛发干枯、头发早白。

【应用举例】 黄褐斑:乌贼1条(约250g)、桃仁6g,将乌贼处理洗净与桃仁煮汤,适量调味,隔日1次。

【注意事项】 脾胃虚弱、消化功能弱者少食;糖尿病、高血压者少食。

(五) 鲍鱼

【别名】 九孔鲍、鳆鱼。

【来源】 鲍科动物九孔鲍的肉。

【营养成分】 每100g含351kJ(84kcal)热量、6.6g碳水化合物、12.6g蛋白质、0.8g脂肪,矿物质主要含钙(266mg)、镁(59mg)、铁(22.6mg)、硒(21.4mg)、锌(1.7mg)、锰(0.4mg)等,维生素类主要含维生素A(24μg)、维生素E(2.2mg)、维生素B_2(0.16mg)等。

【性味归经】 咸,温;归肝、肾经。

【美容功效】 养血柔肝、滋阴清热、益精明目、调节血压、润肠通便、滋润皮肤、增弹除皱、健胸丰乳。

【食疗范围】 用于痨瘵虚损、高血压、低血压、头昏目眩、视物模糊、便秘、皮肤粗糙早衰及弹性减低、妇女血枯经闭。

【应用举例】 明目降压:鲍鱼肉30g、胡萝卜20g,洗净,加水适量,武火煮沸,文火炖2小时,调味即可食用。

【注意事项】 脾胃虚弱者以饮汤为宜;外感发热、阴虚火旺者忌食。

(六) 对虾

【别名】 明虾、大虾、海虾。

【来源】 对虾科动物对虾的全体或肉。

【营养成分】 每100g含389kJ(93kcal)热量、1.8g蛋白质、0.8g脂肪,矿物质主要含钾(238mg)、镁(43mg)、硒(33.7mg)、磷(186mg)、锌(3.59mg)等,维生素类主要含维生素B_2(0.07mg)、烟酸(4mg)、维生素E(1.55mg)等。

【性味归经】 咸,温;归肝、肾经。

【美容功效】 补益肝肾、温补阳气、祛风通络、健胸丰乳。

【食疗范围】 用于体质虚弱、羸瘦、阳虚怕冷、筋骨疼痛、产后乳少、乳房发育不良。

【应用举例】 健美丰乳:对虾2只、通草6g、丝瓜络6g、生姜、精盐适量。将前三味加水适量煮汤,加入生姜、精盐调味,吃虾喝汤,每日1次。

【注意事项】 阴虚火旺者不宜食用,过敏者忌食。

(七) 海参

【别名】 刺参、海鼠。

【来源】 刺参科动物刺参或其他种海参的全体。

【营养成分】 每100g含326kJ(78kcal)热量、2.5g碳水化合物、16.5g蛋白质、0.2g脂肪、51g胆固醇,矿物质主要含钙(258mg)、镁(149mg)、铁(13.2mg)、硒(63.9mg)等,维生素类主要含维生素E(3.14mg)、维生素B_1(0.03mg)、维生素B_2(0.04mg)等。

【性味归经】 咸,温;归肝、肾经。

【美容功效】 补肝肾、益精血、润肠燥、养颜乌发、抗衰除皱、降血压。

【食疗范围】 用于精血亏虚，消瘦乏力，面色萎黄，贫血，肠燥便秘，头发干枯早白，皮肤早衰、干燥、皱纹，高血压，动脉硬化。

【应用举例】 体弱早衰：水发海参200g、火腿50g、调味品各适量。将葱、姜、海参、火腿放入锅内翻炒，再加入其他调味品，加水煨至汤汁浓稠时即可，每日适量食之。

【注意事项】 脾胃虚弱、大便溏泄者忌食；火旺内热者少食。

(八) 海带(干)

【别名】 昆布。

【来源】 海带科植物海带或翅藻科植物昆布的叶状体。

【营养成分】 每100g含322kJ(77kcal)热量、23.4g碳水化合物、1.8g蛋白质、6.1g膳食纤维，矿物质主要含碘(36.24mg)、钾(761mg)、镁(125mg)、硒(5.54mg)、钙(348mg)等，维生素类主要含维生素B_2(0.15mg)、烟酸(1.3mg)、维生素E(0.85mg)等。

【性味归经】 咸，寒；归、肝、脾、肾经。

【美容功效】 消痰软坚、利水消肿、降脂降压、润泽肌肤、养发亮发。

【食疗范围】 用于瘿瘤，单纯性肥胖，高脂血症，高血压，皮肤少泽、粗糙，头发枯黄、少泽。

【应用举例】 单纯性肥胖：绿豆、海带各100g，煮食，每日1剂，连服3个月见效。

【注意事项】 脾胃虚弱、大便溏泄、孕妇、乳母少食，甲亢患者忌食。

(九) 紫菜(干)

【别名】 紫英、索菜。

【来源】 红毛菜科植物甘紫的叶状体。

【营养成分】 每100g含866kJ(207kcal)热量、44.1g碳水化合物、26.7g蛋白质、21.6g膳食纤维，矿物质主要含碘(4.323mg)、钾(1796mg)、钙(264mg)、镁(105mg)、铁(54.9mg)、铜(168mg)、磷(300mg)、锰(4.32mg)等，维生素类主要含维生素A(28μg)、维生素B_1(0.2mg)、维生素B_2(1.02mg)、烟酸(7.3mg)、维生素C(2.0mg)、维生素E(1.82mg)等。

【性味归经】 甘、咸，寒；归肝、肺、胃、肾经。

【美容功效】 清热化痰、软坚散结、利水消肿、健脑抗衰、润泽头发、固齿健骨。

【食疗范围】 用于瘿瘤、瘰疬、水肿、脚气、记忆力减退、早衰生皱、头发干枯、老年牙齿松动、骨骼疏松。

【应用举例】 瘿瘤：干紫菜20g、粳米100g、猪肉末50g，调以食盐、味精、葱花、胡椒粉、麻油，煮粥，每日食之。

【注意事项】 脾胃虚弱者少食，多食可致腹泻。

七 菌藻类

(一) 木耳(干)

【别名】 黑木耳、耳子、树鸡。

【来源】 为木耳科植物木耳的子实体。

【营养成分】 每百克含205kcal热量、65.6g碳水化合物、12.1g蛋白质、29.9g膳食纤维，矿物质主要含钾(757mg)、钙(247mg)、铁(97.4mg)、锌(3.18mg)、磷(292mg)、锰(8.86mg)、镁(152mg)等，维生素类主要含维生素B_1(0.17mg)、维生素B_2(0.04mg)、维生素E(11.3mg)、

胡萝卜素(100μg)等。

【性味归经】 甘,平;归肝、大肠经。

【美容功效】 凉血止血、和血行瘀、健胃润肠、消食化石、补血驻颜、红润肌肤。

【食疗范围】 用于肠道出血、血黏度高、贫血、面色萎黄、皮肤干燥、苍白少泽、黄褐斑、各种结石的辅助治疗。

【应用举例】 黄褐斑:黑木耳30g、红枣30枚(无核),加水适量煮1小时,加蜂蜜调味,每日食之,早晚各一次。

【注意事项】 大便溏泄者不宜;有出血性疾患、孕妇不宜。

(二)银耳

【别名】 白木耳、雪耳。

【来源】 银耳科植物银耳的子实体。

【营养成分】 每100g含837kJ(200kcal)热量、67.3g碳水化合物、10g蛋白质、1.4g脂肪、30.4g膳食纤维,矿物质主要含钾(1588mg)、镁(54mg)、铁(4.1mg)、锌(3.03mg)、硒(2.95mg)等,维生素类主要含维生素 B_1(0.05mg)、维生素 B_2(0.25mg)、烟酸(5.3mg)、维生素E(1.26mg)等。

【性味归经】 甘、淡,平;归肺、胃、肾经。

【美容功效】 滋阴润肺、益胃生津、健脑提神、润肤抗衰、祛斑美白、降脂、降压。

【食疗范围】 用于肺胃津亏引起的口燥唇干、神疲失眠、咳嗽咯血、大便秘结、皮肤干燥、早生皱纹、黄褐斑、雀斑、高血脂、高血压。

【应用举例】 皮肤干燥、皱纹:银耳20g、枸杞25g,洗净,文火煮为稠汁状,加糖调味食之,隔日1次,久服即可生效。

【注意事项】 风寒咳嗽、湿热生痰者忌食;大便溏泄者少食。

(三)香菇

【别名】 香蕈、冬菇、冬菰。

【来源】 侧耳科植物香蕈的子实体。

【营养成分】 每100g含1029kJ(246kcal)热量、30.1g碳水化合物、20g蛋白质、1.2g脂肪、31.6g膳食纤维,矿物质主要含钙(83mg)、磷(255mg)、铁(1.05mg)等,维生素类主要含维生素 B_1(0.19mg)、维生素 B_2(1.26mg)、烟酸(20.5mg)等。

【性味归经】 甘、淡,平;归脾、胃经。

【美容功效】 补脾胃、益气血、驻颜悦色、润肤抗皱、轻身延寿、降脂、降压、护发养发。

【食疗范围】 用于肥胖症、高脂血症、高血压、早衰、生皱、面色少泽、头发干枯。

【应用举例】 皮肤干燥、少泽:香菇100g、鸡蛋2个、面粉30g、面包渣100g、豆油500g,精盐、胡椒粉各适量。将香菇处理后拌入精盐、胡椒粉,双面沾上面粉,在打散的鸡蛋里浸后,滚上面包渣,于油中炸透,每日食之。

【注意事项】 适宜于各种体质。长的、特别大的鲜菇多是用激素催肥的,购买时应注意。

(四)蘑菇(鲜)

【别名】 肉蕈、蘑菰。

【来源】 黑伞科植物蘑菇的子实体(菌盖及柄)。

【营养成分】 每100g含84kJ(20kcal)热量、4.1g碳水化合物、2.7g蛋白质、2.1g膳食纤维,矿物质主要含钾(312mg)、磷(94g)、镁(11mg)、锌(0.9mg)、铜(0.9mg)等,维生素类主要

含维生素 B_2(0.35mg)、烟酸(4mg)、维生素 C(2.0mg)、维生素 E(0.5mg)等。

【性味归经】 甘,凉;归脾、胃、肺经。

【美容功效】 补益脾气、润燥生津、降糖降脂、润肤泽面、抗衰减皱。

【食疗范围】 用于气血不足、气短乏力、精神不振、皮肤干燥少泽、糖尿病、高血脂、肥胖症。

【应用举例】 滋养皮肤:与肉搭配食用;降脂、降糖:与蔬菜搭配食用。

【注意事项】 注意区别真伪,误食中毒。

八 调味品类及其他

(一) 猪油

【来源】 猪科动物猪的皮下脂肪油。

【营养成分】 每100g 含3753kJ(897kcal)热量、99.6g 脂肪、0.2g 碳水化合物,维生素类主要含维生素 E(5.21mg)、维生素 A(27μg)、维生素 B_1(0.02mg)、维生素 B_2(0.03mg)等。

【性味归经】 甘,凉;归脾、胃经。

【美容功效】 补虚、解毒、润燥。

【食疗范围】 用于气血不足、体弱消瘦、大便秘结、斑秃、瘢痕、赘疣、皲裂。

【应用举例】 瘢痕:猪脂肪1000g、当归30g、白芷30g,共研匀,用绸布包裹后加白酒适量,煎10余沸,去渣,外涂患处,每日10余次。

【注意事项】 高血压、高血脂、血黏度高、大便溏泄者少食。

(二) 色拉油

【别名】 沙拉油。

【来源】 多种植物油经过加工制成的食用油。

【营养成分】 每100g 含3753kJ(897kcal)热量、99.6g 脂肪、0.2g 碳水化合物,矿物质主要含钙(18mg)、铁(1.7mg)、锌(0.23mg)、硒(1.8mg)等,维生素类主要含维生素 E(24.01mg)等。

【性味归经】 甘,平;归脾、肺、肝、肠经。

【美容功效】 补虚、润燥、解毒。

【食疗范围】 用于大便秘结、皮肤干燥、手足皲裂。

【应用举例】 用于煎、炒、炸、凉拌菜肴等。

【注意事项】 高血压、高血脂、大便溏泄者少食。

(三) 蜂蜜

【别名】 沙蜜、石饴。

【来源】 蜜蜂科昆虫中华蜜蜂等所酿的蜜糖。

【营养成分】 每100g 含1343kJ(321kcal)热量、75.6g 碳水化合物、0.4g 蛋白质、1.9g 脂肪,矿物质主要含钾(28mg)、钙(4mg)、铁(1.0mg)、硒(0.15mg)、锌(0.37mg)等,维生素类主要含维生素 C(3.0mg)、维生素 B_2(0.05mg)、烟酸(0.1mg)等。

【性味归经】 甘,平;归肺、脾、大肠经。

【美容功效】 补益中气、缓急解毒、润肺止咳、润肠通便、驻颜悦色、抗皱乌发。

【食疗范围】 用于体虚羸弱、大便秘结、肺燥咳嗽、皮肤皱纹、头发早白、面部黑斑。

【应用举例】 习惯性便秘:蜂蜜50g、黑芝麻50g,将黑芝麻捣烂成泥,搅入蜂蜜,服时用热开水冲化,每日2次。黑斑或皱纹:取白蜜和茯苓粉敷面。

【注意事项】 痰湿内盛、肠滑泄泻者忌用。

(四) 红糖

【别名】 赤砂糖、紫砂糖、黑砂糖。

【来源】 用禾本科植物甘蔗的茎叶提取炼制而成的赤色结晶体。

【营养成分】 每100g含1628kJ(389kcal)热量、96.6g碳水化合物、0.7g蛋白质,矿物质主要含钾(240mg)、钙(157mg)、铁(2.2mg)、锌(0.35mg)、磷(11mg)、硒(4.2mg)等,维生素类主要含维生素 B_1(0.01mg)、烟酸(0.3mg)等。

【性味归经】 甘,温;归脾、胃、肝经。

【美容功效】 补益缓急、和血化瘀、健脑提神、红颜祛斑、解酒毒。

【食疗范围】 用于脾胃虚弱、腹痛呕吐、妇女产后腹痛、瘀血内阻、脑疲劳、精神不振、面色苍白、色斑、饮酒过量。

【应用举例】 黄褐斑:桑葚60g、薏苡仁50g、牛奶350ml、红糖50g,先将桑葚、薏苡仁捣烂,加入牛奶、水适量煮沸,加入红糖溶化,即可食用,每日2次。

【注意事项】 内热实火、痰湿内盛、糖尿病、血脂高、血压高者忌食。

(五) 醋

【别名】 苦酒、米醋、酢酒。

【来源】 粮食、糖、酒等原料经醋酸菌发酵酿制而成的含有醋酸的液体。

【营养成分】 每100g含130kJ(31kcal)热量、4.9g碳水化合物、2.1g蛋白质、0.3g脂肪,矿物质主要含钾(351mg)、铁(6.0mg)、锌(1.25mg)、磷(96mg)、硒(2.43mg)等,维生素类主要含维生素 B_1(0.03mg)、维生素 B_2(0.05mg)、烟酸(1.4mg)等。

【性味归经】 酸、苦,温;归肝、胃经。

【美容功效】 消食开胃、活血散瘀、消肿软坚、消毒疗疮、醒酒提神、祛斑消痣、嫩肤美白、养发护发。

【食疗范围】 用于胃酸不足、食欲下降、饮酒过量、精神疲惫、面部色斑、痤疮、雄激素源性脱发、腋臭、高胆固醇、熏蒸消毒杂菌。

【应用举例】 防脱发、止痒、去屑:陈酸120g、加热水240g,趁热洗头,隔日1次,经常使用。腋臭:贮存3年以上的陈酸适量,加石灰少许,调匀,外敷患处,每日早、晚各一次。

【注意事项】 低血压、胃溃疡、胃酸过多者不宜多食。每天一般20~30ml为宜,多则刺激食管及胃。

(六) 盐

【别名】 食盐、白盐。

【来源】 海水或盐井、盐池、盐泉中的盐水经煎晒而成的结晶体。

【营养成分】 主要成分是氯化钠,每100g含氯化钠(25 127mg)、钾(14mg)、钙(22mg)、铁(1.0mg)、锌(0.24mg)、硒(1.0mg)等。

【性味归经】 咸,寒;归胃、肾、大肠、小肠经。

【美容功效】 涌吐、清火、凉血、解毒、增进食欲、固齿洁牙、明目除疣、荣美须发。

【食疗范围】 用于口淡无食欲,大汗、吐泻后体内缺盐,阴虚火旺引起的咽痛,酒渣鼻,牙齿黑黄,头发易脱,习惯性便秘。

【应用举例】 人体每日需食盐6～10g,不得过食,亦不得缺乏。习惯性便秘:每日早晨空腹饮盐水1杯。雄激素源性脱发:食盐15g,温水1盆,将盐放入水中溶化后洗头,每周1～2次;加入少许硼砂,具有去头屑、止痒的作用。

【注意事项】 水肿、肾炎、糖尿病、高血脂、血黏度高、高血压、肝硬化者应控制盐的摄入。

(七) 茶叶(干品)

【来源】 山茶科植物茶的叶。

【营养成分】 每100g含31kJ(7.4kcal)热量、40.6g碳水化合物、2.2g蛋白质、17.7g膳食纤维,矿物质主要含钙(378mg)、磷(338mg)、钾(1643mg)、铁(12.3mg)、锌(0.73mg)、镁(18.3mg)等,维生素类主要含维生素A(885μg)、维生素E(9.5mg)、维生素B_1(0.06mg)、维生素B_2(0.17mg)等。

【性味归经】 甘、苦,凉;归心、肺、肾经。

【美容功效】 生津止渴、清热解毒、祛湿利尿、消食止泻、清心提神、防龋固齿、嫩肤减皱、减肥瘦身。

【食疗范围】 用于暑热烦渴、神疲不振、食欲缺乏、小便淋涩、皮肤早衰。

【应用举例】 肥胖症:经常饮茶,或与其他减肥药配合使用。

【注意事项】 红茶性味甘温,适宜冬天或脾胃虚寒、阳虚体质者饮用;绿茶苦凉,适宜夏季或阴虚火旺、肺燥津伤体质者饮用;花茶气香浓烈,适宜春季饮用,令人精神振奋,可消除“春困”、除臭香口。失眠患者不宜饮茶。

第二节 常用美容保健食膳方剂

一 美容美体保健食膳方

(一) 润肤白面类方

1. 食膳方

(1)鸡子羊肉面

【原料】 白面120g,鸡蛋4个,羊肉120g。

【制作与用法】 先将羊肉剁细做羹,取鸡蛋清和白面做成面条。将适量鸡蛋清面条加入沸水中,煮熟后再加调料及羊肉羹。

【功效】 健脾开胃,益气补血,润颜白面。

(2)苹果菜汁

【原料】 油菜100g,苹果1/2个,香菜50g,柠檬1/2个(榨汁)。

【制作与用法】 将前3味放入压榨机内取汁,再加柠檬汁即可,取汁随意饮用。

【功效】 润肤、嫩肤。

(3)润白果菜汁方

【原料】 葡萄1串,白萝卜半根,梨1个(去皮),柠檬汁(少许)。

【制作与用法】 先将葡萄、白萝卜、梨在食盐水或高锰酸钾液中浸泡后,再用清水洗净,后将葡萄绞碎,滤渣,取汁与白萝卜、梨混合榨汁,再加数滴柠檬汁。每日1次,每次200ml,暑夏饮用可加冰块。

【功效】 润白皮肤,清暑除烦。

(4)益肤草莓乳

【原料】 草莓5~8颗,蜂蜜15~20g,牛奶100ml。

【制作与用法】 将草莓洗净,去蒂,榨汁,将3味混合搅匀,即可饮用,每日1剂。

【功效】 美白嫩肤。

(5)核桃仁炖蚕蛹

【原料】 核桃仁100~150g,蚕蛹50g(略炒过)。

【制作与用法】 将核桃仁与蚕蛹置蒸碗内,隔水炖熟。每日1剂,连服半个月。

【功效】 润肌细肤,滋补养颜。

(6)润肤白面汁

【原料】 乳汁(牛奶)、黄瓜汁、柠檬汁、蒲公英各适量。

【制作与用法】 将蒲公英浸入三汁中待用,每天早晚洗脸后擦面。

【功效】 增白悦色。

2. 药膳方

(1)玉颜膏

【原料】 玉竹1000g,白蜜250g。

【制作与用法】 选肥白玉竹切成粗末,加水煎煮,共煎3次,去渣浓缩,加白蜜250g收膏,瓷坛封存。每日早晚空腹服30g,白开水冲服。

【功效】 养阴生津,润肤玉颜。

(2)增白玉容粉

【原料】 西瓜仁250g,桂花200g,橘皮100g。

【制作与用法】 将以上3味研成细末,饭后用米汤调服。每日3次,每次3g。

【功效】 增白益颜。

(3)胡萝卜红枣桑葚汤

【原料】 胡萝卜30g,红枣5枚,桑葚15g。

【制作与用法】 水煮20分钟后,全部食之。每日1剂,连服60天。

【功效】 补血养血,润肤美容。

(4)木瓜增白饮

【原料】 熟木瓜1个,鲜牛奶200ml,白糖少许。

【制作与用法】 将熟木瓜去皮和籽后,洗净切成块,加两份水和少许白糖共煮,水沸后捣烂木瓜,加入200ml鲜牛奶,煮开后饮用。每日1次,可长期饮用。

【功效】 润肤增白。

(5)五白膏

【原料】 白扁豆50g,白茯苓50g,白山药50g,白莲子30g,白菊15g,白发面粉200g,白糖100g。

【制作与用法】 将白扁豆、白茯苓、白山药、白莲子、白菊研细,与面粉混匀,加入白糖,用温水将药粉和成面团,待面"醒"好后,放入锅中蒸熟,切成若干约50g的小块食用。每日1次,每次1块。对脾虚湿盛者效尤佳。

【功效】 健脾利湿,增白皮肤。

(6)夏姬杏仁方

【原料】 杏仁1500g，羊脂2000g。

【制作与用法】 取杏仁1500g，放入热水中略烫，去皮尖，取仁，捣烂，放入盒中水研，取汁4L，放在锅内熬，加羊脂2000g，令化，熬四五次后成膏取用。每日3次，每次取3g服用。

【功效】 增白润肤。

（二）悦容增颜类方

1. 食膳方

（1）养颜姜奶鲤鱼

【原料】 鲜鲤鱼300g，鲜牛奶400ml，姜、黄酒、盐各适量。

【制作与用法】 将洗净的鲤鱼切成小块，放入煮沸的牛奶中，加入生姜片、黄酒和少许盐调味，即可食用。每日服1剂。

【功效】 补劳损，养心肺，润肤养血，美容养颜。

（2）葡萄梨饮

【原料】 葡萄200g，鸭梨2个，胡萝卜100g。

【制作与用法】 将葡萄洗净、梨去皮核、胡萝卜洗净。3味共榨汁，饮用。每日1~2次。

【功效】 滋阴润肤，红颜。

（3）养颜豆腐鱼

【原料】 鲫鱼500g，豆腐2块，萝卜适量，调味品各适量。

【制作与用法】 将鲫鱼、豆腐先放入煮沸的清水中略烫，再用葱、姜、料酒烹锅，加入胡椒粉、清汤、精盐，将鱼下锅，加入萝卜丝、豆腐块，慢火炖，待汤炖去1/3时，加香菜、味精起锅即可。

【功效】 养颜健体，泽润肌肤。

（4）红枣鸡蛋糖水

【原料】 鸡蛋2个，红枣60g，红糖或冰糖适量。

【制作与用法】 红枣去核入锅内，加水600ml，煮沸1小时，将鸡蛋打入，勿搅拌，片刻加红糖或冰糖即可，常食。

【功效】 补血润肤，益容驻颜。

（5）姜乳蒸饼

【原料】 生姜500g，面粉适量。

【制作与用法】 取生姜（不用子姜），捣碎，绞取汁水，盛入瓷盆中，澄去上层黄清液，取下层白而浓者，阴干，刮取其粉，名为姜乳。每日用姜乳适量与面粉拌和，做成饼，蒸熟。空腹时吃1~2个。

【功效】 美容，驻颜，延衰。

（6）悦容果菜汁方

【原料】 苹果1个（去皮），草莓8~10颗，生菜1~2片，番茄2个，香菜2根。

【制作与用法】 取以上几味，在食盐水或高锰酸钾液中浸泡后，用清水洗净，放在搅拌器中搅碎成汁。每日1次，每次1杯，夏季服用可加冰块少许。

【功效】 营养肌肤，改善肤色。

（7）酿蒸鸭

【原料】 白鸭1只，蒸饭250g，生姜、胡椒、葱各适量。

【制作与用法】 将鸭宰杀去毛、去内脏后洗净，将蒸饭、姜、葱、胡椒放鸭腹中，缝合。锅内烧水，将鸭放入瓷盆中，肚朝上，上笼蒸至极烂，常食之。

【功效】 滋阴补肾，养五脏，悦颜色。

(8)乳果汁

【原料】 牛奶2份，苹果汁1份。

【制作与用法】 调和，早晚洗面。

【功效】 润肤益颜。

2. 药膳方

(1)红颜酒

【原料】 核桃仁60g，小红枣60g，杏仁30g，白蜜60g，酥油30g，白酒1500g。

【制作与用法】 将核桃仁、小红枣研碎，杏仁去皮尖后捣烂待用。白蜜、酥油溶化，倒入酒中和匀，然后将前3味放入酒内密封，浸泡21天后即可饮用。每日2次，每次15ml。

【功效】 补益气血，滋养皮肤，红润颜面。

(2)宁心酒

【原料】 龙眼肉500g，桂花120g，白糖240g，白酒5000g。

【制作与用法】 将前3味放入白酒中，装瓷罐中封固经年，愈久愈佳，其味清美香甜。每次饮15ml，每日2次。

【功效】 宁心安神，美悦容颜。

(3)冰糖乳鸽燕窝粥

【原料】 冰糖60g，乳鸽1只，上等燕窝30g(干品)。

【制作与用法】 将上等燕窝浸润膨胀，乳鸽去毛及内脏、剔去骨头、切成小块，再将燕窝、乳鸽、冰糖放入锅内，加入适量的水煮，待鸽肉煮烂即可，可加少许食盐，食肉喝汤，经常食用。

【功效】 气血双补，美化容颜。

(4)荷香飘春彩汤

【原料】 水鸭1只，猪骨250g，荷叶6g，生、熟薏苡仁各10g，生地黄6g，粳米15g，怀山药12g，黄芪12g，生姜2片。

【制作与用法】 先将各味中药用1200～1800ml清水煮1小时，留汤去渣，再加入水鸭、猪骨、生姜，煮40分钟，加盐调味，食肉喝汤。

【功效】 滋阴补虚，健肤美颜。

(5)加味琼玉膏

【原料】 银耳500g，人参450g，茯苓(捣末)550g，生地黄5000g，蜂蜜2500g。

【制作与用法】 先将生地黄捣烂取汁，同银耳、蜂蜜一起煎沸，下入人参、茯苓末，熬成膏状，备用。每日1次，每次1匙，开水调服，长期服用。

【功效】 益心阴、养心肺，红润肌肤。

(6)美容方

【原料】 红枣50g，菊花15g，大米90g。

【制作与用法】 将上红枣、菊花加入大米中，加水适量，煮至熟，每日3次，每次适量食用。

【功效】 补血，健脾，养肝，延年驻颜。

(7)银耳枸杞汤

【原料】 银耳10～15g，枸杞25g。

【制作与用法】 将上两味洗净后以文火煎成稠汁状备用，隔日1次，加糖服用，可久服。

【功效】 滋阴补肾，益气和血，滋养肌肤。

(8)薏仁玉液

【原料】 薏苡仁50g，牛奶200ml，白糖适量。

【制作与用法】 将薏苡仁洗净后与牛奶同煮，加入适量白糖，小火慢煮，待薏苡仁熟后服用，每日1次，与饭同食，长期服用效尤佳。

【功效】 养颜悦色，美容护肤。

(9)当归煨鸡

【原料】 母鸡1只，当归20g，生姜5g，料酒5g，盐、味精、胡椒各适量，葱1根。

【制作与用法】 将母鸡常规处理洗净后切成块，放入开水中烫洗一遍。当归、生姜切片，葱切段，沙锅内放入适量水，将鸡块放入锅内，先用大火烧开，除去汤面浮沫，然后放入姜片、当归片、料酒、胡椒，改用文火煨约2小时，待鸡骨酥软时放盐，再煨数分钟，离火，放味精，即可食用。

【功效】 补血活血，养颜益容。

(10)枸杞煨鸡

【原料】 老母鸡1只，枸杞15g，生姜5g，料酒5g，胡椒2.5g，食盐适量，味精少许，葱1根。

【制作与用法】 将鸡宰杀后，去皮毛及内脏，洗净切块；姜拍破，葱切断备用。锅内加入适量水，将鸡、姜、葱、料酒、胡椒同下锅，将枸杞洗净，装入纱布袋后放入锅内。先用大火煮沸，除去汤面浮沫，改用文火炖2小时，以鸡烂骨酥为度，放盐和味精出锅，分顿吃肉喝汤，枸杞亦可食用。

【功效】 滋肾润肤，益颜泽肤。

(11)枸杞炖牛肉

【原料】 牛肉500g，胡萝卜2根，土豆3个，葱头4个，鲜豌豆10g，番茄10g，枸杞30g，食盐、淀粉、胡椒粉、面粉、味精适量，油100g。

【制作与用法】 牛肉洗净，切小块，拌少量淀粉及胡椒粉；胡萝卜洗净、切块；葱头切片；豌豆洗净；如无番茄汁，将番茄用开水烫好去籽、皮，剁碎压汁亦可；土豆去皮切块。锅内放油，将牛肉、胡萝卜块、土豆块、豌豆下锅煸至变色，加入葱头片、番茄汁和枸杞，加水没过牛肉约3cm，用大火煮沸，改用文火炖约2小时，在牛肉快炖软时，放盐入味至炖烂。并将两调羹面粉放于汤中，调成黏稠状，加入味精即可出锅，连同枸杞一起吃。

【功效】 益精气，美颜色，泽肌肤。

(12)益颜饮

【原料】 黑芝麻、枸杞、何首乌各15g，杭菊花15g。

【制作与用法】 将各味用水煎服，每日1次。

【功效】 益颜色，泽肌肤。

(13)慈禧珍珠茶

【原料】 珍珠、茶叶各适量。

【制作与用法】 选用晶莹圆润的珍珠研磨成细粉，瓷罐封贮备用。每次1小匙(约2~3g)。以沸水冲泡茶叶，取茶汁，候温送服，每隔10天服1次。

【功效】 润泽肌肤，葆青春，美容颜。适用于面部皮肤衰老等。

(14)美颜茶

【原料】 青果、龙眼肉各5g,枸杞6g,冰糖适量。

【制作与用法】 将前3味药洗净,放入茶杯,加冰糖,用沸水冲泡。代茶饮用,每日1剂。

【功效】 养血滋阴。适用于美颜、皮肤保健等,特别适用于阴虚、枯瘦、肌肤无泽者饮用。

(三)驻颜抗皱类方

1. 食膳方

(1)猪皮黄瓜丝

【原料】 猪皮150g,黄瓜250g,香油、盐、葱、姜、蒜、醋各适量。

【制作与用法】 猪皮洗净,锅内炖熟,晾净切丝,黄瓜洗净切丝,同置盘中加入佐料拌匀食用。

【功效】 润肤,护肤,抗皱。

(2)鸡汤去皱方

【原料】 鸡骨头。

【制作与用法】 取鸡骨头熬汤。喝汤,每周1~2次,长期食用。

【功效】 防皱抗皱,细腻肌肤。

(3)猪蹄润肤汤

【原料】 猪蹄1~2只。

【制作与用法】 将猪蹄去毛,洗净,加水炖烂后食服,每日1次。

【功效】 抗皱,润肤。

(4)蛋黄蜂蜜面膜

【原料】 蛋黄1个,蜂蜜、植物油(橄榄油、桃仁油或玉米油)各1匙。

【制作与用法】 混合后涂面部3层,20~25分钟后,用温水洗去。

【功效】 润肤抗皱。

2. 药膳方

(1)麻仁耐老方Ⅰ

【原料】 麻仁30g,白羊脂210g,蜜蜡150g,白蜜30g。

【制作与用法】 将上4味加水600ml,煮成200ml,以隔日或每日吃1次为宜。

【功效】 益气养颜,润肤除皱。

(2)麻仁耐老方Ⅱ

【原料】 麻仁30g,白羊脂210g,蜜蜡150g,白蜜3g。

【制作与用法】 将上4味放瓦钵中杵烂,调和均匀,放蒸笼上蒸熟即成,分多次服食。

【功效】 润肤,抗皱,驻颜。

(3)仙人粥

【原料】 制首乌30g,粳米60g,红枣5颗,红糖适量。

【制作与用法】 用竹刀刮去何首乌皮、切成片、煎取浓汁、去渣,粳米、红枣入沙锅内煮粥,粥将稠时,放入红糖少许调味,再煮一二沸即成。早晚空腹食用,每10天为一疗程。间隔5天再服,也可随意食用。

【功效】 防老除皱,美容颜,黑发。

(4)润肤红颜汤

【原料】 鹌鹑蛋10枚,草莓3个,桑寄生10g,红枣4枚,怀山药12g,冰糖适量。

【制作与用法】 将中药加入160ml水中同煮，去渣，再加煮熟的鹌鹑蛋和剖开的草莓，加糖，水煮10分钟即可。

【功效】 补肾活血，润肤除皱。

(5)美容方

【原料】 莲子30g，芡实30g，薏苡仁50g，龙眼肉8g，蜂蜜适量。

【制作与用法】 加水煮1小时后备用。每周1~2次，与饭同食。

【功效】 除皱白面。

(6)柏子仁烧猪蹄

【原料】 柏子仁50g，猪蹄250g，葱、姜、蒜、精盐各适量。

【制作与用法】 将猪蹄洗净放入锅中，炖至半熟后，加入柏子仁继续炖，到快烂熟时，放入葱、姜、蒜、精盐，加炖15分钟即可。分2次服，每日1次，与饭同食，吃肉喝汤。

【功效】 滋肾润燥，改善皮肤代谢，增强皮肤弹性，防皱去皱。

(7)红颜酒

【原料】 核桃仁120g，红枣120g，北杏仁30g，白蜜100ml，酥油70ml，白酒1000ml。

【制作与用法】 先将核桃仁、红枣肉捣碎，北杏仁浸泡去皮尖，煮4~5沸，晒干，捣碎，先将白蜜、酥油溶于白酒中，再加上3味加入酒内，浸泡7天即可饮用。每次饮10ml，早晚空腹饮用。

【功效】 抗皱润肤。

(8)大枣紫草汤

【原料】 大枣20g，紫草10g。

【制作与用法】 将2味加入适量水中，小火煮沸30分钟即可。吃枣喝汤，每日1次。

【功效】 抗皱。

(9)驻颜酒

【原料】 当归40g，熟地黄40g，蜂蜜50g，柚子250g，白芍40g，白酒4000ml。

【制作与用法】 先将柚子洗净，拭干，切成2~3cm大小的块，同蜂蜜、当归、熟地黄、白芍一道装入罐内，加入白酒，封口浸泡90天，过滤去渣即成。每次饮用20~40ml，每日1次。

【功效】 补血抗皱。

(10)杞圆膏

【原料】 枸杞3000g，龙眼肉2500g。

【制作与用法】 将2味倒入沙锅内，加适量水，用文火熬煎，渐加水，煎至枸杞无味，去渣，再熬成膏，瓷罐收储。每次30g，空腹食之。

【功效】 补肝肾，抗皱。

(11)清炖栗子白鸽

【原料】 栗子150g，白芷10g，鸽子1只，调味品适量。

【制作与用法】 栗子去壳，白芷布包，鸽子洗净，加水适量，用小火共炖，至鸽子熟烂，加入调味品适量，即可食用。

【功效】 除皱抗皱。

(12)养颜抗皱膏

【原料】 人参80g，桃仁200g，白芷100g，蜂蜜300g。

【制作与用法】 将前 3 味加水 500ml，连煎 3 次，每次取汁 200ml，再将 3 次汁液混合，文火煎煮浓缩至 300～400ml，加入蜂蜜，煮沸，停火。冷却收瓶，每日早晚食 2 匙。

【功效】 除皱益寿。

(13)燕窝蜜枣汤

【原料】 燕窝 10g，蜜枣 6 枚。

【制作与用法】 将 2 味加水 600g，煮成 200ml。以隔日或每日食用 1 次为宜。

【功效】 益气养颜，润肤除皱。

(14)润肤抗皱洗液

【原料】 黄柏皮 10g，土瓜根 6g，大枣 7 枚。

【制作与用法】 将上述 3 味研细，每天早晚用水调成液态，洗面，也可以洗手。

【功效】 延缓皮肤衰老，润肤抗皱。

(四) 生发乌发类方

1. 生发类方

(1)二仙丸

【原料】 侧柏叶 240g，当归 120g。

【制作与用法】 两药共研细末，水和为丸，如梧桐子大小，每日 3 次，每次 20 丸，盐水送服。

【功效】 补血生发。

(2)二黑四黄饮

【原料】 黑豆、黑芝麻、生地黄、熟地黄、黄精、黄花菜各 15g。

【制作与用法】 水煎取汁，每日 1 剂，温服。

【功效】 补肝肾，生精血，生发。

(3)七宝美髯丹加减

【原料】 何首乌 40g，补骨脂 5g，菟丝子 10g，怀牛膝 10g，当归 10g，枸杞 10g，茯苓 10g。

【制作与用法】 水煎取汁，每日 1 剂，温服。

【功效】 填精养血，生发。

(4)生发方

【原料】 何首乌 20g，补骨脂 10g，菟丝子 12g，怀牛膝 12g，旱莲草 12g，女贞子 12g，当归 10g，天麻 10g，枸杞子 20g，熟地黄 15g。

【制作与用法】 水煎取汁，每日 1 剂，温服。

【功效】 滋补肝肾，生发。

(5)虫草粥

【原料】 虫草粉 5g，粳米 50g，冰糖 20g。

【制作与用法】 水煮粳米、冰糖成粥，加入虫草粉再煮片刻，即可。每日 2 次，餐前食用。

【功效】 滋阴补肾，养血生发。

2. 乌发类方

(1)鹌鹑蛋黑发汤

【原料】 旱莲草 30g，女贞子 30g，鹌鹑蛋 3 个。

【制作与用法】 将 3 味同煮，蛋熟去壳，再煮 5 分钟，即可食用，吃蛋喝汤，每日 1 次，连服 20 天。

【功效】 补益肝肾，黑发。

(2)黑芝麻粥

【原料】 黑芝麻20g，赤糯米50g。

【制作与用法】 取芝麻炒焦研碎，和赤糯米同煮成粥，可作早餐食用。

【功效】 滋阴养血，乌发润燥。

(3)何首乌粥

【原料】 制何首乌50g，赤糯米100g，大枣、冰糖各适量。

【制作与用法】 先将何首乌洗净，用水煎，取汁与赤糯米、大枣、冰糖共煮成粥，可作早餐或夜宵食物。

【功效】 补肝肾，益精血，乌发养颜。

(4)怀山药芝麻糊

【原料】 怀山药15g，黑芝麻120g，玫瑰糖6g，鲜牛奶200ml，粳米60g。

【制作与用法】 先将粳米洗净用沸水浸泡1小时，捞出滤干，怀山药切成小颗粒，黑芝麻炒香，将以上各物放入盆中，加水和鲜奶拌匀、磨碎，滤出细茸待用。将滤过的鲜牛奶继续加清水，将冰糖溶化，烧开。再将先前制成的细茸慢慢倒入锅中，放入玫瑰糖，不断搅拌成糊，然后起锅即成。

【功效】 乌发，防脱发。

(5)熟地黄粥

【原料】 熟地黄15g，粳米50g。

【制作与用法】 将熟地黄切片，置锅中加水适量，煎取药汁，再加粳米及适量清水煮粥，食粥，每日1次。

【功效】 滋阴补血，生发，黑发。

(6)芝麻美发粥

【原料】 白芝麻1000g，海带粉500g，淀粉、白糖适量。

【制作与用法】 取白芝麻1000g用水洗净，在水中浸泡30分钟，去掉芝麻外皮，将芝麻仁晒干，在文火上炒，将温度控制在80～100℃之间，炒40分钟或稍长时间，使芝麻仁变成淡黄色，捣成芝麻粉，用筛子筛过，加适量淀粉，晒干，然后加海带粉、白糖熬成粥后饮用。每天吃3次。

【功效】 乌发，亮发。

（五）美牙固齿类方

1. 秘传二仙糕

【原料】 人参、山药、白茯苓、芡实、莲肉、蜂蜜、白糖各250g，糯米、粳米各适量。

【制作与用法】 将上述药材研为细末，和匀，将蜜糖溶化，与药末混匀，用小笼蒸，以糯米、粳米一撮，成饭为度，取其成棋子块，慢火上烘干，做点心，不拘多少，分次食之，白汤送下。

【功效】 固齿黑发，健脾和中。

2. 石斛绿茶饮

【原料】 石斛4g，绿茶2g。

【制作与用法】 把石斛剪碎，与绿茶同放入茶杯内，用沸水浸泡，频频饮用，可加水再饮。

【功效】 清热，滋阴，固齿。

（六）美手护肤类方

1. 食膳方

(1)猪皮炒青椒

【原料】 猪皮150g,青椒250g,油、盐、葱各适量。

【制作与用法】 先将猪皮炒至七成熟,捞出晾干,切成长条,再放入热油锅中炸黄,然后与青椒和其他原料同炒至熟,装盘即可。每日1次,佐餐食用,连用15~20天。

【功效】 润泽肌肤,增强皮肤弹性。

(2)葱枣饮

【原料】 葱叶10g,红枣20g。

【制作与用法】 将葱、枣洗净,煎水15分钟,即可饮用。每日早晨空腹饮之。

【功效】 健美皮肤。

(3)枣萝饮

【原料】 猪蹄1只,大枣30g,白萝卜30g,精盐适量。

【制作与用法】 猪蹄去毛,洗净;大枣、白萝卜洗净,切块。将以上原料共入砂锅中,加入适量水,置武火上炖沸后,改用文火炖煮,至猪蹄煮烂为度,加少许精盐。常食之。

【功效】 健脾,润肤,美手。

2. 药膳方

手掌角化方

【原料】 麻黄4.5g,杏仁6g,薏苡仁30g,生甘草4.5g。

【制作与用法】 以水3碗煎服,每日1剂,分2次服。

【功效】 柔皮薄肤,适用于手掌角化过度。

（七）减肥轻身类方

1. 食膳方

(1)双瓜粥

【原料】 黄瓜50g,冬瓜50g,粳米50g,味精、食盐适量。

【制作与用法】 将黄瓜、冬瓜洗净后切碎,与粳米共煮为粥,粥熟后加入盐、味精调味,每日2~3次,与饭同食,2个月后可见效,长期服用效佳。

【功效】 健脾,利水,减肥。

(2)冬瓜荷叶饮

【原料】 冬瓜200g,鲜荷叶1张。

【制作与用法】 将冬瓜洗净,连皮切块,同时将荷叶用清水洗净并搓碎,与冬瓜入锅共煮汁,每日代茶,频频饮用,久服有效。

【功效】 清暑利水,减肥消肿。

(3)绿豆海带汤

【原料】 绿豆、海带各100g。

【制作与用法】 将绿豆、海带煮食,每日1剂。

【功效】 祛脂减肥。

(4)蟹肉烧冬瓜

【原料】 干蟹肉45g,净冬瓜适量,调味品各适量。

【制作与用法】 先将蟹肉加少许汤,放上葱、姜片,上笼蒸20分钟。冬瓜切3分厚,加入蒸好的蟹肉，倒入蒸蟹时碗里的汤，加精盐、味精、白糖、黄酒调味。冬瓜入锅内，煮 4～5 分钟，用湿淀粉勾芡，即可食用。可经常食用。

【功效】 减肥轻身。

(5)桃花冬瓜盅

【原料】 冬瓜(大小适中)1 个，鲜桃花 20g，虾米、鲜虾仁、鸡丁、肉丁、香菇、蘑菇、笋丁、鸡汤、调料各适量。

【制作与用法】 将冬瓜洗净，切上 1/3 处为“盖”，除去瓜子、瓜瓤，另用虾米、鲜虾仁、鸡丁、肉丁、香菇、蘑菇、笋丁等适量及鸡汤、调料放于冬瓜中。鲜桃花洗净，一起放入冬瓜中，然后将冬瓜“盖”盖上，放入蒸笼中蒸 3 小时即成。可常用，夏日尤益。

【功效】 降脂减肥。

2. 药膳方

(1)茯苓赤豆粥

【原料】 茯苓 30g，赤小豆 100g，粳米 50g。

【制作与用法】 将茯苓拣去杂质，研为细面；赤小豆浸泡 10 小时以上；再将 3 味加水适量，共煮成粥。每日清晨空腹温食之。

【功效】 减肥健美。

(2)薏苡仁粥

【原料】 薏苡仁 30g，白糖适量。

【制作与用法】 先将薏苡仁和适量水，置武火烧沸，再用文火煨熬待薏苡仁熟烂后，加白糖即可，随意服用。

【功效】 健脾除湿。

(3)减肥芡实散

【原料】 芡实 500g，干藕 500g，鲜嫩金银花茎叶 500g。

【制作与用法】 将 3 味在锅内蒸熟、晒干，共研成粉，每次饭前取 10～15g，开水调成羹服用。

【功效】 减肥轻身。

(4)荷叶减肥茶

【原料】 荷叶 60g，薏苡仁 10g，生山楂 10g，橘皮 5g。

【制作与用法】 将 4 味研成细末，混合均匀。清晨用沸水冲泡，以此代茶，每日用 1 剂，水饮完后可再加开水冲泡。连续饮用 3～4 个月。

【功效】 减肥。

(5)降脂减肥粉

【原料】 糯米 250g，首乌 250g，山楂 25g。

【制作与用法】 将糯米炒熟后，按每 50g 熟化的糯米中加首乌、山楂各 5g 的比例分成若干份，装入塑料袋中备用。食用时取 1 份，开水焖泡 5 分钟后即可食用。每周 2 次，坚持服用效佳，对老年肥胖更有效。

【功效】 改善血液循环，降脂减肥。

(6)青鸭羹

【原料】 青头鸭 1 只，草果 1 个，赤小豆 250g，食盐、葱各适量。

【制作与用法】 将鸭宰杀去内脏，将赤小豆、草果一起放入鸭腹内，入砂锅，加水适量，文火炖至鸭熟时，加葱适量、盐少许即成。每次空腹饮汤食肉，亦可佐餐。

【功效】 健脾开胃，利尿消肿。

(7)乌龙茶

【原料】 乌龙茶3g，槐角18g，首乌30g，冬瓜皮18g，山楂肉15g。

【制作与用法】 先将后4味共煎，去渣以其汤液冲泡乌龙茶，代茶饮用。

【功效】 消脂减肥。

（八）丰形美乳类方

1. 食膳方

番茄美容方

【原料】 番茄、鱼肝油各适量。

【制作与用法】 将番茄捣烂取汁，每天用番茄汁1杯，加5g左右鱼肝油饮用。

【功效】 丰满形体，红润面色。

2. 药膳方

(1)对虾通草丝瓜汤

【原料】 对虾2只，通草6g，丝瓜络6g，生姜、精盐适量。

【制作与用法】 将前3味加水适量煎汤，并加入生姜、精盐调味即可，吃虾喝汤，每日1次。

【功效】 丰满形体，健美乳房。

(2)虾仁归芪粥

【原料】 虾仁10g，当归15g，黄芪30g，桔梗6g，粳米50g。

【制作与用法】 将当归、黄芪、桔梗用纱布袋盛装，带口扎紧，入锅中加水适量，煎沸约20分钟，再加入虾仁、粳米，继续煎煮至成粥即可，去药袋，顿食。每日1次。

【功效】 丰乳。

(3)淫羊虾米汤

【原料】 淫羊藿15g，虾米20g。

【制作与用法】 将2味加水适量，煎汤。每日1次，饮汤食虾米。

【功效】 健美乳房。

(4)清炖奶羊乳根

【原料】 奶羊乳根150～200g（即奶羊乳房），葱白2～3茎，通草6g，调味品各适量。

【制作与用法】 将奶羊乳根洗净切成4块，加水适量，与葱白、通草文火煨炖，至乳根熟烂，加入调味品即可。食肉，饮汤，隔5天食用1次。

【功效】 健美乳房。

(5)白芷鲤鱼汤

【原料】 白芷15g，鲤鱼1条（100～150g），调味品各适量。

【制作与用法】 将鲤鱼常法处理，白芷用纱布包好，加水适量，共煮至熟，加入调味品即可。吃鱼喝汤，隔日1次。

【功效】 健美乳房。

二 损容性疾病治疗食膳方

(一) 祛除面斑类方

1. 食膳方

(1)黑木耳红枣汤

【原料】 黑木耳30g,红枣30枚。

【制作与用法】 将黑木耳洗净,红枣去核,煮1小时左右。食用时加蜂蜜少许调味,早晚各1次。

【功效】 健脾补气,活血行瘀,适用于面部黑斑。

(2)除黄褐斑方

【原料】 胡桃仁30g,黑芝麻20g,牛奶20g,豆浆20g,白糖适量。

【制作与用法】 将胡桃仁、黑芝麻、牛奶、豆浆混合后,边倒入石磨中边磨,磨好后,均匀倒入锅中煎煮,煮沸后加入少量白糖。每日早晚各服1碗。

【功效】 润肤祛斑,对黄褐斑效尤佳。

(3)桑耳祛斑方

【原料】 桑耳(即木耳)。

【制作与用法】 将桑耳焙研为细末,每日食后热汤送服3次,连服1个月,可使褐斑消退。

【功效】 消退褐斑。

(4)干柿子去斑方

【原料】 干柿子。

【制作与用法】 取干柿子,每日食之,久服方有疗效。

【功效】 润心肺,去色斑。

(5)赞绿珠

【原料】 绿豆30g,赤小豆15g,百合15g。

【制作与用法】 将3味洗净加水500ml,微火煎至300ml即可。每次服50~100ml,每日早晚各1次。

【功效】 润肺,活血,润肤,祛斑。

(6)胡桃牛乳茶

【原料】 胡桃仁30g,牛乳、豆浆各180g,黑芝麻20g,白糖适量,或鸡蛋1枚。

【制作与用法】 将牛乳和豆浆混匀,慢慢倒在小石磨进料口中的胡桃仁、黑芝麻上,边倒边磨。磨好后,倒入锅中加热煮沸,加入少量白糖即成;或煮沸后冲入鸡蛋,边搅边煮即得。前者每日早晚各1碗;后者每日1碗。

【功效】 养血润肤,祛斑,生发。适用于黄褐斑,脱发。

2. 药膳方

(1)消斑食疗汤

【原料】 丝瓜络、白僵蚕、白茯苓、白菊花各10g,玫瑰花3朵,红枣10枚。

【制作与用法】 每日用上述成分为一料,煎成浓汁,分2次饭后服用,一般10天内即可见效。

【功效】 悦颜，消斑。尤其适用于黄褐斑。

(2)祛斑散

【原料】 冬瓜仁250g，莲子粉25g，白芷15g。

【制作与用法】 将冬瓜仁、莲子粉、白芷共研为细末，储于瓷瓶备用。每日饭后用开水冲服1汤匙。

【功效】 除雀斑，洁颜肤。

(3)清热除斑汤

【原料】 紫菜3g，淡竹叶10g，莲子10g，灯心草6g，红枣8枚，瘦肉250g，鲫鱼100g，生姜4片，油、盐适量。

【制作与用法】 先将中药置砂锅加清水煮30分钟，再加鱼、肉，同锅烧滚后，改中火煮40分钟，以盐、油调味即可。可常饮。

【功效】 清热和胃，清补祛斑。

(4)冬瓜藤粉

【原料】 冬瓜藤不拘多少。

【制作与用法】 将冬瓜藤晒干烧灰，研细过筛，去渣备用。洗脸。

【功效】 增白淡斑。

(5)净面茶

【原料】 当归、山楂各8g，白鲜皮、白蒺藜各6g。

【制作与用法】 将上述4味洗净，放入茶杯中，用沸水冲泡。代茶饮用，每日1剂。

【功效】 养血调肝，散郁祛瘀。适用于面部黄褐斑，尤其是产后因服避孕药而面部长褐斑的妇女饮用为宜。

(二)治疗扁平疣类方

1. 食膳方

(1)黄豆芽治疣法

【原料】 黄豆芽。

【制作与用法】 黄豆芽洗净煮汤，连汤淡食(不放盐)，一日三餐，吃饱为止，不再吃其他任何食物和油料。连吃3天，第4天改为普通饮食，仍以豆芽为菜。

【功效】 去除疣赘，适用于扁平疣。

(2)食醋鸡蛋

【原料】 鸡蛋数个，米醋适量。

【制作与用法】 取新鲜鸡蛋煮熟后，敲碎蛋壳，在米醋中浸24小时。每日清晨空腹食醋蛋2枚，连服2~3周。

【功效】 去除疣赘，适用于扁平疣、寻常疣。

(3)苦瓜化疣方

【原料】 鲜苦瓜适量。

【制作与用法】 将苦瓜剥开去籽后，放入酸菜水中(或泡菜坛子内)浸泡1周，取出切碎，在菜油锅中爆炒1分钟，盛入盘中即可食用。1日3次，每次100g，连续食用半个月左右，可痊愈。

【功效】 去除疣赘，适用于扁平疣。

2. 药膳方

(1)薏苡仁百合粥

【原料】 薏苡仁30g,百合6g。

【制作与用法】 将上两味放入锅中,加入适量的水,煮沸后微火煮1小时,即成。早晚空腹食用,可加适量糖或蜂蜜调食。

【功效】 清热润燥、消疣,适用于扁平疣、痤疮、雀斑。

(2)白果苡米水

【原料】 白果仁5~10g,薏苡仁60g。

【制作与用法】 将上述成分加水煮透后,加入适量白糖,调匀即成。随时食用。

【功效】 清热解毒、消疣,适用于扁平疣。

(3)化疣方

【原料】 炒白芥子30g,炒萝卜子30g,炒紫苏子30g,炒糯米240g,糖240g。

【制作与用法】 将上述各药混匀,研成炒粉状。每日服3次,分10次服完。

【功效】 去除疣赘,适用于扁平疣、寻常疣。

(三) 治疗酒渣鼻类方

1. 绿豆汤

【原料】 绿豆30g,荷花瓣(晒干)9g,生石膏15g,枇杷叶9g,白糖适量。

【制作与用法】 将枇杷叶背绒毛刷净,与荷花瓣、生石膏加水900ml煎成600ml,再加入绿豆煮熟,白糖调服。每日1剂,连服7~10剂。

【功效】 清肺泻热,适用于肺胃积热型酒渣鼻。

2. 治疗酒渣鼻赤方

【原料】 橘子核,核桃肉。

【制作与用法】 将橘子核炒为末,每1g研核桃肉3g,同以酒调服。

【功效】 温肺、润肠、散结,适用于酒渣鼻。

3. 冬瓜子仁散

【原料】 冬瓜子仁30g,柏子仁30g,白茯苓30g,葵花子30g,栀子仁30g,枳实30g。

【制作与用法】 冬瓜子仁、葵子微炒,枳实麸炒微黄。上药打细,罗为散,每于食后,以粥调下6g。

【功效】 清泻湿热。治疗酒渣鼻,对形如麻豆、疼痛、搔之黄水者效果尤佳。

(四) 治疗痤疮类方

1. 食膳方

(1)净面饮子

【原料】 卷心菜200g,胡萝卜400g,苹果400g,蜂蜜适量。

【制作与用法】 将几味分别洗净、切碎、榨汁,加入适量蜂蜜调味,即可饮。每日服1~2剂。

【功效】 治疗痤疮、油脂过多。

(2)痤疮果汤

【原料】 芹菜100g,小西红柿1个,雪梨150g,柠檬1/5个。

【制作与用法】 先将前3味洗净后放入搅拌容器中榨汁,将柠檬浸泡后,两汁合用,取汁饮用,每日1剂。

【功效】 润肺泻热，适用于痤疮。

（3）疗痤疮果汁

【原料】 大红萝卜1个，芹菜150g，小洋葱1个。

【制作与用法】 将3味洗净后放入搅拌器中，榨汁，取汁饮用。每日1次。

【功效】 清肺泻热，适用于痤疮。

2. 药膳方

（1）麻油泡使君子

【原料】 使君子、芝麻油适量。

【制作与用法】 将去壳使君子放入铁锅中，以文火炒至微香，待凉，放麻油浸泡3天后食用，成人每次服3～5枚。每晚临睡前服下。7～10天为1个疗程。

【功效】 消积导滞，适用于痤疮、酒渣鼻。

（2）薏苡仁百合粥

【原料】 薏苡仁30g，百合6g。

【制作与用法】 将薏苡仁、百合分别洗净，置于锅内，加适量水煮成稀粥，食用时加入糖或蜂蜜调味，早晚空腹服食，10～15天为1个疗程。

【功效】 清热润燥，适用于痤疮。

（3）痤疮汤

【原料】 海带15g，绿豆15g，甜杏仁9g，玫瑰花6g（布包），红糖适量。

【制作与用法】 将以上各味同置锅内煮后，去玫瑰花，加红糖调味，喝汤吃海带、绿豆、甜杏仁。每天1剂，连服20～30剂。

【功效】 活血散瘀，消痰软坚。用于痰淤凝结型痤疮。

（五）治疗瘢痕疙瘩、黑痣类方

1. 食膳方

（1）麦麸散

【原料】 大麦麸（或小麦麸）不拘多少。

【制作与用法】 将麦麸焙干，研为细末，以酥和匀，贮瓶备用。每晚临睡前，涂敷于瘢痕上，次晨以温水洗之。

【功效】 清热活血、润泽肌肤，适用于面部瘢痕。

（2）治瘢痕无问新旧必除方

【原料】 鸡子（鸡蛋）5～7枚。

【制作与用法】 将鸡蛋煮熟取黄，于铛中炒如黑脂成膏，以布先揩破疮瘢，然后涂膏，每日2～3次，自然减灭，与原肌肤无区别。

【功效】 柔肤消痕。

（3）芝麻秸灰浆

【原料】 芝麻秸、麻油适量。

【制作与用法】 将芝麻秸烧成灰，用麻油调和成稠浆，涂点于痣或恶肉上。

【功效】 除痣灭瘢，适用于黑痣、瘢痕。

2. 药膳方

（1）去痣除黑干膜

【原料】 李子仁、鸡蛋清适量。

【制作与用法】 将李子仁去皮，焙干，研为细末，以鸡蛋清调匀，密贮瓶中备用。每晚临睡前，用此药涂面，次日早晨以温水洗去。

【功效】 除黑斑，消黑痣。

(2)桃花瓜子蜜

【原料】 桃花、冬瓜仁各等份，蜂蜜适量。

【制作与用法】 用桃花阴干研末，冬瓜仁研末，混合，调蜂蜜适量，敷面，每夜敷之，黑痣则点涂之。

【功效】 除黑斑，消黑痣，适用于雀斑、黑痣、黑斑。

下　篇

临床美容营养

第九章 皮肤美容的营养基础

第一节 皮肤健美与营养

对于皮肤健美的标志，由于不同种族、民族的文化背景和审美取向的差异，尚无统一的标准，但一般可从皮肤的湿润度、色泽、细腻度、弹性及健康洁净等方面加以判定。中国人通常认定的健美皮肤是白里透红、湿润、细腻、光滑、富有弹性、健康洁净而无斑点、痤疮等瑕疵的皮肤。

皮肤健美需要一定的条件，包括基因条件、身体健康条件和外部环境条件等。诸多因素均可对皮肤的健美产生影响，由于营养素与皮肤的生长、发育、衰老及其生理病理关系密切，因此饮食营养对皮肤健美的影响至关重要。如果存在皮肤营养不良或失衡问题，就会使皮肤质量下降、加速肤质的转变，即使拥有良好的皮肤基因，也难将童年时的皮肤健美状态保持下来，甚至会出现皮肤早衰或损容性疾病。而给予皮肤良好的营养，可弥补皮肤先天禀赋不足的弱势，当然，皮肤先天基因好，加上后天保养得好，则可实现青春常驻。

一 皮肤的湿度与营养

皮肤的湿度是指皮肤的含水量，关系到皮肤的柔滑性和饱满性。水分既是皮肤的重要营养物质，也是输送营养素的载体，适度的含水量是皮肤健美的重要条件。水分是皮肤湿度的直接指标，水的供给是维持皮肤含水量的基本保障，但皮肤湿度的调节还间接与氨基酸、矿物质、脂肪等营养素有关。

通常皮肤含水量占身体总水量的18%～20%。皮肤水分占皮肤重量的70%，新生儿达到80%，其中角质层占15%～25%，真皮层占60%，其余为活性表皮层和皮下组织的含水量。真皮层、活性表皮层、角质层水分的分布依次减少，说明在表皮角化过程中水分不断丧失。角质层的含水量决定了皮肤角质的湿度与柔软度，低于10%即出现皮肤干燥的现象。而真皮层的含水量与皮肤的弹性、饱满性有关，低于50%就会影响皮肤的饱满与光泽。皮肤含水量不足还会影响皮肤的淋巴循环和营养素及其代谢产物的输送与排泄。

角质层中水分的存在形式有二，即结合水与游离水。结合水依赖于角质层中含有的丰富的可溶性低分子物质，这些物质与水结合形成结构较稳定、不易蒸发的分子结合水状态，具有吸水和保湿功能。这些低分子物质被称为“天然保湿因子(natural moisturizing factor，NMF)”，主要包括氨基酸类(占40%)、离子类、吡咯烷酮羧酸、乳酸盐、尿素、盐类、糖、有机酸等，为水溶性物质，通常被脂质包裹，单纯用水浸渍角质不会溶出，而先用有机溶剂或洗涤剂处理角质后再浸水则易溶出。NMF 中最主要的部分是吡咯烷酮羧酸、乳酸盐和游离氨基酸，对角质蛋白吸水和保水能力可起到强力增强作用。角质层中水合剩余的水分形成微小游离水滴存在于角质层微细间隙内，易蒸发。干性皮肤与老年人皮肤干燥，其角质层中的 NMF 物质减少是主要因素，另外与皮脂分泌不足、角质结构变化也有关系；而油性皮肤出现的干燥与皮屑现象，也与角质层的水合障碍及角质过厚等有关。

皮脂膜状态对皮肤的湿度也会产生影响，健全的皮脂膜可以减少角质层水分的蒸发。皮脂分泌不足与布散失常，均可导致皮脂膜不健全，引起皮肤水分蒸发过度而出现干燥。

皮肤水分的来源主要通过饮食供给，由体循环输送达皮肤，其次角质层可从外界、汗液、皮肤不觉蒸发中汲取水分。

保持皮肤湿度的营养学法则：从内外途径补充皮肤水分，减少从内外途径丧失或转移的皮肤水分。具体方法，一是提供水分来源，如多喝水、多食富含水分的水果及炖汤食品，多涂化妆水；二是提供 NMF 来源、增加皮肤结合水，如多食蛋白质与矿物质，外用 NMF 保湿剂；三是减少水分流失，如少饮浓茶（减少皮肤水分转移），外用面脂及适量食用动植物脂肪（健全皮脂膜、减少水分蒸发）等。

二 皮肤的黑色素代谢与营养

皮肤黑色素的含量关系到皮肤的白皙程度与色素性损容性疾病，中国人对皮肤颜色的审美观大多以肤白、无斑为美。

皮肤黑色素的代谢主要涉及两个层面，一是细胞层面，即黑色素细胞的分裂；二是黑色素物质的生物化学合成。两个层面的代谢均受诸多因素的影响，包括基因、紫外线、精神、营养素、药物、创伤等因素，其机制涉及中枢与外周的神经内分泌、生物化学调控。多种营养素是色素代谢的基础物质和生物活性物，也是调控因子。

（一）氨基酸类

1. 酪氨酸 细胞摄取的酪氨酸 90% 用于蛋白质合成，5% 用于黑色素合成。酪氨酸是黑色素合成的基础物质，在酪氨酸酶的催化下，酪氨酸的转化为多巴，多巴经氧化形成多巴醌，最终生成真黑色素。同时酪氨酸也能抑制多巴氧化。如果营养素中酪氨酸摄入不足，则可能引起毛发变白、肤色不均、白斑等问题。

2. 谷胱甘肽和半胱氨酸 其巯基（—SH）分子基团能竞争性地结合酪氨酸酶结构中的铜离子，使酪氨酸酶的含量和活性下降，同时还能与多巴醌结合，阻止多巴醌最终生成真黑色素。此外，谷胱甘肽、半胱氨酸可与多巴醌结合生成脂褐质。

3. 色氨酸与赖氨酸 参与黑色素的生成。动物实验表明，酪氨酸、色氨酸、赖氨酸是色素生成所必需的氨基酸。

（二）微量元素

1. 铜 铜是酪氨酸酶结构的组成部分，1 分子酶含 2 个铜离子。增加铜的摄入意味着酪氨酸酶的含量和活性增加，而减少铜的摄入或增加铜离子螯合物（如谷胱甘肽、半胱氨酸、曲酸）的含量则意味着酪氨酸酶的含量和活性降低。铜摄入不足或代谢障碍，可能引起白发、皮肤白化。

2. 锌 是真黑色素生成最后阶段的催化剂。缺锌可引起毛发变白。

（三）维生素

1. **维生素C** 是还原剂，可使深色氧化型醌式产物还原为浅色还原型色素。同时，可抑制多巴、多巴醌的自动氧化。

2. **维生素E** 为抗氧化剂，能抑制多巴、多巴醌的自动氧化。同时通过减少氧自由基，减少氧自由基对巯基的破坏。

3. **维生素A** 缺乏时，巯基化合物含量减少，易引起色素沉着。

4. **维生素PP**（又称维生素 B_3、烟酰胺） 缺乏时，皮肤光敏性增加，导致色素增加。

5. **维生素 B_5**（又称泛酸） 参与酪氨酸酶的合成。

6. **复合维生素B和维生素 B_9**（又称维生素M、叶酸） 促进氧化，可使黑色素增加。

（四）生物活性物

许多保健食品中所含的传统营养素以外的生物活性物，对色素代谢有明显的影响。如甘草中所含的甘草黄酮，其抑制酪氨酸酶的活性是维生素C的80倍、曲酸的25倍；胎盘素能抑制酪氨酸酶的生物合成，加速黑色素细胞的角质化。

鉴于上述营养素与色素代谢的关系，皮肤在暴晒、炎症、创伤、激光治疗等有色素沉着倾向的情况下和祛斑美容的过程中，宜减少富含色氨酸、赖氨酸、铜、锌、复合维生素B、维生素 B_9、维生素 B_5 食品的摄入和化妆品的使用；增加富含谷胱甘肽、半胱氨酸、维生素C、维生素E、维生素A、维生素PP食品的摄入和化妆品的使用。而针对皮肤色素脱失性疾病与白发，则相反。

三 皮肤的色泽与营养

皮肤的色泽由颜色与光泽度两方面构成。皮肤的颜色主要包括3种色调：黑色——取决于黑色素的结构与含量；黄色——取决于皮肤角质层的厚度、皮肤组织中的胡萝卜素及胆红素的含量；红色——皮肤的红色是隐现或透现血液的颜色，与血液颜色、微血管疏密及血流量有关。皮肤颜色是这3种色调的综合感观。皮肤的光泽度，受皮肤血色、透明度、湿度、皮脂膜、角质厚度、细胞状态等因素的影响，光泽度好则肤色鲜艳、亮丽。

皮肤色泽不仅是皮肤健美的重要指征，也是身体健康状况的外部反映。肤色或白或黑或黄，但有光泽、红润即为健美肤色，意味着内在健康；色泽黑滞、晦暗、萎黄、苍白、血色差、光泽差、不鲜活、不透亮，均为不健美肤色，意味内在不健康。

营养状况与皮肤色泽的健美息息相关，食物中的六大营养素与其他生物活性物都能影响皮肤的色泽，增加皮肤营养是改善皮肤色泽的关键。

三大营养素是皮肤细胞构成的物质基础与能源。碳水化合物和脂肪是皮肤细胞能量的主要能源，脂肪又是皮脂合成的原料来源。蛋白质是皮肤细胞分裂再生的基本物质，氨基酸又是皮肤多种活性酶的基本构成及皮肤色素代谢等多种生化反应的活性物。碳水化合物、脂肪、蛋白质三大营养素摄入不足或代谢障碍，均可使皮肤失去色泽，尤其是蛋白质摄入不足，将影响皮肤细胞的再生修复，致使皮肤细胞数量日渐减少、色泽渐衰。

维生素是机体充分利用三大营养素所不可缺少的代谢辅酶，且诸多维生素直接参与皮肤细胞的分裂、色素代谢、胶原代谢等皮肤生物学化合分解过程，是维护皮肤黏膜健全的重要物质。如，维生素A能维持和促进上皮组织正常功能和结构的完整性，参与间质组织黏多糖的合成，促进基底上皮细胞分泌黏蛋白，抑制角化，缺乏可致皮肤、毛发干燥失泽及毛孔角化；维生素D能扩张血管、改善皮肤血液循环、增强汗液和皮脂分泌，促进毛发生长及皮肤含水量的正常化；维生素 E 能使皮肤毛细血管的血流量增加，并能维持毛细血管的正常通透性，改善组织供氧，抗氧化，防护紫外线损伤和减缓色素或脂褐质沉积；B 族维生素参与糖、蛋白质、脂肪的代谢，缺乏时可致面色暗黄、引起皮炎；维生素 B_2、维生素 B_9 参与血红蛋白的合成，影响血色；维生素 B_2、维生素 B_3、维生素 B_6 可降低皮肤敏感性和光敏性，缺乏时可致皮肤敏感潮红；维生素 B_5、维生素 B_9 和复合维生素 B 可促进黑色素形成；维生素 C 参与多种氧化还原反应，可抑制多巴氧化、减少黑色素的生成且可使皮肤中已合成的黑色素还原为无色物质，并可降低毛细血管通透性，具有抗组胺、抗过敏作用，能间接促进血红蛋白的合成、改善血色、增加皮肤光泽、美白。上述维生素具有不同功能，可从不同角度影响皮肤的色泽。

钾、钠、钙等矿物质是 NMF 中的离子类保湿因子，也是天然皮脂膜乳化物的组成部分，可维持皮肤的含水量。微量元素锌、硒、铜、铁等均普遍参与体内金属酶的合成和激活，参与色素、血红蛋白、核酸、蛋白质和激素的合成代谢，保护细胞膜的功能，调控自由基水平，调节免疫功能，因而攸关皮肤的光泽度、血色、色素代谢和健美。

水是皮肤的重要营养素。皮肤含水量不足，可出现皮肤干燥、饱满度与透明度下降，并影响营养素的输送和代谢产物的排泄，导致皮肤无光泽。皮肤水分过多，可引起皮肤水肿。

许多食品中所含的功能活性物如有机酸（果酸）、透明质酸、甲壳素、黏多糖、核酸、木瓜蛋白酶、芦荟素、鲨烯等，可改善皮肤的湿度、微循环、细胞与生化代谢等，具有显著改善皮肤色泽的作用。

综上所述，诸多营养素均可影响皮肤的色泽。改善皮肤色泽的营养学法则，在于提供充足而均衡的营养，维护健康水平，多食有助于皮肤色泽均衡、健康的食品，尤其是功能性食品。

四 皮肤的皮脂分泌与营养

皮脂腺分泌的脂质成分，含甘油三酯 60%、角鲨烯 10%、蜡酯 20% ~25%，其他（夹带一些棒状杆菌、酵母菌、螨虫等常驻微生物与角质屑）5% ~10%。表皮脂质布散于皮肤表面，与皮肤表面附着的汗液、电解质、多糖等自动乳化形成皮脂膜，可防止异物入侵、抑制细菌、锁水保湿、保温、抗辐射、缓冲酸碱刺激。皮脂分泌还有排泄毒素的作用。皮脂分泌异常有两种情况：一是分泌不足，引起皮肤干燥、光泽度下降；二是分泌亢进、排泄不畅，引起皮肤过油，形成皮脂栓与痤疮。

皮脂分泌的调控，受食物、激素、种族、性别、年龄、皮肤与环境状况的影响，营养食物对皮脂腺的分泌有重要影响。脂肪和糖是皮脂合成的主要原料，过少食用脂肪和糖，可使皮脂分泌不足，而过量食用脂肪和糖则可使皮脂合成过剩。过食辛辣、油炸、热性食品可刺激皮脂分泌并引起上皮角化、毛孔阻塞。维生素 A、维生素 D 缺乏，可使皮脂分泌不足、皮肤干燥。微量元素锌具有收敛作用，可抑制皮脂分泌。

调节皮脂分泌的营养学法则为：依皮脂分泌水平，因人而异选择营养。皮脂不足者，多食脂肪与糖，内服或外用维生素 AD 制剂；皮脂过剩者，少食脂肪、糖和辛辣食品，多食含锌食品，外用锌制剂。

五 皮肤的细腻度与营养

皮肤的细腻度指皮肤的细密性与光滑度，是皮肤健美的标志之一。细密性与毛孔大小、皮肤纹理(真皮纤维束排列)、痤疮、赘生物、皮肤凹洞等有关。光滑度与角质的结构、厚薄及含水量、皮脂膜等有关。毛孔细小,纹理细浅,角质层结构紧密有序、厚薄适度,含水量与皮脂平衡,无痤疮等瑕疵,则皮肤细腻光滑。毛孔粗大,纹理粗深,角质层结构松散无序、堆积,角质层缺水、干燥,存在毛周角化、痤疮、结节、凹洞、扁平疣、皱纹等瑕疵,则皮肤粗糙。

皮肤粗糙的病理性质可分为3类:一类是干性肤质,皮肤干燥,角质屑增多,纹理增粗,皱纹增加;二类是油性肤质,角质堆积,皮脂阻塞,毛孔粗大;三类是患毛周角化症、痤疮、结节、疙瘩、凹洞、扁平疣、老年疣等损容性皮肤病。

皮肤的细腻度与营养状态关系密切。蛋白质缺乏会影响表皮、真皮的再生修复,导致表皮光滑度下降、皱纹增多。水、NMF、矿物质、维生素A、脂肪等的缺乏,会引起皮肤干燥性粗糙。B族维生素缺乏,会导致烟酸缺乏症(糙皮病)、皮炎性粗糙。油脂与辛辣热性食品摄入过多易引起痤疮性、毛周角化性粗糙。

保持皮肤细腻的营养法则为:保持皮肤水和油分的平衡,促进表皮与真皮再生,减少上皮角化,防止皮肤干燥缺水、角质堆积、毛孔阻塞、痤疮、真皮纤维萎缩、皱纹等的发生。相应地多补充富含维生素A、维生素D、B族维生素、维生素C、锌、硒、蛋白质、胶原、葡聚糖、有机酸等营养素和活性物的食品,有助于改善和维护皮肤的细腻度。

六 皮肤的弹性、饱满度与营养

皮肤的弹性与饱满度不足,意味着皮肤松弛和皱纹的出现。皮肤弹性依赖于真皮组织的健全与否,但主要取决于真皮组织蛋白纤维的含量与结构。皮肤饱满度则与皮肤含水量、真皮基质、皮下脂肪组织充实性有关。

真皮组织由纤维性蛋白(胶原蛋白、弹性蛋白、网状蛋白3种)、基质(包括水、葡聚糖、电解质等)和细胞(成纤维细胞、肥大细胞等)构成,占皮肤组织的95%,占体重的15%~20%。胶原纤维占真皮纤维的95%,其蛋白分子含甘氨酸、脯氨酸、羟脯氨酸、谷氨酸、门冬氨酸、精氨酸等多种氨基酸,胶原纤维萎缩是皮肤松弛、产生皱纹的主要原因。

蛋白质是真皮纤维合成的基本原料。葡聚糖(透明质酸、硫酸皮肤素、硫酸软骨素等)是真皮基质的主要活性物,能保持细胞间的水分,促进胶原成熟等。维生素E可防治紫外线所致的皮肤损伤,保持皮肤弹性,减少皱纹。维生素C能增加皮肤结缔组织尤其胶原的合成,保持皮肤弹性。锌可促进真皮中胶原蛋白及弹力纤维母细胞的形成与再生。硒可促进皮肤细胞生长,延缓皮肤衰老。

维护皮肤弹性与饱满度的营养学法则为:补充真皮层营养,增强真皮活力,保持皮下一定的脂肪量。多食富含胶原蛋白、维生素E、维生素C、葡聚糖、锌、硒和脂肪等营养素的食品,有助于皮肤的弹性和饱满性。

第二节　皮肤衰老与营养

一 皮肤衰老的表现与机制

皮肤老化是不能改变的生命规律,但老化进程因人而异。皮肤的生命周期,可分为成长期、衰退期和衰老期。通常25岁左右为皮肤的转角期,即转折期,此时皮肤结束成长期,步入衰退期,皮肤细胞与组织的维护性生长修复与老化退变同时进行。并且随着年龄的增长,细胞凋亡的数量逐渐大于增殖再生的数量,老化加速。皮肤功能衰退的出现即意味着皮肤老化的开始,衰退越快越严重,老化也越快越明显。

皮肤老化的临床体征:皮肤松弛下垂、萎缩、皱纹、粗糙、干燥、瘙痒、色素不均、老年斑(老年疣)、老年性白斑、面色污黑、毛细血管扩张等。

皮肤老化的生理变化:皮肤组织的结构退化与生理功能下降,表现为皮肤细胞分裂再生减少,皮肤各层厚度变薄;真皮萎缩,纤维束排列不平整、缺损、凹陷与堆积不均,皱纹加深,表皮纹理变粗糙,弹性下降;皮下组织变性;色素分泌与调控功能失常,色素分布不均;皮肤的分泌、循环、修复力和免疫力均下降,创伤愈合变慢,易发生感染及癌变,皮肤知觉、痛觉减退,体温调节力下降等。

皮肤老化的原因:皮肤自然生理衰老是皮肤老化的主导原因,由基因表达起决定作用。但诸多因素可以加速或延缓皮肤老化的进程,如年龄增长、激素水平与免疫力下降、营养不良与偏食、精神压力、疾病损害、环境危害(日晒、气候、高温等)、不良习惯(表情性皱纹、生物钟颠倒、睡眠不足、缺乏运动)、皮肤保养不当、用药不当、长期疲劳等因素可加速皮肤老化;而防晒,恰当的皮肤保养,良好的营养、生活习惯和健康条件等因素可延缓皮肤老化。

二 皮肤衰老与营养

诸多因素可加速皮肤老化,但其机制多与皮肤营养有直接或间接的关系。皮肤营养状况的优劣以及是否给予科学的营养,可延缓或加速皮肤的老化进程。

维持皮肤良好的营养状态需要一定的条件,一是皮肤代谢所需营养素的供给,包括体内供给和体表供给;二是皮肤对营养素代谢、利用功能的健全。皮肤营养素的体内供给,涉及食物营养的摄入、消化、吸收,营养素的分解、合成和输送等复杂的生理生化过程,因此不仅需要摄入均衡、足够的膳食,而且还需要良好的胃肠消化吸收功能、肝脏生化分解合成功能、体内和皮肤的循环输送功能等的配合,才能得以实现。

六大营养素均在不同层面参与皮肤细胞的分裂增殖及维持其正常的功能和寿命,均与皮肤细胞的生理功能和皮肤的衰老息息相关。有关各种营养素的生理功能及抗衰老机制,本章之前章节中已有相关讨论,此处不再赘述。

皮肤抗衰老的营养法则:①为皮肤提供均衡、足够的营养素;②减少皮肤营养素的消耗与损失;③强化针对性营养素的补充。具体措施可采取:①均衡膳食,加强营养摄入;②改善胃肠消化吸收功能;③维护肝脏功能,避免肝功能损伤;④使用含保湿、营养、抗衰老、防晒活性物的护肤品;⑤保持运动与皮肤按摩,以改善循环、促进营养素的输送;⑥改善睡眠,避免熬夜、疲劳与疾病对营养素的损耗;⑦强化抗氧化、抗衰老食品的摄入。

第十章　美容保健与营养、食疗

第一节　皮肤美的营养与食疗

一　中性皮肤

【特征】

健康的皮肤是中性皮肤，其 pH 在 5 ~ 5.6 之间，油脂和水分的分泌平衡，皮肤厚度适中，质地及肤色均匀，肤质洁净、柔嫩、富有弹性、红润、有光泽，毛孔细小，没有油光或干裂，很少或没有皮肤瑕疵，很少或没有皱纹，不存在黄褐斑、痤疮等损美性皮肤疾病，不容易老化。中性皮肤对气候变化不敏感，适应性强；容易上妆，不易脱妆，上妆后自然亮丽。

中性皮肤可以说是最理想的肤质，但事实上相当少有，多见于发育期前少男少女和婴幼儿以及身体健康、保养良好的成年人。中性皮肤拥有者，多体内阴阳平衡，五脏协调，气血畅达，七情平稳，饮食合理，二便通畅，机体调节能力强。日常护理相对简单，只需要做好清洁和基本保养，根据季节、气候和身体状况调整护肤品，保证生活作息正常，有充足的睡眠和健康饮食，这样就足以保持皮肤的最佳状态。

【中医辨证】

阴阳平衡，五脏协调，气血畅达，七情平稳，饮食合理，二便通畅，机体调节能力强。中性皮肤反映了健康的内脏气血。

【营养与食膳调理】

1. 选择营养素　中性皮肤的状态相当好，说明各种营养素摄入很均衡，在此基础上只要每阶段都能摄入人体所需要的各种营养素即可。对皮肤有益的营养素包括适当的脂类、碳水化合物、优质蛋白，各类维生素、微量元素等。如维生素 A 可以使人的皮肤柔润、眼睛明亮；维生素 C 可清除毒素，促进胶原合成，具有较强的抗氧化及还原作用，可以降低黑色素的生成与代谢、消除皮肤黑斑等；维生素 E 能够使机体的末梢血管扩张，血液循环转好，使皮肤的血色变得有光泽，相对地也能防止黑斑及皮肤老化现象的发生，具有保持皮肤弹性、抗氧化物侵蚀和防止皮肤细胞早衰的作用；源于真皮层的胶原质是在维生素 C 将脯氨酸转化为羟脯氨酸时形成的，因此，没有维生素 C 就没有胶原质；纤维素，其实也是一种多糖，但因为它不被人体所吸收，能促进胃肠蠕动，有助于营养素的利用，所以又被称作"第七营养素"，特别是通过纤维素的作用，能增强胃肠道排泄毒素的功能，从而使皮肤润泽，减少色素沉着，增添容颜美丽。

2. 常用食物　中性皮肤在饮食中要注意补充必需的维生素和蛋白质，宜多食富含维生素

C的食物，如柑橘类水果、草莓、芒果、猕猴桃、叶类蔬菜等；富含维生素E的食物，如植物油、人造奶油和杏仁、胡桃、白果等坚果；富含胶原蛋白的食物，如猪皮、蹄筋、裙边等；富含纤维素的食物，如竹笋、燕麦等。另外，要保持精神愉快，避免过多地使用化妆品，减少烟酒及辛辣食物的刺激。

3. 辨证用膳

(1)珠玉二宝粥

【原料】 山药60g，苡仁60g，柿霜饼24g。

【制法与用法】 将山药、苡仁共同捣成粗渣，小火煮至烂熟，再将柿霜饼捣烂，调入溶化。早晚各食1次，每次10～15g。

【功效】 清补脾肺，甘润肌肤。

(2)苓归乌鸡盅

【原料】 乌鸡500g，茯苓10g，当归10g，盐3g，味精1g，鸡精1g。

【制法与用法】 乌鸡洗净切块，用沸水焯一下待用；锅内加适量水、盐、味精、鸡精，下入乌鸡块、茯苓、当归，小火煲3小时左右即成。可以每周服用2次。

【功效】 当归是非常有益女性健康的一味补血良药，可补血活血、调经止痛；茯苓能够镇静、安神、降低血糖。乌鸡为妇科圣药，对妇女的白带症、月经不调有奇效，且不仅药效突出，肉质也非常鲜美，是既营养又好吃的食材。

(3)党参圆肉炖裙边

【原料】 裙边200g，党参10g，桂圆肉10g，盐3g，味精1g，上汤500ml。

【制法与用法】 选用上等裙边洗净待用；砂锅内加适量上汤、盐、味精及党参、桂圆肉，放入裙边，小火炖煮2～3小时即可。每周服用1次。

【功效】 桂圆是具有养心安神、补气补血功效的颜养草本；党参也是生活中常用的药材，一般用于家庭中的滋补炖品，可以补中益气、健脾益肺、滋润肌肤。

二 干性皮肤

【特征】

干性皮肤最明显的特征是：皮脂分泌少，皮肤干燥、缺少光泽，肤质较薄，毛孔细小而不明显，并容易产生细小皱纹，毛细血管表浅、易破裂，对外界刺激比较敏感，皮肤易生红斑，其pH多在6.5～7之间及以上，皮肤角质层含水量低于10%，可分为干性缺油和干性缺水两种。缺油型：面部干涩，紧凑，如纸样条纹；皮肤易老化，粗糙，松弛；30岁左右皱纹显现，活动部位更明显。缺水型：又分为两种，其一为皮肤细薄而干，颞部有毛细血管纹，皮肤易过敏；其二为皮肤苍黄而厚，毛孔粗大，皮肤粗糙而干，颏下脂肪赘积。

干性皮肤在寒风烈日、空气干燥的环境和持续在空调环境工作的情况下，皮肤缺水的情况会更加严重，如长期不注意保养会产生皱纹，日常的护理需要重视滋润和防止水分流失，保持皮肤脂膜，日间加强防晒，避免皮肤过早老化。

【中医辨证】

1. 气血虚弱型 面色㿠白，皮肤干燥，毛发稀疏黄软，口唇爪甲不华，形体消瘦，易感冒，乏力神疲，舌质淡，脉细弱。

2. 气滞血瘀型 性情抑郁内向，皮肤干枯，毛发干燥，形容憔悴，胸胁胀满，善太息，月经不调，食欲缺乏，口苦，胃脘疼痛，易生色斑，舌有瘀斑，脉弦细。

3. 阴虚火旺型 性情急躁，面色晦暗，皮肤干燥，口唇偏红，形体消瘦，头发脱落干燥，睡眠差，口干咽燥，手足心热，大便干结，小便偏黄，舌红少苔，脉细数。

【营养与食膳调理】

1. 选择营养素 多食含维生素A和维生素E的食物，维生素A可促进皮脂分泌，使皮肤保持滋润；维生素E除促进皮肤新陈代谢、增加皮脂腺分泌外，还有抗氧化、清除自由基的作用，能保护维生素A免于氧化破坏。另外应补充优质蛋白、铁剂、锌剂等微量元素，以纠正贫血、促进细胞再生、增加支持组织。

2. 常用食物 宜多食富含胶质、脂肪、矿物质的食物，如海参、猪蹄、猪皮、花生、核桃等。从中医食疗角度看，宜选用具有养阴润肤、益气补血和活血的药食物，如麦冬、玉竹、女贞子、旱莲草、百合、枸杞子、桑葚、桃花、桃仁、益母草、川芎、当归、莲花、玫瑰花、红花等。

3. 辨证用膳

（1）苹果猪心卷

【原料】 猪心1只（约300g），苹果1个（约150g），鸡蛋1个，葱姜汁、料酒、精盐、胡椒面、干淀粉适量。

【制法与用法】 将猪心切成薄片，用葱姜汁、料酒、精盐、胡椒面腌上味；苹果去皮、核，切丝，加入少许干淀粉拌匀；鸡蛋用干淀粉挂糊；在每片猪心片中卷入适量苹果丝成卷，拖蛋糊下入四五成热的油锅中炸至色黄外酥，捞出装盘。

【功效】 猪心含蛋白质、脂肪、硫胺素、核黄素、烟酸等成分。本方具有营养血液、养心安神的功效，适用于气血虚弱型干性皮肤。

（2）川芎煮鸡蛋

【原料】 鸡蛋2个，川芎9g，黄酒适量。

【制法与用法】 锅置火上，加水300ml，放入鸡蛋、川芎同煮。鸡蛋熟后取出去壳，复置汤药内，再用文火煮5分钟酌加黄酒适量，起锅，吃蛋饮汤，日服1剂，5剂为1个疗程。

【功效】 本方具有活血化瘀的功效，适用于气滞血瘀型干性皮肤。

（3）生地黄粥

【原料】 生地黄（或干地黄）、大米100g。

【制法与用法】 生地黄榨汁（或干地黄煎浓汁）150ml备用，大米煮粥，粥熟后加入地黄汁，搅匀食用，每天2次。

【功效】 本方具有养阴清热的功效，适用于阴虚火旺型干性皮肤。

三 油性皮肤

【特征】

油性皮肤的显著特征是：皮脂腺分泌旺盛，皮肤长时间呈现油亮感，pH在4～4.5之间及以下，多数人肤色偏深，肤质较厚，毛孔粗大，甚至可出现橘皮样外观，很容易黏附灰尘和污物，易引起皮肤的感染与痤疮等。但这类皮肤对物理性、化学性及光线等因素刺激的耐受性强，不容易产生过敏反应，也不易产生皱纹。日常的护理应以控制皮肤油脂分泌和保持皮肤清洁为主，减少痤疮及炎性痤疮的发生；护肤应选择清爽收敛型产品，适当加强去角质和深层清洁；日间做好保湿防晒，避免皮肤老化；彩妆应选用质地较薄、具控油功效的产品。

【中医辨证】

1. 脾胃健运型 皮肤油腻,春夏尤甚,身体健康,形体丰满壮实,食欲良好,喜食香浓厚味之品,大便调畅,舌红苔薄,脉有力。

2. 脾胃湿热型 皮肤垢腻不洁,素体阳盛,痰湿内蕴,形体丰硕,喜食香浓肥腻之品,食量大,常伴有胃肠功能紊乱,口腔反复溃疡,口气热臭,体臭,腹胀,带下黄,大便不爽,小便黄赤,舌红苔黄腻,脉滑数有力。

3. 肝气郁结型 面色晦暗油腻,情绪压抑紧张,口干口苦,胁腹胀满,食欲缺乏,睡眠差,大便干结,月经不调,舌红苔薄黄,脉弦。

【营养与食膳调理】

1. 选择营养素 维生素 B_5(泛酸)可促进皮肤和头发的生长;维生素 B_6可调节汗液分泌;维生素 C 可诱导胶原的合成,改善皮肤的血液循环、防止皮肤出现斑点;维生素 E 是最卓越的抗衰老维生素;多不饱和脂肪酸,尤其是 ω_3族的 α-亚麻酸,维持皮肤湿度和弹性;锌是具有抗氧化作用的微量元素,能收敛皮脂腺分泌,防止皮肤老化;硒是另一种具有抗氧化作用的微量元素,能防止皮肤老化。以上营养素适用于油性皮肤。

2. 常用食物 皮肤油脂分泌旺盛,最好多食用凉性及清淡渗利的食物,如冬瓜、丝瓜、白萝卜、胡萝卜、竹笋、白菜、莲藕、西瓜、银鱼、兔肉等。少吃辛辣、温热及含油脂多的食物,如奶油、奶酪、蜜饯、猪肉、羊肉、狗肉、花生、桂圆肉、荔枝、核桃仁、巧克力、可可、咖喱等。含有益于油性皮肤的营养素的食物选择为:富含维生素 B_5的食物,如奶制品、肉类、蛋类、水果、豆类、全麦谷类、花椰菜、甜玉米等;富含维生素 B_6的食物,如肉类、水果干和鳄梨;富含维生素 C 的食物,如柑橘类水果(橘子、葡萄柚、柠檬)、草莓、猕猴桃、叶状蔬菜等;富含维生素 E 的食物,如植物油、人造奶油和多油坚果(杏仁、胡桃);富含多不饱和脂肪酸,尤其是 ω_3族 α-亚麻酸的食物,如植物油和多脂肪鱼类;富含锌的食物,如鱼、海鲜、肉类、奶制品、谷类和豆类;富含硒的食物,如肉类、蛋、全麦谷类、绿色蔬菜和胡桃。

3. 辨证用膳

(1)冬瓜顺气餐

【原料】 冬瓜 150g,白米 75g,糙米 75g,腌橄榄 3~10 枚。

【制法与用法】 将冬瓜洗净切成小块,放在开水里氽熟;将白米与糙米混合蒸熟,再配上腌橄榄。

【功效】 此特制餐有助于清热解毒、下气消痰,橄榄有解毒、生津、健胃、改善咽喉痛等功效。可连续服用 1~2 周冬瓜顺气餐。适用于脾胃健运型油性皮肤。

(2)薏米红豆粥

【原料】 薏米,红豆,大米。

【制法与用法】 开始时薏米和红豆的用量之比为 1∶1(共 70g),另外一半是大米;服用 20 多天后,调整薏米和红豆用量之比为 2∶1,另一半是大米,粥要煮透,不稠不稀。另外可处方三仁汤加减、清中汤。

【功效】 适用于脾胃湿热型油性皮肤。

(3)清肝饮

【原料】 夏枯草 12g,桑叶 10g,菊花 10g。

【制法与用法】 将夏枯草、桑叶加入适量的水浸泡半小时后煮半小时,最后加入菊花煮 3 分钟,即可代茶饮,可用冰糖或蜂蜜调味。

【功效】 适用于肝气郁结型油性皮肤。

四 混合性皮肤

【特征】

混合性皮肤是黄色人种中常见的皮肤类型，一般是指干性和油性两种性质的皮肤混合存在的皮肤类型。油脂分泌不均衡，特点为T字部位属于油性肤质，而两颊、眼睛四周则属于中性或干性肤质。在同一张脸上会产生与干性皮肤和（或）油性皮肤相同的问题。做清洁型保养时要顾及干燥的部位，做滋润型保养时则要顾及较油的部位，要分区域进行皮肤的保养，尽量照顾到混合性皮肤的区域性特点。

常见的混合性皮肤又可进一步细分为3类：A型混合性皮肤、T型混合性皮肤和O型混合性皮肤。A型混合性皮肤：全脸只有整个鼻部为油性，其他部位为干性皮肤；T型混合性皮肤：全脸只有鼻部和额部为油性，其他部位为干性皮肤；O型混合性皮肤：鼻部、额部和颧骨部均为油性，只有腮部为干性皮肤。

现代混合性皮肤的人越来越多，除了一些人是天生的混合性皮肤，还有一部分人是随着压力的增加而转变成混合性皮肤的，另外一些人以前是中性皮肤或油性皮肤，也会随着年龄、环境等因素的变化而变成混合性皮肤。

【中医辨证】

混合性皮肤多见虚实夹杂型，如气血不足兼湿热、痰湿、气机郁滞。也可见于瘀血阻滞和阴虚火旺型。

1. **气血不足兼湿热型** 混合性皮肤，T字部位稍油，毛发稀疏黄软，面色淡白或萎黄，头昏目眩，少气懒言，神疲乏力，心悸失眠，舌质淡或微腻，脉细弱。

2. **气血不足兼痰湿型** 混合性皮肤，形体肥胖，面色萎黄，喜食肥甘厚腻之品，胸闷不舒，脘腹胀满，食后尤甚，大便溏薄，困倦乏力，嗜睡，舌苔厚腻，脉滑。

3. **气血不足兼气机郁滞型** 混合性皮肤，兼平素情绪抑郁或急躁易怒，头昏，胸胁或少腹胀闷，口干口苦，食欲缺乏、失眠或夜梦纷纭，女性可见乳房胀痛，月经不调，脉弦。

4. **瘀血阻滞型** 混合性皮肤，兼性情抑郁内向，以干性皮肤为主，面色黧黑，面容憔悴，口唇爪甲紫暗，或皮下紫斑，胸胁胀满，善太息，月经不调，易生色斑，舌有瘀斑，脉细涩。

5. **阴虚火旺型** 混合性皮肤，兼形体消瘦，性情急躁，两颧发红，口唇偏红，口干咽燥，手足心热，潮热，盗汗，大便干结，小便偏黄，舌红少津，脉细数。

【营养与食膳调理】

1. **选择营养素** 混合性皮肤是油脂分泌不均衡引起的，营养素的选择也不能一概而论。要维持皮肤的正常功能，优质蛋白质是必不可少的，食物中蛋白质生物效价的高低取决于所含氨基酸的种类和比例，与人体蛋白质越接近，利用率和营养价值就越高。锌具有维护皮肤黏膜弹性、韧性、疏密度的作用，能使皮肤细嫩、光洁、柔滑。缺钙可使眼角皱纹过早、过多地出现，也可造成皮肤黏膜对水的渗透性增加，使皮肤失水、弹性不佳，还可能引起不明原因的皮肤瘙痒。维生素D缺乏，皮肤对日光（紫外线）敏感，日晒部位可能发生光化性皮炎、干燥、脱屑等。

2. **常用食物** 应注意多吃能保持皮肤弹性的食物，如番茄、黄瓜、苹果等富含维生素和水分的水果。补阴虚的食品：甲鱼、燕窝、百合、鸭肉、黑鱼、海蜇、藕、金针菇、枸杞头、荸荠、生梨等，可经常交替选服。忌食胡椒、肉桂，少食狗肉、羊肉、炒花生、炒瓜子、爆米花、荔枝等。

3. 辨证用膳

(1)保元汤

【原料】 活鲫鱼1条(1kg左右),瘦牛肉0.5kg,猪蹄1只,生山楂50g,小红枣10个。

【制法与用法】 先把鲫鱼洗净,去鱼鳞及内脏;将瘦牛肉洗净剁馅;猪蹄洗净去毛;生山楂和小枣去核。把以上食材一起放入锅中,加2L水,用小火熬一天或一夜时间。然后撇去渣滓、浮沫,留取清汤,冰镇一夜。次日早晨去掉汤上凝固的浮油,重新加热,早、中、晚分别喝一碗。

【功效】 汤中鲫鱼利水消肿、健脾行气,兼有养血活血的功效;瘦牛肉乃温中食品,同时还是优质蛋白质的来源,可补血益气;猪蹄含有丰富的胶原蛋白;再配以活血化瘀、消食行滞的山楂,补血养气、润肺除烦的小枣,适用于气血不足兼湿热型混合性皮肤。

(2)罗汉果红枣茶

【原料】 罗汉果2枚,莲藕1节,干红枣7粒,冰糖45g,清水600ml。

【制法与用法】 莲藕去皮,切成1cm厚的圆片,干红枣在温水中浸泡15分钟;将清水和冰糖放入锅中,大火烧开后放入罗汉果和红枣,改小火慢慢熬煮约20分钟。然后放入莲藕片,再用小火慢慢煮制15分钟即可。

【功效】 适用于气血不足兼痰湿型混合性皮肤。

(3)菊花鸡肝汤

【原料】 银耳15g,菊花10g,茉莉花24朵,鸡肝100g,料酒、姜汁、食盐适量。

【制法与用法】 银耳洗净撕成小片,清水浸泡待用;将菊花、茉莉花用温水洗净;鸡肝洗净,切薄片备用;将水烧沸,先入料酒、姜汁、食盐,随即下入银耳及鸡肝,烧沸,撇去浮沫,待鸡肝熟后调味,再入菊花、茉莉花稍沸即可。

【功效】 佐餐食用可疏肝清热、健脾宁心。适用于气机郁滞型混合性皮肤。

(4)桃仁红花粥

【原料】 桃仁15g,红花6g,当归20g,川芎10g,干姜6g,生山楂30g,粳米100g,大枣4枚,红糖适量。

【制法与用法】 先将前5味中药放入砂锅,加适量水,浓煎40分钟,去渣取汁,化入红糖适量备用;再将粳米、大枣、生山楂一起放入砂锅,加水用小火煨煮成稠粥;然后兑进之前制好的浓煎药汁,拌匀,继续煮到开锅即成。天天分早晚2次服用。

【功效】 适用于瘀血阻滞型混合性皮肤。

(5)山萸兔肉粥

【原料】 山茱萸15g,兔肉50g,百合30g,粳米100g,料酒适量。

【制法与用法】 兔肉洗净,开水焯至半熟备用;粳米加水适量,煮至七成熟时加入山茱萸、百合、兔肉、料酒,文火煮40分钟,加盐调味。

【功效】 几种主要成分均有滋润养阴作用。适用于阴虚火旺型混合性皮肤。

五 敏感性皮肤

【特征】

敏感性皮肤又称脆弱型皮肤,表皮薄,毛细血管扩张。皮肤缺乏光泽,脸颊易充血红肿。肌理纹路平整,毛孔细小,皮脂分泌过少,易产生皱纹、黑斑、雀斑,易上妆,角质层薄、红血丝外露，更易受过敏原刺激。多数过敏体质者，有容易罹患哮喘、过敏性鼻炎、湿疹的家族史，皮肤怕风、怕晒，易痒，引起过敏的变应原大多为美发护肤品、化妆品、洗涤用品及各种挥发性物质、光感性物质。一般可分为先天型和后天型。先天型受体质影响，造成先天的敏感脆弱肤质，亦即皮肤生理代谢紊乱、表皮层变薄、保护力薄弱，常常造成皮肤过敏发炎、血管充血扩张。后天型因环境因素、个人生活饮食习惯、保养不当、气候及空气质量差造成。敏感性肌肤者，皮肤角质层角质细胞排列不整齐、间隙增宽，肌肤内部的水分容易流失，没有皮脂膜保护，刺激物质或过敏物质容易侵入，导致皮肤真皮层出现各种问题。

【中医辨证】

1. 湿热内蕴型　饮食失节，嗜酒或过食辛辣刺激、腥发动风之品，伤及脾胃，湿热内蕴，可见皮肤油腻刺痒不爽，粗糙，易过敏，大便不调，舌红苔黄腻，脉滑数。

2. 血虚风燥型　气血虚弱，肤色皖白，皮肤薄而干燥，血管显露，形体消瘦，大便偏干，舌淡苔白，脉弱。

3. 瘀血内阻型　肤色晦暗，皮肤干燥瘙痒，起皮屑，口唇爪甲瘀暗无光泽，重者肌肤甲错，舌质有瘀斑或瘀点，脉涩。

【营养与食膳调理】

1. 选择营养素　维生素 C：可降低毛细血管通透性，是体内氧化还原系统的重要成分，可用于过敏性皮肤病的辅助治疗。维生素 B_3：能降低皮肤光敏性。维生素 E：有抗氧化、维持毛细血管完整性、改善周围血液循环的作用。β-胡萝卜素：维生素 A 的前体物质，可吸收部分可见光，抑制光激发卟啉后产生的自由基，具有光屏障的作用。钙剂：可增加毛细血管致密度、降低通透性，减少渗出，有消炎、消肿、抗过敏的作用。

2. 常用食物　多食用深绿色、红橙色的水果，它们富含维生素 C 和胡萝卜素对皮肤很有益处；枣中含有大量的维生素 C；黄瓜含丰富的丙醇二酸，可阻止体内糖类转化成脂肪，并能把体内多余脂肪清除掉；无花果中含有 17 种人体必需的氨基酸，以门冬氨酸含量最高，内含一种超氧化物-酸化酶，有延缓衰老、延年益寿的功效；桑葚中含有多种维生素、10 多种氨基酸及钙、磷、铁、铜、锌等矿物质，具有补肝益肾、滋阴养血、黑发明目、祛病延年的作用，可提高人体内酶的活性、延缓细胞衰老。

很多蔬菜中具有光敏性物质，如油菜、莴笋、小白菜、菠菜、芹菜、盖菜、苋菜、马齿苋等，大量食用后需要避光。

3. 辨证用膳

(1)猪肾汤

【原料】　猪肾 2 个，粳米 200g，山药 50g，苡仁 50g。

【制法与用法】　将猪肾切细、洗净；与山药、苡仁、粳米共加水适量，煨烂成粥。每周 2～3 次，可经常食用。

【功效】　有清热祛湿、健脾补肾的功效，适用于湿热内蕴型敏感性皮肤。

(2)鸡血藤膏

【原料】　鸡血藤 500g，冰糖 500g。

【制法与用法】　将鸡血藤水煎 3～4 次，过滤取汁。微火浓缩药汁，再加冰糖制成稠膏即可，可常服。

【功效】　鸡血藤能养血活血、冰糖润燥，适用于血虚风燥型敏感性皮肤，对久病不愈者非常有效。

(3)黑豆红花饮

【原料】 黑豆30g,红花6g,红糖30g。

【制法与用法】 黑豆拣去杂质,洗净;把黑豆、红花放入锅内,加清水适量,用武火煮沸后,再用文火煮,至黑豆熟烂,除去黑豆、红花留汁,加红糖搅匀即成。每日服2次,每次服1杯(10~20ml)。

【功效】 适用于瘀血内阻型敏感性皮肤。

六 驻颜、抗衰老

祖国医学认为,容貌美与人体脏腑的功能有密切的关系。只有五脏精气充盈、气血旺盛,面容才可能明亮红润、白里透红,否则,面色萎黄、斑点满布。因此,要想延缓容貌的衰老,就必须增强五脏六腑的功能,注意养生,做到"法于阴阳,和于术数,饮食有节,起居有常,不妄作劳"。

【特征】

衰老性皮肤的皮脂膜保护功能和护水功能下降,肌肤脆弱干燥、角质堆积,皮肤增厚、变硬、失去光泽,出现老年斑或色素分布不均的现象。整体皮肤变薄,通透性增加,使外来物质易侵入,进而诱发过敏以及出疹现象。皮肤松弛、弹性下降、支撑性变差、出现衰老和皱纹。伴牙齿松动脱落,毛发花白变少。

【中医辨证】

1. 自然衰老型 皮肤随年龄增长出现与之相应的老化,容貌变化与年龄相配,身体健康,阴阳协调,舌红苔薄白,脉平。

2. 肝肾不足型 容貌比实际年龄苍老,腰膝酸软乏力,记忆力减退,头昏耳鸣,精神萎靡不振,性功能下降,牙齿松动不固,舌胖嫩、苔润滑多津,脉沉弱。

3. 阳虚衰老型 容貌比实际年龄苍老,面色黧黑或皖白,形寒肢冷,畏寒怕冷,腰膝酸软,阳痿早泄,宫寒月经不调,齿发不固,舌胖嫩、苔润滑多津,脉沉弱。

4. 脾虚衰老型 脾肾功能低下,常有慢性消化道疾病,容貌早衰,食欲缺乏,大便不调,倦怠懒言,肌肉松弛,舌胖嫩,苔薄白。

【营养与食膳调理】

1. 选择营养素 维生素类:胡萝卜素是抗衰老的最佳元素,新鲜蔬果中的胡萝卜素能保持人体组织或器官外层组织的健康;维生素C及维生素E可以延缓细胞因氧化产生的老化,让容颜尽量"保鲜"。纤维素:能促进肠道蠕动,减少毒素吸收。优质蛋白质:主要来源于低脂类的大豆、鱼虾禽肉、酸乳酪蛋白质,蛋白质在人体内起着建造、修复人体组织和维持免疫功能的作用,它对抗衰老的重要作用不言而喻。

2. 常用食物 葵花子和南瓜子富含锌,人体缺锌会导致皮肤迅速产生皱纹;猕猴桃、黑加仑富含维生素C,有助于血液循环,从而更好地向皮肤输送营养物质;动物肝脏、奶类含有大量维生素A;鳄梨富含维生素E和健康脂肪,是天然的抗氧化"斗士";新鲜的橄榄油也含有丰富的维生素E;各种豆类和谷类、粗黑面包、燕麦麸、卷心菜和韭菜等含有丰富的膳食纤维。

3. 辨证用膳

(1)驻颜美容补血粥

【原料】 川芎3g,当归6g,红花2g,黄芪4g,粳米100g,鸡汤、葱花、精盐、生姜各适量。

【制法与用法】 将粳米淘净，用水浸泡；将当归、川芎、红花、黄芪中药饮片装入干净的小布袋中，放入瓦锅内加鸡汤共熬成粥。待粥浓稠时加葱花、精盐、生姜。

【功效】 本方具有活血行气、补养气血的功效；经常食用能调经补血、驻颜美容，每天1次，15天为1个疗程。

(2)金针蚌肉汤

【原料】 新鲜蚌肉200g，新鲜金针菇100g，葱花、姜米、料酒、盐、熟猪油各适量。

【制法与用法】 洗净蚌肉、金针菇；旺火起油锅，放入适量熟猪油，油热时将葱花、姜米炸10秒钟；待炸出香味时加入蚌肉，稍炒；再加入金针菇、料酒、盐及清水，继续用旺火煮开，改文火，再煮20分钟。

【功效】 此汤有促进人体新陈代谢，保护上皮细胞，改善皮肤光洁度，使皮肤变得丰润、光滑和消除皮肤皱纹的作用。

(3)蜜饯姜枣龙眼

【原料】 龙眼肉250g，大枣250g，姜汁、蜂蜜各适量。

【制法与用法】 将龙眼肉、大枣放入锅内，加水适量，置武火上烧沸，改用文火煮至七成熟时，加入姜汁和蜂蜜，搅匀煮熟，起锅待冷，装入瓶内，封口即成。每晚睡前吃龙眼肉、大枣各6~8粒。

【功效】 具有补脾益胃、补血养颜的作用。

七 美白、祛黄

【特征】

人的肤色之所以会有深浅之分，主要是由皮肤单位面积黑色素细胞的多少决定的，如黑、白、黄人种的不同；此外，肤色还受皮肤角质层的厚度、皮下血管及血流情况等相关因素的影响。本小节主要讨论的黄种人的肤色，除与先天的遗传因素有关外，还与人的年龄、身体状况、工作生活环境、保养程度等有着十分密切的关系。由于疾病或其他诸多因素都可以使原本红润光泽、富有弹性、白皙柔滑的皮肤变黄、粗糙、晦暗，因此应当通过调整、养护，使问题皮肤得以恢复，再现以往的美丽。

【中医辨证】

面部皮肤萎黄无华、粗糙晦暗的原因如下：

1. 气血津液亏虚 面部肌肤的润泽或粗糙与人体气血的盛衰及津液的输布正常与否密切相关。皮肤的润泽赖气血津液以濡养，如果气血津液亏虚，则肌肤晦暗不泽。

2. 太阴气虚 太阴指手太阴肺和足太阴脾。肺脾二脏在气的生成和津液的输布代谢方面发挥着重要作用。肺脾气虚时，气及津液的生成及输布均受影响，导致皮肤失养而枯槁无泽。

3. 血瘀痰饮阻络 多种原因引起的瘀血或痰饮内蓄，均可影响血液和津液的正常输布，使面部气色晦暗。

4. 情志内伤 多种情志因素，均可致五脏功能失调，气机紊乱，气血悖逆，不能上荣于面，而使面颜失泽。

此外，多种面部皮肤病或全身性疾病，均影响人面容的润泽。

现代医学认为皮肤变黄、粗糙的原因有：①炎症：炎症引起的丘疹、斑块、鳞屑、苔癣样变等，可使皮肤看上去凹凸不平且触之粗糙，炎症后易出现色素沉着。②慢性病：甲状腺功能减退症、肾上腺皮质功能减退症、肝炎、肾炎等可导致皮肤变黄、黧黑。③营养不良：如烟酸缺乏可致“糙皮病”，使面部、四肢皮肤变得黑粗。④中老年人汗腺和皮脂腺分泌减少，故皮肤干燥失润。另外，中老年人表皮代谢速率降低，老化细胞附着于表皮角质层，使皮肤表面变厚、变黄黑。⑤遗传性皮肤粗糙，与角质细胞中某些生化缺陷有关。

【营养与食膳调理】

1. 选择营养素 优质蛋白是最基本的营养物质，皮肤的角质层绝大多数是由蛋白质组成的，不论是炎症引起的角质层更替过快而产生的蛋白质消耗，还是年龄或节食等引起的蛋白质不足，这些情况下均比平时需要更多的蛋白质。胶原蛋白是支撑、紧致皮肤框架所必需的原料。维生素 C、维生素 E 是抗氧化“高手”，是淡化色素不可缺少的营养素。

2. 常用食物 多吃含维生素 C、维生素 E 的食物，富含维生素 C 的蔬果包括：红薯、鲜枣、沙棘、柠檬、橙子、橘子、猕猴桃、青椒、桂圆、番茄、草莓、西兰花、油菜、香菜、菠菜等。多吃富含维生素 C 的水果蔬菜，有助于恢复皮肤弹性，防止过敏反应的发生。另外，多吃酸牛奶和肉皮可保证优质蛋白的供应，酸牛奶中含酸性物质，有助于软化皮肤中的黏性物质，使新旧细胞正常更替；而多吃肉皮，则可以通过体内与胶原蛋白结合的水，影响特定组织的生理功能，从而减少皱纹，使皮肤保持光泽。另外应多吃富含硫酸软骨素的食物，硫酸软骨素主要存在于鸡皮、鱼翅、鲑鱼头部与鲨鱼等的软骨肉中。白色果蔬和药食如莲藕、菱角、竹笋、椰子、白木耳、茯苓、百合、山药等多入肺经，给人以质洁、纯净、清凉的感觉，可益气补中、增白皮肤。

3. 辨证用膳

（1）滋阴生血羊肉汤

【原料】 羊肉（瘦）500g，龟肉 500g，枸杞子 20g，当归 10g，猪油（炼制）25g，胡椒粉 1g，味精 2g，盐 8g，料酒 15g，冰糖 3g，大葱 15g，姜 10g。

【制法与用法】 将龟肉用沸水略烫，刮去表面黑膜，剔去脚爪，洗净；将洗净的羊肉、龟肉随冷水下锅，煮开后捞出；再用清水洗，然后分别切成小块。锅置旺火上，熟猪油烧至八成熟时，下龟肉和羊肉煸炒；加料酒，炒干水分，备用；将煸炒过的龟肉和羊肉放入砂锅，再放入冰糖、枸杞子、当归、大葱、姜、盐，加清水 1250ml；大火烧开后移至小火上炖至九成烂时，离火；加入胡椒粉、味精即成，吃肉喝汤。每周 1 次。

【功效】 可气血双补，尤其枸杞可补肾生精、养肝明目、坚筋骨、去疲劳、明目安神、令人长寿。枸杞不仅可以增强免疫力、抗疲劳，还可以提高皮肤吸收养分的能力，起到美白的作用。

（2）双鸽戏珠人参养颜煲

【原料】 乳鸽 2 只，鸽蛋 12 个，鲜人参 10g，红枣 10g，生姜 10g，清汤适量，盐 8g，味精 2g，胡椒粉少许，料酒 5g。

【制法与用法】 乳鸽洗净，鸽蛋用开水煮熟去壳，红枣泡洗干净，生姜去皮切片；锅内加水，待水开时，投入乳鸽，用中火煮净血水，捞起待用；在瓦煲内加入乳鸽、鸽蛋、鲜人参、红枣、生姜、料酒，注入清汤，用小火煲 40 分钟，调入盐、味精、胡椒粉，再煲 10 分钟即可。乳鸽内的血水要煮净，否则煲出的汤会腥而不香。

【功效】 鸽肉和鸽蛋富含优质蛋白，都是美容佳品，能改善皮肤中弹性纤维的弹性、美白润肤，是气血不足、面色无华的女性的保健食品。

（3）琼玉膏

【原料】 人参 750g，生地黄 8kg，白茯苓 1.5kg，蜂蜜 5kg。

【制法与用法】 取鲜生地黄汁(无鲜生地黄时,将干生地黄煎熬取汁),入蜂蜜、人参、茯苓细末,和匀,放入罐内封存,每次服6~9g,早晚各1次,用米酒或温开水送服。

【功效】 益气养阴,润肤增白。

(4)隋炀帝后宫面白散

【原料】 橘子皮15g,白瓜子15g,桃花20g。

【制法与用法】 将3种原料共同捣碎、过筛,三餐食后温黄酒服1g。

【功效】 可祛瘀活血,令身面皆白。

(5)莲子龙眼汤

【原料】 莲子、芡实各30g,苡仁50g,龙眼肉8g,蜂蜜适量。

【制法与用法】 将上述前4种原料入煲,加水500ml,微火煮1小时即成,加少量蜂蜜调味,1次服完,每周2次。

【功效】 可益气补血,白面润肤。

第二节 头发美的营养和食疗

一 头发干枯

自然健康的头发因来自头皮的皮脂而显得光泽、柔软而富有弹性,如果头皮皮脂分泌不足,头发就会变得干燥、枯黄,缺少光泽和弹性,故称为头发干枯。目前头发干枯只是一个常见的损容性皮肤症状,尚不是一个独立的疾病。

【发病机制】

中医认为:肝藏血,肾藏精,肝肾互为母子,精血互生。当肝肾得养,精足血旺,毛发就生长旺盛;反之,如果肝不藏血,肾精耗伤,则毛发失其滋养,发枯脱落。发为血之余,毛发有赖气血的濡养,各种病因所致的气血亏虚,均可导致毛发失润、干枯。此外,脾为后天之本,气血生化之源,若脾失健运,气血生化不足,则毛发会因失去濡润而干枯。

现代医学认为:头发干枯主要与以下因素有关:营养不良或营养失衡,如维生素A缺乏症;遗传因素,如先天性外胚层发育不良;物理、化学性损害,如强烈的日光照射、辐射、烫发及染发等;睡眠不足或障碍、过度疲劳;疾病所致,如贫血、甲状腺功能减退症、系统性红斑狼疮(SLE)等。

【临床特点】

1. 头发干燥枯黄、无光泽及弹性,不易梳理;
2. 多数毛干变细,毛发易裂开、分叉、折断及脱落;
3. 可伴有头皮干燥、瘙痒,头皮屑较多,多见于女性。

【中医辨证】

中医辨证常分为三型:

1. 肝肾亏虚型 发病较久或患者先天禀赋不足,头发干枯发黄或变白,常伴有脱发、腰膝酸软、遗精盗汗、耳鸣等症,舌红苔白,脉弦细。

2. 气血亏虚型 久病或大病后,头发干枯、变细,伴有唇白、心悸、神疲乏力、气短懒言、头昏眼花、嗜睡或失眠。舌质淡红,苔薄白,脉细弱。

3. 脾失健运型 头发干燥、细软、发黄,患者多有偏食的不良习惯,伴有纳谷不香、心悸怔忡、失眠多梦、倦怠乏力，舌淡苔白，脉细弱。

【营养与食膳调理】

1. 选择营养素 毛发主要由毛发角蛋白构成，多种原因所致的蛋白质营养不良，可影响毛发的生长，出现毛发生长缓慢、干枯发黄。因此，为保证毛发的营养，摄取适量的动植物蛋白是十分必要的。胱氨酸是合成角蛋白的主要原料，食用胱氨酸及富含胱氨酸的食物有促进毛发生长作用；维生素A对于维持上皮组织的正常功能和结构的完善、促进生长发育起着重要作用，维生素A缺乏可导致毛发干枯，给予富含维生素A或胡萝卜素的食物可起到治疗作用；泛酸钙、维生素B_6也有助于生发；毛发中还含有锌、铜、钙、铁等微量元素，补充含锌、钙等微量元素的制剂有益于头发生长。

增补建议：①胱氨酸50mg，3次/天；维生素$B_6$10mg，3次/天。②适量补充维生素A或胡萝卜素。

2. 常用食物 饮食应均衡多样，以满足机体正常的营养需求，尽量清淡适口，应保证足够的动植物蛋白的摄入，多食富含维生素的食物，适量补充无机盐和微量元素，以利于毛发生长。多食植物类油脂，少食动物油脂，以避免动物饱和脂肪酸摄取过多而引起脱发。桑叶、桑葚、桑寄生、旱莲草、女贞子、天冬、生地黄、熟地黄、黄精、覆盆子、侧柏叶、胡麻仁、首乌、核桃、黑芝麻、桑白皮、蔓荆子等有乌发生发的功效，可选择食用。松子仁、葡萄籽、松针、沙棘果等富含原花青素的食物可促进毛发生长，也可常服用。

3. 辨证用膳

(1)猪肾核桃汤

【原料】 猪肾1对，杜仲30g，沙苑子15g，核桃仁30g。

【制法与用法】 将3味中药和猪肾加适量水于武火上煮30分钟，改文火炖至猪肾熟烂，食猪肾及核桃肉，饮汤。每日1剂，连服7～10天。

【功效】 本方具有滋补肝肾的功效，适用于肝肾亏虚型毛发干枯。

(2)黄芪白果蒸鸡

【原料】 母鸡1只(约1kg)，黄芪30g，白果6g，精盐、葱、姜片、料酒、味精、胡椒粉、清汤各适量。

【制法与用法】 将鸡宰杀后去毛及内脏，先入开水中氽片刻后捞出，然后将黄芪、白果纳入鸡腹内，并加葱、姜等调料，加盖盖严，上笼蒸至烂熟。出笼后，拣出黄芪及佐料渣，撒入胡椒粉。分为5～6顿佐餐食用。

【功效】 本方具有益气补血的功效，适用于气血亏虚型毛发干枯。

(3)参枣米饭

【原料】 党参10g，大枣20枚，糯米250g，白糖50g。

【制法与用法】 先将党参、大枣放入锅中，加水泡发，然后煎煮30分钟，去渣存汁。将糯米淘洗，加水适量，用武火蒸熟后，取出放入盘中，把党参、大枣放在糯米上。另将药汁及白糖放入锅内，文火煎成浓汁，浇在枣饭上即成。可作为中、晚餐适量食用。

【功效】 本方具有益气、健脾、养血的功效，适用于脾失健运型毛发干枯。

二 脱发

毛发的生长周期分为生长期(约3年)、退行期(约3周)、休止期(约3月)，80%～90%的毛发处于生长期。正常情况下，平均每天有30～80根毛发在头发休止期末期脱落(属于生理性脱发)，同时有30～80根新发开始生长，使头发数量得以保持恒定。如果头发脱落与以前相比明显增加，平均每天脱落100根以上，并持续2～3个月以上或见渐进性毛发稀疏和(或)斑片状脱发，则可诊断为脱发病。

【发病机制】

中医认为：肾主骨，其华在发，肝藏血，发为血之余……肝肾不足，气血亏虚，则毛发失于滋养而脱落；或因平素血热之体，复感风邪，郁久转而化燥，进而耗血伤阴，阴血不能上潮巅顶荣养毛发，以致头发脱落。

现代医学认为：脱发可能是由于内分泌失调、免疫功能紊乱、精神因素、感染、中毒、药源性或继发于其他疾病所致。除脂溢性脱发、斑秃外，常见的脱发病有休止期脱发、生长期脱发、内分泌性脱发、中毒性脱发、药源性脱发等。

【临床特点】

1. 本病可发生于任何年龄阶段，临床特点与病因及脱发类型相关。

2. 休止期脱发表现为患者发现枕头上脱落的头发增多，梳头或洗头时头发容易脱落，脱落的头发为棒状发。多见于产后、手术或创伤后、高热后、经受严重精神打击或心理压力后，病情是可逆的。

3. 生长期脱发表现为短期内大量脱发，脱落的毛干近端无毛球。主要见于中毒性、药源性或放疗、化疗后。

【中医辨证】

中医辨证常分为两型。

1. 肝肾不足型 脱发病程较久，头发枯黄或灰白。常伴腰膝酸软、头昏、耳鸣、目眩、遗精滑泄、失眠多梦、畏寒肢冷、舌淡苔薄或苔剥、脉细或沉细。

2. 气血两亏型 病后、产后或久病后脱发，脱发往往是渐进性加重的，伴唇白、心悸、神疲乏力、气短懒言、头晕眼花、嗜睡或失眠，舌质淡红，苔薄白，脉细弱。

【营养与食膳调理】

1. 选择营养素 毛发主要由毛发角蛋白构成，为保证毛发的营养，摄取适量的动植物蛋白是十分必要的；胱氨酸是合成角蛋白的主要原料，服用胱氨酸及富含胱氨酸的食物有促进毛发生长的作用；泛酸钙、维生素B_6也有助于生发；毛发中还含有锌、铜、钙、铁等微量元素，补充含锌、钙等微量元素的制剂有益于头发生长。

增补建议：①胱氨酸50mg，3次/天；维生素B_6 10mg，3次/天。②泛酸钙10～20mg，3次/天。③甘草锌颗粒5g，3次/天；或硫酸锌片0.2g，3次/天，4周为1个疗程。

2. 常用食物 参见“一、头发干枯”中相关内容。

3. 辨证用膳

(1)旱莲酒

【原料】 旱莲草30g，女贞子30g，何首乌45g，茯苓24g，白酒1L。

【制法与用法】 上药共上锅蒸20分钟，蒸后取出，入酒中浸泡21天，过滤去渣备饮。每日3次，每次10～20ml。

【功效】 本方具有滋补肝肾、养血生发的功效，适用于肝肾不足型脱发。

(2)桂圆莲子粥

【原料】 桂圆肉10g，莲子15g，大枣10枚，粳米50g。

【制法与用法】 4种原料共煮成粥,每日服2次,连服15～30天。

【功效】 本方具有气血双补、乌发生发的功效,适用于气血亏虚型脱发。

三 白发

白发是指头发部分或全部变白的一种损美性疾病,俗称"发白"。老年时出现头发变白属于生理现象,未到老年出现白发者为早年白发,而青少年时期出现白发的又称为青少年白发。本病分先天性及后天性两种。

【发病机制】

中医认为:由于血热偏盛,肝旺血燥,发失濡润;或长期精神紧张、焦虑、烦劳过度、抑郁不舒等情志内伤损及心脾,气血化源不足,发失濡润;或先天禀赋不足,肾精亏损,精虚不能化生阴血,发失所养而出现白发。

现代医学认为:白发的形成是由于毛发中黑色素减退所致。目前已知的白发形成的基本环节有:①可能与毛囊色素干细胞的减少或丧失有关,色素干细胞会随着年龄的增加而减少,人到高龄后,色素干细胞会呈现出减少的倾向;②也可能与毛母黑色素细胞数量减少或消失有关;③黑色素产生障碍;④酪氨酸酶生成减少或消失,或体内有酪氨酸酶抑制物质;⑤黑色素由毛母黑色素细胞向毛皮质细胞移行障碍;⑥黑发中含有铜、铁、钴等微量元素,这些微量元素缺乏或不能正常运送到头发根部,也可引起头发变白。

【临床特点】

1. 先天性白发往往有家族史,出生时或出生后不久出现一片或数片局限性白发,如斑驳病;也可出现全身白发,同时伴有皮肤、虹膜色素缺失,如白化病。

2. 后天性白发分老年性白发和青少年白发。老年性白发系生理现象,一般40岁以后即可出现白发;青少年白发常局限于两鬓部,最初有散在的少数白发,以后逐渐增多。可能与营养障碍、动脉硬化等有关。白发也可能是某些疾病的症状之一,如白癜风、斑秃恢复期新生的毛发有时也可呈白色。

一般除白发外,无其他明显的症状。

【中医辨证】

中医辨证常分为3型:

1. 血热偏盛型 以青少年白发为主,白发先焦黄再变白,或静止不发展或迅速变白。伴有烦躁易怒、口干咽燥、头部烘热等全身症状,舌红苔薄黄,脉弦数。

2. 心脾两虚型 头发枯黄变花白或早白,伴有纳谷不香、心悸怔忡、失眠多梦、倦怠乏力等全身症状,舌淡苔白,脉细弱。

3. 肾精亏损型 患者多见于40岁以上的中老年人,头发由两鬓开始发白,以后白发逐渐增多。亦可见于少数青少年。伴有头昏、耳鸣、腰膝酸软、遗精盗汗等症状,舌淡苔白,脉细弱或沉细。

【营养与食膳调理】

1. 选择营养素 当人体长期处于缺乏B族维生素、叶酸、泛酸及铜、铁、锌、碘等微量元素,或严重缺乏蛋白质、高度营养不良等状态时,可导致头发早白。因此,针对这类头发早白患者进行的治疗,多采用补充营养的方法,在医生指导下适当服用B族维生素、泛酸钙、叶酸、胱氨酸及含胱氨酸丰富的食物,从而达到治疗白发的目的。

增补建议：①复合维生素 B 2 片，3 次/天；②胱氨酸 50mg，3 次/天；③叶酸 5mg，3 次/天；④泛酸钙 10mg，3 次/天。

2. 常用食物 合理的饮食与头发的健康有着密切的关系。平时多食新鲜蔬菜，饮食宜清淡而多样化，克服偏食的不良习惯，使体内营养平衡，多吃含蛋白质丰富的食物，补充维生素和微量元素；多食富碘食品，如海带、紫菜等海产品；铜是参与酪氨酸酶促反应的重要元素，可多食富含铜的食物，如番茄、马铃薯、柿子、菠菜、芹菜、动物肝脏等；多食富含胱氨酸、甲硫丁氨酸的食品，如黑芝麻、花生、黄豆、核桃等；中药何首乌、枸杞子、桑葚、乌豆衣、桑叶等药物，有助于防止或延缓白发的生成和发展。

3. 辨证用膳

(1)桑葚粥

【原料】 桑葚 30g(鲜者 60g，以紫黑透熟的果实为佳)，糯米 60g，冰糖适量。

【制法与用法】 先将桑葚浸泡片刻，洗净，再与糯米一起加入砂锅熬粥，等粥快熟时加入冰糖稍煮片刻即成。

【功效】 本方具有滋阴凉血、补益肝肾、乌发生发的功效。适用于血热偏盛型白发。

(2)芝麻黑豆泥鳅粥

【原料】 泥鳅 200g，黑芝麻、黑豆各 60g，料酒、葱、姜、味精、精盐各适量。

【制法与用法】 先将泥鳅洗净，放入锅内，入料酒、葱、姜、味精、精盐上笼蒸至烂熟，去骨、去刺待用。再将黑豆、黑芝麻洗净入锅熬粥，待粥熟时加入泥鳅肉稍煮片刻即可。每日早晚温热服食。

【功效】 本方具有健脾养血、乌发生发的功效，适用于心脾两虚型白发。

(3)七宝酒

【原料】 何首乌 200g，白茯苓 50g，牛膝 20g，当归 25g，枸杞子 35g，菟丝子 35g，破故纸 120g，白酒 2.5L。

【制法与用法】 将上药共研粗粉，用白纱布袋盛，入净坛中，加白酒浸泡，密封 30 天后开启，即可饮用。每日早晚各饮 1 次，每次 10～20ml。

【功效】 本方具有补肝肾、滋阴填精的功效，适用于肾精亏损型白发。

四 头皮屑

头皮屑是一种头皮的良性鳞屑性疾病，表现为肉眼可见头皮鳞屑的异常增多，不伴有头皮的炎症反应。属于中医白屑风范畴。本病主要引起美观上的困扰，大约 45% 的人患有此病，其发病与性别及种族无关。

【发病机制】

中医认为：由于过食肥腻辛辣等刺激性食物，以致脾胃运化失常、湿热内生，加之外感风邪，风湿热邪蕴结肌肤而成；或因平素血燥阴伤，肌肤失养，加之风热之邪外侵，风燥热邪蕴阻肌肤而成。

现代医学认为：与头皮屑病因有关的最重要的微生物是马拉色菌，已有大量的临床和实验室研究表明，根除或控制马拉色菌是治疗头皮屑最重要且最简单的方法。马拉色菌的致病性可能与细胞免疫有关。此外，也可能与以下因素有关：某些环境因素如紫外线照射、空气中的刺激成分，以及相关病理组织学，某些脂质、蛋白成分的变化和细胞因子等。

【临床特点】

1. 多见于青中年；

2. 头皮屑累及整个头皮的程度不同，多数患者头顶部脱屑较多，而枕项部脱屑较少；

3. 本病经过缓慢，可伴有不同程度的瘙痒；

4. 外用酮康唑、5%茶树油和吡硫锌等抗真菌药物治疗有效。

【中医辨证】

中医辨证常分为两型：

1. 湿热蕴结型 皮脂溢出多，头皮发红，头皮屑油腻，或出现糜烂、渗液、结痂，伴剧痒，心烦口苦，小便短赤，舌红苔黄腻，脉滑数。

2. 风热血燥型 患病较久，鳞屑干，头皮干燥，伴瘙痒及毛发干枯、易脱落，舌红少苔、脉弦细。

【营养与食膳调理】

1. 选择营养素 马拉色菌是引起头皮屑的最主要致病因素，马拉色菌与皮脂的关系密切而复杂，体内外实验显示马拉色菌有高度的脂质代谢倾向：脂肪酶和脂氧合酶活性很高，控制皮脂溢出对治疗有益。马拉色菌是条件致病菌，维生素 A 以及锌缺乏会导致抵抗感染的能力下降，同样体内缺乏有益菌（由于过量服用抗生素）也会引起菌群失调，可能诱发或加重头皮屑。维生素 B_2、维生素 B_6、维生素 B 复合物以及锌可抑制皮脂溢出，均可选择使用。

增补建议：①多种维生素增补剂及多种矿物质增补剂。②维生素 $B_6$10～20mg，3 次/天；维生素 $B_2$5mg，3 次/天；或复合维生素 B 2 片，3 次/天。③甘草锌颗粒 5g，3 次/天；或硫酸锌片 0.2g，3 次/天，4 周为 1 个疗程。

2. 常用食物 食物调养应注意少食脂肪、浓茶、咖啡、烟酒及辛辣刺激性食物，多食新鲜青菜水果、豆制品。皮肤多油者，可多食柠檬、柚子、苹果、芹菜等。此类食品多酸涩、收敛，能减少油脂分泌。常用薏苡仁、山楂、荷叶等食品适量煮粥食用，多能祛湿消脂。

3. 辨证用膳

(1)薏苡仁粥

【原料】 薏苡仁 100g。

【制法与用法】 每日煮粥食用代早餐。用药 3 个月左右。

【功效】 本方具有健脾利湿的功效，适用于湿热蕴结型头皮屑。

(2)大枣猪油汤

【原料】 大枣，生猪油。

【制法与用法】 大枣洗净，同生猪油置于锅内，加适量水煎熟食用。每日 3 次，12 次为 1 个疗程。

【功效】 本方具有滋阴润燥的功效。适用于风热血燥型头皮屑。

第三节 形体美的营养与食疗

一 肥胖与减肥

肥胖的概念有广义与狭义之分。广义的肥胖是指各种原因引起的以体内脂肪过多为主要表现的一组症状，肥胖系症状概念，包括单纯性肥胖和继发性肥胖出现的肥胖症状。狭义的肥胖指单纯性肥胖，即肥胖病。单纯性肥胖是体内过多地摄入热量，或体内热量消耗减少，造成身体内脏和皮下脂肪蓄积，从而使体重超过标准体重，引起病理变化。继发性肥胖又称症状性肥胖，是指由明确的病因而引起的肥胖，其临床表现除体重超常之外，还有原发疾病的症状，常见的有下丘脑性肥胖、内分泌性肥胖、遗传性肥胖、药物性肥胖等。

减肥的概念通常是指通过减少体内脂肪蓄积以达到降低体重、治疗疾病或塑造体形为目的的行为。在美容医学领域，减肥的目的主要是形体美，而在临床医学领域，减肥的目的则主要是治疗疾病。临床上，减肥有多个层次，一是单纯性肥胖的治疗减肥，二是继发性肥胖的对症辅助治疗减肥，三是预防、控制肥胖的发生、发展与复发的减肥，四是要求达到身材苗条、体重低于标准体重的减肥。

营养与食疗减肥的方法，可用于预防肥胖、控制肥胖和治疗肥胖，适宜对象包括单纯性肥胖、继发性肥胖和追求苗条的人士，是各种减肥方法中适应证较广、副作用较少的减肥方法之一，在肥胖治疗中占有重要的地位。

本小节的讨论系针对单纯性肥胖，即肥胖病。继发性肥胖以原发病及针对病因的治疗为主，但也可参照单纯性肥胖的营养与食疗减肥方法，作为对症辅助治疗。未形成单纯性肥胖的体重超重与追求苗条的人士，可基本上参照单纯性肥胖的营养与食疗减肥法则执行。

【发病机制】

肥胖是体内脂肪(主要是甘油三酯)积聚过多所致，具体病理是脂肪细胞的增生与肥大，但成年肥胖仅细胞肥大。其形成原因与诸多因素有关，包括：遗传因素、饮食因素、运动因素、精神因素、代谢因素、内分泌因素以及社会、职业、年龄、性别、孕产等因素。

中医认为：肥胖的病因多与素体禀赋、过食肥甘酒酪、懒于活动、情志不舒、地域影响等因素有关。其病机多与湿痰为患、胃热亢盛、阳气亏虚、脾肾俱虚、肝失疏泄、气滞血瘀等有关。

【临床特点】

单纯性肥胖的临床特征表现为形体肥腴、肢体困重或酸痛、腹部胀满、呼吸不畅、气短心悸、行动不便、思睡少动、疲乏懒言或食欲亢进、不耐饥饿等症，且体重超过标准体重的20%以上，脂肪百分率超过相应标准的30%以上。但轻度肥胖患者没有明显症状，除自觉体重增加、身体行动不便外，未觉有明显症状表现。单纯性肥胖患者容易发生糖尿病、脂肪肝、动脉粥样硬化、高血压、冠心病和感染等并发症。

【营养与食膳调理】

1. 低热量饮食疗法 单纯性肥胖的低热量饮食疗法，是指通过摄入适量低热量的饮食，甚或禁食，以减少进入人体的总热量，使体内热量呈负平衡，而达到消耗脂肪、降低体重和减肥目的的一种疗法。其机制是，当处于热量负平衡时，体内需要的热量补充是通过脂肪动员，将脂肪转化为葡萄糖以维持血糖水平的相对稳定来进行的，因此消耗了大量的脂肪，使体内脂肪积蓄得以减少、体重得以减轻。理论上，膳食供能低于机体的消耗量，即可达到减肥的目的。对于超重和轻度单纯性肥胖患者来说，通过适度的饮食疗法，是完全可以在一段时期内治愈的；对中、重度单纯性肥胖患者来说，饮食疗法则是一种不可替代的基础疗法。

肥胖的低热量饮食疗法，大体有以下几种方法：

(1)2/3 热量法：按照根据年龄、性别、标准体重、劳动强度等情况测算出每日所需最低总热量的2/3的量进食，以利于体内积蓄脂肪的消耗，降低体重。一般成年肥胖者每日总热量多数控制在4184～8368kJ(1000～2000kcal)范围内，每日负能在2092～4184kJ(500～1000kcal)

范围内，可使每周体重下降0.5～1kg，直至体重下降至正常或接近正常时给予平衡热量维持。也可采取更缓和的9/10热量法，每日能量负平衡在2092kJ(250kcal)左右，使每月稳步减肥0.5～1kg。热量控制不可急于求成，一般来说，4184kJ(1000kcal)的供能量是最低安全水平。过度节食会引起生理功能紊乱与机体不适，同时减肥后极易反弹。

(2)较低热量疗法：一般每日热量在3347kJ(800kcal)以下。不间断地食用低热量食品，直至体重减至正常。多采用蛋白质、碳水化合物、脂肪等三者比例关系正常而热量在800kcal以下的平衡饮食。

(3)超低热量疗法：超低热量饮食是指每日保持1255～2929kJ(300～700kcal)的热量摄入，采用具有一定量的优质蛋白质，并含有丰富的维生素和矿物质，能最大限度地减少负氮平衡、酮血症和瘦体重的丢失，以及能保存体内电解质所必需的碳水化合物的膳食方案。

(4)间断饥饿疗法：本法适用于中度和重度肥胖者，在低热量食谱的基础上每周禁食1～2天，禁食前后不可增加食入量，此法较全饥饿法易于接受，可以说是"全饥饿疗法"与"低热量饮食疗法"的折中方法。一般来说，一天禁食的热负值为1.5kcal。

(5)短期全饥饿疗法：即"残酷性减肥方法"，此法已有70多年的历史，是一种疗法确切、行之有效的方法。此法要求住院进行，在医生的严密观察下，禁食5～15天，依患者体质情况而定，禁食期间必须卧床休息，避免剧烈运动，并尽量补充水和电解质，必要时，可以给予一定催眠剂和镇静剂。一般来说，开始禁食1～2天，患者会觉饥饿，再过3～4天后出现轻度酮血症，饥饿感逐渐消失，食欲也会减少，甚或消失。其优点是：减肥效果肯定。但缺点更多：一是患者不能忍受饥饿之苦，难以接受，大部分患者自觉疲劳无力，小部分患者血压下降，出现体位性低血压，心律失常等；二是治疗后必须食用低热量食品，以巩固疗效，否则容易反跳；三是治疗期间容易出现严重低血糖和酮血症。实施治疗时，必须有一定的抢救设备和技术力量。目前，一般不推荐采用本方法，偶尔作为医疗科研目的或重症肥胖病患者而采用。

低热量饮食疗法可能并发一定的副作用，所以必须依照具体情况，计算和控制热能的摄入量，以最稳妥、恰当为原则，依照患者的年龄、性别、劳动强度、治疗前膳食的热量、肥胖程度以及健康状况等因素来决定。因此，低热量饮食疗法的原则是：因人而异，循序渐进，量力而行，切忌贪求急功，盲目禁食。

采用低热量饮食疗法，必须要求患者具有良好的身体应激体能和良好的肝肾功能，同时排除心血管疾病、糖尿病等情况。低热量饮食疗法可能出现的副作用和并发症依个体和节食程度而有不同表现，主要有：①低血糖、低血压，出现头昏、头痛、注意力不集中、精神紧张、心悸不安、面色皖白、汗出不止甚至昏厥、昏迷等；②酮血症，出现头昏、精神疲倦、酮尿、酮症昏迷等；③水、电解质紊乱，低矿物质和优质蛋白严重不足，轻者可表现为体位性低血压、心律失常、疲倦乏力、胃肠功能失调症状、免疫功能低下等，重者则表现为心脏萎缩、严重心律失常、猝死；④其他，如月经紊乱、性欲消失、情绪低落、尿酸盐性肾结石、痛风发作等内分泌功能紊乱症状与泌尿生殖系统疾病；此外还常见饥饿、怕冷、皮肤干燥、脱发、乏力、疲劳、嗜睡等。

2. 选择营养素与食物 在采用低热量饮食疗法治疗单纯性肥胖时，必须结合合理的配膳，才能减少节食减肥的副作用和并发症。饮食减肥法的总原则是：控制能量摄入，使患者处于合适的热量负平衡状态，以求达到适宜速度的减肥目的；同时需补充适量的优质蛋白质、丰富的维生素和矿物质、高纤维物质等营养素，制订合理的减肥营养配膳，以减少或避免副作用与并发症的发生。具体配膳要求是：

(1)限制碳水化合物：以碳水化合物供能占总热量的40%～55%为宜，以维持机体器官的能量代谢，防止酮症酸中毒的发生。要严格控制低分子糖类和甜食的摄入及晚餐后和睡前的碳水化合物的摄入。低分子糖类如蔗糖、麦芽糖、糖果、蜜饯等，因其吸收快，会反馈性地增加胰岛素的分泌而使患者"饿得快"，不利于减肥。一般碳水化合物的每日供给量以100～200g为宜，不应少于50g，以耐饥的杂粮为好，应多选用含膳食纤维多的碳水化合物类食品，如蔬菜、水果、海藻、魔芋、淮山药等。

(2)保证优质蛋白质：低能量膳食，不仅会促使脂肪消耗而且还会造成机体组织蛋白质的丢失。为维持正常的氮平衡，必须保证膳食中有足够的优质蛋白质。蛋白质供能以控制在总热能的20%～30%为宜，一般可按每千克体重1g的标准给予优质蛋白质类食物，如猪瘦肉、鱼、虾、豆制品、禽蛋类等，以保持健康。但需注意，蛋白质是三大能源物质之一，尽管不是主要的供能物质，但过多地供给也会引起肥胖；同时，在低能量膳食的情况下，蛋白质的营养过度将增加肝肾负担，易造成肝肾功能的损伤，提示低能膳中蛋白质的供给量不可过高。

(3)严格控制脂肪：脂肪具有高能量、饱腻作用、摄入过多易引起酮症等特点，为使膳食的能量较低而耐饥性较强，脂肪供能应控制在总热量的25%～30%，一般每日脂肪摄入量在30～50g范围内，植物性脂肪应占每日摄入脂肪总量的50%～60%。膳食胆固醇的供应量，应以每人每日低于300mg为宜。避免摄入油脂肥厚的熏烤食物、油炸食物、动物油、快餐、零食、巧克力等食品。

(4)保证维生素和矿物质：维生素和矿物质参与能量代谢，减肥膳食应补充富含维生素和矿物质的新鲜绿叶蔬菜、水果等食物，不仅热量低，而且膳食纤维丰富，有充饥作用，有利于减肥膳食的坚持、脂肪的降解和避免电解质紊乱。肥胖者常有心血管疾病、糖尿病、高脂血症等，补充B族维生素、维生素C等，有利于维护健康。

(5)其他：酒精发热量较高，酒会影响脂肪和糖代谢，使血浆甘油三酯水平升高，诱发肝脂肪变性，引起体内糖原异生障碍，导致酮体增多。因此，应尽量少饮酒，提倡戒酒。

宜低盐清淡饮食，以蒸、煮、炖、拌、氽等烹调方法为宜。每日食盐的摄入量可保持在1～2g，有利于体内水分的排除而降低体重。

应限制辛辣刺激性食物及调料的摄入，如辣椒、芥末、咖啡等。这类食物可刺激胃酸分泌增加，容易使人产生饥饿感，提高食欲，增进食量。

保持合理的饮食习惯并加强运动。一日三餐定时定量，控制进食速度。晚餐少吃，不吃夜宵，每日三餐分配以早、午、晚餐比例3:4:3较为适当。可吃带酸味的食物，如话梅、酸梅、杨梅、杏干、山楂等，有助于消食减肥。适当运动可增强机体的新陈代谢，消耗能量，减少脂肪沉积，并能强身健体。

参考食谱举例见表10-1、表10-2。

表10-1　食谱1[总热量4184kJ(1000kcal)]

食物种类	重量(g)	蛋白质	碳水化合物	脂肪	总热量(kcal)
主食(大米)	150	12.45	111	3.75	
肉类	100	20	0	10	
豆腐	250	18.5	7.50	8.70	
油	10	0	0	10	
蔬菜	500	0	25	0	
总计	1015	50.95	143.5	32.45	1070

表10-2 食谱2[总热量4184kJ(1000kcal)]

食物种类	重量(g)	蛋白质	碳水化合物	脂肪	总热量(kcal)
主食(大米)	50	5	35	0	
鸡蛋	2个	12	0	10	
牛奶(脱脂)	200	10	6	1.5	
瘦肉	250	50	0	25	
油	5	0	0	5	
蔬菜	250	0	12.5	0	
水果	250	0	25	0	
总计	1055	77	78.5	41.5	995.5

注:①若患者常有低血糖,则可适当增加碳水化合物的克数;②若患者血脂浓度过高,则可适当减少脂肪的克数;③若患者需要消耗大量蛋白质,则可适当增加蛋白质的克数

3. 辨证用膳

(1)脾虚湿阻型

【临床表现】 肥胖,头身困重,四肢乏力,脘闷纳少,大便溏薄,舌淡苔薄腻,脉缓或濡细。

【施膳法则】 健脾化湿。

【食膳例方】

1)鲤鱼薏苡仁汤

【原料】 鲤鱼1条,薏苡仁、赤小豆各50g,陈皮、花椒、草果各5g,调料少许。

【制法与用法】 将鲤鱼去鳞、鳃及内脏,洗净。把薏苡仁、赤小豆、陈皮、花椒、草果塞入鱼腹中,共煮汤,加入调料调味即成。佐餐食用。

【功效】 薏苡仁性微寒,味甘、淡,能利水渗湿、健脾除痹、清热排脓。赤小豆性平,味甘、酸,可清热利水、散血消肿,现代研究表明,其含有粗纤维和维生素B_2等,有利于补充维生素及增加粪便的排泄量。鲤鱼性平,味甘,有利尿消肿、安胎通乳、清热解毒、止咳下气的功效。薏苡仁、赤小豆与鲤鱼配伍,可增强行气健胃、醒脾化湿、利水消肿、减肥的功效。

2)山药粥

【原料】 山药、鲜荷叶各30g,大米60g,调料少许。

【制法与用法】 将荷叶洗净,加适量水煎取汁。用该汁与山药、大米共煮成粥,用调料调味即可。佐餐食用。

【功效】 山药性平,味甘,能益气养阴、固精止带,为平补肺、脾、肾,渗水湿,消肥胖的佳品,对时有低热、下肢肿胀、小便不利的肥胖者尤为适宜。现代研究表明,山药有利尿降压、促进胆汁分泌的作用,其发酵制剂对家兔有非常显著的降血糖作用,适用于减肥轻身。荷叶性平,味苦、涩,能清暑利湿,现代研究表明,其主要成分为荷叶碱,具有良好的降脂作用,能利湿、升阳、轻身。大米性平,味甘,可健身养胃、止渴、除烦。诸物合用,共奏健脾利胃、淡渗利湿、轻身之效。

3)山楂饼

【原料】 山楂肉、茯苓各200g,面粉100g。

【制法与用法】 将茯苓研成末,与山楂肉、面粉和水混合后做成饼,烙熟即成。随意

食用。

【功效】 山楂性微温，味酸、甘，可消食健胃、活血化瘀、降压降脂。茯苓性平，味甘、淡，能健脾补中、利水渗湿、宁心安神。动物实验证明，茯苓有利尿作用，能促进钠、钾等电解质的排出，降血糖，促进新陈代谢，有助于减肥。面粉性凉，味甘，有养心益肾、健脾厚肠、除热止渴的功效。诸物合用，可养心健脾、除湿轻身。

4）香菇蕨菜炒盘

【原料】 蕨菜200g，香菇100g，胡萝卜20g，青椒1个，食油、调料各适量。

【制法与用法】 将蕨菜、香菇、胡萝卜、青椒分别洗净，蕨菜切成段，胡萝卜、青椒切成片。把上述诸物放入热油锅中，炒熟后加入调料调味即可。佐餐食用。

【功效】 香菇性平，味甘，具有益气补虚、健脾胃、活血降脂的功效。蕨菜性寒，味甘，有解毒、清热、润肠、降气、化痰等功效。胡萝卜性平，味甘，能健脾化滞。青椒性温，味甘，可益气暖胃。诸物合用，共奏健脾化痰、降脂减肥之效。

5）茯苓去湿茶

【原料】 茯苓、泽泻各15g，桑白皮9g，生姜6g，陈皮3g。

【制法与用法】 先将上述诸物用4碗冷水浸透，再用小火煎成大半碗。趁温热早、晚顿服。

【功效】 茯苓性平，味甘、淡；泽泻性寒，味甘。两者均可利水渗湿、泻火、解湿毒，排出体内多余水分而轻身。桑白皮性寒，味甘，可泻肺平喘、利水消肿、平肝降压。陈皮性温，味辛、苦，能理气健脾、化痰止咳。本茶特别适合水肿虚肥之人饮用。但小便过多者不宜。

（2）胃热湿阻型

【临床表现】 形体肥胖，嘈杂易饥，口臭，便秘，舌红苔黄腻，脉滑数。

【施膳法则】 清热化湿，消导通腑。

【食膳例方】

1）绿豆粥

【原料】 绿豆、大米各50g。

【制法与用法】 将绿豆、大米分别洗净后，共入锅中，加适量水煮成粥。佐餐服食。

【功效】 绿豆性寒，味甘，能清暑解毒、利水消肿。现代研究表明，绿豆能帮助排泄体内毒素，促进机体的正常代谢，达到轻身的效果。

2）桃花减肥茶

【原料】 桃花2g。

【制法与用法】 将桃花放入杯中，用沸水冲泡。代茶频饮。

【功效】 桃花性平，味甘，可消食顺气、化痰浊、行水湿。《神农本草经》称桃花“令人好颜色”。《千金要方》则记载桃花能“细腰身”。服后大便泄泻者，暂停服用。

3）麦冬炒黄瓜

【原料】 麦冬20g，黄瓜250g，食油适量，葱、姜等调料各少许。

【制法与用法】 先将麦冬用清水浸泡一夜，取出内梗，洗净。黄瓜洗净，切成薄片。锅置火上，注入油，油热后下入葱、姜爆香，加大麦冬、黄瓜翻炒，炒熟后用调料调味即成。佐餐食用。

【功效】 麦冬性微寒，味甘、微苦，能清热养阴、滋肺养胃。现代研究表明，麦冬具有利尿的作用。黄瓜性凉，味甘，具有养阴除热、利尿解毒等功效。《本草纲目》中记载黄瓜能“清热解渴，利水道"。现代研究表明，黄瓜为良好的利尿剂。黄瓜中含有丙醇二酸成分，可抑制糖类转化为脂肪，其含有的纤维素能促进肠道中腐败食物的排泄和降低脂肪吸收。黄瓜的热量极低，多吃黄瓜可减肥。本品可清热化湿、滋阴减肥。

4）青鸭羹

【原料】 青头鸭1只，苹果1个，赤小豆250g，调料少许。

【制法与用法】 将青头鸭宰杀后，去毛及内脏等，洗净。将赤小豆与苹果一起装入鸭腹内，加适量水，用小火炖至鸭肉熟烂，加入调料调味即成。空腹喝汤吃肉。

【功效】 青头鸭性平，味甘、咸，可补脾而主利尿。苹果性平，味甘，具有生津、润肺、健脾、益胃、养心、利尿排毒的功效。诸物合用，具有更好的清热化湿、健脾开胃、利尿消肿、减肥的功效。

5）蕺菜拌莴笋

【原料】 鲜蕺菜、莴笋各适量，调料少许。

【制法与用法】 将蕺菜洗净。莴笋去皮，洗净，切成细丝。把蕺菜、莴笋共放入盘中，加入调料拌匀即成。佐餐食用。

【功效】 蕺菜性微寒，有清热、解毒、利尿、消肿、软便、调整血压、排除毒素等作用。现代研究表明，蕺菜能使毛细血管扩张，增加肾的血流量，有很强的利尿作用，所以适用于减肥降压。莴笋性寒，味苦，有利五脏、通经脉、利小便等作用，其含热量较低，水分较多，食后有饱腹感。两物合用，共奏清热利尿、瘦身防胖之效。

6）双菇炒苦瓜

【原料】 苦瓜150g，香菇、金针菇各100g，食油适量，调料少许。

【制法与用法】 将苦瓜洗净，切成细丝，用盐腌渍15分钟，再用清水洗净，挤去水分，与香菇、金针菇按常法炒熟，加入调料调味即可。佐餐食用。

【功效】 香菇性平，味甘，具有益气补虚、健脾降脂等功效。金针菇性偏凉，味甘，能清热利湿、降脂，《本草纲目》中记载其能"消食，利湿热"。苦瓜性寒，味苦，可清热、解毒、明目，其富含纤维素可减少脂肪的吸收。诸物合用，共奏降脂减肥之效。

7）盐渍三皮

【原料】 西瓜皮、黄瓜皮、冬瓜皮等量，精盐少许。

【制法与用法】 将西瓜皮、冬瓜皮刮去外皮，与黄瓜皮一起，用开水略焯，待冷却后切成条状，加适量精盐腌渍3分钟即可。佐餐食用。

【功效】 西瓜皮性寒，味甘，能清暑解毒、泻火除烦、化湿利尿。其营养丰富，含有的氨基酸可消耗体内的脂肪，使糖、蛋白质的代谢顺利进行，从而达到降血脂、轻身的目的。黄瓜皮性凉，味甘，具有除热、利尿、解毒等功效，现代研究表明，鲜黄瓜中含有丙醇二酸，有抑制糖类转化为脂肪的作用。冬瓜皮性淡，味甘，可利水祛湿。诸物合用，共奏清热化湿、利尿减肥之效。

（3）肝脾肾虚型

【临床表现】 形体肥胖、头昏目眩、腰膝酸软，或五心烦热、口干盗汗，或神倦懒言、便溏、夜尿清长，苔薄或舌红，脉细或沉细。

【施膳法则】 补肝益肾，健脾消脂。

【食膳例方】

1）枸杞炒西芹兰花

【原料】 枸杞子20g，西芹250g，西兰花100g，食油、调料各适量。

【制法与用法】 将枸杞子、西芹、西兰花分别洗净,西芹切成段,西兰花切成小块。把诸物入热油锅中,按常法炒熟,加入调料即可。佐餐食用。

【功效】 枸杞子性平,味甘,能滋肝补肾、生精益气;现代研究表明,枸杞子有明显的降血压、降脂、降血糖的作用。西芹性凉,味甘,具有清胃、涤热的功效。西兰花性寒,味甘,有清热、利小便的作用。诸物合用,共奏补肾明目、降压、降脂、降糖、减肥美容之效。本品适用于肝肾阴虚型肥胖者。

2)核桃仁麻香芹菜

【原料】 核桃仁50g,芹菜300g,熟芝麻及调料各适量。

【制法与用法】 将芹菜洗净,切成段,放入沸水中焯2分钟,沥干。将核桃仁用开水泡软后去皮,再用开水泡5分钟,取出。将芹菜、核桃仁放入盘中,加入熟芝麻、调料,拌匀即可。佐餐食用。

【功效】 核桃仁具有通经络、润血脉、补气养血、润燥化痰、益命门、利三焦、温肺润肠等功效,其所含的不饱和脂肪酸有软化血管、降低胆固醇的作用。芹菜性凉,味甘,能利尿、理胃中湿浊、除心下烦热。现代研究表明,芹菜有降血压、降血脂的作用。诸物合用,共奏补肝益肾、降压消脂之效。本品适用于肝肾亏虚型肥胖者。

3)消脂瘦身汤

【原料】 何首乌20g,荷叶8g,焦山楂、黄芪、决明子各15g,生姜2片,甘草3g。

【制法】 将上述诸物共入锅中,加适量水煎取汁。

【应用与用法】 代茶随意饮用。

【功效】 何首乌性平,味甘、苦,可润肠通便、降压降脂、补肝肾之精血。现代研究表明,何首乌有显著的降低血脂的作用。焦山楂性微温,味酸,能消食降脂、行气散瘀。荷叶性平,味苦、涩,能利湿、降脂。黄芪性微温,味甘,可补气升阳、益气固表、利水消肿等。决明子性微寒,味苦、甘、咸,有润肠通便、降压、利尿、降低血中胆固醇的作用。生姜、甘草共为健脾调和之物。诸物合用,可益气消脂、通腑除积、轻身健步。

4)首乌乌龙茶

【原料】 乌龙茶3g,何首乌30g,槐角、冬瓜皮各18g,山楂肉15g。

【制法与用法】 将何首乌、槐角、冬瓜皮、山楂肉分别洗净,共入锅中煎取汁,用该汁冲泡乌龙茶。代茶频饮。

【功效】 何首乌性平,味甘、苦,可润肠通便、降压、降脂。乌龙茶性凉,味甘、苦,有醒脾开胃、减少血液中的胆固醇和中性脂肪、降低血压、防止冠心病以及减肥的功效。山楂性微温,味酸、甘,可消食化积,现代研究表明,其能扩张血管,增加冠状动脉血流量,降低血清总胆固醇、甘油三酯含量,促进心肌收缩,抗动脉粥样硬化,降低血压,增加胃液分泌,促进消化。槐角性微寒,味苦,能凉血止血、清肝火。诸物与冬瓜皮合用,可滋补肝肾、消食利湿、健脾降脂。

(4)气滞血瘀型

【临床表现】 形体肥胖,胸闷胁胀,烦恚不安,口干舌燥,夜寐不宁,月经不调甚或闭经,舌暗有瘀斑,脉弦或细弦。

【施膳法则】 理气散结,活血化瘀。

【食膳例方】

1)大蒜萝卜汁

【原料】 大蒜60g,萝卜120g。

【制法与用法】 将上述两物分别绞取汁，再将两汁混合均匀即成。早、晚分食。

【功效】 大蒜性热，味辛，能温阳散寒、行气活血。大蒜瓣在被捣烂或切开时，会产生蒜素。现代研究发现，蒜素可以降压，如果与一种高果糖的食物一起食用，还可以有效阻止体重增加。萝卜性凉，味辛、甘，有消食下气、降低血脂的功效。两物合用，共奏活血化瘀、消食下气、降低血脂之效。

2）绞股蓝茶

【原料】 绞股蓝 20g，绿茶 3g。

【制法与用法】 将绞股蓝、绿茶共入杯中，用沸水冲泡。代茶频饮。

【功效】 绞股蓝性寒，味甘、苦，能祛痰、强壮身体、降血脂、增强机体免疫力、降血压、降血糖等。绿茶性寒，味苦，有清热、解毒、消暑的功效。它含有茶氨酸、儿茶素，对防止肥胖、脑卒中和心脏病有一定作用。长期饮用本茶，可活血化瘀、清热降脂。

3）山楂薏苡仁饮

【原料】 山楂 60g，薏苡仁 90g，陈皮 6g。

【制法与用法】 将上述诸物共入锅中，加适量水，用小火煮熟即可。随意饮用。

【功效】 薏苡仁性平，味甘、淡，能健脾、利水、去湿。山楂性微温，味酸、甘，能消肉食积滞、活血化瘀、分解肠内囤积的油脂。陈皮性温，味辛、苦，能行气、化瘀、降脂。诸物合用，共奏利水、消积滞、化瘀、瘦身之效。胃酸过多的人不宜食用本饮。

4）荠菜茶

【原料】 荠菜、山楂、玉米须、茶树根各 10g。

【制法与用法】 将上述诸物分别碾成粗末，煎取汁。饭后饮用。

【功效】 荠菜性凉，味微甘，有降压、健脾的功效。山楂性微温，味酸、甘，能消食化积、行气散瘀。玉米须，性平，味甘，可利水消肿。茶树根性平，味苦、涩，能利尿降脂。诸物合用，共奏消积、利尿、降脂之效。

5）番茄羹

【原料】 番茄 250g，山楂 30g，陈皮 10g，湿淀粉适量。

【制法与用法】 将山楂、陈皮分别洗净，切碎备用。将番茄入温水中浸泡片刻，洗净，剁成番茄糊待用。清水中加入山楂、陈皮，用中火煮 20 分钟取汁，加入番茄糊，搅拌均匀，以湿淀粉勾兑成羹即成。佐餐食用。

【功效】 番茄性微寒，味甘、酸，有清热生津、健胃消食、降低血脂的功效，被称为降血脂的辅助剂，它还有生津止渴、利尿的作用。山楂性微温，味酸、甘，可消食健胃、活血化瘀、降压降脂。陈皮性温，味辛、苦，能行气、化瘀、降脂。诸物合用，可活血化瘀、降压减肥。

4. 目前流行的减肥餐饮 目前，市场上流行以五谷杂粮食品、药膳粥、药茶、高纤维果蔬为主的天然膳食餐饮减肥疗法，具有一定的效果，颇受欢迎。

（1）五谷杂粮减肥餐：本法以五谷杂粮配以药食两用食品，制作成散剂或酥饼、压缩饼干代餐食用。具有营养素均衡、低能量、食用便捷、减肥过程中不易出现营养失调，并具有其他营养保健作用等特点。

1）健脾益肾散：本品由中国中医科学院西苑医院消化研究室葛文津等人研究而成。健脾益肾散从中医“补脾肾不足，祛痰湿有余”着手，立法轻身耐饥、健脾和胃、滋阴补肾、祛肥降脂、防衰益寿，选用五谷杂粮与药食两用天然食品配伍研制而成。

【成分组成】 山药、茯苓、大豆、黑米、荞麦、山楂、黑芝麻，制成散剂。

【主要功效】 减肥,降脂,轻身。

【用法用量】 快速减肥法:一日三餐仅食本品,每餐50g,用开水调成粥糊状,细嚼慢咽服下,每日加食500～1000g蔬菜和水果,10天为1个疗程。缓慢减肥法:在快速减肥法的基础上,每日再增加鸡蛋1个,牛奶250ml,瘦肉、鱼、豆制品不超过100g。

2)ZB88减肥乐:本品为北京中西医结合肥胖病研究中心翁维良等研制的以天然植物组成的减肥食品,它改变了过去饮食疗法中,由于减少摄入量而产生强烈的饥饿感,患者难以接受的缺点。本品通过取代主食的方法,能基本上消除了饥饿感,从而达到减少热量摄入、减肥祛脂的目的。

【成分组成】 荞麦、大豆、苡米、山药等八味天然植物研粉烘烤而成。

【主要功效】 减肥降脂。

【用法用量】 以本品代3餐,餐间加食蔬菜500g,水果250～500g,3周为1个疗程。

3)瘦得快全营养素:本品为南开大学蒋谷人教授和天津市第一中心人民医院崔乃杰教授等研制的减肥食品。其作用机制有四:一是补益减肥,补益脾肾气虚,加强脏腑运化功能,纠正代谢、内分泌失衡,使患者在强身健体的基础上实现持久减肥;二是作为溶胀性吸附剂,吸除胃肠道内油脂、胆固醇,本品能阻断胆固醇的肠肝循环,可防治胆石症,而且溶胀后的吸附剂有良好的饱腹感;三是多因素调控代谢减肥,其强化的特异氨基酸、维生素及矿物质,是脂肪分解代谢不可缺少的辅酶或辅助因子,可加速脂肪分解;四是低能量全营养减肥,由于采用了低热量摄入,使机体进入负热平衡状态,创立了补益减肥的理论和方法。减肥者既减肥又健壮,满足饱腹感和口味。

【用法用量】 一日三餐,每餐服用本品30g,用开水冲服,调成粥糊状,代替主食。每天还可增加鸡蛋2个或瘦肉、鱼虾、奶粉等高蛋白质食物50～80g,以及适量蔬菜和少量水果。勿食甜品,忌酒类。

根据个人情况,可选用下列减肥方式:①连续减肥法,即按要求连续服用本品,直达标准体重,所需时间最短、效果最好;②间断减肥法,即服用本品5～10天,改换高蛋白饮食若干天,再服用本品,交替服用效果亦好;③每日一餐减肥法,即每日服用本品一餐,代替午餐或晚餐,此法适用于长期减肥或预防肥胖者。

(2)食粥减肥法:应用大米、小米、玉米等稻谷与蔬菜、药食两用食品配伍煮成粥,每日作餐食用1～3次,代替其他食物,可减少热能摄入,增加饱腹感,促进脂肪代谢,达到减肥目的。

1)冬瓜粥

【原料】 新鲜带皮冬瓜100g(或干冬瓜仁10g,或鲜冬瓜仁30g),粳米100g。

【制法与用法】 将冬瓜切小块与粳米同煮,或用冬瓜仁煎水去渣,将粳米入煮成粥,供食用。每日分早晚2次食用,粥内可适量加入调味品。

【功效】 化浊利湿,清热止渴。

2)荷叶粥

【原料】 新鲜荷叶1张(或干荷叶20g),粳米100g。

【制法与用法】 将新鲜(或干)荷叶切成细丝,加水煎汁200ml,去渣加粳米同煮成粥,供食用。每日分早晚2次食用,粥内可适量加入调味品。

【功效】 扬清化浊,利湿解暑。

3)萝卜粥

【原料】 新鲜带皮萝卜500g(洗净),粳米100g。

【制法与用法】 将萝卜切小块与粳米同煮，成粥食用。每日分早晚2次食用，粥内可适量加入调味品。

【功效】 化湿通便，清热止渴。

4）莱菔子粥

【原料】 莱菔子炒熟50g，粳米100g。

【制法与用法】 将莱菔子与粳米同煮成粥，供食用。每日分早晚2次食用，粥内可适量加入调味品。

【功效】 下气化痰，利湿通便。

（3）药茶减肥法：药茶减肥法是以茶叶配合减肥降脂、药食两用中药，或单以药食两用食品泡饮的一种饮茶疗法。《神农本草经》中记载："茶味苦，饮之使人益思，少卧，轻身明目。"历代医家认为，茶具有清热解毒、清心明目、止渴利尿、提神醒脑、消食助运等功效。绿茶：性寒，清热利尿的功效最佳；红茶：性偏温，醒脑提神的功效最佳；花茶：性平和，芳香解郁的功效最好；乌龙茶及普洱茶：性温和，消脂减肥的功效最好。

1）芹菜茶

【组成及用法】 芹菜水煎取汁，红茶适量泡入，每日1剂代茶饮用。

【功效】 清热降脂。

【主治】 单纯性肥胖、早期高血压、高脂血症、血管硬化、神经衰弱症等。

2）山楂荷叶茶

【组成及用法】 山楂、荷叶水煎，冲乌龙茶适量，频频饮用。

【功效】 消脂减肥，行气消滞。

【主治】 早期单纯性肥胖，高脂血症。

3）乌龙童颜茶

【组成及用法】 制首乌30g、大生地30g水煎，冲乌龙茶适量饮用。

【功效】 清热滋阴，消脂减肥。

【主治】 肥胖病症见肝肾阴虚内热者。

4）天雁减肥茶

【组成及用法】 车前草、荷叶各适量，开水泡饮。

【功效】 清热利尿，减肥消脂。

【主治】 早期肥胖病症见湿热内蕴者。

5）体可轻茶

【组成及用法】 生首乌、山楂、石决明、夏枯草、锦鸡儿、莱菔子、茶叶各适量，冲服。

【功效】 降脂消积，减肥益血。

【主治】 轻度肥胖。

6）华龙减肥茶

【组成】 山楂、决明子、紫苏、绞股蓝。

【功效】 降脂，减肥，利尿，通便。

【主治】 单纯性肥胖，高脂血症，高血压，便秘等。

7）乌龙减肥茶：由福建省中医药研究院陈文岳等依据中国传统茶疗法研制而成。

【组成及用法】 乌龙茶、荷叶、玫瑰花、泽泻、决明子等，分装成每袋4g。每次1～2袋，每日2次，1个月为1个疗程。观察期间停用一切减肥降脂药品，但保持正常饮食。

【功效】 升清降浊，降脂减肥，醒脾祛湿，润肠通便。

(4)果蔬减肥法：果蔬减肥法是借以蔬菜和水果富含的高纤维，替代或半替代3餐的一种减肥辅助疗法。食物纤维是以多糖类为主体的高分子成分结构，不能被人体消化酶消化，能预防和治疗多种疾病，如肥胖、糖尿病、高血压、便秘、肠道疾病及肿瘤等。高纤维食品能延长食物在胃内的停留时间，增加饱腹感，增强人体的抗糖作用，节约胰岛素的分泌；能抑制糖分、脂肪和胆固醇的扩散，阻止人体吸收胆固醇；能吸附胆汁酸等有机物，并将其排出体外，消除肠道内沉积的废物，提高酶活性。

1)蔬菜减肥法：蔬菜减肥法是指通过大量地食用蔬菜，以解除或减轻腹饥感，减少主食以及脂肪、糖类等的摄入量，从而达到减肥的目的。

蔬菜品种虽然繁多，但都具有低热量、高维生素、高纤维素的特点，且富含钙、磷、钾、镁等无机盐和铁、铜、钼、锌、氟等微量元素。这些都是治疗和预防肥胖的要素。

用法：选用日常生活中的某种蔬菜，以其填充饥饿，达到饱腹感，并配以少量米饭，作为3餐。如此服用，维持一段时间，直至达到减肥的目的。

应用蔬菜减肥法必须以辨证施膳为原则来选用蔬菜：①脾肾虚寒者，选择温补脾胃的蔬菜品种，如辣椒、大蒜、韭菜等。②胃热湿阻者，选择清热利湿的蔬菜品种，如冬瓜、黄瓜、生菜、豆芽等。③肝肾阴虚者，选择滋阴养血的蔬菜品种，如番茄、木耳、竹笋等。④血瘀痰湿者，选择活血化痰的蔬菜品种，如萝卜、葱白等。

此外，在进行蔬菜减肥疗法时，必须补足丰富的优质蛋白质和微量元素，如食用大豆；且须多种蔬菜并用，以维持各营养素的平衡。

2)水果减肥法：水果减肥法是指通过食用大量水果，解除或减轻腹饥感，减少或禁食主食，从而达到减少热量摄入，使机体处于负热平衡，减轻体重的目的。

由于水果主要含有果胶、高纤维质、糖类、少量脂肪、蛋白质等物质，基本上能满足人体在较低劳动强度时的一般生理需要，对于较快速地减肥有一定的疗效。当然，长期食用水果是难以满足机体生理需要的，因此，水果减肥疗法必须有一定的时间性，间断服用。

应用水果减肥疗法也必须遵守辨证施膳的原则来选择水果，才能收到一定的疗效：①脾肾虚寒者，应以温补脾肾的水果品种为主，如菠萝、芒果、大枣、荔枝等；②胃热湿阻者，应以清热利湿的水果品种为主，如苹果、枇杷、火龙果等；③肝肾阴虚者，应以滋阴养血的水果品种为主，如葡萄、罗汉果、柿子等；④血瘀痰湿者，应以活血化痰的水果品种为主，如山楂、柚子、桃子等。

此外，在进行水果减肥疗法时，必须补足丰富的优质蛋白质和微量元素，如食用鱼、大豆等。

二 消瘦与增肥

消瘦指皮下脂肪含量过少、肌肉瘦削、体重低于标准体重20%以上的一种症状。中医文献称为“羸瘦”、“脱形”等。消瘦的体形，不符合健美体形的审美标准，即缺乏形体美。

消瘦可发生于任何年龄，是由于膳食营养供给低于组织的需求所致，可分为原发性和继发性两类。原发性是指单纯摄入不足，或体能消耗过大而造成的能量负平衡；继发性是指由于其他疾病过程而引起的营养素不足，其中有摄入不足、消化、吸收、利用、代谢需要等各种因素的影响。消瘦症状常见于多种疾病与亚健康状态，尤其是甲状腺功能亢进、糖尿病、消耗性疾病、代谢功能失调、胃肠功能紊乱、厌食症等疾病患者,常出现不同程度的消瘦。其原因多与遗传因素、内分泌与代谢功能失调、消化吸收功能障碍、饮食不调、营养不良、精神因素、体能透支等有关。本小节讨论的有关消瘦的营养与食疗,仅针对亚健康病理状态下的消瘦对象,甲亢、糖尿病等特殊疾病引起的消瘦的营养与食疗,不在此范围内。

【发病机制】

中医认为:

(1)脾胃虚弱:先天素禀脾胃薄弱体质,后天饮食不节、营养失调损伤脾胃,思虑过度、情志郁结损伤心脾,胃纳不佳,脾失健运,水谷之气无以化生,肉脂无以得长,故而瘦削。

(2)胃火炽盛:过食辛热,胃火炽盛,消谷善饥,火盛耗阴,水谷精微无以得藏,故消谷而瘦。

(3)肝肾阴虚:素禀肾阴不足体质,加上熬夜劳作,体能透支,饮食失调,情志化火,耗损肝阴肾阴,水亏不能制火,虚火内耗,故而羸瘦。

现代医学认为:体内脂肪过少是消瘦的基本特征。体内存在脂肪的合成与降解的代谢平衡系统,当基础代谢率低,脂肪合成的生物调控因子(如胰岛素、雌激素)占优势时,则脂肪生成多、降解少而容易发胖;当基础代谢率高,脂肪降解的生物调控因子(如瘦素、生长激素)占优势时,则脂肪合成少、降解多而容易出现消瘦。营养供给不足,尤其是碳水化合物、脂肪、蛋白质三大产能营养素不足,消化吸收障碍,脂肪合成功能低下而降解功能亢进,能量消耗大,是造成消瘦的主要原因。

【临床特点】

1. 以体重低于标准体重20%以上,或体质指数(BMI)低于18.5、脂肪百分率在正常值的下限(男15%、女20%)以下者为特征。以皮下脂肪少、肌肉平薄、骨骼显露为主要表现。

2. 消瘦常伴生长发育不良、倦怠乏力、注意力不集中、爪甲不荣、皮肤弹性下降、多皱不泽、面色萎黄、毛发干枯不荣等。

3. 可发生在任何年龄,性别不限。

【中医辨证】

中医辨证常分为三型:

1. 脾胃虚弱型 全身瘦弱,纳呆纳少,食欲缺乏,食量少,易饱胀,消化慢,少饥感。常伴面色不华,四肢无力,易疲乏,少气声低。舌淡、苔白,脉弱。

2. 胃火炽盛型 消瘦,消谷善饥,食欲好,食量大。伴便秘,口渴,口臭,唇赤。舌红、苔黄,脉洪滑。

3. 肝肾阴虚型 羸瘦,食欲欠佳。常伴面潮红,肌肤燔热,手足心热,盗汗,失眠,咽干,无力,腰膝酸软,眩晕耳鸣。舌红苔少,脉细数。

【营养与食膳调理】

1. 选择营养素 增加糖类、脂肪、蛋白质的摄入,适当补充维生素如维生素B_1、复合维生素,以帮助三大营养素的合成代谢。少食高纤维食物。增补建议如下:

(1)维生素B_1 10mg,2次/天,早、晚服。

(2)葡萄糖酸锌口服液10mg,2次/天,小儿酌减,早、晚服。

(3)21金维他1粒,2次/天,早、晚服。

(4)健胃消食片4片,2次/天,小儿酌减,早、晚服。

(5)鸡内金片4片,2次/天,小儿酌减,早、晚服。

2. 常用食物 选择富含糖类、脂肪、蛋白质和高能量的食物，增加甜食、面食、肉类、动物脂肪和蛋白质的比例。具体食物如：面包、奶油蛋糕、炼乳、麦片、猪蹄、肥肉、牛肉、汉堡、深海鱼、鳗鱼等。同时，适当选择一些高维生素、低纤维、高糖的五谷、水果、瓜果与蔬菜，以补充维生素并平衡膳食，适合的食物有燕麦、糯米、年糕、红枣、榴莲、菠萝、芒果、梨、木耳、土豆、大白菜等。

在选择食物时除应用营养学指导外，还应符合中医食疗学的原则，注意辨证施膳，具体如下：

(1)属脾胃虚弱者，辨证施膳的法则是补中益气、甘温补土、健脾助运，即在补充高能营养的同时，要考虑脾胃的消化吸收功能，故应选择一些有助于补益脾胃、健脾助运的温性、平性食物及药食两用食品，避免生冷，寒凉，过于油腻、甜腻或粗糙不易消化、耗损不利补益的食物。有利于补脾健胃的食物有：红枣、莲子、芡实、山药、香菇、党参、黄芪、茴香、辣椒、姜、葱、蒜、红曲、鸡肉、羊肉、牛肉、苹果、橘子等。应少食绿茶、笋、紫菜、海带、萝卜、苦菜、苦瓜等。

(2)属胃火炽盛者，辨证施膳的法则是清胃火、和胃养阴。在增加营养时，应选择凉性、平性的食物，如粳米、绿豆、豆腐、豆浆、牛奶、猪肉、水鸭、鱼贝类、冬瓜、苦瓜、番茄、大白菜、苦菜、甘蔗、火龙果、猕猴桃、梨、柑等；避免热性辛燥食物，如辣椒、姜、葱、蒜、韭菜、香料、醋、芒果、橘子、龙眼、牛肉、羊肉及油炸、烧烤食物。

(3)属肝肾阴虚者，辨证施膳的法则是滋阴补益、清虚热。在增加营养时，应选择凉性、平性、滋补性的食物，如甲鱼、田鸡、水鸭、猪肉、鱼贝类、豆浆、牛奶、胡萝卜、番茄、大白菜、银耳、百合、山药、藕、火龙果、猕猴桃、梨、柑等；避免辛热香燥及油炸、烧烤食物，如辣椒、姜、葱、蒜、韭菜、醋、香料、炒瓜子、烤腰果、饼干、炸鸡、油条等；少食热性水果和肉类，如荔枝、龙眼、芒果、橘子、牛肉、羊肉等。同时，应忌烟酒，少喝茶、咖啡。

3. 辨证用膳

(1)山药粥

【原料】 鲜山药100g，大米100g，乳酪、白糖适量。

【制法与用法】 将鲜山药洗净，捣泥，在大米煮熟后加入拌匀，再煮开后，调入乳酪、白糖，作餐食用。

【功效】 本方具有健脾补益、资助化源的功效，适用于脾胃虚弱型消瘦。

(2)甘蔗粥

【原料】 甘蔗汁50g，粟米100g。

【制法与用法】 将鲜甘蔗洗净，压榨取汁，与粟米同煮粥，作餐食用。

【功效】 本方具有清热和中、生津润燥的功效，适用于胃火炽盛型消瘦。

(3)甲鱼石斛汤

【原料】 甲鱼1只，石斛10g，生姜3片，料酒、盐适量。

【制法与用法】 甲鱼去内脏、切块、洗净，与石斛、生姜、料酒同入砂锅中，加水500ml，文火慢炖，加入少量盐调味。喝汤食肉。

【功效】 本方具有滋补真阴、清相火的功效，适用于肝肾阴虚型消瘦。

三 乳房健美

乳房是女性形体审美的主要组成部分，饱满而结实的乳房是乳房健美的基本要素。乳房组织因发育不良或萎缩而出现低平，以及因弹性下降或巨乳受重力牵引而出现松弛下垂等，均影响乳房的健美。

【发病机制】

中医认为：

(1)肾精不足：肾为先天之本，女性乳房发育与丰满的基础首先取决于肾中精气的盛衰。若先天禀赋充足、肾精充实，则乳房丰盈而有弹性；若素禀不充、素体虚弱，或年长肾亏，则乳房萎缩、松弛，缺乏弹性。

(2)脾胃虚弱：脾胃主运化，足阳明胃经循行过乳房，脾胃主要是作为后天之本、气血生化之源而影响乳房的发育。脾胃健运，气血生化有源，则乳房健美；反之，气血不能正常运行，营养状况较差，则胸部瘦削，乳房不能丰盈。

现代医学认为：胸部大小及其弹性主要受雌激素的刺激与支持，各种先、后天因素如遗传、哺乳、年龄、精神因素、营养因素、运动、睡眠、疾病、胸衣、体重迅速降低等，都可对乳房组织结构产生影响。

【临床特点】

乳房发育不良者，青春期乳房组织不见增长，乳腺组织生长与脂肪积蓄都很少，乳房低平。女性在30～40岁时，乳房即出现弹性下降、松弛、下垂、萎缩等变化，哺乳、流产、减肥、激素衰退、消耗性疾病、体能透支等会加剧乳房饱满与结实性的下降。

【中医辨证】

中医辨证主要分为两型：

1. 肾精不足型 乳房低平，或过早出现萎缩、松垂。伴腰膝酸软，眼袋黑眼圈，面色不华，性欲低下，疲乏，精力不足，健忘。舌红、苔薄，脉弱尺沉。

2. 脾胃虚弱型 乳房低平，或过早出现萎缩、松垂。伴纳呆，食欲欠佳，面色萎黄，皮肤松弛，四肢无力，易疲乏。舌淡、苔白，脉弱。

【营养与食膳调理】

1. 选择营养素 增加蛋白质、脂肪的摄入，补充维生素A、维生素E及微量元素锌、硒。

2. 常用食物 选择富含脂肪、胶原蛋白、维生素A、维生素E和锌、硒的食物。一些具有雌激素样作用，以及促进卵巢内分泌的药食两用食品，对维护乳房健美有重要的作用，如葛根、木瓜、黄芪、紫河车、蛤士蟆油等。

3. 辨证用膳

(1)海带炖鲤鱼

【原料】 鲤鱼1只，猪蹄100g，海带、花生、豆腐丝、葱、姜、盐、糖、酒适量。

【制法与用法】 先用油、盐爆炒猪蹄、海带、豆腐丝，然后加入花生、盐、糖、酒炖1小时，最后将姜、葱和煎炸过的鲤鱼放入炖半小时，经常食用。

【功效】 本方具有补肾添精、美乳丰胸的功效，适用于肾精不足型。

(2)健乳润肤汤

【原料】 猪肚1个(约1kg)，芡实30g，黄芪20g，白果肉60g，腐皮30g，葱段、精盐、花生油各适量。

【制法与用法】 将整个猪肚用粗盐及油擦洗干净，把猪肚、芡实、黄芪、白果肉一同放入砂锅内，加适量清汤共煮沸30分钟，再放入腐皮、葱段，熬1～1.5小时，直至汤变成奶白色即可食用。

【功效】 本方具有健脾益胃、补身丰乳、美白养颜的功效，适用于脾胃虚弱型。

第十一章 常见损容性疾病的营养和食疗

第一节 损容性皮肤病的营养和食疗

一 黄褐斑

黄褐斑是发生于颜面的淡褐色或褐色斑,为一种常见的色素沉着性损容性皮肤病。黄褐斑属于中医学黧黑斑的范畴。本病不但影响容貌,且多伴有内分泌及自主神经功能紊乱,对身心健康都有影响,为美容医学研究的热点。

【发病机制】

中医认为:

(1)肝郁血瘀:忧思郁怒,肝失疏泄,气行不畅,血运障碍,不能荣于皮肤,变生褐斑。受日光暴晒或含砷、汞的劣质化妆品伤害,风热药毒蓄积肌肤,气血失和,滞涩结斑。

(2)脾虚痰渍:饮食不节,劳伤过度,脾失运化,水气上泛,痰湿渍于颜面,致生褐斑。

(3)肝肾阴虚:妊娠房劳,久病耗伤肝肾,水亏不能制火,火燥面颊,结成黑斑。

总之,黄褐斑病因病机虽然复杂,但多与肝、脾、肾三脏密切相关。无论何种证型,最终导致脉络淤阻,肌肤失濡是黄褐斑发病的最基本病机。

现代医学认为:黄褐斑的发病机制十分复杂。发病前没有局部炎症和外伤史,现代医学认为可能与内分泌、遗传、药物、化妆品、局部微生态、氧自由基、紫外线等因素有关;通常患者雌激素、黄体酮、血清铜增高,酪氨酸酶活性增强,血清锌、维生素C、维生素E下降。临床上可见本病多因妊娠,内分泌紊乱,口服避孕药、镇静药或日晒等引起;也可因慢性病,如肝病、结核、甲状腺疾病、附件炎、内脏肿瘤等继发本病;此外,本病与精神紧张、忧郁和精神创伤也有着密切的联系。

上述各种因素,从不同途径或角度影响面部皮肤色素代谢,造成局部色素分泌增加、色素转运和扩散增强等色素代谢异常,是其主要的发病机制。

【临床特点】

1. 皮损为淡褐色、深褐色或黑褐色斑片。

2. 境界清晰,边缘常不整,形如地图或蝴蝶,对称分布于额、眉、颊、鼻、上唇等处,亦能使整个面部受累及。

3. 褐斑表面光滑,无鳞屑,无自觉症状。

4. 病程较久,发展缓慢,日晒后加剧。

5. 多见于妊娠、女性生殖器疾病或肝病、甲状腺疾病等患者,青中年妇女较为常见。

【中医辨证】

中医辨证常分为三型：

1. 肝郁血瘀型 可见斑色黄褐，以面颊为主。伴郁闷易怒、胸痞胁胀、经暗腹痛、眠差头昏。脉弦或涩，舌质紫黯或有瘀点。

2. 脾虚痰渍型 可见斑色淡褐，边界模糊，以鼻、颊或唇周为主。伴食少便溏、经少衍期、面黄不润。脉弱，舌质淡白有齿痕，苔白或腻。

3. 肝肾阴虚型 可见斑色黧黑、界清，晦暗干焦，皮损见于颧颊、眶周及下颌。伴腰膝酸软、眩晕耳鸣、手足心热、咽干、大便燥结、崩漏或经闭。舌质红，苔少乏津，脉细数。

【营养与食膳调理】

1. 选择营养素 色斑的形成无外乎内源性（激素、药物）和外源性（日光、化学刺激、局部微生态）两个方面的因素。从营养学的角度治疗本病主要是内服和外用抗氧化剂，以强化皮肤的抗氧化、修复能力，加强光防护效果。如谷胱甘肽和超氧化物歧化酶（SOD）有较强的抗氧化、清除自由基和抑制酪氨酸酶活性的能力；维生素C具有氧化还原作用，参与色素代谢；维生素E有抗氧化、清除自由基和光防护作用；维生素A、锌、硒等也属于抗氧化剂，可帮助皮肤修复、减少紫外线所致的色素沉着等。此外，生物类黄酮等多酚类物质，属于植物性抗氧化剂，也具有很好的抗氧化活性。如绿茶、葡萄籽等提取物等。

增补建议如下：

（1）谷胱甘肽注射液0.2～0.6g，加维生素C 1000mg，混合静脉滴注，每周2次，10次1个疗程，可用2～4个疗程。

（2）绿茶提取物茶多酚胶丸200mg，3次/天，2个月为1个疗程，可用2～3个疗程。

（3）市售的葡萄籽精华素胶囊2粒，3次/天，长期服用。

（4）维生素C 0.2g，3次/天，同时服维生素E 0.1g，3次/天，月经期停服。连用3～6个月。

此外，维生素C、维生素E霜及超氧化物歧化酶（SOD）霜有较好的淡化色斑的作用，可长期外用。

2. 常用食物 宜食清淡饮食，新鲜蔬菜、水果。平时注意多食富含维生素C、维生素A的食物，如番茄、柑橘、柠檬、柿子、柿饼、樱桃、胡萝卜、白萝卜、黄瓜、南瓜及新鲜水果蔬菜等。卷心菜、茄子、胡萝卜、葵花子含有较多的维生素E；南瓜子含锌较高。绿茶、葡萄、豌豆、黄豆芽、橄榄等食物中含有类黄酮等植物性抗氧化剂均可酌情选用。

中医认为黑色食品有补肾、褪黑的作用，如黑木耳、黑芝麻、黑豆、黑米等，常用作祛斑食品。

有些色斑患者伴有便秘，不利于体内毒素的及时排出，毒素量超过了肝脏解毒功能，就会加重斑点。因此，也可选用块茎类食物，如红薯等帮助排便。

忌食脂肪油腻、辛辣、黏滞、酸涩食品，忌食海腥发物，忌烟酒。过度饮酒对肝脏会造成损伤；菠菜等含铜离子较高；红花草、灰菜、盖菜、苋菜、油菜、泥螺等食品易致光敏；这些食品应尽量避免食用。

此外将番茄、白果、杏仁、冬瓜仁、鸡蛋清、蜂蜜等外用敷面也有淡化斑点的作用。如：取杏仁适量，热水浸泡去皮、尖，捣烂，用鸡蛋清少许调匀，每晚睡前涂面部，次晨用温水洗净。

3. 辨证用膳

（1）牛肝粥

【原料】 牛肝500g，白菊花9g，白僵蚕9g，白芍9g，白茯苓12g，茵陈12g，生甘草3g，丝瓜

30g,大米100g。

【制法与用法】 将白僵蚕、白芍、白茯苓、茵陈、生甘草、丝瓜装入纱布包内,然后与牛肝、白菊花、大米一起熬粥,熟后捞出药包吃肝喝粥,每日早晚各1次。以上剂量可服2天,10天为1个疗程,中间间隔1周,连服3个疗程。

【功效】 本方具有疏肝解郁、增白消斑的功效。适用于肝郁血瘀型黄褐斑。

(2)猪肾祛斑粥

【原料】 猪肾1对、粳米100g、山药100g、薏苡仁50g,盐、味精各适量。

【制法与用法】 将猪肾去筋膜、臊腺,洗净切碎;山药去皮、切碎待用。将切碎的猪肾焯去血水后,与山药、薏苡仁、粳米加水适量以小火煨烂成粥,加入适量的盐及味精调味,分顿服用。

【功效】 本方具有健脾益气、增白消斑的功效。适用于脾虚痰渍型黄褐斑。

(3)桑葚蜜膏

【原料】 黑桑葚100g、黑芝麻50g、何首乌50g、当归20g、麦冬20g、生地黄20g,蜂蜜适量。

【制法与用法】 将前6味中药加水常法煎煮30分钟,提取1次药液,反复3次。将3次提取液合并,小火煎熬浓缩,至黏稠如膏状,加1倍蜂蜜,搅匀再次煮沸,停火置冷,装罐储藏。饮时每次1匙,用沸水冲化,每日2~3次。

【功效】 本方具有滋补肝肾、养血消斑的功效,适用于肝肾阴虚型黄褐斑。

二 寻常痤疮

寻常痤疮是一种青春期常见的好发于颜面、胸背等富含皮脂腺部位的毛囊皮脂腺的慢性炎症性损容性皮肤病,中医称之为“粉刺”。本病好发于青春期男女,发病率高,轻重程度不一,多呈自限性。

【发病机制】

中医认为:本病因素体阳热偏盛,肺经蕴热,复感风邪,熏蒸面部所致;或因过食肥甘厚腻,助湿化热,湿热蕴蒸颜面所致;或因脾虚湿蕴,郁久化热炼痰,湿热痰瘀凝滞肌肤所致。

现代医学认为:本病与雄激素、皮脂腺和毛囊内微生物密切相关。青春发育期雄激素分泌增多,皮脂腺合成和排泄皮脂增多,并使毛囊漏斗部角化增殖,造成毛孔堵塞,形成脂栓,即痤疮。毛囊内存在的痤疮棒状杆菌等分解淤滞的皮脂,产生游离脂肪酸,后者有致炎作用,使毛囊壁破裂,痤疮内容物进入真皮,出现炎症性丘疹或脓疱、结节、囊肿等损害。遗传、饮食、胃肠功能、环境因素、化妆品及精神因素等与发病有关。

【临床特点】

1. 本病常见于青年男女,多在青春期开始发生。

2. 痤疮以面部、上胸、背部等处的黑头、丘疹、脓疱等皮损为主要症状。

3. 严重者可出现结节、囊肿、脓肿、瘢痕或窦道。

以上诸种皮损,可数种同时存在,亦能互相转化,多数患者伴有皮脂溢出。多无自觉症状,若炎症明显可引起疼痛及触痛。

【中医辨证】

中医辨证常分为三型。

1. 肺经风热型 可见丘疹色红,或有痒痛,或有脓疱;伴口渴喜饮,大便秘结,小便短赤;

舌质红、苔薄黄，脉弦滑。

2. 肠胃湿热型 可见颜面、胸背部皮肤油腻，皮疹红肿、疼痛，或有脓疱；伴口臭、便秘、溲黄；舌红、苔黄腻，脉滑数。

3. 痰湿淤滞型 可见皮疹颜色暗红，以结节、脓肿、囊肿、瘢痕为主，或见窦道，经久难愈；伴纳呆、腹胀；舌质暗红、苔黄腻，脉弦滑。

【营养与食膳调理】

1. 选择营养素 痤疮的形成最主要的原因是雄激素水平过高，刺激皮脂腺分泌过多，阻塞皮肤毛孔继发感染所致。如果饮食中缺乏维生素 A 会使得皮肤细胞过度角化并造成皮肤充血。维生素 A 以及锌缺乏会导致皮肤抵抗感染的能力下降，同样，体内缺乏有益菌（由于过量服用抗生素所致）也会造成抵抗感染能力的下降。最佳营养学的方案有助于平衡体内性激素的水平，并降低被感染的可能性。治疗痤疮最重要的营养物质包括维生素 A、维生素 B 合成物（特别是维生素 B_6）、维生素 C、维生素 E 以及锌。烟酸可以增加面部的红润色泽，维生素 E 则有助于伤口的愈合，均可选择使用。

此外，要慎重选择添加碘的增补剂，因为它会使痤疮更加严重。

增补建议如下：

（1）多种维生素增补剂及多种矿物质增补剂。

（2）抗氧化合成物。

（3）维生素 C 1000mg，每日分 4 次服用。

（4）维生素 $B_6$100mg，每日分 4 次服用；维生素 $B_2$5mg，3 次/天；或复合维生素 B 2 片，3 次/天。

（5）烟酸（维生素 B_3）100mg，每日分 4 次服用，连续服用 30 天。

（6）维生素 E 0.1g，2～3 次/天，

（7）甘草锌颗粒 5g，3 次/天；或硫酸锌片 0.2g，3 次/天，4 周为 1 个疗程。

2. 常用食物 痤疮的食物调养应注意多饮水，饮食清淡，以素食为主，多食新鲜蔬菜、水果。富含硫元素的食物如蛋类、洋葱及大蒜，对治疗痤疮有一定帮助。富含维生素 A 的食物如金针菜、胡萝卜、菠菜、荠菜有益于上皮的增生，防止毛囊角化，能帮助消除痤疮。

痤疮患者的皮肤多油，可多食柠檬、柚子、苹果、芹菜等。此类食品多酸涩、收敛，能减少油脂分泌。薏苡仁、冬瓜、山楂、莴苣等食品多能祛湿、化痰、消脂，可适量选用。

痤疮患者多内热较盛，饮食应多选性寒食品，如西瓜、苦瓜、莲藕、荸荠、绿豆、百合、黄瓜、马齿苋等。此外，荞麦、猪肚对痤疮有较好的疗效，也可选择服用。

有些痤疮患者伴有便秘，不利于体内毒素的及时排出，会加重痤疮。因此，也可选用块茎类食物，如红薯等帮助排便。

少吃动物脂肪及腊质食品，如肥肉、香肠、腊肉、乳酪、牛奶等；少吃海腥发物，如海鱼、虾、羊肉、贝壳类；忌食辛辣刺激食品，如辣椒、胡椒、生姜、酒、芥末等；饮食中若含大量的饱和脂肪以及煎炸食品，可能造成皮肤毛孔的堵塞，应避免食用；甜食如糖果、巧克力、甜味饮料和点心等易致皮肤油脂分泌过多，也不宜食用。此外，吸烟、饮酒都会使痤疮更加严重，也应尽量避免。

此外，白果、杏仁、冬瓜仁、猪胰、蛋清等外用对痤疮有一定的疗效。如：取白果适量洗净，切开绞烂取汁，外涂患处。每日早晚各换药 1 次。

3. 辨证用膳

（1）枇杷薏苡仁粥

【原料】 生薏苡仁100g,鲜枇杷60g(去皮核),枇杷叶60g。

【制法与用法】 先将枇杷叶洗净切碎,煮沸10~11分钟,捞去渣后,加入薏苡仁煮粥,粥熟后切碎枇杷果肉,放入其中搅匀。分次食用。

【功效】 本方具有清肺散风的功效,适用于肺经风热型痤疮。

(2)凉拌三苋

【原料】 鲜苋菜100g、鲜冬苋菜100g、鲜马齿苋100g,调料适量。

【制法与用法】 将3种食物分别用开水焯至八成熟,捞出后浸冷水中5~10分钟,取出,沥干水,切断,入调料后搅拌即可。分次服用。

【功效】 本方具有清热化湿的功效,适用于肠胃湿热型痤疮。

(3)桃仁山楂粥

【原料】 桃仁9g、山楂9g、贝母9g、荷叶半张、粳米60g。

【制法与用法】 先把前4味药煎成汤液,去渣后入粳米煮粥。每日1剂,日服3次,共服30天。

【功效】 本方具有消痰软坚、活血化瘀的功效,适用于痰湿淤滞型痤疮。

三 白癜风

白癜风是由于皮肤黑色素细胞减少或缺失而引起的色素脱失斑。中医称之为"白驳风"。其特点是皮肤出现边界清楚,大小形状各异,数目不定的白色斑点或斑片,严重影响容貌美观。

【发病机制】

中医认为:本病由气血失和、脉络淤阻所致。肝郁气滞,复感风邪,搏于肌肤;肝肾阴虚,外邪侵入,郁于肌肤;跌打损伤、化学灼伤,络脉淤阻,毛窍闭塞,肌肤腠理失养,酿成白斑。

现代医学认为:本病与黑色素细胞自身破坏、自身免疫有关。患者可伴发自身免疫性疾病,血清中可查到自身抗体。此外,神经化学因素、血清铜离子浓度降低及遗传因素都被认为与发病有关。

【临床特点】

皮损可发生于任何部位,但以指背、腕、前臂、面、颈、生殖器附近为多,皮损色素脱失处呈乳白色,掌跖及黏膜很少累及。白斑面积可大可小,大者可泛及全身。一般可分为3种类型:

1. 炎症型 皮损大小不等,边缘不规则,白斑与正常皮肤界限不明显,周边无色素沉着,分布无规律,镜下可见到游走性真皮细胞,此类型对光化疗法及皮质激素疗法效果最好。

2. 神经型 白斑境界清楚,边缘明显色素沉着,多为单侧性,可沿皮神经分布,显微镜下可见神经纤维末梢嵌入白斑与交界处的黑色素颗粒内,此类型对光化疗法的效果次之。

3. 自体免疫型 皮损境界清楚,呈不规则的细小白斑,分布于眼周、四肢远端,对称分布,伴有甲亢、恶性贫血、斑秃、糖尿病等自体免疫性疾病。应用皮质激素治疗效果显著。

亦有人主张依据皮损的大小、范围、分布等特点,分为限局性、泛发型和全身型。还有人主张不分型。

【中医辨证】

中医辨证常分为三型:

1. 肝郁气滞型 白斑散在渐起,数目不定;伴有心烦易怒,胸胁胀痛,夜眠不安,月经不调;舌质正常或淡红、苔薄,脉弦。

2. 肝肾不足型 多见于体虚或有家庭史的患者。病史较长,白斑局限或泛发;伴头晕耳鸣,失眠健忘,腰膝酸软;舌红少苔,脉细弱。

3. 气血淤滞型 多有外伤、病史缠绵。白斑局限或泛发,边界清楚,局部可有刺痛;舌质紫暗或有瘀斑、瘀点,苔薄白,脉涩。

【营养与食膳调理】

1. 选择营养素 从营养学的角度来看,血清铜离子浓度降低被认为与白癜风发病有关。因而补充铜离子是治疗白癜风的方法之一。

增补建议如下:

(1)铜制剂:口服0.5%硫酸铜溶液10滴,3次/天。

(2)维生素C能降低血清铜或血清铜氧化酶水平,从而降低酪氨酸酶的活性,不利于黑色素的生成。因此,对于白癜风患者而言,应尽量避免食用维生素C。

2. 常用食物 光照有助于增加白斑皮损处的色素形成,因而富含光敏物质的食物可用于白癜风的治疗。如紫云英(红花菜)、灰菜(藜)、盖菜、马齿苋、白菜、萝卜、油菜等。大量食用这些食物时,应注意对正常皮肤进行遮光保护,同时让白斑皮损尽量暴露在日光下。

若体内铜离子含量增高,酪氨酸酶的活性就会升高,黑色素的生成也增加,皮肤颜色则变深或发黑。故应多食含铜丰富的食物,如田螺、河蚌、毛蚶等。

应注意多食用豆类、黑色植物、富含酪氨酸及矿物质的食物,如蛋类、瘦肉、黑芝麻、黑木耳、胡桃仁、海带、海参、甲鱼、桃仁、无花果、茄子、芹菜、苋菜、韭菜、发菜、香椿芽、猪肚、乌米饭(南竹叶色素渗透米中煮熟的饭,其色乌黑)、红茶菌等。

富含维生素C的食物如青椒、番茄、柑橘、柠檬、柚子等也应少吃或不吃。

乌梅、胡桃仁、杏仁、生姜、鳗鲡鱼油、白茄子等外用有治疗白癜风的作用。如"治颈项及面上白驳,浸淫渐长,有似癣,鳗鲡鱼脂敷之,先拭剥上,刮使燥痛,后以鱼脂敷之"(《姚僧坦集验方》)。又如:取鲜乌梅500g,加75%酒精浸泡2周,过滤去渣,再加入二甲亚砜适量,调匀,贮净瓶备用,外涂患处,每日3~4次,每次3~5分钟。此外,也可用白茄子蘸硫黄细末擦患处。

3. 辨证用膳

(1)玫瑰花粥

【原料】 白玫瑰花5朵,糯米100g,樱桃10枚,白糖适量。

【制法与用法】 先将未开花的玫瑰花采下,轻轻撕下花瓣洗净。然后将糯米淘净放入锅内,用大火烧开后转小火熬,待粥快好时,放入玫瑰花、樱桃、白糖,稍煮即成。

【功效】 本方具有疏肝理气、活血祛风的功效,适用于肝郁气滞型白癜风。

(2)乌蛇酒

【原料】 乌蛇180g,防风、桂心、白蒺藜、五加皮各60g,天麻、牛膝、枳壳、羌活各90g,熟地黄120g,白酒2000ml。

【制法与用法】 诸药加工成粗粉,用酒浸泡10天。取酒饮用,每日3次,每次15ml。

【功效】 本方具有滋补肝肾、养血祛风的功效,适用于肝肾不足型白癜风。

(3)桃仁麻仁地黄散

【原料】 黑麻仁400ml(九蒸九曝去皮),桃仁150g(汤浸,去皮、尖、双仁,炒微黄),生干地黄150g。

【制法与用法】 诸药捣细为散。每服以蜜水调下9g,每日服2次。

【功效】 本方具有活血化瘀、通经活络的功效,适用于气血淤滞型白癜风。

四 脂溢性皮炎

脂溢性皮炎是发生在颜面、胸背等皮脂溢出比较丰富部位的以头面部发红、瘙痒、起皮屑、渗液、结痂为特征的一种慢性、浅表性、炎症性皮肤病。中医称“面游风”、“白屑风”。本病好发于30～60岁肥胖的中年人及新生儿。成人多在情绪应激或者缺乏睡眠时诱发，其发生率为2%～4%。

【发病机制】

中医认为：脂溢性皮炎皮损可分为干性和湿性两种。干性脂溢性皮炎由于平素血燥阴伤，外感风热，郁久转而化燥，肌肤失养，甚或风邪郁久，耗血伤阴，肾阴不足，相火妄动，肌肤失于濡养则生风化燥，两者互为因果，以致皮肤粗糙。

湿性脂溢性皮炎由于过食肥甘厚味之品、辛辣之味，脾胃运化失常，升降失调，壅湿生热，血热上冲，导致肺气宣降失调，风湿热邪蕴结肌肤，局部新陈代谢与血液微循环发生障碍，水道不畅及膀胱开合不利，皮脂过亢分泌而外溢，以致皮肤糜烂流滋。

现代医学认为：脂溢性皮炎是指在皮脂溢出的基础上所引起的皮肤继发性炎症。一般认为与皮脂溢出增多、遗传、脂肪代谢障碍和频繁洗头有关，为雄激素分泌亢进所致。由于皮脂腺分泌增多和化学成分的改变，非致病菌如卵圆糠秕孢子菌大量繁殖，导致皮肤表面的菌群失调；或有不良卫生习惯，汗液、脂垢过多而产生腐败分解，摩擦以及各种理化刺激等导致皮肤发炎。频繁洗头者，破坏了皮脂腺口的阻碍物，使皮脂分泌过多，形成了有脂肪酸的真菌温床。引起皮炎的病原菌多数为真菌，表现为皮脂分泌过多，真菌乘虚而入，使皮肤出现慢性炎症，引起炎性反应，使毛发的生长、发育、代谢紊乱，毛发脱落。

脂溢性皮炎也可能与消化功能失常，食糖、脂肪过多，精神过度紧张，饮食习惯，过度劳累，细菌感染，B族维生素缺乏，嗜酒等因素有关。如经常食用高脂或刺激性过强的食物、膳食中缺乏维生素B_1、嗜酒等均可诱发或加重脂溢性皮炎。

【临床特点】

1. 好发于富含皮脂腺的部位，如头皮、面部，特别是眼、口、鼻周围，颈前，腋下，胸前等处。轻者仅限于头皮，重者可由头皮蔓延至他处。

2. 皮损为浅红或浅黄色斑片状鳞屑损害，范围大小不一，鳞屑如糠状带油性或厚积结成油腻性痂皮。可因奇痒搔抓而继发感染。

3. 病程长，头发干枯细软、稀疏脱落。发于皱襞部位者往往有渗出、糜烂或皲裂。

【中医辨证】

中医辨证常分为两型：

1. **风热血燥型** 皮损多发于头面部，为淡红色斑片，干燥、脱屑、瘙痒，受风加重，或头皮瘙痒，头屑多，毛发干枯脱落；伴口干、口渴，大便干燥；舌质偏红、苔薄白，脉细数。

2. **肠胃湿热型** 皮损为潮红斑片，有油腻性痂屑，甚至糜烂、渗出；伴口苦、口黏，脘腹痞满，小便短赤，大便臭秽；舌质红、苔黄腻，脉滑数。

【营养与食膳调理】

1. **选择营养素** 脂溢性皮炎患者宜摄入富含维生素A、维生素B_1、维生素B_2、维生素B_6、维生素E、维生素C的食物。其中维生素A、维生素B_2、维生素B_6对脂肪的分泌有调节和抑制作用。维生素A可维持上皮组织的正常功能和结构的完善，促进生长发育，以纠正毛囊皮脂角化异常，防止毛囊堵塞。维生素B_2对脂肪的分泌有调节和抑制作用。维生素B_6对调节脂肪及脂肪酸的合成，抑制皮脂分泌，刺激毛发再生有重要的作用。维生素 E 有促进皮肤血液循环、改善皮脂腺功能的作用。

增补建议如下：维生素 A 每天 4000 单位，1 次/天；维生素 B_1 10mg，3 次/天；维生素 B_2 5mg，3 次/天；维生素 B_6 20mg，3 次/天；维生素 C 200mg，3 次/天；维生素 E 100mg，3 次/天。

2. 常用食物

（1）食用富含维生素 A、维生素 B_1、维生素 B_2、维生素 B_6、维生素 E、维生素 C 和锌的食物，如动物肝脏及肾脏、瘦肉、蛋黄、胡萝卜、南瓜、土豆、卷心菜、黄瓜、芝麻油、菜子油、麦麸、糙米、豆类等。富含维生素 A 的食物要适量多吃，如猪肝、胡萝卜、蛋黄等，以纠正毛囊皮脂角化异常，防止毛囊堵塞。富含维生素 B_2 的食物有动物肝、肾、心，蛋黄，奶类和蔬菜等；富含维生素 B_6 的食物有动物肝、肾、心，蛋黄，奶类，蔬菜，麦胚，酵母和谷类等。多吃含维生素 C、维生素 B_1 较丰富的食物，如新鲜蔬菜、水果等。适量增加谷物杂粮、新鲜蔬菜、水果等食物的摄入，对脂溢性皮炎的治疗大有益处。研究表明，缺锌也可引起脂溢性皮炎，应在膳食中补充含锌高的食物，如动物肝、瘦肉、禽类、坚果类等，以纠正人体内锌含量的相对不足。

（2）多吃水果、蔬菜和蜂蜜等碱性食物。碱性食物可中和体内过多的酸性物质，维持体内酸碱平衡，这不但有利于头皮的营养，而且可减少头皮屑的脱落。

（3）忌食辛辣刺激性食物，因刺激性食物可影响机体内分泌，增加皮脂及皮屑的形成，从而造成皮肤刺痒感加重，影响治疗。辛辣刺激性食物有辣椒、胡椒面、芥末、生葱、生蒜、白酒等。

（4）忌食油腻食物，油腻食物主要是指油脂类。这类食物摄入过多会促进皮脂腺的分泌，使病情加重。同时要注意少吃甜食和咸食，以利于皮肤的康复。

（5）避免高碘食物的摄入。因高碘饮食可使毛囊角化或堵塞，要控制海带、紫菜等海产品的摄入。

此外，用陈醋或啤酒加热水洗头，能去头皮屑、止痒、治疗脂溢性脱发。

3. 辨证用膳

（1）大枣猪油汤

【原料】 大枣 100g，生猪油 60g。

【制法与用法】 将大枣、生猪油放入锅内加适量水，煮熟食用。每周 3 次，12 次为 1 个疗程。

【功效】 本方具有祛风清热、养血润燥的功效，适用于干性脂溢性皮炎等症。

（2）薏苡仁萝卜缨粥

【原料】 马齿苋 30g，萝卜缨 30g，薏苡仁 30g。

【制法与用法】 将上 3 味洗净，萝卜缨和马齿苋切碎，加水适量，煮粥，每日 1 剂，1 个月为 1 个疗程。

【功效】 本方具有清热利湿的功效，适用于湿性脂溢性皮炎等症。

五 酒渣鼻

酒渣鼻又称红斑痤疮，是一种发生于鼻部与面部中央的以红斑、丘疹、毛细血管扩张为主要特征的慢性炎症性皮肤病。多见于中青年男女有皮脂溢出者，女性多于男性，但男性患者病情较重。

【发病机制】

中医理论根据五行学说即五脏与五窍的配属关系及面部与脏腑相关部位的理论，认为酒渣鼻病位在肺胃；血热、胃火为其因，气血淤滞为其果，病机本质是肺胃积热。多由肺热受风或气血热盛生风所致。脓疱、丘疹、结节类的皮损则是由于毒邪作祟引起。鼻赘期乃是气血凝滞、毒邪内蕴造成的。多见于素体肺胃积热者，尤其嗜酒者，当积热上蒸，外遇风寒，寒凝血瘀，复感虫毒，日久而成酒渣鼻。酒渣鼻与热、瘀、毒邪有关，多与肺、胃、肝、肾等脏腑有关。

现代医学认为：本病主要原因是螨虫感染，故又称螨虫性皮炎。在皮脂溢出的基础上，在一些因素如颜面血管舒缩神经失调、毛细血管长期扩张、消化道功能障碍、内分泌功能失调、精神因素、病灶感染、嗜酒、辛辣食物的刺激等作用下，引起局部生理及病理变化。以及寄生在毛囊皮脂腺内的蠕形螨的刺激，其代谢产物及排泄物引起的炎症是酒渣鼻的重要发病因素。

【临床特点】

酒渣鼻好发于鼻部与面部中央，常见于鼻部、鼻周、两颊、前额、眉间和颏部，呈向心性、对称性分布。主要症状有鼻部潮红，表面油腻发亮，持续存在伴有瘙痒、灼热和疼痛感。表现为复发性或持续性的颜面中部发生弥漫性暗红色斑片，伴有不同程度的炎性小丘疹、丘疱疹、脓疱和毛细血管扩张，肉眼可见明显树枝状的毛细血管分支，由于局部皮脂腺分泌旺盛，鼻子显得又红又亮，最终鼻部出现大小不等的结节和凹凸不平的增生，鼻子肥大不适，后期出现鼻赘，常合并脂溢性皮炎。

本病过程缓慢，可分为红斑期、丘疹脓疱期和鼻赘期三期，但三期间无明显界限。

【中医辨证】

中医辨证常分为三型：

1. 肺胃热盛型　多见于红斑期。红斑多发于鼻尖或两翼，压之褪色；常嗜酒，口干，便秘；舌红、苔薄黄，脉弦滑。

2. 血热壅聚型　多见于丘疹脓疱期。在红斑上出现痤疮样丘疹、脓疱，毛细血管扩张明显，局部灼热；伴口干，便秘；舌红、苔黄，脉数。

3. 气滞血瘀型　多见于鼻赘期。鼻部组织增生，呈结节状，毛孔扩大；舌略红，脉沉缓。

【营养与食膳调理】

1. 选择营养素　酒渣鼻患者往往伴随皮脂溢出较多，故可选用有助于脂肪代谢的维生素 B_6、维生素 B_2 等营养素，同时服用维生素 A 以抑制皮肤毛囊角化过度，帮助皮脂排除，减轻皮脂腺的皮脂淤积。为了应对精神压力，减少皮脂溢出，也可适当增补维生素 C 和泛酸钙。

增补建议：维生素 B_6 20mg，3 次/天；维生素 B_2 5mg，3 次/天；维生素 C 200mg，3 次/天；泛酸钙 10mg，3 次/天。

2. 常用食物　多吃富含维生素 B_6、维生素 B_2 及维生素 A 类的水果、蔬菜，如胡萝卜、菠菜、豌豆、芦笋、杏仁、核桃仁、冬瓜、茭白、发菜等。避免吃辣椒、芥末、生葱、生蒜、酒、咖啡等刺激性食物；少吃油腻食物。要注意忌酒。

此外，用去籽鲜冬瓜取汁，外涂患处，日数次，可治疗酒渣鼻。

3. 辨证用膳

(1)银花知母粥

【原料】　银花 9g、生石膏 30g、知母 15g、粳米 60g。

【制法与用法】　将前 3 味中药放入锅内加适量水煎煮，弃渣取汁加入粳米熬成粥食用。每日 1 次，7 天为 1 个疗程。

【功效】　本方具有清泄肺胃积热的功效，适用于肺胃热盛型(红斑期)酒渣鼻。

(2)马齿苋薏仁银花粥

【原料】　马齿苋、薏仁各 30g，银花 15g。

【制法与用法】 用3碗水煎银花至2碗时去渣，加入马齿苋、薏仁混合煮粥，每日食用1次，连续食用有良好疗效。

【功效】 本方具有凉血、清热、解毒的功效，适用于血热壅聚型（丘疹期）酒渣鼻。

(3)治酒渣鼻赤方

【原料】 橘子核、胡桃肉。

【制法与用法】 橘子核炒为末，每用1g，研胡桃肉3g，以酒调服。

【功效】 本方具有散结、活血、消赘的功效，适用于气滞血瘀型（鼻赘期）酒渣鼻。

六 扁平疣

扁平疣是由人类乳头瘤病毒（HPV）引起的一种常见皮肤病，中医称之为“扁瘊”。本病好发于儿童及青少年，病程较长，迁延数年，一般无自觉症状。

【发病机制】

中医认为：肝旺血燥是发病根本，外邪侵袭，气滞血瘀是致病的条件。扁平疣是由人体感受湿热毒邪、内动肝火所致。风毒之邪，阻于经络，引起脾虚不运，湿邪内生，郁久化热，与肝热搏于肌腠；或肝主筋，性格急躁，怒动肝火，肝旺血燥，肝失血养，肝气外发，筋气不荣，营养缺乏，正气不足，气血两亏，内热毒邪乘虚而袭所致。

现代医学认为：扁平疣是人类乳头瘤病毒（HPV）3、5、10、28、41型引起的皮肤赘生物，与人体免疫功能失调有关，人在机体免疫功能尤其是细胞免疫防御功能低下时，容易感染此类病毒而发病。传播途径主要通过直接接触传染，也可通过污染物，如针、刷子、毛巾等间接传染。外伤也是引起传染的重要因素。

【临床特点】

1. 皮疹骤然出现，过程缓慢，可自然消退。

2. 皮疹为粟粒大的扁平丘疹，呈圆形、椭圆形或多角形，境界清楚，表面光滑，呈淡褐色或正常皮色，损害散在或密集，也可融合，因搔抓可自体接种，呈串珠状排列。

3. 好发于面部、手背、前臂等，多对称发生。

4. 无自觉症状，或有轻度痒感。

5. 多见于青少年。

【中医辨证】

中医辨证常分为两型：

1. 风热蕴结型 皮疹淡红，数目较多，或微痒，或不痒，病程短；伴口干、不欲饮；舌红，苔薄白或薄黄，脉浮数或弦。

2. 热淤互结型 病程较长，皮疹较硬，大小不一，其色黄褐或黯红，不痒不痛；舌红或黯红，苔薄白，脉沉弦。

【营养与食膳调理】

1. 选择营养素 补充多种维生素和矿物质，特别是维生素B_6等。

增补建议：维生素B_1 10mg，3次/天；维生素B_2 5mg，3次/天；维生素B_6 20mg，3次/天；维生素C 200mg，3次/天。

2. 常用食物 增加营养，合理膳食，清淡，以主食为主，多吃蔬菜和水果。白果、无花果、苦瓜、马齿苋、黄豆芽、苦菜、山莴苣、薏苡仁等食物对疣病毒有一定的抑制作用。常用于内服治疗扁平疣。

忌烟酒、辛辣刺激性饮食。平时在饮食上要注意尽量少吃海鲜、牛羊肉、香菜等,尽量少喝酒。少吃动物油和肥肉。

此外,用新鲜秋茄子,剖开,外擦疣表面,以微热为度,每次4~5分钟,早晚各1次,至疣脱落,疗程为1周。或取鸡内金20g,加水200ml,浸泡2~3天,取汁外涂患处,每日5~6次,10天1个疗程。

3. 辨证用膳

(1)二皮石膏山药粥

【原料】 桑皮、地骨皮各15g,石膏30g,山药10g,大米50g。

【制法与用法】 将诸药水煎取汁,加大米煮粥服食,每日2次。

【功效】 本方具有清泻肺胃、解毒散结的功效,适用于风热蕴结型扁平疣。

(2)山楂苡仁粥

【原料】 山楂30g,苡仁50g,白糖适量。

【制法与用法】 将山楂水煎取汁,加入苡仁煮粥,待粥熟时白糖调服,每日1剂,连续食用1个月。

【功效】 本方具有清热利湿、祛脂化瘀的功效,适用于热淤互结型扁平疣。

七 睑黄瘤

睑黄瘤是由于脂质代谢异常,沉积在眼睑部位而引起的一种代谢障碍性皮肤病,是黄瘤病中最常见的一种。好发于中年人,女性比男性多见。发展缓慢且长期存在,患者身体状况良好,有时伴有肝胆疾病或高脂蛋白血症。

【发病机制】

中医认为:由湿热蕴肤和肝血不足两种病机所致。前者在脾虚失运的基础上,致气血、水液代谢不畅,沉滞于肌肤或肝胆湿热郁于肌肤,表现为眼睑部黄色脂质的固着,多为实证。后者因血液运行不畅,不能营养肌肤、目睛而发病,多为虚证。

现代医学认为:睑黄瘤是由含脂质的组织细胞在皮肤内形成的,但有时会伴有血脂增多、脂蛋白血症、动脉粥样硬化等,是机体内脂质代谢障碍的外在皮肤表现。主要原因是高脂蛋白血症,患者血浆脂质中过度增高的胆固醇、甘油三酯和磷脂等易在体表皮肤真皮内局限性沉积。多见于各种类型的原发性和继发性高脂蛋白血症中。

【临床特点】

1. 多发于中年人,女性多于男性,尤其多见于患有肝胆疾病的妇女,也可见于心血管病和高胆固醇血症患者。

2. 常发于上眼睑内眦部,其次是上眼睑外眦部,严重者可于上眼睑呈大片发生,也有偶发于下眼睑者。开始出现单个或多个,呈对称分布,呈进行性多发,并可互相联合,可累及整个眼周。以微黄色或橙色长形扁平或稍隆起的斑丘疹或斑块为特点,皮疹为软的橘黄色长方形斑块,直径为2~30mm,微微高出皮肤,与正常皮肤截然分开,边界不规则,甚至可布满整个眼睑。

3. 一般无自觉症状,发展缓慢,不能自行消退,严重者可妨碍视线,明显影响美观。

【中医辨证】

中医辨证常分为两型:

1. 湿热蕴肤型 眼睑部黄瘤，膝、肘、腋窝等处也可见皮损，常伴有肥胖臃肿，四肢倦怠、头昏脑涨、嗜睡、腹胀、便秘等；舌质淡红，脉濡数。

2. 肝血不足型 眼睑部黄瘤，病程日久，肤色晦暗或粗糙，干燥失润或色素沉着，失眠多梦，或肌肉关节怯冷麻木，视力下降；舌质淡、苔少，脉虚细。

【营养与食膳调理】

1. 选择营养素 摄入富含维生素 A、维生素 B_1、维生素 B_2、维生素 B_6、维生素 E、维生素 C 的食物。其中维生素 A、维生素 B_2、维生素 B_6对脂肪的分泌有调节和抑制作用。

增补建议：维生素 A 每天 4000 单位，1 次/天；维生素 B_2 5mg，3 次/天；维生素 B_6 20mg，3 次/天；维生素 C 0.2g，3 次/天；维生素 E 0.1g，3 次/天。

2. 常用食物 注意控制饮食，低脂、低胆固醇、低糖饮食。多吃蔬菜、水果和植物油，降低高胆固醇食物的摄入，如肥肉、猪油、动物内脏、蛋黄等。

可坚持服用降血脂的食物，如山楂、芹菜、绞股蓝等。注意多食含纤维素类丰富的食品，如土豆、红薯，以保持大便通畅，促进胆固醇排泄。

3. 辨证用膳

(1)首乌芹菜粥

【原料】 何首乌 50g，粳米 100g、芹菜末 100g，瘦猪肉末 50g。

【制法与用法】 何首乌入砂锅煎取浓汁，粳米与首乌汁同煮，粥将好时，下芹菜末 100g，瘦猪肉末 50g，煮至米烂，加盐、味精调味即可。早晚服食。

【功效】 本方具有清热降脂的功效，适用于湿热蕴肤型睑黄疣。

(2)菊花粥

【原料】 菊花粉 10～15g(于秋季霜降前采菊花去蒂，烘干或阴干后磨成粉，备用)、粳米 100g。

【制法与用法】 粳米 100g 加水 1000ml，文火熬煮成稀粥，粥将成时调入菊花粉 10～15g，再稍煮即可，分数次食用。若血虚明显可加枸杞、女贞子等。

【功效】 本方具有滋养肝血的功效，适用于肝血不足型睑黄疣。

八 维生素 B_2缺乏症

维生素 B_2缺乏症又称核黄素缺乏症，是一种由于体内维生素 B_2缺乏，引起的以阴囊炎、唇炎、舌炎和口角炎为主要表现的临床综合征。

【发病机制】

中医认为本病多与以下 3 个方面有关：

(1)肝经湿热：患者素有湿热，湿热之邪蕴于肝经，并循肝经流注于阴囊、会阴部，郁结于皮表而发病。

(2)脾胃积热：患者饮食不节，主要是饮食方法不当或饮食习惯的突然变化，导致脾胃功能失常，水谷运化不全，郁积于中焦，郁而化热，脾胃积热。脾开窍于口，其华在唇，积热循经上熏于唇舌而发病。

(3)胃阴不足：阳明胃经环唇挟口。脾胃虚弱或胃阴不足者，脾胃不能输布津液于上，舌唇肌膜失调而发病。

现代医学认为：本病发病原因清楚，主要病因是机体维生素 B_2摄入不足。维生素 B_2缺乏主要与摄入量不足、需求量增加、饮食习惯突然改变、烹调或加工方法不当以及胃肠道吸收障碍等有关，此外口服避孕药或其他药物（尤其是吩噻嗪类、三环类抗抑郁药）可影响维生素 B_2 的代谢或与维生素 B_2 相互作用，也可引起维生素 B_2 缺乏症。

【临床特点】

主要表现为阴囊炎、舌炎、口角炎和唇炎等，也可出现皮肤和眼部的损害。其中阴囊炎最为常见。

1. 阴囊炎 可分为红斑型、丘疹型和湿疹型。

（1）红斑型：最常见的为对称分布于阴囊缝两侧的红斑，上覆灰色或褐色鳞屑。

（2）丘疹型：损害从早期少数散发的丘疹发展至簇集成群的丘疹，上覆灰色或褐色鳞屑和痂皮。

（3）湿疹型：在红斑型阴囊炎的基础上出现湿疹样改变，有糜烂、渗出、浆痂等。

2. 舌炎 早期舌面鲜红色，菌状乳头呈针头大小的红点，轮廓乳头呈黄豆大小的肥厚性丘疹，舌中部或边缘可见境界清楚的鲜红斑，严重者舌明显肿胀、青紫；后期舌萎缩，舌乳头变小或消失，伴大小、深浅不一的裂隙，可有疼痛或烧灼感。

3. 口角炎 表现为口角处皮肤浸渍、糜烂、渗出、结痂及皲裂等，可继发念珠菌感染。

4. 唇炎 多发生于下唇，表现为水肿、红斑、糜烂、干燥、脱屑、色素沉着等，严重者可发生唇黏膜萎缩，可引起张口困难，影响进食。

【中医辨证】

中医辨证常分为三型：

1. 肝经湿热型 多见于阴囊炎的红斑型、湿疹型。阴囊皮肤局限性或弥漫性红斑，夹有小丘疹，上覆有灰色、褐色鳞屑，脱屑，或有糜烂、渗出，部分患者皮疹波及阴茎、包皮和会阴部。耻骨部位见成群的毛囊炎和脓疱，偶有痒感或痛感。舌质红、苔薄黄，脉弦。

2. 脾胃积热型 多见于并发舌炎、唇炎的早期患者。患者口角或口腔上腭可见潮红湿润面上覆盖一层乳白色膜，糜烂、浸渍潮湿，少数可见小脓点。口唇微肿、干裂、脱屑，胃纳减。舌体鲜红、肥大，舌体上有成群的针尖大小的红丘疹，舌苔薄黄，脉滑。

3. 胃阴不足型 多见于舌炎、唇炎后期。患者舌体变小，色青紫，舌面光，见有长短深浅不一的裂纹，有剥苔，对烫和酸辣食物有刺激感。口唇干燥、裂纹、脱皮、稍有痛感，大便干，脉细。

【营养与食膳调理】

1. 选择营养素 维生素 B_2 缺乏症病因清楚，一般只要补充复合维生素 B，特别是维生素 B_2，以及调整饮食，症状在短期内即可得到改善。

增补建议如下：

（1）可用维生素 B_2 20～30mg/d，分 3 次口服，直至症状消失，一般连续口服 10 天左右症状可消失。特别是在偏僻山区、工地或边防、海岛工作者，无新鲜蔬菜供给，要注意补充维生素 B_2，5mg/d。

（2）可配合口服酵母 3g，3 次/天。

（3）口角炎可外用 1% 硝酸银或 1% 甲紫。

2. 常用食物 富含维生素 B_2 的食物有蛋，瘦肉，奶类，动物肝、肾、心，谷类，豆类，菠菜等。维生素 B_2 遇碱、光照时易分解，因此上述食物宜避光存放。注意烹饪方法，淘米时不能用力搓洗，蔬菜不宜切得过碎，不宜放入水中泡洗时间过长，烹调时不宜加碱。

3. 辨证用膳

（1）苦参红糖鸡蛋

【原料】 苦参60g,鸡蛋2枚,红糖60g。

【制法与用法】 苦参水煎取汁,加入鸡蛋、红糖共煮至蛋熟。吃蛋饮汤,每日1次。

【功效】 本方具有清热利湿的功效,适用于肝经湿热型维生素 B_2缺乏症。

(2)二豆饮

【原料】 黄豆、绿豆、白糖各适量。

【制法与用法】 将黄豆、绿豆等分共研细末,备用。每次取50g,放锅中,加水适量,搅拌成稀糊状,煮沸后,加入白糖,搅拌至糖溶化即可。饮服之。每日1~2次。

【功效】 本方具有清热、利湿、和中的功效,适用于脾胃积热型维生素 B_2缺乏症。

(3)沙参淮竹炖瘦肉

【原料】 沙参15g、山药15g、玉竹12g、猪瘦肉适量、盐少许。

【制法与用法】 猪瘦肉洗净、切片,与前3味共入锅,加水同煮熟,加盐调味服食。

【功效】 本方具有养阴益胃的功效,适用于胃阴不足型维生素 B_2缺乏症。

九 湿疹

湿疹是由多种内、外因素引起的真皮浅层及表皮炎症,是一种过敏性炎症性皮肤病。病因复杂,一般认为与变态反应有关。其特点是皮损对称分布,多形损害,剧烈瘙痒,有湿润倾向,反复发作,易成慢性等。临床上急性期皮损以丘疱疹为主,有渗出倾向;慢性期以苔癣样变为主,易反复发作。

【发病机制】

中医认为:由于禀赋不耐,饮食失节,或过食辛辣刺激、荤腥动风之物,脾胃受损,失其健运,湿热内生,又兼外受风邪,内外之邪相搏,风湿热邪浸淫肌肤所致。本病的发生与心、肺、肝、脾四经的病变有密切的关系。急性者以湿热为主;亚急性者多与脾虚湿滞有关;慢性者则多病久耗伤阴血,血虚风燥,而致肌肤甲错。

现代医学认为:本病的病因尚不清楚,可能与多种原因有关。过敏体质,外来的各种物理、机械、化学、药物及羊毛、羽绒等刺激,以及精神紧张、过度劳累、感染病灶、内分泌失调、代谢障碍、饮食鱼虾海鲜及牛羊肉等发物,均可引起本病。

本病的发病机制与各种外因、内因相互作用有关,某些患者可能由迟发型变态反应介导。

【临床特点】

1. 急性湿疹 皮损多形性,常表现为红斑基础上的针头至粟粒大小的丘疹、丘疱疹,严重时可出现小水疱,常融合成片,境界不清楚,皮损周边丘疱疹逐渐稀疏,常因搔抓形成点状糜烂面,有明显浆液性渗出。自觉瘙痒剧烈,搔抓、热水洗烫可加重皮损。如继发感染则形成脓疱、脓液、脓痂、淋巴结肿大,甚至出现发热等全身症状;如合并单纯疱疹病毒感染,可形成严重的疱疹性湿疹。

2. 亚急性湿疹 因急性湿疹炎症减轻或不适当处理后时间较久发展而来。表现为红肿及渗出减轻,但仍可有丘疹及少量丘疱疹,皮损呈暗红色,可有少许鳞屑及轻度浸润;仍自觉有剧烈瘙痒。再次暴露于致敏原、新的刺激或处理不当时可导致急性发作;如经久不愈,则可发展为慢性湿疹。

3. 慢性湿疹 由急性湿疹及亚急性湿疹迁延而来,也可由于刺激轻微、持续而一开始就表现为慢性化。表现为患部皮肤浸润性暗红斑上有丘疹、抓痕及鳞屑,局部皮肤肥厚、表面粗糙,有不同程度的苔癣样变、色素沉着或色素减退。自觉明显瘙痒,常呈阵发性。病情时轻时重，延续数月或更久。

【中医辨证】

中医辨证常分为三型：

1. 湿热型 皮肤可见红斑、肿胀、丘疹、水疱、脓疱、糜烂，渗液较多，浸淫成片，瘙痒较剧烈。可伴有发热、疲乏倦怠、心烦、口渴，或有腹痛、便秘或腹泻，小便短赤。舌红、苔黄腻，脉滑数或弦滑数。

2. 脾虚湿蕴型 皮肤见红色斑疹、丘疹、水疱、糜烂、渗液、鳞屑，自觉瘙痒。可伴有神疲倦怠、纳呆、口不渴或渴不欲饮，或见腹胀、大便溏。舌淡红、苔白或腻，脉濡缓或弦。

3. 血虚风燥型 患部皮肤增厚、表面粗糙，或呈苔癣样变、颜色黯红，或色素沉着、脱屑；或见头晕乏力、腰酸肢软、睡眠欠佳。舌淡红、苔薄白，脉缓或濡细。

【营养与食膳调理】

1. 选择营养素 维生素 B_1 有维持神经功能的作用，对皮损的痒感有一定的作用；维生素 B_6 参与氨基酸和脂肪代谢，对减少皮脂渗出、减缓对皮损的刺激有益；维生素 C 能影响毛细血管的通透性，有益于减少皮损渗出；钙离子可促进并维持血管平滑肌收缩，增加血管壁的致密性，减少致敏物质的渗出。

增补建议如下：

(1)维生素 B_1 10mg，3 次/天；维生素 B_6 10～20mg，3 次/天。

(2)维生素 C 500mg，3 次/天；或维生素 C 1g，静注，1 次/天。

(3)10%葡萄糖酸钙 10ml，静注，1 次/天。

(4)摄入太多的碘，可加重病情，所以每天不能超过 0.5～1g，少吃加碘盐。

2. 常用食物 不论何种类型的湿疹，皆由湿热引起，所以，应选用食性偏凉而具有利湿功能的食品；饮食以清淡为宜，油腻肥甘食物会助湿生热而加重病情，应尽量避免食用；各类辛辣刺激性食物及鱼腥海味等发物，常会导致病情加重或复发，应尽量不食用；平时应注意观察患者对何种食物过敏，如果能确认某种食物会促进发病或加重病情，就要尽量避免接触。如果患者同时存在脾虚、血虚的症状，则应多选择健脾、养血、生血之品。

(1)谷物、豆、薯类：一般都可以选用，其中薏苡仁清热利水，绿豆、赤小豆清热解毒，更为适宜。

(2)蔬菜：一般都可食用，苋菜清热利水，慈姑、黄瓜、冬瓜、茭白清热利湿，丝瓜、鲜藕凉血解毒，应尽量选用。但辣椒、生姜、韭菜、葱、蒜等温热且有刺激作用的食品，以及竹笋、莴苣、蘑菇、雪里蕻、芥菜、茄子不宜选用。

(3)水果：清热利湿的品种很多，尤其西瓜是十分理想的选择，梨子、苹果、枇杷、橘子、柑子、橙子、柿子、草莓等都可选用，但要少吃或不吃荔枝、桂圆、菠萝等。

(4)畜、禽、鱼肉类：除海味鱼腥（尤其是黄鱼、带鱼、鲥鱼、蚌蚬、海蜇、淡菜）及某些易引起过敏的食品应忌食外，一般都能食用。比较适宜的有泥鳅、鲫鱼、甲鱼、蛙肉、蛇肉、黄鳝、鲩鱼、鲢鱼、鸭肉、鸽肉、鹌鹑肉和瘦猪肉。有人认为黄牛肉、羊肉、狗肉性温，亦不宜多食。

(5)其他：蛋、奶类，只要不发生过敏，均可选用；烟、酒易助湿生热，均应戒避；尽量不喝咖啡、浓茶；调味品应尽量少用，尤其是花椒、胡椒、芥末、茴香、桂皮等；烹调过程中尽量少用料酒、酒糟、酒酿等辅助用料。

(6)富含微量元素锌和 B 族维生素（尤其是维生素 B_1、维生素 B_3、维生素 B_5、维生素 B_6）

的食物有：牛奶、瘦肉、蛋黄、动物肝肾、牡蛎、沙丁鱼、核桃、榛子、胡萝卜、土豆、小麦、黄豆、粳米、小米、荞麦、大豆、扁豆及各种新鲜绿叶蔬菜、水果及高纤维类食物。

(7)少吃含碘高的食物，如紫菜、海带、虾及贝壳类海鲜。

3. 辨证用膳

(1)车前草饮

【原料】 车前草15g、冬瓜皮30g、生薏苡仁30g、冰糖适量。

【制法与用法】 前3味共入锅内，加水适量，文火煎煮至薏苡仁熟烂，加入冰糖，再煮片刻并搅拌，至冰糖溶化即可。代茶饮之。每日1次，连服7～10天为1个疗程。

【功效】 本方具有清热利湿的功效，适用于湿热型湿疹。

(2)土茯苓煲乌龟

【原料】 乌龟1～2只，土茯苓(鲜品)200～300g，葱白2～3根，精盐少许。

【制法与用法】 将乌龟宰杀，去除内脏，剁去头和爪，洗净，连同龟甲备用；新鲜土茯苓(如无鲜品则用干品60～90g)洗净后放入砂锅内，加水适量，文火煮熬1小时后，再加入乌龟，再用文火煮熬3小时以上，加入葱白，并加入精盐调味即可。饮汤，吃龟肉，每日2次，1剂可分2日服，连服3～4剂为1个疗程。

【功效】 本方具有健脾、利湿、祛风的功效，适用于脾虚湿蕴型湿疹。

(3)首乌百合桑葚饮

【原料】 何首乌30g，桑葚30g，百合30g，大枣12枚，冰糖适量。

【制法与用法】 前4味共入砂锅中，加水3碗，煎取至1碗时，加入冰糖，再煎煮片刻并搅拌，至冰糖溶化即可。代茶饮之。每日1次，连服1～2周。

【功效】 本方具有养血润燥的功效，适用于血虚风燥证湿疹。

十 荨麻疹

荨麻疹俗称“风疹块”，是一种以皮肤出现红色或苍白色风团、时隐时现为特征的瘙痒性、过敏性皮肤病。其特点是风团突然发生，发无定处，瘙痒剧烈，迅速消退，不留任何痕迹。如发生在眼睑、口唇等组织疏松部位，水肿特别明显，则称“游风”。

【发病机制】

中医认为：因禀赋不耐，人体对某些物质敏感所致。可因腥膻辛辣食物、药物、生物制品、病灶感染、肠寄生虫而发作，或因精神刺激、外界温度变换刺激等因素诱发。

(1)因风寒外侵，客于肌表，致营卫不和所致。

(2)因风热之邪，郁于腠理，引起营卫失调所致。

(3)因饮食不节，过食辛辣肥厚，或肠道寄生虫，使肠胃积热，湿热内生，复感风邪，内不得疏泄，外不得透达，郁于皮毛腠理之间而发病。

(4)因平素体弱，气血不足，或久病气血耗伤，因血虚生风，气虚卫外不固，风邪乘虚侵袭所致。

(5)因情志内伤，冲任不调，肝肾不足，肌肤失养，生风生燥而发病。

现代医学认为：本病的发病机制尚不清楚，大体可分变态反应和非变态反应两种。某些亦与先天遗传因素有关。变态反应性多数为Ⅰ型变态反应，少数为Ⅱ型或Ⅲ型。处于过敏状态的机体，当相同变应原再次进入体内时，通过与致敏肥大细胞或嗜碱性粒细胞表面的IgE抗体特异性结合，促使其脱颗粒，释放一系列生物活性介质（组胺、缓激肽、花生四烯酸代谢产物），引起小血管扩张、通透性增加、平滑肌收缩和腺体分泌增加等，从而引起皮肤、黏膜、呼吸道和消化道等一系列局部或全身性过敏反应症状。某些食物、药物、各种动物毒素以及物理、机械性刺激可直接刺激肥大细胞释放组胺，导致荨麻疹的发生。

多数患者不能找到确切致病原因，尤其是慢性荨麻疹。常见与食物有关的病因主要包括动物性蛋白（如鱼虾、蟹贝、肉类、牛奶和蛋类等）、植物性食物（如蕈类、草莓、可可、番茄和大蒜等）以及某些食物调味品和添加剂，这些食物中有的可作为变应原引起机体变态反应，有的则可刺激肥大细胞释放组胺。

【临床特点】

本病较常见，15%～25%的人一生中至少发生过一次。可发生于任何年龄和季节。常突然发病，皮损可发生在任何部位，为大小不等的红色或白色的风团，形态不一，瘙痒剧烈，迅速消退，不留任何痕迹。

【中医辨证】

中医辨证多分为五型：

1. 风热型 风团色红，遇热则发作或加重，触之有灼热感，瘙痒剧烈，或见咽干、心烦。舌稍红、苔薄黄，脉浮数或弦滑数。

2. 风寒型 风团色白，遇冷或风吹则发作加重，得暖可缓解。舌苔薄白，脉浮缓或浮紧。

3. 脾胃湿热型 皮肤出现风团，伴有脘腹胀闷、疼痛，纳呆，恶心呕吐，神疲乏力，大便泄泻或秘结，小便黄赤。舌苔黄腻，脉滑数。

4. 卫外不固型 风团反复发作，迁延日久，平素多汗，稍劳则汗出，风团发作时自觉瑟瑟恶寒，微微自汗。舌淡、舌体胖嫩，脉沉细。

5. 血虚生风型 风团反复发作，迁延日久，可伴头晕，神疲乏力，纳呆，夜寐不宁。舌淡、苔薄或少苔，脉细弱或濡细。

【营养与食膳调理】

1. 选择营养素 钙离子可促进并维持血管平滑肌收缩，增加血管壁的致密性，减少致敏物质的渗出，且能止痒；维生素C能影响毛细血管的通透性及血液的凝固，增加机体对感染的抵抗力；维生素P可维持血管抵抗力，降低其通透性，减少其脆性，并能增强维生素C的活性；维生素K能止血。四者的作用均可减少血清成分的渗出，从而减少风团的出现。

增补建议如下：

（1）维生素C 500mg，3次/天；或维生素C 1g，静注，1次/天；或维生素C 3g，酚磺乙胺（止血敏）2g，加入5%葡萄糖500ml，静脉滴注，1次/天。

（2）10%葡萄糖酸钙10ml，静注，1次/天。

（3）维生素K_1 10mg，肌内注射，1次/天。

2. 常用食物 多食含钙丰富的食物，如奶类和奶制品、黄豆及豆制品、海带、大头菜及芹菜等；多食富含维生素C的食物，如新鲜蔬菜和水果，尤以柑橘为佳；多食含有维生素P的食物，如动物肝肾、豆类及豆制品等。

（1）荨麻疹患者首先要忌食如下食物：①鱼腥发物：如虾蟹、牡蛎、海蛤、甲鱼、带鱼、鳝鱼、猪头肉、公鸡肉、牛羊肉、蘑菇、竹笋、香蕈等，这些食物可生风、动血、化热，可促使本病发生。②各种辛辣刺激性食物：如辣椒、胡椒、桂皮、洋葱、咖喱、茴香、烟酒等，些食品可助热动血，诱发本病发生，有时也可直接成为过敏原，引起变态反应。③油炸肥腻食物：如各种油炸、煎烤、熏腌肉制品、动物内脏、奶油蛋糕、巧克力等，这些食品可生痰动火或聚湿生热，使湿热内蕴，郁于肌肤而诱发本病。

(2)荨麻疹患者要养成良好的饮食习惯，进食定时定量，避免过饥、过饱或者偏食，尤其要忌暴饮暴食。一次性进食过多的蛋白质、饮酒或进食过酸过辣的刺激性食物，都会明显降低胃肠道消化功能，使食物得不到充分消化，增加过敏的发生机会。有的不新鲜食品被分解为多肽类，碱性多肽是组胺释放物，蛋白类食品在被彻底消化之前，以胨或多肽形式被吸收，可引起荨麻疹

(3)荨麻疹患者可常用以下食物：①谷物、豆、薯类：荨麻疹属风寒者宜用粳米、籼米、高粱、黄豆、扁豆等；属风热者宜选大麦、小麦、薏苡仁、绿豆等；消化功能不好、舌苔黄腻、腹部胀气或大便不畅者，应少用糯米、黄豆、薯类等，荞麦、大麦、芋头等有下气宽肠作用而较为相宜。②蔬菜：属风寒者可多选用食性偏温热的生姜、南瓜、葱、蒜、辣椒、芫荽等，属风热者可选食性属寒凉或平性的黄瓜、冬瓜、芹菜、木耳、丝瓜、黄花菜等。③水果：与蔬菜的选食原则一样，属风寒者宜选用桃子、樱桃、栗子、核桃，属风热者可选用梨子、苹果、葡萄、山楂、猕猴桃、香蕉、柿子等。④畜、禽、鱼肉类：急性发作期，如果尚不能肯定诱发物时，应尽量素食，以防病情加重。慢性患者，尤其是有气血不足情况的，可进食一些补益气血的食物，其中以瘦肉、蛇肉、黄鳝、甲鱼等最为适宜。但应注意，目前市场上有喂食雌激素催长的黄鳝、甲鱼，吃后会使病情出现反复。⑤其他：蛋、奶类会引起过敏而出现荨麻疹，所以必须明确荨麻疹的发生是否与蛋、奶类食品有关，如属无关，则可少量选用；属风寒者可用豆豉、胡椒、花椒、芥末等调味品，料酒可少量用；风热者尽量少用调味品；烟、酒、咖啡、浓茶均属不宜食品。

3. 辨证用膳 本病主要的饮食调补原则是祛风，并根据患者的不同情况予以辨证治疗。

(1)冬瓜皮菊花饮

【原料】 冬瓜皮30g，黄菊花15g，薄荷6g，白糖适量。

【制法与用法】 前2味加水约750ml，煎取至500ml，再加入薄荷、白糖，然后再煮沸片刻即可。代茶分数次饮之。每日1剂。

【功效】 本方具有疏风、清热、利湿的功效，适用于风热型荨麻疹。

(2)姜枣桂枝汤

【原料】 生姜15g(切薄片)，红枣12枚，桂枝6g，冰糖20g。

【制法与用法】 前3味共放砂锅中，加水适量，煎取500ml，再加入冰糖，边煎煮边搅拌，至冰糖溶化即可。代茶分数次饮之。

【功效】 本方具有祛风散寒的功效，适用于风寒型荨麻疹。

(3)黄豆芽浮萍汤

【原料】 黄豆芽60~90g，浮萍30g，精盐少许。

【制法与用法】 前2味洗净共入锅内，加水适量，煮至水沸约20分钟，加入精盐调味即可。分2~3次饮用。

【功效】 本方具有和中、清热、利湿、祛风的功效，适用于脾胃湿热型荨麻疹。

(4)肉麸汤丸

【原料】 小麦麸50g，猪瘦肉100g，糯米250g，葱白、精盐适量。

【制法与用法】 小麦麸炒黄备用。取猪瘦肉100g，洗净后剁碎，葱白洗净、切碎。将小麦麸、猪瘦肉、葱白和适量精盐混合，制成馅心备用。取水磨糯米粉放入盆中，加冷开水和面，包馅心做汤丸。锅中加水适量，煮至水沸放入汤丸，煮熟后即可。早晨空腹代早餐食之。每日1次，连服2周为1个疗程。

【功效】 本方具有固卫、和营、祛风的功效，适用于卫外不固型荨麻疹。

(5)黄酒芝麻羹

【原料】 黑芝麻30g，黄酒30ml，白糖适量。

【制法与用法】 黑芝麻炒香，晾凉后研极细末，与黄酒同入碗中，搅拌成糊状，放锅中隔水蒸，水开20分钟即可，出锅前加入白糖调味。早晨空腹食之，每日1次，连服3～4日。

【功效】 本方具有养血祛风的功效，适用于血虚生风型荨麻疹。

十一 毛周角化病

毛周角化病又称毛发苔癣，或毛发角化病。是一种慢性毛囊口角化性皮肤病，为常染色体显性遗传性皮肤病。其临床特征是发生在四肢伸侧的群集而不融合的毛囊口角化性丘疹，内有盘曲残断的毳毛，剥掉角质栓可见一杯状凹陷。

本病常在儿童时期发病，青春发育期明显，成年期逐渐好转。少数与鱼鳞病、掌跖角化病并发。亦可见于甲状腺功能低下或库欣综合征患者。男女皆可患病，冬季更为明显。

【发病机制】

中医认为：本病为血虚风燥、肌肤失养所致。

现代医学认为：本病发病机制未明，可能与角化细胞黏附障碍有关。

【临床特点】

本病好发于四肢伸侧、颈、肩、臀部等处。皮疹为针头至粟粒大小的毛囊性丘疹，群集而不融合。丘疹顶端有角质小栓，剥掉角质栓，可见盘曲的毳毛，拉出毳毛，丘疹中心出现小的杯状凹陷。本病无自觉症状，有的伴有轻度瘙痒。病程经过缓慢，持续几年后可改善。

【中医辨证】

血虚风燥型：皮疹为毛囊性丘疹，形似“鸡皮疙瘩”样，摸之有粗糙感，或呈淡红色，或有瘙痒，苔薄白、舌淡，脉沉细。

【营养与食膳调理】

1. 选择营养素 维生素A可维持上皮细胞正常结构和功能的完整，可改善角化过度的皮损；维生素E可保护维生素A免受氧化，两者均有益于减轻毛周皮肤的角化过度。

增补建议如下：

(1)维生素A 2.5万U，3次/天。

(2)维生素E 10～20mg，3次/天。

2. 常用食物 平时多进食一些胡萝卜、菠菜、黄花菜以及动物肝脏等富含维生素A的食物。

3. 辨证用膳

(1)枸杞叶煮猪肝

【原料】 枸杞叶100g，猪肝120g。

【制法与用法】 猪肝洗净切片，与枸杞叶同入锅内，加清水煮。饮汤，食猪肝。

【功效】 本方具有补肝养血的功效，适用于血虚风燥型毛周角化病。

(2)当归胡萝卜羊腩汤

【原料】 当归30g，胡萝卜100g，羊腩250g，生姜少许。

【制法与用法】 羊腩洗净、切块，当归煎水，以当归水煮羊腩，至半烂时取出羊腩，加入胡萝卜入锅红烧，加生姜即可食用。

【功效】 本方具有补肝养血的功效，适用于血虚风燥型毛周角化病。

十二 鱼鳞病

鱼鳞病是一组以皮肤干燥伴片层鱼鳞状黏着性鳞屑为特征的角化异常性遗传性皮肤病。临床类型包括寻常型鱼鳞病、性联隐性鱼鳞病、先天性非大疱性鱼鳞病样红皮病、板层状鱼鳞病、先天性大疱性鱼鳞病样红皮病等。

【发病机制】

中医认为：

(1)多由先天禀赋不足，后天脾胃失调，营血亏损，以致血虚生风生燥，皮肤失于濡养所致。

(2)由于先天营血不足，胎热不清，以致血虚生风生燥，燥热蕴阻肌肤所致。

现代医学认为：本病病因尚不完全清楚。除遗传是一个重要因素外，一般认为与内分泌功能障碍，特别是与脂质代谢异常、维生素A水平低下，以及细胞脱屑增加或细胞脱屑减少而产生的表皮增生和脱落之间的不平衡有关。各种临床类型可能具有不同发病机制。

【临床特点】

1. 多数患者在出生后不久，或于幼年即开始发病，儿童期明显，至青春期后可逐渐好转，但不会消失。一般冬重夏轻，无男女性别差异。

2. 本病多数对称地分布于四肢伸侧，尤以肘、膝的伸侧面为甚，严重者甚至遍及全身皮肤；而先天性鱼鳞病样红皮病皮损主要分布于四肢屈侧及褶皱区。

3. 主要损害为皮肤如蛇皮状，干燥粗糙，伴有糠秕状鳞屑，呈菱形或多角形，相互紧密相连，形如鱼鳞镶嵌于皮肤上，边缘略为游离。重者皮肤变厚，皮纹明显。常伴有掌跖角化过度，指(趾)甲亦粗糙变脆，毛发稀疏干燥。或现弥漫性红斑，上有大小不等、黄色或灰棕色鳞屑的红皮病损害。

4. 自觉干燥，轻度瘙痒。

【中医辨证】

中医辨证多分为两型：

1. 血虚风燥型 可见皮肤如蛇皮状，干燥粗糙，有鳞甲，有的患者伴掌跖角化过度，毛发干燥稀疏，指甲变脆。夏轻冬重。

2. 血瘀燥热型 多见于先天性鱼鳞病样红皮病。皮损为干燥弥漫性红斑，上有大小不等、黄色或灰棕色鳞屑的红皮病损害，有的长有松弛的水疱，疱破后露出潮红的糜烂面。夏重冬轻，日晒后症状加重。

【营养与食膳调理】

1. 选择营养素 维生素A具有促使上皮细胞正常生长，维护上皮组织健康的作用；维生素E是一种抗氧化剂，对上皮细胞膜具有稳定作用，有利于上皮细胞的正常生长。因此，补充维生素A、维生素E，可使皮肤异常角化作用减缓，在一定程度上改善皮肤角化，防止过度角化。

增补建议如下：

(1)维生素A 2.5万U，2～3次/天；或口服维生素A酸1mg/(kg·d)。但长期服用可出现骨质脱钙、脱发和其他中毒症状，应在医师的指导下服用。

(2)患者还可长期小剂量服用维生素 A 和维生素 E。如维生素 A 2.5 万 U/d，维生素 E 10mg/d。

2. 常用食物 选择富含维生素 A、维生素 E 的食物。维生素 A 的食物来源以动物性食物为主，如动物的肝、未脱脂奶、蛋类。植物性食物主要提供 β-胡萝卜素，以绿色、黄色蔬菜、水果中含量最多，如胡萝卜、菠菜、韭菜、芒果、杏等。

维生素 E 广泛存在于植物性食物中，植物油是良好的维生素 E 的膳食来源，其中以豆油中维生素 E 含量最高，玉米油次之。维生素 E 的化学性质不稳定，植物油在精制及烹调加热过程中会损失较多的维生素 E。

3. 辨证用膳

(1)枸杞叶煮猪肝

【原料】 枸杞叶 100g，猪肝 120g。

【制法与用法】 猪肝洗净切片，与枸杞叶同入锅内，加清水煮。饮汤，食猪肝。

【功效】 本方具有养血润燥的功效，适用于血虚风燥型鱼鳞病。

(2)狗肝菜煮鸭蛋

【原料】 狗肝菜 60～90g，生地黄 30g，鸭蛋 1 个，精盐适量。

【制法与用法】 上料共放砂锅内，加水 3 碗，煎至 1 碗，去药渣，鸭蛋取出去壳，再放入汤液中煎煮片刻，并加入少许精盐调味即可。喝汤，吃蛋，每日 1 次。

【功效】 本方具有清热、凉血、润燥的功效，适用于血瘀燥热型鱼鳞病。

十三 皮肤瘙痒症

瘙痒症是一种仅有皮肤瘙痒而无原发性皮损的皮肤病，中医称为风瘙痒，亦称痒风，其特点是皮肤阵发性瘙痒，搔抓后常出现抓痕、血痂、鳞屑、色素沉着等继发皮疹。

【发病机制】

中医认为：本病多因禀赋不耐，血热内蕴，外感之邪侵袭，蕴结肌肤生风致痒；或因病久体弱，气血亏虚，风邪乘虚外侵，血虚则更易生风，肌肤失养所致；亦有因饮食不节，过食辛辣、油腻，损伤脾胃，运化失职，生湿化热，内不得疏泄，外不得透达，郁于皮肤腠理而发者。

现代医学认为：本病病因较为复杂，具体机制尚未明确。多种内外因素可引起全身性瘙痒症，其中内因多与肝胆疾患、肾功能不全、内分泌障碍、内脏肿瘤、肠道寄生虫、神经精神因素等有关。外因与气候寒冷、干燥、饮食辛辣等因素有关。

【临床特点】

皮肤阵发性瘙痒，瘙痒剧烈，搔抓后常出现抓痕、血痂、色素沉着、皮肤肥厚、苔癣样变等继发性损害。有局限性和泛发性两种。局限性者以阴部、肛门周围最为多见，泛发性者可泛发全身。发生在秋末及冬季，因气温骤冷而诱发者，称为冬季瘙痒症，一般春暖可愈；发于夏季，因气温温热而诱发者，称为夏季瘙痒症，入冬则轻。

【中医辨证】

中医辨证常分为两型：

1. 风湿热型 病程多较短，一般以年轻者较多见，多发于夏季，瘙痒遇热或汗出时加剧，搔抓后有抓痕、血痂、鳞屑，有的可有渗液，较易继发湿疹样变或继发感染，常伴有口渴，心烦，大便干结或溏而不爽，小便黄赤。舌红、苔薄黄或黄腻。脉滑，或滑数或濡数。

2. 血虚风燥型 病程多较长，一般以老年人或素体虚弱者较多见，多发于冬季，瘙痒遇冷或天气干燥时加剧，皮肤干燥，脱屑，搔抓后有抓痕、血痂，多夜间痒甚，或伴有头晕，目眩，面色㿠白，失眠少寐，多梦，舌淡红、苔薄白，脉细、细数或弦细。

【营养与食膳调理】

1. 选择营养素 维生素 A 和维生素 E 有防治皮肤干燥和老化的作用。钙剂属于非特异性脱敏制剂，有稳定细胞膜和止痒的作用。可用于本病的辅助治疗。

增补建议如下：

(1)维生素 A 2.5 万 U，2～3 次/天；

(2)维生素 E 50mg，3 次/天；

(3)10% 葡萄糖酸钙 10ml/d，加入 5% 葡萄糖液中静脉滴注。

瘙痒剧烈或外用疗效欠佳者，可口服抗组胺药、镇静催眠药、三环类抗抑郁药(如多塞平 25mg/d，或阿米替林 25～50mg/d)，严重者可应用普鲁卡因静脉封闭。

2. 常用食物 以清淡、易消化、富含维生素的新鲜蔬菜、水果和豆制品为佳。如冬瓜、黄瓜、白菜、梨子、地瓜、绿豆等。适量摄入高脂肪食物可以预防老人皮肤瘙痒症的发生，脂肪类食物还有利于维生素 A 和维生素 E 的吸收。注意不喝浓茶与咖啡，以保证充足的睡眠。忌食刺激性易致过敏的食物，如鱼、虾、蟹等。戒烟酒。

瘙痒症患者除注意营养与食膳调理外，还应避免热水烫洗、使用碱性洗涤剂及滥用药物。积极防治原发疾病，如糖尿病、黄疸、肠寄生虫病，以去除加剧本病的病因。注意多食块茎类、含粗纤维类食物，调整胃肠功能，保持大便通畅，以便将体内积聚的致敏物质及时排出体外。

3. 辨证用膳

(1)薄荷绿豆苡仁粥

【原料】 绿豆 60g，生薏苡仁 60g，薄荷(鲜品)30g，冰糖适量。

【制法与用法】 前 2 味分别淘洗干净后，同放入锅中，加水适量，煮成粥，加入冰糖，再煮片刻并搅拌，至冰糖溶化即可。另取鲜薄荷(如无鲜品则可用干品 10g)，放入另一锅中，加水 150～200ml，煎至水沸后再煎煮 2 分钟左右即可，去渣取汁，把汁液加入粥中，混匀，稍煮片刻即成。代早餐食用，每日 1 次，连服 5～7 天为 1 个疗程。

【功效】 本方具有疏风、清热、利湿的功效，适用于风湿热型瘙痒症。

(2)首乌百合桑葚饮

【原料】 制何首乌 30g，百合 30g，桑葚 30g，大枣 12 枚，冰糖适量。

【制法与用法】 前 4 味共入砂锅内，加水约 3 碗，煎取药汁至约 1 碗时，加入冰糖，再煎煮片刻并搅拌，至冰糖溶化即可。代茶饮用，每日 1 次，连服 1～2 周为 1 个疗程。

【功效】 本方具有养血、祛风、润燥的功效，适用于血虚风燥型瘙痒证。

十四 腋臭

汗腺分泌液有特殊的臭味或汗液被分解而放出臭味称为臭汗症。可分为全身型与限局型，以限局型为常见，尤以腋窝、外生殖器等部位较为常见。腋部臭汗症简称腋臭，俗称狐臭。

【发病机制】

中医认为：本病的发生与湿热蕴结，或父母遗传有关。

(1)湿热蕴积：饮食失节，过食辛辣刺激之物，致脾胃运化失调，水湿不运，郁久化热，湿热蕴结，湿浊之气随汗从毛孔而出，发生本病。

(2)禀赋不耐(遗传)：多禀赋于先天，受诸于父母，秽浊之气从腋下而出，如野狐之气味。

现代医学认为：本病系腋窝、外生殖器部等部位的各种细菌与大汗腺分泌物所含的有机物质起作用后产生不饱和脂肪酸所致。与遗传有关。

【临床特点】

多见于多汗、汗液不易蒸发和大汗腺所在部位，如腋窝、脐窝、阴部和足趾。患者多为青年男女，以女性更为常见，随着年龄的增长，臭气减轻，乃至消失。夏天臭气加重，为一种特殊的刺鼻臭味，冬天减轻，乃至闻不到，至老年时可减轻，常有遗传性，同时伴有色汗，以黄色多见。多数患者外耳道内有柔软耵聍。

【中医辨证】

中医辨证分为两型：

1. 湿热熏蒸型　常无家族史，好发于夏天，腋下多汗，染着衬衣呈黄色，有轻微狐臭气味，经洗治后，可暂时减轻或消除，舌质红、苔黄微腻，脉滑数。

2. 秽浊内蕴型　常有家族病史，多在青春期开始发病，腋下、乳晕、脐周、鼠蹊部(腹股沟处)、阴部均可散发出如野狐的臊臭气，盛夏或汗出时更甚。尤其腋下有棕纹孔时，则汗出色黄如柏汁而沾衣，耳道多有柔软耵聍，舌脉可如常人。

【营养与食膳调理】

1. 选择营养素　汗液分泌受自主神经调节，减少局部的汗液分泌可减轻腋臭的臭味。维生素 B_1 有调节神经的作用，可能对腋臭有辅助治疗作用。

增补建议：维生素 B_1 10mg，次/天。

2. 常用食物　狐臭患者多为湿热体质，狐臭的加重与饮食有关，在受热、饮酒、情绪激动、运动排汗增多时，臭味可加重。戒除烟酒和少吃强烈刺激性的食物，对减轻臭气有一定作用。

(1)多食高纤维素多水分的食物，如西瓜、冬瓜、生菜、白菜、橙等，有助于增加排便速度，将肠胃内的有机物质排出体外，使细菌难以滋生。多饮水，每天至少要饮 10 杯清水，每杯约 250ml。

(2)多饮乳酸饮品，乳酸饮品可抑制体内细菌生长，从而减少细菌经汗腺从皮肤排出体外。

(3)中医认为本病乃湿热蕴蒸、秽浊内蕴所致，故可多食薏苡仁、苍术、胡椒、白芷等具有健脾、清热、利湿及芳香化浊作用的食品。

(4)忌食气味浓烈或刺激性食物。气味浓烈食品，如洋葱、蒜头和辛辣的食物，被人体吸收后，异味会经汗腺排出；注意少食多油之物，如花生、果仁等，这些食物易致皮脂腺分泌旺盛；注意少食红肉，因红肉如牛羊肉等含较多蛋白质，可为细菌滋生提供更有利的环境。

3. 辨证用膳

(1)薏米仁粥

【原料】　生薏苡仁 30～60g，粳米 30g。

【制法与用法】　将两种原料淘洗干净后，加水适量，煮成粥。早晨空腹食之，每日 1 次。

【功效】　本方具有清热利湿、芳香化浊的功效，适用于湿热熏蒸型腋臭。

(2)治身体狐臭令香方

【原料】　白芷 45g，柑子皮 45g，瓜子仁 60g，藁本 30g，当归 30g，细辛 30g，桂心 30g。

【制法与用法】　煎服，每日 1 剂。

【功效】 本方具有芳香除秽的功效，适用于秽浊内蕴型腋臭。

十五 维生素A缺乏症

维生素A缺乏症又称蟾皮病，临床表现为皮肤干燥、粗糙，毛囊角化性丘疹、夜盲、眼干和角膜软化，目前在我国已较为罕见。

古人对本病已有明确的认识。在孙思邈《千金备急要方》中称之为“雀目”或“鸡盲眼”，并提出用羊肝进行治疗。

【发病机制】

中医认为：

(1)饮食不节：患者饮食不节或偏食，致脾胃运化不全，水谷精微不能吸收或输布，气血生化乏源。阴血亏虚，肌肤失去濡养而致病。

(2)血虚风燥：脾胃虚弱、肝肾不足或风盛血燥，致机体精血亏虚。血虚不能濡润肌肤；血虚生燥，燥热之邪耗伤阴血，使肌肤更不得滋养而致病。

现代医学认为：维生素A是一种脂溶性维生素，其前体类胡萝卜素存在于多种植物中，其中活性最强的是β-类胡萝卜素。天然维生素A只存在于动物性食物中，以动物肝脏中含量最高。慢性腹泻、脂肪摄入不足、胆汁缺乏以及肝脏疾病均可影响维生素A的吸收和β-类胡萝卜素的转化；甲状腺功能减退可影响维生素A的利用；蛋白质缺乏可影响维生素A的体内转运；重症消耗性疾病、妊娠或哺乳期妇女以及长期在弱光环境下工作的人员维生素A的消耗量较大，以上这些情况均可引起维生素A缺乏症。

【临床特点】

1. 皮肤 典型症状是皮肤干燥，以股和上臂伸侧最早出现。重者扩展至项、背、臀等处，皮肤干燥、渐渐粗糙，伴脱屑，粗糙干燥的皮肤上出现角化过度性丘疹，孤立存在，分布疏散或密集，严重的似痤疮、有黑头。

2. 指甲和毛发 毛发干燥无光泽、变灰、质脆易脱落。甲薄脆、无光泽，有纵嵴、横纹及凹点。

3. 眼部 以小儿常见，表现为干眼症、角膜软化症、毕托斑、暗适应减退和夜盲。重者失明。本病病程长，预后多良好。

【中医辨证】

中医辨证分为两型：

1. 饮食不节型 多见于偏食、挑食者，项、背、臀、股及上臂皮肤干燥、渐至粗糙，皮肤上出现角化性毛囊丘疹，伴纳呆、肠鸣、腹泻、小便清长，舌质淡红、苔薄白，脉濡细。

2. 血虚风燥型 患者素体虚弱，四肢及躯干部皮肤偏干、粗糙，见角化过度性毛囊丘疹，毛发干枯，双眼干涩，伴体弱乏力，指甲欠光泽，舌质淡红、苔薄白，脉细弱。

【营养与食膳调理】

1. 选择营养素 去除病因，过分限制脂类饮食和有慢性消耗性疾病，如慢性腹泻、甲状腺功能亢进、糖尿病等患者要注意补充维生素A。维生素A可维持上皮正常结构和功能的完整，参与视紫质的合成，补充维生素A有助于缓解皮肤、毛发、指甲和眼睛的症状。

增补建议如下：

(1)补充维生素A。眼部症状明显者，短期内给予大量维生素A，如成人5万~7.5万

U/d,口服不吸收者,可肌内注射;小儿2.5万~5万U/d,症状改善后逐步减量,防止长期大量应用引起维生素A过多症。合并其他营养缺乏时,进行相应补充。

(2)口服鱼肝油1~2粒,3次/天,症状改善后逐渐减量。

(3)去除病因治疗,如有慢性腹泻者,应治疗慢性腹泻。

(4)皮损处可外用0.025%~0.1%维A酸软膏或10%尿素霜。眼部损害亦要采取相应治疗。

2. 常用食物 多摄入富含维生素A和胡萝卜素的食物,如动物肝、鱼卵、牛奶、蛋黄、胡萝卜、红甜薯、莴苣、豌豆苗、菠菜、韭菜、荠菜、金针菜、杏干、辣椒等或其他含黄色素或叶绿素较多的食物。

3. 辨证用膳

(1)胡萝卜粥

【原料】 胡萝卜150g,大米100g。

【制法与用法】 胡萝卜150g,去皮,清洗干净,切成碎末,同大米100g共煮成粥。

【功效】 本方具有下气利膈、补中安脏的功效,适用于饮食不节型维生素A缺乏症。

也可以胡萝卜、韭菜各100g,经常当菜煮食;或鸡肝(或牛肝、猪肝、羊肝等)50g,鸡蛋1个,经常当菜食用;或粳米100g,鲜番薯250g,共煮粥,加白糖适量调味食用。

(2)枸杞粥

【原料】 枸杞30g,粳米100g。

【制法与用法】 同煮成粥。

【功效】 本方具有滋补肝肾、明目补虚的功效,适用于血虚风燥、肝肾阴亏型维生素A缺乏症。

十六 烟酸缺乏症

烟酸缺乏症又称糙皮病,是由于体内烟酸(维生素PP)缺乏所致的以皮肤黏膜、胃肠道及神经系统症状为主的慢性全身性疾病。

【发病机制】

中医认为:本病由脾胃虚弱,气血两亏,肌肤失养所致;日久则阴液亏耗、虚火上炎而成。

现代医学认为,当长期进食含烟酸及其前体色氨酸较低的食物,或胃肠功能障碍、吸收不良等,可造成烟酸缺乏症。在体内,烟酸转变为烟酰胺,后者被组织吸收利用后组成细胞内的辅酶Ⅰ和辅酶Ⅱ,促进生物氧化中的递氢作用,并参与体内糖和脂肪的代谢。烟酸不足将直接影响细胞内辅酶的合成,导致代谢紊乱,引起皮肤、神经系统和消化道症状。

【临床特点】

皮炎、腹泻、痴呆是本病典型严重患者的3大症状,简称“3D”病,其中以皮炎最具诊断价值,三者可同时或单独出现。

1. 皮炎 好发于暴露部位,对称分布,初起鲜红,边界清楚,酷似晒斑,逐渐变成红色,有明显水肿,以后皮肤粗糙、增厚、脱屑、脆性增加,最后皮肤变薄似萎缩性瘢痕,常有皲裂或出血,愈后色素沉着或色素脱失。小腿前侧可有鱼鳞样病变。自觉疼痛或瘙痒。皮损具有光敏性,夏日加剧,冬季减轻或消退。

2. 腹泻及胃肠道症状 慢性腹泻伴食欲缺乏,恶心呕吐,腹痛。

3. 口腔黏膜病变 口腔黏膜溃疡、口角炎、舌炎。舌质鲜红,光滑发亮如牛肉外观,舌乳头萎缩或肥大，舌面有裂纹，可引起疼痛或出血。

4. 神经精神症状 可有烦躁、焦虑、抑郁、健忘、失眠等症状。周围神经可出现感觉异常，手套袜套式感觉减退，肢体麻木或瘫痪，并有烧灼感或疼痛。

5. 其他 全血和血清烟酸水平降低，尿排烟酸减少，尿卟啉含量增高，有助诊断。

【中医辨证】

中医辨证本病以虚或虚中夹实为主，阴虚火旺证多见。

阴虚火旺型：皮疹好发于暴露部位，日晒后加重，早期为鲜红或紫红色斑，晚期皮肤粗糙脱屑，兼见口燥咽干，心烦不寐，舌光红少苔或有裂纹，脉细数。

【营养与食膳调理】

当前本病的发生主要见于严重嗜酒、偏食以及患有慢性胃肠道疾病者。此外某些慢性疾病（如肝硬化、结核病等）也可引起烟酸缺乏症。

1. 选择营养素

（1）烟酸即维生素 PP、维生素 B_3，又称抗癞皮病维生素，它包括两种物质：烟酸（尼克酸）和烟酰胺（尼克酰胺）。主要功能是作为递氢体、递电子体，参与氧化还原过程，促进新陈代谢。烟酸还是糖耐量因子（GTF）的组成成分。烟酸缺乏时皮肤对日光敏感，典型症状为皮炎表现。

（2）体内烟酸部分由体内色氨酸转变而来，转变过程需维生素 B_2、维生素 B_6 的参与，故色氨酸及维生素 B_2、维生素 B_6 的营养状况也可影响内源性烟酸的合成量。

增补建议如下：①烟酸或烟酰胺，100～300mg/d，3～4 次口服；重症者可肌内注射，每日 100～500mg/d，或 1000mg 加入葡萄糖盐水中静滴。同时给予补充清蛋白。②补充 B 族维生素和酵母等。维生素 B_2 5mg，3 次/天；维生素 B_6 20mg，3 次/天。

2. 常用食物

（1）选择富含烟酸的食物：人体烟酸的食物来源，主要是动物类食物如肝、肾、肉类等，其次为豆类和新鲜蔬菜，糠皮、麦麸、酵母、果类等食品中也富含烟酸。大米、白面中含量较少。

（2）选择富含维生素 B_2 的食物：富含维生素 B_2 的食物有蛋、瘦肉、奶类、动物肝及心、谷类、豆类。维生素 B_2 遇碱、光照时易分解，因此上述食物宜避光存放，烹调时不宜加碱。

（3）选择富含维生素 B_6 的食物：维生素 B_6 在食物中分布广泛，肉类、蔬菜、水果、坚果、谷类中都有一定含量。维生素 B_6 在碱性溶液中易受光、热的破坏。摄入膳食纤维过多可干扰维生素 B_6 的吸收。

（4）选择富含色氨酸的食物：奶、蛋类含色氨酸丰富，可在体内转变成烟酸。玉米含色氨酸少，因此以玉米为主食而少副食的人群易缺乏烟酸，应注意补充。

3. 辨证用膳 鸭蛋银耳豆浆饮：

【原料】 鸭蛋 1 只，银耳 3 个，豆浆 500ml，白糖适量。

【制法与用法】 将鸭蛋磕在碗内搅匀，银耳泡开。煮豆浆时，放入银耳，煮好时放入鸭蛋、白糖，煮沸。饮豆浆，吃银耳、蛋花。

【功效】 本方具有养阴、清热降火的功效，适用于阴虚火旺型糙皮病。

此外，也可用扁豆（或赤小豆、蚕豆、绿豆）50g，烹煮食用。猪肝或猪肾 50g，烹煮食用。

十七 植物-日光性皮炎

植物-日光性皮炎是因多食某些有光敏性的蔬菜、植物，复受日光照射，而引起的急性光毒性炎症反应。本病多见于农民，发病季节以清明节前后3～5月份为多。皮疹好发于面部和手背等暴露部位。也有患者是因过多食用泥螺再经强烈日晒后皮肤上出现炎症反应的，称为泥螺-日光性皮炎。中医属于“风毒肿”范畴。

【发病机制】

中医认为：由于禀性不耐，腠理不密，多食某些菜类，致脾胃运化失职，湿热内蕴，外受风毒。风为阳邪，善行数变，风胜阳动，阳光暴晒，两阳相遇，故病起骤急，迅速焮肿，风邪化热，热伤血络，故血溢成斑，热胜毒聚则溃烂坏死，毒热入营、入心则壮热神昏。

现代医学认为：本病的发生常与体质、有关植物和长久日晒三者的同时作用有关，真正病因尚不清楚，肝肾疾病、内分泌障碍、代谢异常、贫血或营养不良等患者在过多服食或接触某种植物后，再遭受强烈日光暴晒则易发病。

【临床特点】

发病多在暴露部位，以颜面及手背为多见，重者可累及颈项、胸前、前臂等处，往往对称。病起突然，病情轻重与食菜量多少有一定关系。临床上分轻、中、重三型：

1. **轻型** 病起较慢，仅有轻度水肿，微热、微痒，3～5日可自行消退。

2. **中型** 病起较快，水肿显著，可致两目合缝，自感皮肤绷紧，灼热瘙痒，红斑、瘀点。全身症状有低热，1～2周可自行消退。

3. **重型** 病起急暴，可在二三小时内高度水肿，面如满月，眼睑不能睁开，并见红斑、瘀斑、水疱、糜烂、坏死，指甲青紫、脱落。全身症状有高热、头晕头痛，如肿胀延及胸部，可引起呼吸急促、饮食困难、恶心呕吐、神志不清等。如处理及时，3～4周可自行消退。

【中医辨证】

中医辨证分为两型：

1. **风毒型** 多见于中型，证见舌红，苔薄黄或腻，脉濡滑。

2. **毒热型** 多见于重型，证见舌绛，苔黄或燥，脉洪数。

【营养与食膳调理】

1. **选择营养素** 维生素C能增强毛细血管壁的致密度，可减轻局部红肿；维生素B_1能维持心脏、神经、胃肠道的正常功能；烟酰胺可促进新陈代谢，对本病有良好的治疗作用。

增补建议如下：

(1)烟酰胺50～100mg，3～4次/天；

(2)维生素C 0.2g，3次/天；或维生素C 3g加入10%葡萄糖液中静脉点滴，1次/天；

(3)维生素B_1 10mg，3次/天。

严重者可应用皮质类固醇激素，如泼尼松10mg，3次/天。

2. **常用食物** 注意补充富含维生素B_1、维生素C和烟酰胺的食物，根据以往发病史，禁食某些易引起该病的蔬菜，同时避免强烈日光的暴晒。勿过食辛辣、海鲜类食物，宜多饮开水。

(1)富含维生素B_1的食物有全麦、糙米、猪肉、牛肉、动物肝肾、新鲜蔬菜、豆类；维生素C的食物来源为新鲜水果、蔬菜，如青菜、青椒、花椰菜、菠菜、猕猴桃、柑橘、柚子、鲜枣、山楂等；烟酸的食物来源广泛，肉类、豆类、蔬菜尤其是番茄中含量丰富。

(2)过于精制的米面或烹调时加碱都会破坏维生素B_2。淡水鱼、海贝类、动物内脏含有会破坏维生素B_1的硫胺素酶，但硫胺素酶受热时可被破坏，因此上述食物宜煮熟后再食，不宜生食。茶叶中含维生素B_2分解酶，故大量饮茶可降低维生素B_2的利用率。维生素C不耐热，暴露于空气中易氧化。

(3)防止本病发生应注意一点,即不吃易引起过敏的食物。常见的易引起过敏的食物有:雪菜、油菜、苋菜、刺儿菜、马齿菜、灰菜、荠菜、萝卜叶梗、小白菜、油菜、甜菜、马兰头、菠菜、猪毛菜、委陵菜、莴苣、荞麦、槐花、榆叶、红花草、木耳、无花果、竹枝寄生菌以及黄泥螺等;另外,也有服用中草药如荆芥、防风、沙参、白鲜皮、白芷、补骨脂、芸香、毛茛、龙芽草等后,引起光感性皮炎的报告。

3. 辨证用膳

(1)二豆粥

【原料】 黄豆100g,绿豆200g,红糖100g。

【制法与用法】 前2种原料淘净入锅,加水适量,武火煮沸,改文火慢熬,至豆熟烂,加入红糖,煮沸即可,吃豆,喝汤。每日数,或代粥食之,连续数日。

【功效】 本方具有疏风清热、解毒消肿的功效,适用于风毒型植物-日光性皮炎。

(2)生石膏粥

【原料】 生石膏60g,粳米50g。

【制法与用法】 先以水煮石膏15分钟,去渣取汁,用汁煮粳米为粥。服食。

【功效】 本方具有清热解毒、消肿的功效,适用于毒热型植物-日光性皮炎。

十八 甲营养不良

甲营养不良亦称“20甲营养不良”,20个甲板均可受损,是比较严重的手部损容性疾病。

中医认为,指甲为脏腑气血的外荣,与人体的脏腑经络有直接联系,能够充分反映人体的生理病理变化。现代医学认为该病与多种营养素缺乏及继发于其他全身性疾病有关。本病可明显影响手部美观,并且可能是全身营养状况及某些全身性疾病的“标尺”。

【发病机制】

中医认为:

(1)气血不足:因先天禀赋不足,肝肾精血亏虚,或脾胃功能虚弱,气血不能正常生化,精血不足,不能荣养爪甲,使爪甲失荣。

(2)瘀血阻滞:因情志不调,肝气郁滞,或气虚无力推动血液运行,或寒邪、痰湿阻滞脉络,血液运行不畅,瘀血停滞,爪失所养。

(3)热病伤津:热邪伤阴,阴血受损,爪甲失于荣润。

现代医学认为:甲营养不良分先天性和获得性,可以是先天性甲形成不全的结果,绝大多数见于后天性甲营养障碍。其病因不明,可以是特发性的,部分可能与其他皮肤病相关,如银屑病、恶性斑秃、扁平苔癣、湿疹、甲真菌病、梅毒、麻风、系统性硬皮病、毛囊角化病、掌跖角化病、早老症等,均可伴随甲的营养障碍。可直接由营养缺乏造成,包括维生素缺乏、缺铁性贫血等;或由各种急性传染病或其他急性病,如甲状腺功能低下、中毒等引发机体营养不良所致;也可由慢性消耗性疾病造成,特别是肝病、血液循环障碍、肺功能不良;甲周围皮肤病和外伤、冻疮、烧伤也常会导致甲营养不良。除去病因之后症状可得到改善。

【临床特点】

1. 多见于18个月~18岁儿童青少年,成人时消退,故开始被称为“儿童20甲营养不良”。但本病也发生于青年及成人,故现在称为“20甲营养不良”。

2. 甲板多同时受累、变薄，表面有表浅、细小的线纹、纵嵴，犹如被砂皮纸磨过。甲板无光泽，呈乳白色浑浊，甲质脆、易碎，游离缘可分离、层状松懈，有切迹。

3. 甲有很多纵嵴是本症的特征，甲下及甲周无改变。

4. 本病慢性经过，浸水多、接触碱性物质、化学洗涤剂均可加重症状。

【中医辨证】

中医辨证常分为三型：

1. 气血不足型 爪甲苍白不荣，甚至薄脆易断，伴面色萎黄，少气懒言、头昏眼花、心悸、失眠多梦、妇女经水愆期、量少色淡等。

2. 瘀血阻滞型 爪甲不荣，瘀点、瘀斑，伴固定性刺痛，唇及肢端发绀，肌肤甲错(皮肤粗糙、肥厚、鳞屑增多)，腹部症积等。

3. 阴津亏耗型 爪甲焦干枯槁，伴有口渴咽干，唇燥而裂，皮肤干枯无泽，毛发枯脆易折，小便短少，大便干结，舌红少津，脉细数。

【营养与食膳调理】

1. 选择营养素 维生素A对上皮组织的生长、增生和分化有重要调节作用，能维持皮肤、指甲、黏膜的正常功能和结构的完整性；维生素E有抗氧化、清除自由基的作用，能保护维生素A免受氧化破坏。故可增补一些维生素A和维生素E。另外要补充优质蛋白及铁、钙等微量元素。

增补建议：维生素A 2.5万U，3次/天，小儿2000～4000U/d，同时服维生素E 0.1g，2～3次/天，极量0.9g/天。连用3～6个月。

2. 常用食物 平时注意多食富含维生素A、维生素E的食物。天然维生素A存在于动物肝脏、蛋类、奶油、鱼肝油中，其中鸡肝、猪肝、河蟹、蛋黄中含量较高；植物所含的胡萝卜素进入人体，可在肝中转变为维生素A，富含胡萝卜素的食物主要是水果、橙黄色和绿色蔬菜，如芒果、菠菜、胡萝卜、韭菜等。富含维生素E的食物包括豆油和其他植物种子榨成的油，扁桃、榛子、核桃、葵花子、粗粮、麦芽、大豆、植物油、菠菜、未精制的谷类制品中亦含丰富的维生素E。

因为维生素A、维生素E为脂溶性维生素，所以饮食不能过于清淡，建议食用大豆油、葵花子油等植物油。

由于部分甲营养不良患者存在甲周微循环障碍，平时可食用具有活血化瘀、改善微循环功效的果蔬，如葡萄、柠檬、芹菜、韭菜、大蒜、香菇等。

3. 辨证用膳

(1)黑芝麻粥

【原料】 黑芝麻25g，大米、枸杞、冰糖适量。

【制法与用法】 大米淘净，加入黑芝麻等，再添加适量的水煮成粥。

【功效】 本方具有滋补肝血的功效，适用于气血不足型甲营养不良。

此外，鸭血100g、鲫鱼100g、白米100g同煮粥，服食，可养肝血。

(2)甜醋猪蹄姜汤

【原料】 猪蹄1只，冰糖1小块，生姜250g，甜醋适量。

【制法与用法】 猪蹄去毛后斩开，用滚水煮5分钟。将生姜刮皮、拍裂，连同猪蹄放入瓦煲中，加醋。煮滚后，改用文火煲2小时，加入冰糖调味即成。

【功效】 本方具有温补肝血的功效，适用于瘀血阻滞型甲营养不良。

(3)核桃仁牛奶芝麻糊

【原料】 核桃仁30g，牛奶300ml，豆浆200ml，黑芝麻20g，白糖适量。

【制法与用法】 先将核桃仁、黑芝麻放入小磨中磨碎，与牛奶、豆浆调匀，放入锅中煮沸，再加白糖适量，每日早晚各吃1小碗。

【功效】 本方具有滋养阴津的功效，适用于阴津亏耗型甲营养不良。

此外，肝主筋华爪，爪甲病变，均责之于肝。按中医以脏补脏法常用动物的肝脏作为养肝华爪之法。鸡肝味甘而温，补血养肝，为食补养肝的佳品，较其他动物肝脏补肝的作用更强，且可温胃。具体用法是：取新鲜鸡肝3只，大米100g，同煮为粥，服食。

第二节 损容性毛发疾病的营养和食疗

一 斑秃

斑秃是一种突然发生的局限性斑片状脱发，脱发区皮肤基本正常，可发生于身体任何有毛部位。斑秃属于中医学的"油风"范畴，俗称"鬼舔头"、"鬼剃头"。

【发病机制】

中医认为：由于过食辛辣及醇甘厚味，易伤脾胃，湿热内蕴，或情志抑郁化火，损阴耗血，血热生风，风动发落；或因情志抑郁，肝气郁结，木失调达，血行不畅，毛窍淤阻，精血失于输布，以致毛发失荣而脱落；或因肝肾不足，或房劳过度，耗损肾阴，精不化血，精血亏虚，则毛发失于滋养而脱落；亦可因久病、大病后脾胃虚弱，或饮食失调、劳倦过度，损伤脾胃，致气血化生不足，发失所养。

现代医学认为：本病发病机制尚未完全明了。可能与自身免疫功能紊乱、遗传、血管舒缩功能障碍、内分泌失调、神经精神因素及感染等因素有关。

【临床特点】

1. 本病可发生于任何年龄，但以青壮年多见。

2. 主要见于头皮，亦可见于眉毛、胡须等处。

3. 皮损为突然发生的圆形或椭圆形斑片脱发，皮损处皮肤光滑，无炎症、鳞屑和瘢痕；轻者仅一片或数片，进展期脱发斑边缘的头发松动，容易拔出；重者头发全部脱落，称为全秃；头发和身体其他部位的毛发也脱落者称普秃。

4. 无自觉症状，慢性经过，部分患者有自愈倾向，也有愈后复发者，脱发面积大、全秃及普秃等重症患者的治疗较为棘手。

【中医辨证】

中医辨证常分为四型：

1. 血热风燥型 毛发突然成片脱落，进展迅速，头皮光亮，毛囊口清晰可见，伴心绪烦躁，口渴便秘，失眠多梦，舌红绛或舌尖红，苔薄黄，脉弦细数。

2. 肝郁血瘀型 斑秃日久不愈或全秃，或须眉具落的普秃，患处头皮刺痛，伴头胀头痛，面色晦暗，舌暗紫或有瘀斑，苔少，脉弦或沉涩等。

3. 肝肾不足型 脱发日久，毛发干枯易折，随生随落，血不华面，头目眩晕，失眠多梦，腰酸腿软，舌淡少苔，脉细无力。

4. 气血两虚型 病后、产后或久病脱发，脱发往往渐进性加重，范围由小而大，数目由少而多，头皮光亮松软，在脱发区可见到散在性参差不齐的残存头发，但轻轻触摸就会脱落，伴唇白、心悸、神疲乏力、气短懒言、头晕眼花、嗜睡或失眠，舌质淡红、苔薄白，脉细弱。

【营养与食膳调理】

1. 选择营养素 毛发主要由毛发角蛋白构成，为保证毛发的营养，摄取适量的动植物蛋白是十分必要的；胱氨酸是合成角蛋白的主要原料，食用胱氨酸及富含胱氨酸的食物有促进毛发生长的作用；泛酸钙、维生素 B_6 也有助于生发；精神紧张、焦虑、失眠患者可服用溴剂及谷维素；有研究表明斑秃患者血清锌含量显著低于对照组，提示缺锌可能是斑秃发病的一种诱因，服用含锌的制剂对本病的治疗有益。

增补建议如下：

(1)胱氨酸 50mg，3 次/天；维生素 B_6 10mg，3 次/天；谷维素 10mg，3 次/天；

(2)泛酸钙 10～20mg，3 次/天；

(3)甘草锌颗粒 5g，3 次/天。或硫酸锌片 0.2g，3 次/天，4 周为 1 个疗程。

2. 常用食物 饮食要多样化，克服和改正偏食的不良习惯。斑秃是一种与膳食关系密切的疾病，要根据局部的皮损表现辨证分型，制订食疗方案。

一般情况下，本病以青壮年居多，常与心绪烦扰有关，可给予镇静安神的食品，如百合、莲子、牡蛎肉、酸枣仁等；精血不足的患者，应多食用含有高蛋白的补精益血的食品，如海参、黑芝麻、核桃仁等。病情日久，痰血阻滞者，应食用具有通络化瘀作用的食品，如丝瓜、青鱼、藕、红糖、荠菜等。此外，黑芝麻、桑葚、何首乌、女贞子、枸杞、山药、大枣、黑豆、桃仁、菊花、胡萝卜、菠菜、卷心菜、鱼、鸡肉、生藕、莴笋、山楂、茄子、海带、黑枣等食品，对毛发有很好的滋养作用，也可酌情选用。

3. 辨证用膳

(1)侧柏桑葚膏

【原料】 侧柏叶 50g，桑葚 200g，蜂蜜 50g。

【制法与用法】 水煎侧柏叶 20 分钟后去渣，加入桑葚，文火煎，煎半小时后去渣，加蜂蜜成膏。15～20 克/次，2～3 次/天。

【功效】 本方具有滋阴凉血、乌发生发的功效，适用于血热风燥型斑秃。

(2)红油鸽藕片

【原料】 鲜藕 500g，红花 5g，鸽肉 200g。

【制法与用法】 将红花用香油炸过，去渣取油，鲜藕洗净、切片，与鸽肉同炒，淋红花油于肉上即可。

【功效】 本方具有活血祛瘀的功效，适用于肝郁血瘀型斑秃。

(3)清炖甲鱼

【原料】 甲鱼 1 只(重约 500g)，女贞子 10g，枸杞子 10g，大枣 10 枚，调料适量。

【制法与用法】 先将甲鱼宰杀、洗净、切块，下锅注水，清水烧开去沫，再将女贞子、枸杞子、大枣另煮 20 分钟，去渣收汁约 20ml，兑入甲鱼锅中，加入调料，炖熟即可。

【功效】 本方具有滋补肝肾、养血生发的功效，适用于肝肾不足型斑秃。

(4)长生固本酒

【原料】 枸杞、天冬、五味子、麦冬、山药、人参、熟地黄、生地黄各 60g，白酒 6L。

【制法与用法】 将上述药料加工粉碎，用绢袋盛，扎紧口，与白酒一同放入净坛中，加盖，用豆腐皮封口，再置入锅中，隔水加热 1 小时，取出酒坛，冷却后埋于土中，经 30 日后破土取出，开启，去渣过滤，贮入容器中备饮。每天早晚空腹各饮 1 次，每次 10～15ml。

【功效】 本方具有益气养阴、健脾补肾的功效，适用于脾肾两虚、气血不足型斑秃。

二 雄激素源性脱发

雄激素源性脱发，又称脂溢性脱发、男性型秃发，是青春期后头额、颞、顶部进展缓慢的脱发，男女两性均可发生，但以男性患者更为常见。本病属于中医学“发蛀脱发”、“蛀发癣”等范畴。

【发病机制】

中医学认为：因平素血热之体，复感风邪，郁久转而化燥，进而耗血伤阴，阴血不能上潮巅顶荣养毛发，故头发干性脱落，稀少枯黄，脱屑瘙痒。或因脾气虚弱，或过食肥甘、辛辣、酒类，以致脾胃运化失常，水湿内聚化热，致使湿热上蒸巅顶，发根渐被腐蚀，引起头发黏腻而脱落，瘙痒较重。或因禀赋不足、思虑过度、劳伤肝肾，而致精血日渐亏虚，毛发失去濡养而脱落。其病变在毛发，病位在脏腑，尤与肝、脾、肾三脏关系密切。本病临床病因早期以血热风燥、脾胃湿热较为常见，而后期以肝肾不足较为多见。

现代医学认为：本病是一种雄激素依赖的常染色体遗传性脱发，组织中的5α-还原酶能使睾酮转化为双氢睾酮，脱发部位双氢睾酮增加，可能与遗传性5α-还原酶异常有关；而精神因素、饮食因素、病菌感染等均是该病诱发或加重的因素。

【临床特点】

1. 患者往往有家族史，以20～30岁的青壮年男性居多。

2. 脱发常从前额两侧开始，渐向头顶部延伸，头发油腻或干燥、枯槁，日久头发渐稀少、纤细。也有部分患者从头顶开始脱发。

3. 常伴有大量头皮鳞屑，呈灰白色细小糠秕状。除微痒外，无其他自觉症状。

4. 病程缓慢，进度、范围、程度常因人而异。

【中医辨证】

中医辨证常分为三型：

1. 血热风燥型 头发干枯，略有焦黄，均匀而稀疏脱落；搔之有白屑叠叠飞起，落之又生，自觉头部烘热，头皮瘙痒；口干咽燥，溲黄。舌质红、苔微黄或微干，脉数。

2. 湿热熏蒸型 患者平素恣食肥甘厚味居多，头发稀疏脱落，伴头皮光亮潮红，头屑较明显或头发瘙痒，口干口苦，烦躁易怒，胃纳差。舌质红、苔黄腻，脉弦滑。

3. 肝肾不足型 脱发多有遗传倾向，患者以体弱或脑力劳动过度者为主，头发稀疏、脱落日久，脱发处头皮光滑或遗留少数稀疏细软短发，伴眩晕失眠，记忆力差，腰膝酸软，夜尿频多。舌质淡红、苔少，脉沉细；偏阴虚者，伴口苦，五心烦热，梦多，梦遗，舌质红、苔少，脉细数。

【营养与食膳调理】

1. 选择营养素 维生素A对维持上皮组织的正常功能和结构的完善，促进生长发育起着重要作用。维生素B_6对调节脂肪酸及脂肪的合成、抗皮脂、刺激毛发再生均有一定的功能。胱氨酸是合成头发角蛋白的主要原料，食用胱氨酸及富含胱氨酸的食物有促进毛发生长的作用。

增补建议如下：

(1)维生素A 5～7.5万U/d；

(2)维生素$B_6$10～20mg，3次/天；

(3)胱氨酸50mg，3次/天。

2. 常用食物 多食蛋白质、维生素含量丰富的食物，如奶类、蛋类、瘦肉、鱼、豆制类、海产类及新鲜的蔬菜、水果。油性分泌多者应多食用一些粗纤维食品与杂粮。平素常食山楂片或山楂6g水煎当茶饮，对控制头发油腻颇有裨益。应限制脂肪饮食的摄入，如肥肉、猪油、动物内脏等，并少吃糖类食物，勿饮浓茶，不吃辣椒、生蒜等刺激性食物。

维生素A对维持上皮组织的正常功能和结构的完善，促进生长发育有重要作用。应常食用富含维生素A的食物，如胡萝卜、菠菜、小油菜、韭菜、芹菜、苋菜、杏等，将对雄激素源性脱发起到一定的治疗作用。

维生素B_6对调节脂肪酸及脂肪的合成、抗皮脂、刺激毛发再生均有一定的功能。含有丰富维生素B_6的食物有马铃薯、蚕豆、青鱼、橘子、芝麻等。

含碘丰富的海藻类食物对头发十分有益，食用时加点油，可帮助碘的吸收。

3. 辨证用膳

(1)凉血生发酒

【原料】 生地、当归、白芍、赤芍、女贞子、牡丹皮、秦艽各30g，侧柏叶、玄参、栀子、威灵仙各20g，白酒2000ml。

【制法与用法】 将上述药物浸泡在白酒中，封盖10天后开启。每日10～15ml。

【功效】 本方具有凉血消风、润燥养发的功效。适用于血热风燥型雄激素源性脱发。

(2)萝卜缨薏米粥

【原料】 萝卜缨30g、马齿苋30g、薏米30g。

【制法与用法】 将上述原料洗净，加适量水同煮粥食用。每日服1次，30天为1个疗程。

【功效】 本方具有清热利湿的功效，适用于湿热熏蒸型雄激素源性脱发。

(3)七宝酒

【原料】 何首乌200g，白茯苓50g，牛膝20g，当归25g，枸杞子35g，菟丝子35g，破故纸120g，白酒2.5L。

【制法与用法】 将上药共研粗粉，白纱布袋盛之，入净坛中，加白酒浸泡，密封30天后开启，即可饮用。每日早晚各饮1次，每次10～20ml。

【功效】 本方具有补益肝肾、滋阴填精的功效，适用于肝肾不足型雄激素源性脱发。

第三节 其他损容性疾病的营养和食疗

一 脂肪肝

脂肪肝是指脂类在肝内蓄积超过肝重的5%，或50%以上的肝实质脂肪化。正常人肝脏脂类总量约占肝重的5%，其中磷脂占50%，甘油三酯和非酯化脂肪酸各占20%，胆固醇仅占极少量。肝内脂肪的分解与合成失去平衡，脂蛋白合成减少或释放障碍则甘油三酯在肝内积聚而逐渐形成脂肪肝。肥胖、糖尿病、高脂血症、肝炎、酒精性肝病伴发者较多，本病与饮食关系非常密切。

【发病机制】

中医认为：脂肪肝的形成由内、外因素所致。内因多由脾虚运化不利，肝气郁滞，气机失调，瘀血内阻，而致痰湿内停，代谢缓慢，郁结于肝；外因与饮食密切相关，“甘肥贵人，则膏粱之疾也”。饮食不节，过食肥甘厚味，运化失常，痰湿内生，脂质沉积于肝，内外合因，形成本病。总而言之，本病由内而运化不利，外而过食肥甘，痰湿积滞而成。病位在肝，与脾、胃、气、血密切相关。

现代医学认为：除因肥胖、糖尿病、高脂血症、肝炎、酒精性肝病等导致脂肪代谢障碍而引起本病外，饮食因素是重要的原因。高脂膳食会使肝脏摄取脂肪和酯化作用增强，甘油三酯的合成超过其运转而在肝内沉积；高糖膳食在满足糖原合成后，代谢中的三碳化合物则被肝细胞摄取转化为脂肪酸，酯化后大量甘油三酯沉积于肝内；肾上腺皮质激素的长期服用，促进脂肪进入肝脏，膳食中必需脂肪酸供给不足、卵磷脂减少，导致脂蛋白合成减少，脂肪不能被运出肝脏而沉积于肝内。这些与饮食有关的因素是导致脂肪肝形成的重要原因。

【临床特点】

脂肪肝的临床表现随原发病的不同而异。单就本病而言，大多数患者无自觉症状，常在体检或就诊其他疾病时发现。

1. 部分患者有肝区胀疼、胸胁满闷、精神不振、容易疲劳、消化功能下降等表现。
2. 主要依靠 B 超、磁共振、CT 确诊。
3. 病情严重者可伴低血浆蛋白、电解质紊乱、水肿、腹水等。甚至晚期出现肝细胞坏死、肝纤维化及肝硬化。
4. 多数患者伴有高脂血症，但亦有血脂不高者，两者没有必然关联。
5. 部分患者体形肥胖。

【中医辨证】

中医辨证常分四型：

1. **脾虚湿阻型** 以身疲乏力、胸脘痞闷、消化功能下降、舌苔白腻为特点。
2. **肝郁气滞型** 以胸胁胀满甚至疼痛，易怒、郁闷，舌质淡、舌苔薄白，脉弦为特点。
3. **瘀血内阻型** 以肝区胀疼、固定不移、舌质暗紫、脉沉涩为特点。
4. **痰湿内阻型** 以胸脘胀闷、身体肥胖、舌苔白腻为特点。

【营养与食膳调理】

1. **选择营养素** 营养素的选择应遵循以下原则：①控制过多热量的摄入；②减少甜食物的摄入；③控制脂肪和胆固醇的摄入；④补充维生素、矿物质和膳食纤维；⑤提高蛋白质质量；⑥禁酒。

维生素 B_6 参与脂肪代谢，可适当予以补充。

增补建议：维生素 B_6 10mg，3 次/天。

2. **常用食物** 适量选择含蛋白质质量高的食物，如猪、牛、羊、兔的瘦肉，鱼类、鸡蛋、鸭蛋及各种豆制品；多食维生素、矿物质、膳食纤维含量高的食物，如萝卜、白菜、韭菜、芦笋、青菜、黄瓜、冬瓜、苦瓜、番茄、山楂、橘、蘑菇、黑木耳、银耳等。

避免摄入各种脂肪、胆固醇含量高的食物及高热量食物，如各种动物脂肪，干果类、甜食、含糖高的水果等。

3. **辨证用膳**

(1) 芪米除湿粥

【原料】 黄芪 15g、白术 9g、山楂 30g、薏苡仁 50g、白萝卜 50g、番茄 50g、粳米 50g。

【制法与用法】 黄芪、白术煎汤去渣，白萝卜、番茄榨汁加入汤中，山楂去核，将山楂、薏苡仁、粳米共同加入煮成粥，每日食之。

【功效】 本方具有健运脾胃、导利水湿的功效，适用于脾虚湿阻型脂肪肝。

(2) 调气降脂饮

【原料】 橘皮20g、荷叶10g、麦芽30g、莱菔子15g、山楂30g、薏苡仁30g、白萝卜50g、苦瓜20g。

【制法与用法】 橘皮、荷叶、麦芽、莱菔子、山楂、薏苡仁共煎汤去渣，白萝卜、苦瓜榨汁，兑入汤中一起搅匀，每日1剂，分2次服用。

【功效】 本方具有疏调肝气、消食利湿的功效，适用于肝郁气滞型脂肪肝。

(3)归楂粟米粥

【原料】 当归25g、佛手20g、赤小豆50g、山楂50g(去核)、鸡内金25g、薏苡仁100g、粟米100g。

【制法与用法】 当归、佛手、鸡内金共煎汤去渣，与山楂、赤小豆、薏苡仁、粟米共煮粥，每日食之，用醋调食更好。

【功效】 本方具有活血利湿的功效，适用于瘀血内阻型脂肪肝。

(4)茯苓山楂黑豆粥

【原料】 茯苓25g、山楂30g、荷叶2张、陈皮10g、冬瓜50g、黑豆30g、粳米100g、糖适量。

【制法与用法】 茯苓、山楂、荷叶、陈皮共煮汤，滤渣取汁，加入黑豆、粳米、冬瓜共煮成粥，以少量糖调味，早晚食之。

【功效】 本方具有祛痰利湿的功效，适用于痰湿内阻型脂肪肝。

二 睡眠障碍

睡眠障碍是指睡眠的异常和睡眠质量的异常，或在睡眠过程中发生某些临床症状如梦游症等。连续睡眠障碍时间达1个月以上或睡眠障碍的程度足以造成主观的疲劳、焦虑或客观的工作效率下降、角色功能损伤。睡眠障碍主要包括：睡眠过少(失眠)和睡眠过多(嗜睡)。睡眠的时间有很大个体差异，成人一般4～10小时不等。随着年龄的增加，睡眠时间相对减少。失眠属中医“不寐”、“不得眠”、“目不瞑”、“不得卧”范畴；嗜睡属中医“多寐”范畴。

【发病机制】

中医认为：人的正常睡眠系由心神所主。阳气由动转静，阳入于阴即为睡眠状态；阳气由静转动，阳出于阴即为清醒状态。

失眠的病因可分为外感和内伤两大类。外感所致者实证较多，主要见于各种热病过程中；内伤所致者多为虚证或虚实夹杂证。本小节主要论述内伤所致的不寐。忧思过度而耗伤心神；暴怒伤肝，血虚肝旺，心神失调；惊恐伤神，胆气亏虚，心神不宁；心血亏虚，脾气耗伤，心神失养；肾精亏虚，心火上亢，内扰心神；运化不利，内生痰湿，淤滞日久而内生火热，痰热内扰，心神不安；胃气不和，升降失调，内扰心神。总之，脏腑涉及心、肝、脾、肾、胃。总而言之，本病由血虚失养、火热内扰、心神不宁所致。

嗜睡的病因为清阳之气不升而阳气久留于阴中；或因痰湿内阻，淤阻脑窍而清阳之气不能上升；或因中气亏虚，阳气虚衰而清阳之气无力上升，以上均可致多寐。

现代医学认为：引起睡眠障碍的原因比较复杂，睡眠中枢、脑额叶皮质、中脑背盖、蓝斑、脑干网状结构、多种神经递质、肾上腺素、腺苷、褪黑素等参与睡眠调节。心理、精神、疾病、药物等诸多因素均影响睡眠。有一部分患者有明显的病因或诱发因素：如心理、精神、神经系统、内分泌等因素引起的一些疾病，以及某些疾病中药物的使用(镇静剂的使用不当等)；而部分患者目前找不出与身体或精神有关的明显病因，还有待进一步研究。

【临床特点】

睡眠障碍主要表现为失眠和嗜睡：

1. 失眠主要表现为睡眠时间不足，入睡困难，醒后不能再入睡，睡眠质量下降，似睡非睡，易醒梦多，影响生活、工作。可分为原发性失眠和继发性失眠，原发性失眠即与躯体或精神疾病无明显相关性的长期失眠，目前原因不明确。继发性失眠是由许多躯体不适、精神因素、药物因素或疾病等引起的失眠，原因基本能确定。

2. 嗜睡主要表现为睡眠时间太长，不分昼夜，时时欲睡，呼之能醒，醒后复睡，严重影响患者正常的生活、工作和学习。

【中医辨证】

1. 失眠 中医辨证常分四型：

(1)心脾两虚型：失眠伴心悸易惊、神疲乏力、饮食不佳、口淡无味、面色萎黄，舌质淡、苔薄白，脉细弱、少力。

(2)阴虚火旺型：失眠伴心烦易怒，手、足心烧热，口渴咽干，易惊盗汗，或口舌糜烂，舌质红或舌尖红、苔少，脉细数。

(3)痰热内扰型：失眠伴心烦口苦，头昏目眩，身重胸闷，嗳气恶心，痰多色黄，舌质红、苔黄腻，脉滑数。

(4)胃气不和型：失眠伴脘腹胀满，有时恶心、呕吐，嗳腐吞酸，大便臭秽，或便秘，舌苔腻，脉弦滑。

2. 嗜睡 中医辨证常分四型：

(1)痰湿困阻型：日夜昏昏欲睡，头蒙如裹，肢体沉重，胸脘痞闷，食欲缺乏，恶心欲吐，舌体胖大，舌苔白腻，脉濡。

(2)瘀血阻滞型：神倦嗜睡，头昏头痛，胸闷胸痛，交节病重，反复日久，或有头部外伤史，舌质紫暗，或有瘀斑，脉涩。

(3)中气亏虚型：嗜睡，精神倦怠，身疲乏力，食后尤甚，面色萎黄，食欲下降，脉虚弱，苔薄白。

(4)阳气虚衰型：嗜睡，精神疲惫，畏寒肢冷，健忘，舌质淡，苔薄白、水滑，脉沉细无力。

【营养与食膳调理】

1. 选择营养素 补充蛋白质，B族维生素，磷、铁、镁、锌、铜等矿物质。

增补建议如下：

(1)虚者：补充蛋白粉。

(2)实者：维生素 B_1 10mg，3次/天。适当补充含矿物质磷、铁、镁、锌、铜等的保健品。

(3)失眠：褪黑素(脑白金)1粒，1次/天，睡前服用。

2. 常用食物 虽然引起睡眠障碍的原因复杂，但总而言之，不外虚、实两个方面，虚者气血、阴阳亏虚，实者痰、火、瘀血内盛。所以选择营养素应根据虚实的不同而定。

虚者以滋养为主，宜选择蛋白质含量高、高热量、碳水化合物含量高的食物。实者则以清泻疏泄为主，应选择B族维生素含量高，矿物质磷、铁、镁、锌、铜等含量高的食物。

另外，睡眠障碍的病因是心神失调，所以在选择上述营养素的基础上，应再选择一些具有调养心神作用的食物。失眠者可选择一些具有安神定志作用的食物，嗜睡者可选择一些具有开窍醒神作用的食物。

含蛋白质、热能、碳水化合物高且具有调养心神作用的食物包括：小麦、黑大豆、粳米、鸡肉、鸭肉、海参、鲤鱼、石首鱼、牡蛎肉、猪心、牛肉、牛奶、鸡蛋等。B族维生素含量高，磷、铁、镁、锌、铜等矿物质含量较高且具有调养心神作用的食物包括：龙眼肉、大枣、银耳、百合、金针菜、莲子、莲子芯、桑葚、柏子仁、蜂蜜、酸枣仁、葡萄等。

失眠者应避免食用的食物有茶叶、咖啡、辣椒、生葱、胡椒、盖菜、生蒜、烟、酒等刺激性食物，而嗜睡者可适量食用以助清阳上升。

3. 辨证用膳

(1)失眠

1)猪心参枣汤

【原料】 猪心1个，党参25g，当归15g，炒枣仁25g，莲子20g，红枣6枚，盐适量。

【制法与用法】 猪心洗净切开，与其他5味原料加水共炖至猪心熟透，加盐调味，食猪心、饮汤。

【功效】 本方具有养心健脾、补益气血、安神定志的功效，适应于心脾两虚型失眠。

2)双仁莲合梨

【原料】 雪梨2个，炒枣仁25g，柏子仁15g，莲子10g，百合10g，冰糖20g。

【制法与用法】 雪梨洗净，于近梨蒂处切下，剔出梨核心。一个梨中放入柏子仁(研碎，炒)、百合、冰糖；另一个放入炒枣仁、莲子、冰糖。将切下的梨蒂部分盖上，蒸熟。早食柏子仁百合梨，晚食枣仁莲子梨，连食10天。

【功效】 本方具有滋阴降火、养心安神的功效，适应于阴虚火旺型失眠。

3)竹贝萝卜枣仁鸭

【原料】 鸭子1只，川贝母10g，鲜竹沥15ml，白萝卜30g，生枣仁25g，姜、盐、植物油适量。

【制法与用法】 将鸭处理洗净，白萝卜榨汁，先将贝母、枣仁研末，用盐遍擦鸭子内外，放入竹沥、白萝汁中腌渍2小时，捞出于油中炸至皮色金黄，再上蒸笼加姜片蒸，至鸭肉熟烂。早、晚食之。

【功效】 本方具有清热化痰、安神定志的功效，适用于痰热内阻型失眠。

4)半夏粟米汤

【原料】 旱半夏10g，粟米60g，白萝卜30g，鸡内金10g，红枣4枚。

【制法与用法】 白萝卜榨汁加水与半夏、粟米、鸡内金、红枣同煮30分钟，去渣，每次饮小半碗，每日2次，服1周。

【功效】 本方具有降逆和胃、安神宁志的功效，适用于胃气不和型失眠。

(2)嗜睡

1)砂橘菊花醒神方

【原料】 鲜橘皮30g，白萝卜30g，薏苡仁30g，山楂30g，菊花15g，砂仁10g，生姜10g。

【制法与用法】 将7种原料加水共煮25分钟，滤去渣，早、晚各饮一小杯。

【功效】 本方具有理气化痰、升清醒神的功效，适用于痰湿困阻型嗜睡。

2)调血红糖绿茶饮

【原料】 山楂30g，桃仁10g，当归15g，佛手15g，大枣5枚，葱、姜、绿茶、红糖适量。

【制法与用法】 先将山楂、桃仁、当归、佛手、葱、姜、大枣加水煮汤，滤去渣。饮时加红糖、绿茶适量，代茶饮用。每日2~3次。

【功效】 本方具有活血调气、升清醒神的功效，适用于瘀血阻滞型嗜睡。

3）参芪炖鸡

【原料】 嫩母鸡1只，人参10g，黄芪30g，陈皮5g，葱、姜、盐各适量。

【制法与用法】 嫩母鸡处理后洗净，同人参、黄芪及各种调味品一起放入锅内炖2小时，每日食鸡。早、晚各1次。

【功效】 本方具有补益中气、升清醒神的功效，适用中气亏虚型嗜睡。

4）姜桂炖鹿肉

【原料】 鹿肉500g，干姜10g，肉桂10g，酒、姜、蒜、盐各适量。

【制法与用法】 鹿肉切块与肉桂、干姜同煮至烂熟，加酒、姜、蒜、盐调味食用。

【功效】 本方具有温补阳气、升清醒神的功效，适用于阳气虚衰型嗜睡。

三 习惯性便秘

便秘是一种常见症状，是指粪便在肠道停留时间过长，所含水分被吸收，而粪便干硬不易排出，正常的排便频率消失，排便时间间隔超过48小时。长期便秘则为习惯性便秘，机体代谢产物不能及时排出，则会导致皮肤粗糙、干燥、易生痤疮、色素沉着、面色红赤、肥胖而影响美容，除药物治疗之外，食疗占有重要地位。

【发病机制】

中医认为：饮食入胃，经胃之腐熟，脾之运化，吸收其精微之后，所剩糟粕由大肠传送而出。所以便秘的形成，主要病机是大肠传导功能失常。影响其传导功能的主要病因有：肠胃热积、气机郁滞、气血津液亏虚、阴寒凝滞4个方面。热积肠胃，耗伤津液，大便干结而传导失常；气机郁滞，胃气不降，通降失常，传导失职而糟粕内停；气虚而推动无力，阴血亏虚而肠道干涩，均可导致便秘；阳虚内寒，气化功能下降，阴寒内结，糟粕不行而大便秘结不通。虽然便秘的病位是在肠道，与肺、脾、肾亦密切相关。肺与大肠相表里，肺热津亏及至大肠；脾主运化，脾虚运化失常，升降失和；肾司二便，开合功能失调均可影响肠道传导功能而致便秘。

现代医学认为：便秘分为两种类型：

（1）弛缓性便秘：常见于老年人、肥胖者、久病体弱者，主要原因为排便动力缺乏，如进食量少，饮食中长期缺乏膳食纤维及维生素，不能刺激肠蠕动；饮水不足，缺乏适量脂肪，久坐、运动较少及久用泻药、麻醉镇静药等，导致肠蠕动无力。相当于中医的气血津液亏虚型便秘。

（2）痉挛性便秘：肠蠕动过度而致，刺激过度（泻药、辛辣、浓茶、咖啡、粗糙食物、酒精等）导致肠道痉挛而发生便秘。相当于中医热结、气滞、寒积型便秘。

【临床特点】

1. 大便秘结不通，或粪便干硬不易排出，或虽不干硬但排出困难。

2. 时间间隔超过48小时，反复日久。

【中医辨证】

中医辨证常分五型：

1. 热结型 大便干结，伴见小便短赤、面红心烦、腹胀或疼、口干口臭，舌红、苔黄燥，脉滑数。

2. 气滞型 大便干或不干，排便困难，伴见胁腹痞硬胀疼、嗳气频作，舌苔薄腻，脉弦。

3. 气虚型 大便干或不干，虽有便意，但努挣乏力而难于排出，伴易疲劳、出汗、精神不振，舌淡、苔薄白，脉虚无力。

4. 阴虚型 大便如羊屎干结，伴见形体消瘦、眩晕心悸、口舌干燥，舌红少苔，脉细数。

5. 寒积型 大便干或不干，排便困难，伴见小便清长、手足不温、腹中冷痛，舌淡、苔白，脉沉迟。

【营养与食膳调理】

1. 选择营养素 习惯性便秘患者在营养选择方面，应选择能促进肠道蠕动的饮食，摄入B族维生素，特别是维生素B_1；补充一定量的脂类，增加饮水量，有利于排便。

增补建议：

(1)维生素$B_1$10mg，3次/天。

(2)麻仁滋脾丸，每次1丸，2次/天。

2. 常用食物 选择富含维生素、膳食纤维和可在肠道发酵产气的食物，以利于排便。多食富含维生素B_1和膳食纤维、在肠内能发酵产气、脂肪含量高的食物。如动物肝和心、瘦肉、豆类、芹菜叶、莴苣叶、粗粮(玉米、粟米)、番薯、萝卜、洋葱、蒜苗、花生、芝麻、核桃、杏仁、麻子仁、葵花子、香蕉、蜂蜜、银耳、饴糖、蜜糖、乳糖、果汁等。禁食辣椒、姜、糯米、薯蓣(山药)、芡实、烟酒、咖啡、浓茶等不利于排便的食物。

3. 辨证用膳

(1)雪粟粥

【原料】 海蜇30g，生石膏30g，荸荠5个，败酱草25g，粟米适量。

【制法与用法】 先将海蜇、荸荠、生石膏、败酱草加水共煮20分钟，去渣取汁，加入粟米制作成粥，每日食之。

【功效】 本方具有清热生津、润肠通便的功效，适用于热结型便秘。

(2)萝卜薯玉糊

【原料】 鲜白萝卜100g，甘薯100g，佛手30g，玉米面适量。

【制法与用法】 先将鲜白萝卜榨汁，加水适量，加入佛手煮15分钟，去渣加入甘薯(洗净、去皮、切小块)煮至熟烂，加入玉米面制成糊。每次服1小碗，每日2次，7天为1个疗程。

【功效】 本方具有理气宽肠、润肠通便的功效，适用于气滞型便秘。

(3)参芪麻玉煲牛肉

【原料】 黄芪50g，人参30g，黑芝麻90g，玉竹45g，牛肉适量。

【制法与用法】 上料共入锅，加水适量煲至熟烂，调味食之。每日1次，15天为1个疗程。

【功效】 本方具有益气养阴、润肠通便的功效，适用于气虚型便秘。

(4)滋润饮

【原料】 生地黄30g，松子15g，胡桃仁25g，香蕉3个，饴糖适量。

【制法与用法】 水煎生地黄，去渣取汁，香蕉去皮切段，松子、胡桃仁捣碎与生地黄汁、饴糖、适量水共煮。每日2次，10天为1个疗程。

【功效】 本方具有养阴滋肺、生津润肠的功效，适用于阴虚型便秘。

(5)苁蓉羊肉润肠粥

【原料】 肉苁蓉50g，核桃仁15个，黑芝麻30g，羊肉100g，粳米250g，干姜10g。

【制法与用法】 先将肉苁蓉、干姜、羊肉加水煮，去渣取汁，加入核桃仁(捣碎)、黑芝麻、粳米一起共煮成粥。每次1小碗，每日1次，15天为1个疗程。

【功效】 本方具有温肾祛寒、润肠通便的功效，适用于寒积型便秘。

四 乳房发育不良

乳房是成熟女性胸部曲线的重要构成基础和第二性征。一对丰满、坚挺、两侧对称、大小适中、柔润而富有弹性的乳房，是女性形体美、曲线美特有的魅力之一。乳房发育不良是指女性进入第二性征阶段乳房发育不良，乳房小，缺乏弹性和坚实性，不坚挺，乳房松弛、下垂，乳头内陷，乳房皮肤粗糙，有皱褶、凹陷，色素沉着等。乳房发育除受内分泌激素影响外，与全身的发育一样，需要食物提供营养。健美的乳房除关系到美之外，还关系到哺乳期乳汁的质量和数量，所以乳房的营养保健对女性来说是非常重要的。

【发病机制】

中医认为：根据脏腑经络与乳房的关系，乳头属足厥阴肝经，乳房属足阳明胃经。乳房的发育与肝、脾、胃、肾有密切关系。一者肝脾不和，肝失疏泄，脾失健运，胃失受纳，则食欲缺乏，饮食减少，吸收不佳，气血生化不足，营养不良而影响乳房发育。二者肾精亏虚，先天禀赋不足，后天失于滋养，肾虚精血不养，脾虚生化不足，营养不良而影响乳房发育。

现代医学认为：影响乳房发育的因素有 2 个方面：一方面是卵巢发育不良。卵巢功能下降而使雌激素、孕激素分泌减少，或者乳腺组织对雌激素敏感性降低，从而影响乳腺管和乳腺腺泡的发育。另一方面是慢性营养不良、慢性消耗性疾病、减肥、节食、偏食、全身消瘦等，缺乏足够的蛋白质、脂肪及各种营养素而导致乳房发育不良。

【临床特点】

健美的乳房是指：①乳房皮肤光泽、无皱、无凹陷、无色素沉着；质地细腻，丰满、柔韧而有弹性，乳峰高耸。②两侧乳房对称，大小适中，乳房位置较高，在第 2～6 肋间，乳头位于第 4 肋间。

乳房发育不良表现为：①乳房小而干瘪，缺乏弹性，松弛下垂，两侧不对称，乳头内陷。②乳房皮肤粗、有皱褶、无光泽、凹陷、色素沉着。

【中医辨证】

中医辨证常分两型：

1. 肝郁脾虚型 伴胸胁胀满，心烦易怒，食欲缺乏，身体乏力，面色萎黄或苍白，形体消瘦，大便溏泄，月经量少、色淡，甚至经闭。舌质淡、苔薄白，脉弦细。

2. 肾精亏虚型 伴精神疲惫，腰膝酸软，心烦失眠，食欲缺乏，手足心热，身体消瘦，早衰、月经量少，甚至经闭。舌质红、苔少，脉细数。

【营养与食膳调理】

1. 选择营养素 乳房发育不良主要是蛋白质、促进性激素分泌食物以及维生素、矿物质的缺乏。故原则上应选择高蛋白，富含维生素 E、维生素 C、B 族维生素及锌、铁、磷等矿物质的食物，并补充适量碳水化合物和脂类。应循序渐进，逐步补养。

增补建议如下：

(1)天然维生素 E 1 粒，2 次/天。

(2)大豆异黄酮 25mg，2 次/天。

(3)蜂乳胶囊 2 粒，2 次/天。

(4)花粉 5g，2 次/天。

2. 常用食物 首先，应补充含蛋白质含量高的食物和可促进性激素分泌的食物，如瘦肉、蛋类、鱼类、虾、蟹、甲鱼、贝类、牛(羊)奶及奶制品、豆类及豆制品等。其次，补充维生素 E、维生素 C、B 族维生素，锌、铁、磷等矿物质及大豆异黄酮含量高的食物，如红枣、核桃仁、桑葚、枸杞、刺梨、番茄、绿色蔬菜、黑木耳、白木耳、黑芝麻、猪肝、羊肝、粟米、菌类、紫菜、花生、豆类食品等。

3. 辨证用膳

(1)牛奶炖鸡

【原料】 嫩雌鸡 1 只(重约 750g)，牛奶 400g，姜片、精盐等调味品适量。

【制法与用法】 将鸡处理洗净，放入砂锅内加水、牛奶、姜片炖 3 小时，调味食用。

【功效】 本方具有补益气血、健胸丰乳的功效，适用于肝郁脾虚型乳房发育不良。

(2)归枸炖猪腰

【原料】 猪腰子 2 个，当归 10g，枸杞子 15g，桑葚 10g，黑大豆 30g，山药 30g，色拉油、葱、姜、盐等调味品各适量。

【制法与用法】 猪腰子洗净、切片，和上述 5 味原料于砂锅中煮至烂熟，捞出猪腰子，拌入调味品，即可食用。

【功效】 本方具有补益肾精、丰乳健胸的功效，适用于肾精亏虚型乳房发育不良。

五 代谢综合征

代谢综合征是指机体能量、碳水化合物、蛋白质、脂肪、水、电解质、嘌呤等代谢紊乱，及代谢过程中所产生的代谢产物导致的全身多系统、多脏器损害的综合征。常见的有糖尿病、肥胖症、痛风等。糖尿病是有一定遗传倾向的内分泌代谢性疾病，以糖代谢紊乱为主，涉及多种营养素代谢失调，病变可累及全身各脏器，是以慢性高血糖为特点的一组疾病。发病年龄在 40 岁以上，50～70 岁之间为高峰，目前 20 岁以上发病者比例亦呈升趋势，占 6.4% 左右。肥胖症是机体进食热量超过消耗热量或脂质代谢紊乱，使多余的热能转化为脂肪，以脂肪的形式储存于体内而引起的。肥胖症与心血管疾病、糖尿病、高血脂、高血压等密切相关，男女发病比例为 1∶2，女性明显高于男性，可见于任何年龄。痛风是嘌呤代谢紊乱而引起的一组疾病，以高尿酸血症为主要特点，亦使多脏器受累，发病年龄在 40 岁以上的男性占 95%。

【发病机制】

1. 糖尿病 中医认为：糖尿病属中医“消渴”范畴，其主要病机是阴津亏损，燥热偏胜，阴虚为本，燥热为标，两者互为因果。脏腑涉及肺、脾(胃)、肾三脏。以肺为主者为上消，口渴而多饮；以脾为主者为中消，饥而多食；以肾为主者为下消，小便频数、量多。肺、脾、肾三脏互相影响，三多之症互相并见，迁延日久，累及五脏六腑，精血枯竭，阴阳俱衰而病及全身各系统。

现代医学认为：糖尿病具有一定遗传倾向性，由于胰岛 B 细胞分泌胰岛素相对或绝对不足，以及靶细胞对胰岛素敏感性降低或胰岛素自身缺陷而导致多种营养素(蛋白质、碳水化合物、脂肪、水、电解质等)代谢紊乱，出现糖代谢失调，导致慢性血糖升高，出现尿糖，并会累及多脏器受损。

2. 肥胖症 中医认为：本病的形成是由于体质、年龄、饮食、劳倦、情志等因素，导致人体脏腑功能失调所致。病变涉及脾、肝、肾三脏。以脾失健运、肝失疏泄、肾失气化为本，以痰湿内阻、积聚体内为标。病久虚损，兼有血瘀、气滞、水湿诸邪内生，病变累及多脏器。

现代医学认为：本病形成的内在原因与遗传因素、神经精神因素、物质代谢变化及内分泌失调等有关；外在原因与饮食过多、过食肥甘厚腻之味及活动量过少有关。以上诸因导致人体摄入与消耗的热量之间失去平衡，多余物质转化合成脂肪而致肥胖症。可影响呼吸、心血管、内分泌各系统。

3. 痛风 中医认为：痛风一病，属“历节病”、“骨痹”范畴。以肝肾亏损为本，以风、寒、湿、热诸邪入侵为标。内外相合，发为本病。稳定期正虚为主，以肝肾阳气不足、阴血亏虚为病机特点；发作期邪实为主，以风寒湿邪入侵、湿热火毒内盛为病机特点。病程日久，肝肾筋骨受损，痰湿、热毒、瘀血、贼风互为影响，累及多个脏器发病。

现代医学认为：痛风的主要病因是嘌呤代谢失调。有遗传性，亦有获得性。嘌呤的合成、分解、转化代谢异常，而导致其代谢终产物尿酸的体内积聚，使尿酸生成增多或排泄减少，或生成增多、排泄减少同时存在，引起血尿酸增高，使难溶性尿酸钠盐沉积于器官内，表现为选择性脏器损害，日久可累及各脏器。

【临床特点】

1. 糖尿病

(1)不典型症状：即临床上没有典型的糖尿病症状，但体检时血糖升高，尿糖阳性。

(2)典型症状：“三多一少”，即多尿、多饮、多食、消瘦。

(3)确切诊断必须依血糖检测而定，空腹血糖≥7.2mmol/L；餐后2小时血糖≥11.1mmol/L。

(4)病程呈慢性进行性，可累及全身多系统、多脏器而引起各种疾病。

2. 肥胖症 其表现随不同病因而不同，本小节主要论述单纯性肥胖。

(1)人体体重超过标准体重的20%则诊断为肥胖。

(2)伴易疲劳、耐力差、肺泡低换气综合征、易出汗、怕热。

(3)易并发高血压、高脂血症、动脉硬化、糖尿病、脂肪肝等。

3. 痛风 其临床表现取决于嘌呤代谢基质或其终末代谢产物积聚于某器官而表现为选择性的脏器损害。最常见的是急性痛风性关节炎，亦可在全身各处形成痛风石。初期多累及趾关节及跗、踝、膝、指、腕、肘等关节；后期多关节受累。多于半夜发生剧痛，先起于下肢远端趾关节。肾脏中痛风石的形成可导致痛风性肾病和肾功能不全。临床上可分为无症状期、急性期、慢性期和间歇期。诊断标准为：血尿酸男性≥0.417mmol/L，女性≥0.375mmol/L。

【中医辨证】

1. 糖尿病 中医辨证常分四型：

(1)肺胃阴虚燥热型：烦渴引饮，消谷善饥，小便频数、量多，尿色浑黄，形体消瘦，舌红、苔少，脉滑数。

(2)肝肾阴虚燥热型：尿频量多，混浊如脂膏，腰膝酸软，头昏耳鸣，口干唇燥，身体消瘦，神疲乏力，皮肤干燥，舌红、苔少，脉细数。

(3)气阴双虚燥热型：小便频数，口渴引饮，消谷善饥，大便溏泄，精神不振，四肢乏力，口干唇燥，舌质淡、苔薄白，脉细弱少力。

(4)阴阳双虚燥热型：小便频数，湿浊如膏，甚则饮一溲一，咽干口燥，面容憔悴，耳轮干枯，面色黧黑，腰膝酸软，四肢不温，畏寒怕冷，舌淡、苔白而干，脉沉细无力。

2. 肥胖症 中医辨证常分四型：

(1)痰浊内盛型 形体肥胖，肢体沉重，头胀眩晕，消谷善饥，昏昏欲睡，舌质淡胖，舌苔厚腻。

(2)脾虚痰湿型　形体肥胖，四肢困重，肌肉松软，精神不振，喜睡嗜卧，气短懒言，食欲缺乏，舌质淡胖，舌苔白腻。

(3)阳虚痰湿型　形体肥胖，肌肉松软，四肢乏力，神疲气短，肢体沉重，怕冷易汗，小便不利，面色㿠白，腰膝冷痛，舌质淡胖，舌苔白腻、水滑。

(4)气滞血瘀型　形体肥胖，胸胁满闷，呼吸不畅，脘腹胀疼，大便不爽，面色暗红或暗黑，舌质淡或暗或有瘀斑，舌苔白腻。

3. 痛风　中医辨证常分两期四型：

(1)稳定期

1)肝肾阳气虚衰型：关节疼痛长期反复发作之后，疼痛不甚而麻木重，活动不利，伴见面色淡白，头昏耳鸣，畏寒自汗，腰膝酸软，小便清长，舌质淡、苔薄白，脉沉弱。

2)肝肾阴血不足型：关节疼痛长期反复发作之后，关节拘挛不利，局部灼热，疼痛不甚，多于夜间明显，伴头昏耳鸣，咽干唇燥，手足心热，腰肢酸软，大便干燥，舌质光红，脉细数、无力。

(2)发作期

1)风寒湿邪型：关节疼痛剧烈，遇风寒加剧，得热可暂时缓解，舌质淡、苔薄白，脉紧。

2)湿热毒邪型：关节红肿热痛，口渴喜饮，烦躁不宁，小便黄赤，大便干燥，舌红、苔黄，脉数有力。

【营养与食膳调理】

1. 选择营养素　代谢疾病中糖尿病、肥胖症、痛风与碳水化合物、蛋白质、脂肪、能量等的摄入密切相关。它们有共同的饮食宜忌原则，但又各有特点。

应遵循的共同的营养素选择原则是：①限制总热量的摄入，制订适宜的热能供给量；②限制脂肪摄入；③控制碳水化合物的摄入；④保证充足的矿物质和维生素；⑤供给足量的水；⑥低盐饮食；⑦合理摄入膳食纤维。

另外，对糖尿病和肥胖症患者要保证蛋白质的供给，要严格控制糖尿病患者碳水化合物的摄入量，对痛风患者要严格控制蛋白质的摄入，选择适宜的低嘌呤饮食。

2. 常用食物　根据上述饮食宜忌原则，应常食富含矿物质、维生素的食物，如白菜、南瓜、苦瓜、西瓜皮、冬瓜、山药、萝卜、黄瓜、芹菜、豆苗、菠菜、洋葱、藕、蘑菇、海带、芦笋、草菇、金针菜、银耳、黑木耳、番茄、茄子、玉米须、草莓、牛奶、羊奶、米醋、蜂乳、茶叶等。应注意的事项：不食动物脂肪、少食植物油，少食干果类含热量、脂肪高的食物，低盐，适当控制粮谷类食物的摄入。

糖尿病患者可适量补充蛋白质。豆类：黄豆、黑豆、绿豆及豆制品等；动物瘦肉、猪胰、野鸡肉、蚕蛹；水产品：鱼类、海参、黄鳝、田螺、蛤蜊等；含糖低的粮食：荞麦、燕麦、莜麦等。忌食含碳水化合物高的食物：粳米、玉米、小麦、糯米、粟米、番薯、桃子、柿子、苹果、大枣、荔枝、香蕉、樱桃、葡萄、龙眼肉、芒果、甘蔗、西瓜、蜂蜜、糖、酒等。

肥胖症患者可适量补充蛋白质、豆类及其制品，动物瘦肉及低碳水化合物食品。选择种类与糖尿病患者相似。

痛风患者适宜选择嘌呤含量低的食物：水产类：青鱼、鲑鱼、鲱鱼、金枪鱼、龙虾、蟹、牡蛎等；肉类：鸡、火腿、羊肉、牛肉；谷类：麦片、麦麸、面包、玉米、精白米、精白面粉等；蛋、奶类：鲜奶、酸奶、鸡蛋、鸭蛋等；各种蔬菜、水果。忌食含嘌呤高的食物：某些肉类和动物内脏：狗肉、鹅肉、猪肉、鸽、鸭及动物肝、肾、脑、胰，及肉类的汤等；水产类：鲳鱼、鳕鱼、鲈鱼、鳝鱼、鱼卵、鳗鱼、小虾、沙丁鱼、比目鱼、贝类等;豆类及其制品,酒类。

3. 辨证用膳

(1)糖尿病

1)沙冬洋参燕麦粥

【原料】 沙参10g,麦冬10g,西洋参6g,山药30g,苦瓜10g,燕麦40g。

【制法与用法】 沙参、麦冬、西洋参共煮40分钟,去渣取汁,加入山药、苦瓜、燕麦煮成粥,每日食之。

【功效】 本方具有滋养肺胃、生津润燥的功效,适用于肺胃阴虚燥热型糖尿病。

2)参梅蔬菜豆浆

【原料】 西洋参6g,乌梅10g,麦冬10g,石斛10g,山药20g,山芋10g,黄瓜30g,番茄20g,黄豆20g。

【制法与用法】 先将西洋参、乌梅、麦冬、石斛、山药、山芋共煮40分钟,去渣取汁,将汁加入豆浆机中,再加入黄瓜、番茄、黄豆,磨取豆浆,每日饮用。

【功效】 本方具有滋补肝肾、生津润燥的功效,适用于肝肾阴虚燥热型糖尿病。

3)参芪炖猪胰

【原料】 黄芪30g,西洋参10g,山药30g,麦冬15g,猪胰1个、盐适量。

【制法与用法】 猪胰洗净、切块,加水与其他4味原料共炖熟,食盐调味,食猪胰、喝汤,每日2次。

【功效】 本方具有益气养阴、生津润燥的功效,适用于气阴双虚燥热型糖尿病。

4)双耳山药炒鳝丝

【原料】 银耳30g,黑木耳30g,鲜淮山药100g,黄鳝250g,植物油、葱、姜、蒜、盐、醋各适量。

【制法与用法】 银耳、黑木耳洗净,淮山药切斜片,黄鳝切丝,炒锅上火,加入植物油烧至七成熟时加入葱、姜、蒜、黄鳝、银耳、黑木耳、淮山药炒熟,再加盐、醋调味即成。每日食之。

【功效】 本方具有滋阴补阳、润燥固涩的功效,适用于阴阳双虚燥热型糖尿病。

(2)肥胖症

1)山楂冬瓜粥

【原料】 鲜冬瓜100g,山楂50g,白萝卜100g,茯苓30g,粳米100g。

【制法与用法】 先用冬瓜、白萝卜榨汁,山楂、茯苓煎煮去渣取汁,用汁加粳米煮粥,早晚食之。

【功效】 本方具有祛湿化痰、消食降脂的功效,适用于痰浊内阻型肥胖症。

2)黄芪薏仁粥

【原料】 黄芪15g,茯苓30g,山楂30g,薏苡仁100g,粳米100g。

【制法与用法】 先将黄芪、茯苓、山楂煎煮,去渣取汁,用汁煮薏苡仁、粳米成稀粥,早晚饮用。

【功效】 本方具有健脾除湿、降脂减肥的功效,适用于脾虚痰湿型肥胖症。

3)鲤鱼减肥汤

【原料】 鲤鱼500g,川椒30g,草果10g,生姜、葱、香菜、料酒、味精、醋各适量。

【制法与用法】 鲤鱼去鳞及内脏洗净、切块,将草果、鲤鱼、生姜、川椒、葱一同放入锅内,加水炖熬15分钟,加入香菜、料酒、味精、醋即成。每日食鲤鱼、饮汤。

【功效】 本方具有温阳健胃、降脂减肥的功效,适用于阳虚痰湿型肥胖症。

4)山楂茵陈减肥茶

【原料】 茵陈、决明子、山楂、荷叶、丹参各等份。

【制法与用法】 将上述原料干燥后粉碎成粗末,过14~20目筛,充分混合均匀,封贮备用。每日取粗末9g,加绿茶适量,沸水冲泡5分钟后即可饮用,可连续加水饮用3次,每日饮茶。

【功效】 本方具有调气和血、降脂减肥的功效,适用于气滞痰淤型肥胖症。

(3)痛风

1)参桂煮鸡蛋

【原料】 人参、巴戟天、肉桂、仙灵脾各10g,鸡蛋4个。

【制法与用法】 先将鸡蛋煮熟,将蛋壳敲碎,用针在蛋清上刺若干小孔,不要刺透蛋黄,然后与其他4味原料共加水文火煮1小时,每日早晚各食1个鸡蛋。

【功效】 本方具有温补阳气、滋养肝肾的功效,适用于缓解期肝肾阳气虚衰型痛风。

2)枸贞梨

【原料】 枸杞10g,女贞子10g,黄精10g,大梨1个。

【制法与用法】 靠近梨蒂处切开,挖去梨核,将枸杞、女贞子、黄精洗净泡20分钟后,捞出放入梨中,再盖上,蒸15分钟。食梨肉,每日1个。

【功效】 本方具有滋养肝肾、养阴生津的功效,适用于缓解期肝肾阴血不足型痛风。

3)麻桂煮鸭蛋

【原料】 麻黄10g,桂枝20g,鸭蛋2个,姜、葱、蒜、花椒、盐各适量。

【制法与用法】 鸭蛋煮熟剥去壳,再同麻黄、桂枝、姜、葱、蒜、花椒、盐加水文火煮20分钟,食鸭蛋、喝汤,每日1次。

【功效】 本方具有温阳祛寒、通络止痛的功效,适用于风寒湿邪型痛风发作期。

4)五汁饮

【原料】 苦瓜、番茄、藕、胡萝卜、百合各等份。

【制法与用法】 将上述原料共榨汁,每次饮1杯,每日2次。

【功效】 本方具有清热泻火、养阴生津的功效,适用于湿热毒邪型痛风发作期。

第十二章 美容外科与营养

美容外科(aesthetic surgery)是整形外科的一个分支,又是现代美容医学的重要组成部分,是对具有正常组织结构及生理功能的人体进行形体的美学修整和再塑造,或对一些损容性疾病予以治疗,是整形外科高度发展的尖端学科。求美者在追求无痛、微创和无痕手术的同时,更加看重治疗后的效果。美容外科治疗同其他外科一样,在治疗期间,合理的营养饮食是机体生长、组织修复、维持正常生理功能的物质基础,是创伤修复不可缺少的条件。正确合理的营养饮食可以增强机体的免疫功能,更好地耐受麻醉及手术创伤,使受术者获得最佳的治疗效果。如果在美容外科治疗期间营养与饮食不当,发生内分泌及代谢紊乱、水电解质平衡失调、贫血、营养不良等,则会阻碍组织的愈合,或者增加瘢痕形成和色素沉着而影响治疗效果。

第一节 美容手术与营养

任何一种手术都会对受术者的机体造成一定程度的创伤,而创伤的修复是一个与机体代谢及营养密切相关的特殊病理生理过程。在这个过程中除必要的药物治疗及周到的护理外,还应该科学地补充营养,这直接关系到手术后的效果。特别是美容手术多为体表手术,如面部除皱美容术、颌面美容术、眼部美容术、鼻部美容术、口唇部美容术、耳郭美容术、乳房美容术、腹壁及四肢美容术等,这些手术的目的都是为了“锦上添花”,需要达到“甲级愈合”的要求。中医认为合理的膳食可以调整阴阳、固本培元。因此美容外科医生必须把科学的营养纳入术后治疗的重要内容中,提出营养方案,确定营养食谱,保证受术者摄取术后愈合所需的足够营养。防止因营养不良或部分营养因子缺乏而导致的机体抵抗力下降,引起伤口感染、延期愈合或遗留明显瘢痕,而影响美容手术效果。

一 美容手术后的病理生理变化

美容手术后不仅可造成局部组织的直接损伤,同时也会引起一系列的全身反应。创伤的局部和全身反应本质上都是机体对创伤的防御反应,目的是维持内环境稳定,以促进机体的全面康复。创伤后首先会导致局部组织结构破坏、出血、细胞失活等,随后就会引起局部创伤性炎症反应。创伤后急性炎症阶段首先出现微血管和小血管的变化,进而出现血流停滞和部分血管血栓形成。早期出现的血管收缩和扩张主要是通过神经反射的作用实现的。发炎组织中的一些化学物质,如组胺、腺苷酸、5-羟色胺、激肽等,以及局部氢离子浓度的增高,对小血管和微血管的扩张也有重要作用。炎症进一步进展，可发生液体和细胞渗出。损伤较轻时，渗出液中仅含盐类和分子量较小的清蛋白；损伤较重时，分子量较大的球蛋白甚至纤维蛋白也可渗出。渗出液中含有抗体和补体等物质，有利于中和毒素和消灭细菌。纤维蛋白形成网状结构，有利于限制细菌向周围扩散，便于吞噬细胞发挥吞噬作用，进而使病灶局限化。但是，过量的液体渗出，则会使机体蛋白质等营养物质大量丢失，并随之出现一系列的全身反应，如代谢变化、免疫功能下降等。

创伤后代谢反应是指机体受到创伤后出现应激反应，在蛋白质、糖类、脂肪以及水盐等代谢方面逐渐产生的一系列复杂的具有特征性的变化。创伤后蛋白质的代谢主要表现为蛋白质丢失，尿素氮排出增多，机体处于负氮平衡状态。糖代谢变化主要是指创伤应激状态下葡萄糖的代谢，包括糖的氧化供能、糖原的合成与分解、糖异生作用及胰岛素在糖代谢中的作用等。创伤后早期糖代谢的主要特点为高血糖、葡萄糖氧化受抑、糖异生作用增强，并可出现胰岛素耐受现象。进入高代谢期后，血糖水平逐渐下降，表现为血糖浓度中轻度增高或降至正常范围，虽然此时组织对葡萄糖摄取增多，但其完全氧化的比例下降，总的葡萄糖氧化能力下降，另外，此期糖异生作用仍明显增强，胰岛素耐受现象仍然存在。创伤早期，机体脂肪动员明显增强，血浆游离脂肪酸与甘油水平增高，脂肪酸的氧化增强，脂肪酸再酯化率明显升高，肝脏酮体生成受抑。进入高代谢期后，脂肪动员仍处于增强状态，脂肪酸的利用与氧化明显增强，成为能量消耗的主要来源。创伤高代谢反应常伴有无机盐、微量元素和维生素的代谢变化。机体可出现水与电解质平衡紊乱、酸碱平衡失调，以及多种微量元素和维生素大量消耗等情况。

二 美容手术后的愈合与营养

美容手术后创伤愈合（wound healing）是机体对创伤修复的一个复杂而有序的反应过程，包括受损组织的清除和各种细胞的聚集，局部产生大量胶原基质，最后形成瘢痕的复杂组合。机体的营养物质是影响创伤愈合的重要因素。若术前营养状况良好，术后进入创伤修复阶段时，尽管机体尚处于负氮平衡状态，在伤口或切口无感染的情况下，机体所提供的营养素被用来合成胶原，足以使伤口迅速开始愈合。营养素供给充裕，一方面可使伤口不断摄取营养素；另一方面，身体其他组织和器官可减少消耗，并且也可获得营养补充，机体转为正氮平衡，创伤逐渐愈合。若术前营养状态不良，术后又未注意营养支持，机体的免疫功能就会受损，伤口易继发感染，若感染未能很好控制，营养又未得到很好补充，持续过久，则伤口难以愈合。

（一）创伤愈合的基本过程

创伤愈合有 3 个主要阶段，虽然这 3 个阶段相互交错，但都是连续发生的。

1. 炎症反应阶段 炎症（inflammation）是机体对局部组织损伤的反应，包括血流动力学改变、血管通透性升高、中性粒细胞和单核细胞的渗出及吞噬作用。炎症在创伤后立即发生，当组织受创后伤口局部微循环的损伤引起血管收缩，一般血管收缩持续 5～10 分钟，血液内的血小板及纤维蛋白沉淀形成局部血凝块而止血。血管收缩可使周围组织的氧合受到抑制，由于缺氧及组织酸中毒，激发了机体的炎症反应。此时血管的通透性升高、血管扩张，导致正常血管腔内的液体、蛋白质及酶经血管壁漏入细胞外间隙，引起局部组织充血、水肿，血液中的中性粒细胞、单核细胞、淋巴细胞等穿过血管壁到达创伤区，清除损伤因素和坏死组织，防止感染，同时奠定组织再生与修复的基础。炎症是创伤愈合的重要阶段，当炎症反应受到抑制时，会导致创伤愈合不良或延迟愈合。

2. 组织增生阶段 机体的组织由细胞和细胞外基质组成。当组织缺损时，机体必须通过细胞增生、分化和细胞外基质的形成来完成修复过程。创伤后48小时开始，巨噬细胞及血小板刺激成纤维细胞分裂增殖。伤后的5～6天，成纤维细胞开始合成胶原蛋白以支持新生的细胞外基质，而胶原蛋白酶则分解胶原蛋白。伤口的最佳修复环境是胶原纤维以交叉连接结合在一起。胶原蛋白的合成与分解必须保持平衡，以避免过度增生或不适当的生成，从而分别形成增生性瘢痕或萎缩性瘢痕。在成纤维细胞增殖的同时，单核细胞与多核细胞进入伤口并激活现存的血管产生新的毛细血管床，这些由成纤维细胞、新生的毛细血管及一定数量的炎性细胞等形成的组织称为肉芽组织（granulation tissue）。伤口中出现的肉芽组织是鲜红色的。同时伤口边缘的表皮基底细胞增生，并向伤口中心移动，形成单层上皮，覆盖于肉芽组织的表面，当这些细胞彼此相遇时，则停止前进，并增生、分化成为鳞状上皮。健康的肉芽组织对表皮再生十分重要，因为它可提供上皮再生所需的营养及生长因子，如果肉芽组织长时间不能将伤口填平，并形成瘢痕，则上皮再生将延缓，导致伤口不能及时愈合。

3. 组织塑形阶段 伤后约21天开始，胶原不断更新，成纤维细胞数量减少，肉芽组织向瘢痕组织转化。经过细胞增生和基质沉积，伤口局部组织可以初步修复。然而所形成的纤维（瘢痕）组织，在数量和质量方面并不一定都适宜于生理功能的需要。如瘢痕内含胶原过多，可使瘢痕过硬，不利于修复处的活动。随着机体状态好转和活动恢复，新生的组织可以变化、调整。如瘢痕内有一部分胶原和其他基质被转化吸收，使瘢痕软化又保持张力强度。在以上细胞增生和组织塑形的过程中，有巨噬细胞和多种介质的参与。血小板、淋巴细胞等其他细胞也释放出各种因子参与组织修复过程。局部组织在修复前期以合成代谢为主，为新生的细胞和基质提供物质基础，至塑形期分解代谢加速，使一部分基质减少。在临床上表现为创伤后数月内瘢痕增生，而随着时间的推移，瘢痕增生逐渐减轻，反应了组织重塑的过程。

（二）创伤愈合过程中的营养需要

伤口愈合是一个必须有蛋白质、脂肪、碳水化合物、维生素及矿物质等营养素的补充才能完成的复杂过程。

1. 蛋白质 蛋白质在细胞和生物体的生命活动过程中起着十分重要的作用。蛋白质不仅是组织生长更新和修补所必需的材料，而且还是保持血浆渗透压和维持人体正常代谢的重要物质。手术创伤后机体代谢率下降，蛋白质合成率降低，组织再生和其功能的恢复明显延缓。蛋白质严重缺乏时，尤其是含硫氨基酸（如甲硫氨酸、胱氨酸）缺乏时，肉芽组织及胶原蛋白形成不良，伤口愈合延缓。同时由于蛋白质的缺乏，免疫功能减退，网状内皮细胞有萎缩现象，抗体的形成也有缺陷，易发生感染，形成长期不愈合的伤口。所以，蛋白质营养问题对美容外科手术者有特别重要的意义，应充分保证其数量和质量。在术后反应期，应在保证各种必需氨基酸的基础上特别考虑支链氨基酸的供给，以满足体内糖异生作用的需要，从而节省肌肉蛋白质的消耗；在伤口愈合和全身康复阶段，应在保证丰富的优质蛋白质的基础上，考虑到伤口愈合特别需要的含硫氨基酸以及胶原含量高的各种氨基酸的供给。目前临床上，对于蛋白质的来源，除食物蛋白质外，尚有蛋白水解液、注射用氨基酸液，对于消化功能不好或不能进食的受术者，可根据情况选择后两者；对于能进食者，仍优先选择食物蛋白质供给，因食物是更为可口和价格低廉的蛋白质来源。

2. 脂肪 脂肪是机体热能最丰富的来源，也是必需脂肪酸的来源，较糖类难以消化、吸收。但由于维生素 A、维生素 D、维生素 E、维生素 K 等脂溶性维生素需随脂肪一起才能吸收，故膳食中应含有一定量的脂肪。但对肠胃功能不好的受术者，摄入量应降低，但也应考虑到必需脂肪酸的需要。须根据具体情况给予无脂肪饮食，或将全日脂肪量限制在 20～40g 之间。并且在脂肪的品种上，应选择中链甘油三酯，而不选择长链甘油三酯，因前者较后者易于消化与吸收，可直接进入肝门静脉（无需经乳糜管、淋巴管系统）至肝脏，也易于氧化。

3. 碳水化合物 碳水化合物（糖类）是供给热量最经济、最有效的营养素，并且体内某些组织主要利用糖类作为热量来源，如血红细胞、骨髓、周围神经和肾上腺髓质，此外，创伤愈合所必需的成纤维细胞和吞噬细胞也利用葡萄糖作为主要热量来源。故糖类提供的热量应占总热量的 60%～70%。无论是健康人或外科患者都应摄入充裕的糖类，并且术前若获得充裕的糖类，还有保护肝脏的作用，有利于患者对手术的耐受。因为，一方面糖类是最易消化、吸收的，对术后消化功能欠佳者尤为适宜；另一方面，由于在体内糖类有节省蛋白质的作用，有利于机体转为正氮平衡和康复。

4. 维生素 维生素与创伤、烧伤及术后愈合和康复的关系，早已受到人们的重视。创伤后机体处于应激状态与代谢旺盛阶段，因此，维生素的供应量应有所增加。一般认为，对手术前已有维生素缺乏的受术者，术前即应充裕地进行补充。对于营养状况良好的受术者，术后脂溶性维生素的供给无需超过正常需要量太多，补充过多易出现毒性作用，并且脂溶性维生素可在肝脏中储存。水溶性维生素的毒性很低且体内不易储存，目前临床上对受术者的每日推荐量皆稍高，以 2～3 倍于正常需要量来供给较为合适。

维生素 A 在伤口愈合的炎症期有积极作用。研究证明，维生素 A 可通过对溶酶体膜的作用来提高炎症反应，增加进入创面的单核细胞、巨噬细胞及淋巴细胞等炎症细胞的数量，并调节胶原酶活性，有助于胶原合成，使胶原呈网架状，而不是瘢痕样地呈束状分布，同时还可改善由手术创伤造成的免疫功能抑制。因此美容手术后补充维生素 A 可改善创面愈合，尤其能纠正由激素引起的愈合延迟。但过量摄入维生素 A 会使溶酶体膜不稳定，增加炎症反应的严重性。

维生素 B_1 有利于提高赖氨酸羟化酶的活性，促进胶原肽链的交联，增强创面强度。

维生素 C 是中性粒细胞产生过氧化物杀灭细菌所必需的，亦有利于巨噬细胞的吞噬和游走，同时作为脯氨酸和赖氨酸羟化反应的辅助因子，可促进成纤维细胞、成骨细胞的生长及胶原合成和交联，提高伤口强度。美容手术后常伴有维生素 C 消耗增加，血浆中维生素 C 水平降低，对于创伤比较大的美容手术，如面部磨削术、面型改造术及大面积抽脂术等受术者，应予补充大量维生素 C，以防止手术后的色素沉着。

维生素 E 可以减少身体对氧的需求及预防瘢痕的产生。当机体组织受到创伤后，血管会遭到破坏，创伤处的细胞因为血液循环阻断而缺氧，导致细胞死亡，新生细胞又无法生长，便形成瘢痕，而且长期无法去除的内部瘢痕会让创伤处一直处于坚硬状态。当大量地供给维生素 E 时，身体组织对氧的需求会显著降低，这样创伤处的细胞会因对氧气的需求降低而避免死亡。同时维生素 E 能使受伤的血管重生，在创伤早期，可以有效预防瘢痕的产生。如果瘢痕已经产生，甚至积累了很长的一段时间，则维生素 E 会在创伤周围产生大量的毛细血管，从而使创伤组织得以重生，并逐渐替换瘢痕组织。

5. 微量元素 较大的美容手术，可能会造成微量元素的排出量增加，手术及康复期应注意适当补充。锌是人体必不可少的微量元素，由于锌是体内许多种酶或辅酶的组成成分，特别是 DNA 聚合酶、RNA 聚合酶的辅酶成分，与细胞的分裂生长以及蛋白质的合成都有密切的关系。锌可促进与伤口愈合密切相关的蛋白多糖和胶原纤维的合成，不仅如此，由于 20% 的锌存在于皮肤中，因此，锌对伤口上皮细胞的形成，影响更为显著。锌还可以维持胸腺功能和 T 细胞反应，提高机体免疫功能，减少感染的发生率。同时锌作为味觉素分子的组成元素之一，有助于增加食欲，改善营养状况。锌亦参与了一些与消化吸收有关的酶的合成与激活，故补锌还能增加机体对摄入营养素的生物利用率。

除锌以外，硒、铜、铁、锰、碘等微量元素也参与了机体蛋白质的合成过程。硒与创伤后血管内凝集反应及微血管变化有关，缺硒可使血小板处于活化状态，从而加重伤口的炎症反应。成纤维细胞作为主要的伤口愈合细胞，微量元素可通过细胞核内的作用影响成纤维细胞的生长增殖，还可与其他细胞互相结合而发挥生长因子的作用。因此，当美容手术后受术者摄食减少、微量元素摄入量不足时，应及时补充适宜的微量元素制剂，促进伤口愈合，以达到良好的美容手术效果。

三 美容手术前、后的营养与饮食

美容手术的受术者大多术前营养状态良好，但随着社会的发展，受术者的年龄分布范围较广，其中一些年轻人为了保持身材而长期节食，则导致身体营养状态欠佳，但仍要求进行美容手术，对于这部分受术者，手术前应给予营养支持，以减少术后并发症的发生和获得更好的美容效果。美容手术后，即使手术操作很完善、顺利，对机体组织总会造成一定程度的损伤，其损伤程度因手术的大小、手术部位的深浅以及受术者身体素质的不同而异。一般手术都可能有失血、发热、代谢功能紊乱、消化吸收能力减低、食欲减退、咀嚼困难及大便秘结等情况发生，有些创伤比较大的手术受术者体液丧失较多，术后需要确定营养素需要量，给予明确的营养支持，以保证其顺利康复。

（一）美容手术前营养状态评估

由于机体面对内外不利的环境时能进行自我调节以维持生存，因此，当一些受术者自身处于不理想的营养状态时，也无明显的自我不适感。但不理想的营养状态对耐受必要的手术和促进康复都是不利的。为此，美容手术前需要对受术者进行有关营养状态方面的评估，并根据所得结果作出评价。常用的评估方法有：

1. 病史询问 除询问与当前疾病有关的症状以协助诊断外，尚应了解受术者的饮食史、体重和体型方面的变化，以及有可能导致受术者发生营养不良的因素，如体重丢失、厌食、呕吐、腹泻以及食物摄入减少或异常。一般健康人在手术前、后处于半饥饿状态大于 15 天者，即有可能发生严重的营养不良，从而明显影响机体的生理功能。

2. 人体测量 人体测量包括身高、体重、肢体测量。体重是最常用的人体测量指标，实际的体重应考虑到体液的含量，与理想体重或通常的体重标准相比，进行判断。通过人体测量学方法可了解受术者肌肉丰度、脂肪储存情况，如肱三头肌皮褶厚度（TSF）减少，说明脂肪储存量减少，常由热量不足引起，一般 TSF 正常值为男 1.25cm、女 1.65cm。臂中肌周径（AMC）及上臂围（AC）减少，则反映肌肉体积减小，说明蛋白质摄入不足、分解增多，一般 AMC 正常值为男 25.3cm、女 23.2cm。这些测定结果与脂肪和蛋白质消耗程度有良好的相关性。

3. 实验室指标　测血浆清蛋白(正常值为 >30g/L)、转铁蛋白或总铁结合力(正常值为 >2g/L)、甲状腺素结合前清蛋白、视黄醇结合蛋白、淋巴细胞计数、皮肤延迟过敏反应(正常值为 >5mm)等。

尿素氮(UUN)可间接反映蛋白质的分解代谢率,用以判断机体氮平衡状态,UUN 量代表尿中排出的60% ~90% 的氮量,因此大致上接近于总尿氮排出量。随着应激水平的提高,与蛋白质分解代谢增加相伴行,出现了尿氮排出升高的现象。不同的尿氮量反映不同程度的应激状态,非应激状态下饥饿时,尿氮丢失量 <8g/d;轻度应激(如择期手术)时,尿氮丢失量在 8 ~12g/d范围内;中度应激(如多发创伤)时,尿氮丢失量在 13 ~ 18g/d 范围内;中毒应激(如全身性感染)时,尿氮丢失量 >18g/d。

尽管上述常规检验指标有一定的局限性,但它们仍为简易而又能相对客观地协助判断受术者营养状态变化的有参考价值的指标。因此,在进行创伤较大的美容手术前,应给受术者进行营养状态的评估,为美容手术前、后的营养支持提供科学依据。

(二) 美容手术前、后营养支持原则

1. 美容手术前的营养支持原则　美容手术的受术者年龄分布较广,从小孩到老人均有,但以中青年女性多见。大多数受术者体质较好,体质弱者较少,且美容手术多为小手术,深部手术较少,尤其是近年来随着科技的进步,医疗设备不断更新,加之手术方法的不断完善,美容手术后的创伤也逐渐减轻,一般不影响术后的进食。因而对较小的美容手术,如重睑术、内眦赘皮治疗、上眼睑除皱术、鼻尖美容术、招风耳美容术、酒窝形成术、乳头美容术、处女膜修复术等小的美容手术,受术者一般术前不需要进行特殊的营养素供给。对于创伤较大的美容手术如巨乳缩小术、面型改造术、全面部除皱术、腹壁整形术及大面积脂肪抽吸等手术的受术者,应按以下原则提供营养饮食:

(1)营养素的补充:手术前若无特殊的禁忌证,为保证受术者术后病程经过良好、减少并发症的发生,应尽可能地补充各种必需营养素。为增进全身和各器官的营养,应采用高热量、高蛋白质、高维生素的饮食。每天摄入的总热量为2000 ~2500kJ。饮食中脂肪含量不可过多,蛋白质含量可占 20%,其中 50% 应为优质蛋白质;脂肪占 15%;糖类占 65%,要以易消化的糖类为主,以保证肝中储存足量的肝糖原,维持血糖浓度,使之能及时供给热能,同时用以保护肝脏免受麻醉的毒害。增加饮食中各种维生素的含量,不仅应保证每日需要量,同时还要使体内有所储存。在手术前 7 ~10 天,每天应摄取维生素 C 100mg、维生素 $B_6$5mg、胡萝卜素 3mg、烟酸 50mg,若有出血或凝血功能减低时,应补充维生素 K 15mg。

(2)水、盐的摄入:为保证受术者体内有充足的水分,防止其出现脱水,要保证足够的水、盐摄入。对于心肾功能良好者,每日可摄取水 2 ~3L。对于手术前过度肥胖、循环功能低下的受术者,应采取脱水措施,即在手术前 1 ~ 3 天的饮食中限制食盐,或在手术前 5 ~ 6 天采用 1 ~2天的半饥饿饮食。

(3)饮食准备:根据手术部位的不同,手术前应采取不同的饮食准备。腹部或会阴部整形手术受术者,手术前 3 天应停用普通饮食,改为少渣半流质饮食(避免食用易胀气及富含纤维素的食物),手术前 1 天改为流质饮食,手术前 1 天晚上禁食。其他部位的整形美容手术受术者,一般不需限制饮食,但须在手术前 12 小时起禁食,手术前 4 小时起开始禁水,以防止麻醉或手术过程中呕吐而发生吸入性肺炎或窒息。

(4)特殊处理:营养不良的人一般不提倡进行美容手术。营养不良者常伴有低蛋白血症

及贫血，因而耐受失血性休克的能力降低，低蛋白血症可引起组织水肿，影响愈合。同时营养不良者抵抗力低下，容易并发感染，因此术前应尽可能予以纠正。如果血浆清蛋白测定值在30～35g/L，应补充富含蛋白质的饮食予以纠正；如果低于30g/L，则需通过静脉输入血浆或蛋白质制剂才能在较短的时间内纠正低蛋白血症。对于贫血者，应纠正贫血，给予药物治疗，或食用铁含量高的食物，如动物肝脏、全血、肉类、鱼类、绿色藻类、黑木耳、海带、芝麻酱等，并补充适量的其他微量元素，如硒、锌等。对于严重贫血者可考虑推迟手术时间或通过输血纠正贫血后再行美容外科手术。

糖尿病患者一般不宜做美容外科手术，要求强烈且病情较轻者接受手术时，在手术前，要作出术前评估，饮食按糖尿病饮食原则处理，药物治疗要作出相应计划，尽可能将血糖、尿糖控制在正常范围内再手术，预防术后感染及并发症，以保证美容手术的效果。

2. 美容手术后的营养支持原则 无论何种手术，即使手术操作很完善、顺利，也会对机体组织造成一定程度的损伤。其损伤程度与手术的大小、手术部位的深浅以及受术者身体素质的不同而有所不同。为了保护受术者手术器官及手术部位伤口的修复，增强机体免疫功能，达到满意的手术效果，术后要供给受术者充足合理的营养。

（1）对于一些创伤小的美容手术，如重睑术、内眦赘皮治疗、上眼睑除皱术、招风耳美容术、乳头美容术及处女膜修复术等，如果手术后无高代谢状态及并发症的发生，其手术不影响受术者正常进食，一般术后即可进食，应适当增加蛋白质及维生素C的摄入量，以促进伤口愈合，避免感染的发生。

（2）对于创伤小，但手术的部位影响受术者正常进食的美容手术，如鼻尖美容术、酒窝形成术及口唇部的美容手术等，术后须进流质饮食或半流质饮食3～5天，如进食或饮水不足，可用葡萄糖盐水溶液静脉输入，以保证身体营养素的正常供给量。

（3）对于创伤较大的美容手术，为避免出现如肠麻痹、少尿、肾功能障碍、蛋白质分解代谢亢进、蛋白质丧失过多等严重的并发症，术后必须制订合理的营养与饮食，以保证受术者机体的恢复。其营养供给的原则，应尽可能地采取简单的方式。凡能接受肠内营养者，尽量避免肠外营养，因为肠内营养既经济又安全，受术者自已进食是最简单和最经济安全的方式。对于巨乳缩小术、面型改造术、全面部除皱术及腹壁整形术等创伤较大、范围较广且影响正常进食的美容手术，除给予肠内营养外，还要适当给予肠外营养支持。

（4）对于接受脂肪抽吸减肥手术的受术者，因其美容的目的是体形雕塑和减轻体重，故其术后的营养供给量应适当减少，尤其须限制脂肪和糖类的供给，以巩固手术效果，但要保证蛋白质及维生素的供给量，而对于大量抽脂、体重已丧失10%者，就需要确定营养素需要量，应给予明确的营养支持，以保证其顺利康复。

（5）会阴部或涉及肛门的整形手术，术后须禁食3～5天或更长时间，恢复饮食宜采用清流质、流质、少渣半流质，有一逐渐过渡的过程。饮食中应限制富含粗纤维素的食物，以减少大便次数，保护伤口免受污染，减少感染的发生。

（三）美容手术前后的营养饮食

美容手术前后要科学合理地安排好受术者的营养饮食，根据治疗的部位、方法、范围、受术者自身的营养状况以及消化功能的不同，进行个性化、有针对性的饮食调养。现在营养的概念不再是指高蛋白、高热量、高脂肪，而是指均衡、全面的营养。全面的营养要有动物蛋白、植物蛋白、碳水化合物、脂肪及各种维生素、纤维素和矿物质等。碳水化合物、脂肪和蛋白质能为机体提供足够的热量，各种水果、蔬菜中含有大量的纤维素和维生素，有利于保持大便通畅和术后伤口的愈合。如果美容手术前受术者营养状况良好，就不必有意增补营养，以免给胃肠道增加不必要的负担。

1. 选择营养素

(1)蛋白质：在美容手术前受术者营养状况良好，则不必特殊增加蛋白质的供给，但如果受术者营养状态欠佳，并且进行的是创伤较大的美容手术，则在手术前1周要增加一定量的蛋白质摄入，每日保证100～150g，一般建议食补。

对于创伤较大的美容手术，术后为了及时纠正负氮平衡、促进合成代谢，蛋白质的供给量要适当提高，一般要求每日保证150～200g。如果手术部位不影响进食，可以采用食补；若进食困难，或者手术消耗比较大，则应适当通过静脉补充一定量的蛋白质。

(2)维生素：维生素A可以调整炎症反应及改善瘢痕形成。有研究证明，维生素A可对表皮和真皮大细胞增殖、分化的基因产生影响，有利于胶原的沉积，并且能使增多的胶原呈网架状，而不是瘢痕样地呈束状分布。因此，受术者在美容手术后要适当增加维生素A的摄入量，一般以食补为主。

维生素B_1能够调节胶原蛋白，增强创面强度，美容手术后受术者可增加一定量的维生素B_1的摄入，以食补为主。

维生素C对创伤愈合和防止术后色素沉着起着重要的作用，因此，受术者在美容手术前、后都要增加维生素C的摄入量，除食补外，可以每日口服维生素C制剂3～5g，术后坚持服用2～3个月。

维生素E可用于修正瘢痕形成，但剂量过大会延迟伤口愈合，因此，美容手术后受术者可以适当增加维生素E的摄入。

(3)碳水化合物：碳水化合物亦称糖类，是为人体提供热能的3种主要营养素中最廉价的一种。食物中的碳水化合物可分为两类：一类是人体可以吸收利用的有效碳水化合物，如单糖、双糖、多糖；另一类是人体不能消化的无效碳水化合物，如纤维素。美容手术的受术者，一般不需要特殊增加碳水化合物的摄入量，尤其是脂肪抽吸手术后，因过多的碳水化合物会转化成脂肪贮存于体内，而影响抽脂手术的效果。所以美容手术后摄取少量的碳水化合物，是为了保证摄入一定量的维生素、矿物质、膳食纤维等其他营养物质。推荐摄入量：美容手术后每天碳水化合物的摄入量要占总热量的60%～70%，一般在120～125g之间。

(4)脂肪：脂肪是保持健康体魄的必需物质，它能产生能量、形成细胞、输送氧气、促进血液凝固，并能产生一种非常活跃、类似激素的的物质——前列腺素。脂肪分为饱和脂肪酸、单不饱和脂肪酸以及多不饱和脂肪酸3种。人体自身能够产生单不饱和脂肪酸和饱和脂肪酸。多不饱和脂肪酸或人体必需的脂肪酸如亚油酸、亚麻酸、花生四烯酸等，不能在人体内合成，必须从饮食中摄取。然而美容手术的受术者大都排斥对脂肪的摄入，怕皮下脂肪堆积而引起肥胖。由于脂肪参与了脂溶性维生素的利用，在美容手术后，如果完全拒绝脂肪的摄入也会给术后恢复造成一定程度的影响。推荐摄入量：正常成年人在美容手术后脂肪摄入量以占总热量的25%左右为宜，最高不应超过30%，同时保持饱和、单不饱和及多不饱和脂肪酸比例为1:1:1。

(5)微量元素：锌对促进胶原蛋白的增生和调节胶原蛋白的排列均有重要的作用。铜、铁、锰、碘等微量元素也参与了机体蛋白的合成过程。因此，美容手术后及时补充锌、铜、铁、钙、锰、碘等微量元素，对术后愈合有一定的保障作用。对于创伤较大的美容手术，建议每天补充1～3次的硫酸锌或葡萄糖酸锌，每次200～220mg。

2. 常用食物

(1)含蛋白质的食物:食物中的蛋白质分为动物性蛋白质和植物性蛋白质。含蛋白质多的食物包括:牲畜的奶,如牛奶、羊奶、马奶等;畜肉,如牛、羊、猪、狗肉等;禽肉,如鸡、鸭、鹅、鹌鹑、鸵鸟肉等;蛋类,如鸡蛋、鸭蛋、鹌鹑蛋等;水产品,如鱼、虾、蟹等。因所含必需氨基酸种类齐全、数量充足,而且各种氨基酸的比例与人体需要基本符合,容易被吸收利用。这类蛋白质属于完全蛋白质。

植物性蛋白质主要来源于大豆类,包括黄豆、大青豆和黑豆等,其中以黄豆的营养价值最高,它是食品中优质的蛋白质来源;此外,芝麻、瓜子、核桃、杏仁、松子等干果类食品的蛋白质含量也较高。由于各种食物中氨基酸的含量及种类各异,且其他营养素(脂肪、糖、矿物质、维生素等)含量也不相同,它们所含的氨基酸人体可自行制造,属于不完全蛋白质。但含有丰富蛋白质的豆、硬壳果类等植物性食物也含有较多的人体不能合成的必需氨基酸。

蛋白质所含氨基酸的品种、数量和比例,决定了其营养价值。若将几种含有不同蛋白质的食物混合食用,则可以取长补短,使其成为人体可吸收的完全蛋白质。如谷类蛋白质缺乏赖氨酸、色氨酸含量较多,而大豆蛋白质中赖氨酸较多、色氨酸较少,如混合食用这两种食物,可以使蛋白质的利用率提高 10% ~32%。例如豆类 + 五谷类 = 完全蛋白质,肉类 + 五谷类 = 完全蛋白质。因此,在美容手术后的膳食中要提倡荤素搭配,注意食物种类多样化,避免偏食。

蛋白质进补时要注意加工烹调的方式,如果加工不当,则会引起蛋白质丢失。比如高温下,蛋白质会变态、变性,引起吸收不良;另外蛋白质在碱性环境中及受重力挤压时也会引起结构的破坏。

1 天内蛋白质的摄入量可以按下列方式计算:一块 200g 煮熟的肉类含有 40 ~50g 的蛋白质,一杯 300ml 的牛奶含有 8 ~10g 的蛋白质,100g 各式豆类含有 30 ~35g 的蛋白质,100g 鸡蛋含有 14 ~15g 蛋白质。所以美容手术后如果需要补充 150 ~200g 的蛋白质,则可以吃 200g 熟的肉类、3 大杯牛奶、100g 加工的豆类和适量的坚果及谷物类。

(2)含维生素的食物:维生素 A 是一种脂溶性维生素,主要贮存于肝脏中。维生素 A 有两种形式:维生素 A,存在于动物性食物如肉类、鱼类、蛋类、奶类及其制品中,其最好的食物来源是各种动物内脏、鱼肝油、鱼卵、全奶、奶油、禽蛋等;β-胡萝卜素,人体可将其转化为维生素 A,主要存在于柑橘等黄色水果以及深色叶状绿色蔬菜中,其良好来源是深色蔬菜和水果,如冬寒菜、菠菜、空心菜、南瓜、莴笋、胡萝卜、马铃薯、豌豆、红心红薯、辣椒、芒果、杏子及柿子等。食物中的脂肪对 β-胡萝卜素的吸收十分重要,吃蔬菜时一定要放一些油脂。

维生素 B_1 的食物来源一是谷类的谷皮和胚芽、豆类、坚果和干酵母,糙米和带麸皮的面粉比精白米面的维生素 B_1 含量要高;二是动物内脏(肝、肾)、瘦肉和蛋黄;另外,花生中维生素 B_1 的含量也较高。因此,建议受术者在美容手术前、后要多吃全麦粉和粗粮,以补充足够的维生素 B_1。另外酒精、咖啡因对维生素 B_1 有破坏作用,所以术后要禁酒及咖啡。

机体不能自行合成维生素 C,主要从新鲜蔬菜和水果中获得。由于维生素 C 在体内不能积累,所以每天都需要保证维生素 C 的摄入。一般说来,酸味较重的水果和新鲜叶菜类含维生素 C 较多,如猕猴桃、刺梨、鲜枣、酸枣、山楂、柑橘、草莓、荔枝、柿子椒、鲜雪里蕻、香椿、苦瓜、白菜、油菜、菠菜、芹菜、茴香、萝卜、豌豆、黄瓜、番茄等。另外,由于维生素 C 不耐高温,温度达 70℃以上时可遭到破坏,因此,水果、蔬菜生食比熟食时维生素 C 的摄入量多。凉拌蔬菜,只要洗涤和操作干净,对人体的健康是有益的。炒、煮蔬菜时,时间不宜过长,火候不宜过大,不要加碱,少放醋,先洗后切,急火快炒。同时由于植物体组织内含有抗坏血酸酶,而抗坏血酸酶能使新鲜蔬菜、水果中的维生素C被氧化破坏,且时间越长破坏得越多,一般经过长期贮存的蔬菜、水果或干品内维生素C的含量会下降,因此要尽量保证吃新鲜的蔬菜和水果。

维生素E含量丰富的食品有小麦胚芽油、葵花子油、葵花子、棉子油、玉米油、大豆油、芝麻油、杏仁、松子、豌豆、花生酱、甘薯、芦笋、菠菜、禽蛋、黄油和鳄梨等。

(3)含碳水化合物的食物:单碳水化合物(来自糖、粟米糖浆或含蔗糖、葡萄糖和果糖的水果);复合碳水化合物(主要来自"高碳水化合物"食物,如米饭、面包、马铃薯、意大利面和面条)。单糖是能够即时补充能量的糖,但通常没有营养价值,这类食物包括甜食、糖果和汽水。多糖释放能量较慢,通常含有膳食纤维。这类碳水化合物包括面包、面食、稻米、马铃薯、谷类和豆类。

(4)含脂肪的食物:饱和脂肪存在于畜产品中,例如黄油、干酪、全脂奶、冰激凌、奶油和肥肉;多不饱和脂肪存在于橄榄油、棕榈油、芥花子油、红花子油、葵花子油、玉米油和大豆油中。

(5)含矿物质的食物:富含锌的食物有虾皮、紫菜、猪肝、芝麻、粗粮、黄豆、带鱼、牡蛎、木耳、海带、蘑菇、坚果、花生、西瓜子等;富含铜的食物有瘦肉、肝、水产品、豆类、白菜、小麦、粗粮、杏仁、核桃等;富含铁的食物以动物肝、心、肾、全血及蛋黄、瘦肉类为首选,其他还有绿叶菜、水果、干果、海带、木耳、红糖等;富含钙的食物有鱼松、虾皮、海米、牛奶、豆制品等。

3. 推荐食膳

(1)海带炖黄豆

【原料】 海带300g,黄豆100g,葱10g,姜10g,盐1茶匙(5g)。

【制作】 海带顺向切成4cm长的段;黄豆洗干净,在温水中浸泡3小时;葱、姜等调料爆锅,将海带、黄豆下锅,加水适量,小火炖20分钟即可出锅。

【功效】 海带含有丰富的碳水化合物、较少的蛋白质和脂肪。与其他蔬菜相比,海带除含维生素C外,其粗蛋白、糖、钙、铁的含量均高出其他蔬菜几倍至几十倍,其胡萝卜素、核黄素、硫胺素以及烟酸含量较高,同时海带也是一种含碘量很高的海藻;黄豆是蛋白质含量极高的豆类。本品含有丰富的膳食纤维和蛋白质,有通便利湿、补充蛋白质的功效。

(2)冬瓜牛腩滋补汤

【原料】 冬瓜200g,牛腩300g,当归、党参、枸杞子、黄芪、葱、姜、盐、味精少许。

【制作】 牛腩切成小块,放在开水里略焯,捞出,再用温热水冲去表面的血沫;冬瓜洗净切块,待用;锅内放适量水,下入牛腩、葱、姜及其他药材,小火煲3~4小时;将切块的冬瓜放入煮好的牛腩汤里,加适量盐,再煲10分钟调味即可食用。

【功效】 牛肉富含蛋白质,有补中益气、滋养脾胃、强健筋骨、化痰息风、止渴止涎的功效,当归、党参、枸杞子、黄芪等可补血益气、增强身体耐力、促进伤口愈合;冬瓜含有多种维生素和人体所必需的微量元素,可调节人体的代谢平衡。

四 美容手术预防瘢痕形成及色素沉着的营养饮食

有创类美容手术,能否在创口愈合的过程中减少瘢痕及色素沉着,是取得最佳美容手术效果的关键因素，而术后的营养饮食对于瘢痕的形成及色素沉着有直接的影响。因此，在美容手术后，医护人员要为受术者提供正确的营养饮食方案，最大限度地减少瘢痕的产生及色素沉着，以期收到最佳美容手术效果。

（一）瘢痕的形成与影响因素

瘢痕形成是机体创伤修复的必然结果。但是，如果创伤修复过程中愈合不足或愈合过度则会产生瘢痕的病理性变化，不仅影响美容手术效果而且可能导致功能障碍。为此，防治各种病理性瘢痕的形成，是美容外科临床治疗的重点，也是基础科研的重要课题。

1. 瘢痕形成的过程 瘢痕的形成是由于机体炎症反应、胶原的合成与降解不平衡、异常黏多糖的出现以及成纤维细胞的增生所造成的。当机体组织特别是皮肤组织受到一定深度的损伤后，创面首先进入炎症反应阶段，白细胞、巨噬细胞、肥大细胞等浸润，释放出多种细胞因子（生长因子）；继而转为增生阶段，成纤维细胞和肌成纤维细胞大量增生并合成大量的胶原和基质，造成胶原代谢与排列的异常。由于异常基质的沉着，加上微循环和自由基因素的影响，促进了瘢痕的形成。此时的瘢痕色淡红，平整或稍隆起，常有痒痛，触之质地较硬韧。当瘢痕增生达到高峰后，无论是否治疗，瘢痕均开始减退，即转为塑形阶段。此时瘢痕逐渐成熟而软化，胶原纤维分解大于合成，6～12 个月后或更长时间，瘢痕的厚度变薄、质地变软、弹性增加，肤色由紫红色变为淡褐色，最后与邻近肤色接近，痒痛症状减轻或消失，触之质柔韧。

伤口的愈合有两种形式：一种是完全性修复，即由与原来损伤组织结构相同的细胞和组织来修复，如胎儿早期伤口的无瘢痕性愈合，或者皮肤表浅损伤的愈合；另一种是瘢痕性修复，即伤口上皮化的同时以瘢痕性愈合而告终，这种瘢痕是属于正常组织修复过程的产物，其表现是瘢痕平整、柔软、颜色接近周围皮肤，因而被称为生理性瘢痕。当创伤修复过程发生异常时，以胶原为主的细胞外基质成分大量沉积，引起真皮组织过度增生，表现为增生性瘢痕、瘢痕疙瘩和萎缩性瘢痕，即病理性瘢痕。增生性瘢痕的特点为瘢痕形成后出现明显的、长时间的瘢痕增生阶段，当终止于成熟静止时期，瘢痕红色消退、颜色变浅、症状减轻或消失时，瘢痕仍明显高于皮肤表面，且硬度较大。瘢痕疙瘩除有与上述一般增生性瘢痕相似的发展过程外，同时它还侵蚀周围的正常皮肤，并在被侵蚀的正常皮肤部位形成新的瘢痕，新形成的瘢痕又进入增生等一系列发展过程，导致瘢痕不断蔓延、扩大和融合，这是瘢痕疙瘩的独特之处，也是诊断瘢痕疙瘩的最关键点。萎缩性瘢痕为局部创伤后在瘢痕形成过程中，瘢痕增生不严重或不明显，而其吸收减退更为主要，最后终止于较薄的瘢痕，且有的可略低于周围正常皮肤。

2. 影响瘢痕形成的因素 瘢痕的形成与转归受多方面因素的影响，其中有内在的全身因素和局部因素。

（1）全身因素：①年龄：胎儿创伤愈合后一般无瘢痕形成，青年人瘢痕与瘢痕疙瘩发生率较老年人高，且同一部位年青人瘢痕与瘢痕疙瘩增生的厚度较老年人厚；②一般状况：营养不良、贫血、糖尿病等全身因素都不利于伤口愈合；③代谢状态：瘢痕和瘢痕疙瘩多发生于青少年和怀孕的妇女，这可能与其代谢旺盛、激素分泌水平高有关；④个体体质：瘢痕疙瘩的个体差异较大，同一个人在不同部位、不同时期发生的瘢痕表现不同；⑤种族及遗传：瘢痕和瘢痕疙瘩在各种人种中都会发生，但有色人种发生率较高。

（2）局部因素：包括患者创伤的严重程度、有无感染、伤口张力大小、受伤的部位等，比如耳垂、下颌、胸前、三角肌区、肩胛区、阴阜等是形成瘢痕的敏感部位，这些位置的瘢痕处理起来一定要慎重,不正确的治疗会导致瘢痕更大、更明显。影响瘢痕形成的外在因素较多,创伤程度是决定性的因素。如手术操作是否精细无创、切口是否顺皮纹、缝合后切口是否有张力、组织是否完整对合、坏死组织是否清除干净、创面是否严密封闭等,这些因素均可影响创伤恢复后的瘢痕。因此,美容外科医生对于手术切口的处理,也是决定美容手术后瘢痕形成的主要因素。

(二) 瘢痕的临床分类及对人体的影响

1. 瘢痕的临床分类

(1)扁平瘢痕(表浅瘢痕):这种瘢痕多见于皮肤擦伤、浅表烧伤或刃厚皮片取皮后的供皮区。其瘢痕表浅、局部干而软,虽然外观稍有粗糙或有部分色素变比,但无功能障碍,一般不需处理。但若在面部等明显部位,且范围较大、有碍外貌,患者坚决要求治疗者,可考虑切除缝合,缩小其面积,使之成为一条线状瘢痕。

(2)凹陷性瘢痕:此类瘢痕低于正常皮肤面,一般为多发、散在、豆状或点状凹陷瘢痕,多为水痘或痤疮愈合后的并发症,且都发生于面部,严重影响容貌,可用皮肤摩擦的方法消除。有些单发的面积较大的凹陷性瘢痕多是由于深部组织创伤、缺损或感染,尤其是骨髓炎引起的,其中有的瘢痕基底与其下的肌肉、肌腱、神经、骨膜粘连引起功能障碍,与神经粘连者还可形成神经瘤,引起疼痛或触电感,则应进行手术治疗,松解粘连,用正常组织填充凹陷。

(3)萎缩性瘢痕:是一种不稳定的瘢痕组织,多见于头皮颅骨电击伤、深度烧伤或慢性溃疡愈合后,这类瘢痕较硬,局部血液循环差,底层含有大量胶原纤维,与深部组织粘连紧,呈淡红色或白色,表皮极薄,不能耐受外力摩擦和负重,容易破溃而形成久经不愈的慢性溃疡。如长期时愈时溃,则晚期有发生恶变的可能,病理上多属鳞状细胞癌。萎缩性瘢痕具有很大的收缩性,可牵拉邻近的组织器官,而造成严重的功能障碍。

(4)挛缩性瘢痕:常见于深部烧伤后未经植皮或植皮失败而自行愈合者,由于瘢痕的挛缩,导致形态及功能障碍。如眼睑外翻、唇外翻、肢体粘连以及各关节屈曲挛缩畸形。长期瘢痕挛缩,可影响肌肉、血管、神经的发育和造成关节僵硬、脱位和变形。故应尽早进行瘢痕松解皮肤移植修复。但在松解挛缩时不可强求一次完全复位,以避免短缩的神经、血管过度牵张,造成神经损伤、血管闭锁,终致肢体失用或坏死。

(5)增生性瘢痕:可见于深度或浅度烧伤、取中厚皮片的供皮区或普通伤口的缝合线上。它是由于在伤口愈合过程中,胶原的合成持续超过其分解代谢所造成的。瘢痕逐渐高出正常皮肤面,局部肿胀充血,表面呈红色或紫色,温度也增高,刺痒剧烈,天气变化时更甚,一般持续6~12个月或更长时间,以后充血减退,瘢痕变软、渐趋平坦,刺痒减轻而逐渐消失。对于这类瘢痕,尤其是在早期增殖阶段不宜行手术处理,最好用长期压力包扎的方法以限制其充血及增生。如因外形或某些原因必须手术时也须待增生阶段过去之后再进行。

(6)瘢痕疙瘩:瘢痕疙瘩的临床表现差异较大,一般表现为高出周围正常皮肤的或超出原损伤部位的持续性生长的肿块,形状不规则、质硬,呈粉红色或紫色,患者常感奇痒难忍,有些发生于胡须及毛发部位者因包埋毛根、毛囊而常并发感染。瘢痕疙瘩可在原有瘢痕的基础上发生,也可因极轻微的皮肤刺激如针刺、蚊咬而引起,甚至没有任何可追溯的原因,此类自发性瘢痕疙瘩多发生于年轻人,多好发于胸骨柄、下颌、耳郭、肩部、背部、后颈等部位。虽然瘢痕疙瘩在病理组织、生化构成以及后期的临床表现上与增生性瘢痕是两种不同的病变。但就其性质虽都是瘢痕增生，它们发病的早期，在临床上较难区别，一般要视其是否有周围组织的浸润而定。瘢痕疙瘩一般不发生挛缩，除少数关节部位病变引起轻度活动受限外，一般不引起功能障碍。瘢痕疙瘩手术的复发率高，需采取放射治疗及曲安西龙（去炎松）进行病变内注射等综合疗法。

2. 瘢痕对人体的影响 瘢痕对人心理、生理方面都有很大的影响，尤其是心理方面，它严重影响着人们的社交，打击着患者的自信心，在某种程度上还决定着一个人的命运，会给瘢痕患者造成永久性的心理创伤。

（1）影响人体美观：即使较小的表浅瘢痕，也会有碍人体的美观。当瘢痕严重时，尤其是颜面部的瘢痕会给患者造成沉重的心理负担。

（2）引起自觉症状：瘢痕患者的组织可有不同程度的自觉症状，这在瘢痕疙瘩和增生性瘢痕中最为明显。这些症状包括瘙痒、刺痛、灼痛或局部过度敏感等，有些患者甚至有很明显的触痛。这与瘢痕组织中组胺、某些神经肽及其他一些介质含量增加，刺激游离神经末梢有关。

（3）导致功能障碍：如果瘢痕发生在患者的肢体关节附近，可影响肢体活动，导致关节运动障碍；大面积的瘢痕可使皮肤丧失排汗等功能。

（4）产生自卑心理：一些青少年瘢痕患者，由于瘢痕影响了美观，极易对其心理造成严重危害，他们易因同学嘲笑、疏远等产生孤僻、自卑、抑郁倾向，严重影响正常学习、心态。加之青春期正处于恋爱、学习、工作的关键阶段，瘢痕问题极易成为阻碍正常恋爱、考学、找工作等的障碍而导致自卑心理。

（三）影响瘢痕形成的营养物质

瘢痕的形成主要是在创伤修复过程中细胞外基质代谢异常所致。细胞外基质的主要功能是为组织提供物理支持和维持细胞的生命力，并由此产生内环境的稳定和平衡。当某些原因使这种平衡被破坏时，则可造成细胞外基质在组织愈合过程中过度沉积或减少，即可导致瘢痕的形成。细胞外基质由不同类型的胶原、各种蛋白多糖或糖胺多糖、弹性蛋白及一些具有粘连作用的糖蛋白如纤维粘连蛋白、层粘连蛋白等一系列复杂的成分构成，由成纤维细胞合成和分泌，它是影响创面修复的重要因素。胶原蛋白和弹性蛋白是以纤维形成发挥作用的。蛋白多糖以无定形基质充填或包绕在纤维之间。各种粘连糖蛋白则在纤维与细胞或组织之间介导它们的相互粘连。细胞外基质成分及其空间形态结构与成纤维细胞相互作用、相互影响，构成一个复杂、动态的反馈环，影响创面修复的进程和结局。它们除对组织及细胞起支架作用和保护作用外，同时还具有特殊的生理功能。各种基质成分之间密切相关，共同维持组织的内环境和精细结构，与细胞增生、分化、运动，及伤口的愈合、钙化作用等均存在密切的关系，从而对细胞、组织或整个机体的生理功能产生较大的影响。细胞外基质的代谢与胶原、蛋白、各种多糖、生长因子、维生素及微量元素有关。

1. 瘢痕与胶原 胶原是细胞外基质的主要成分，是构成细胞外基质的骨架，胶原在细胞外基质中形成半晶体的纤维，为细胞提供抗张力和弹性，并在细胞的迁移和发育中起作用。在皮肤的结构中，胶原起着主要作用，其组成的改变将直接导致其生物学行为的异常。在创面愈合过程中，包括胶原蛋白在内的多种细胞外基质合成过多或沉积是病理性瘢痕形成的主要原因。随着创伤愈合的完成，胶原的合成与降解是否能恢复平衡，与形成正常瘢痕还是病理性瘢痕息息相关；如合成与降解达到平衡，则形成正常瘢痕；如合成仍大于降解，则形成病理性瘢痕，即增生性瘢痕或瘢痕疙瘩；如降解大于合成，则形成萎缩性瘢痕。

胶原的代谢是一个复杂的生物反应过程,可以利用影响胶原代谢的因素来加速创面愈合和减少胶原的聚集。脯氨酸和赖氨酸的羟化是影响胶原代谢的最重要因素。其羟化过程需要各种微量元素及维生素作为辅助因子,它们的缺乏必然影响胶原稳定结构的形成。

2. 瘢痕与纤维粘连蛋白 纤维粘连蛋白是细胞外基质中的重要结构成分。纤维粘连蛋白由成纤维细胞、巨噬细胞及内皮细胞等产生。它在胚胎伤口愈合过程中的作用与成人基本相同,可促进细胞的黏附、增殖、迁移和分化,能为细胞的迁移和增殖提供合适的环境。基于纤维粘连蛋白多样的生物学功能,通过研究发现纤维粘连蛋白与瘢痕的发生、发展有着密切的关系。瘢痕细胞外基质中存在着大量的纤维粘连蛋白,而正常皮肤中则很少。病理性瘢痕成纤维细胞产生的纤维粘连蛋白比相邻正常皮肤成纤维细胞产生的纤维粘连蛋白明显增多。

3. 瘢痕与弹性蛋白 弹性蛋白也是细胞外基质中的重要结构成分之一,与胶原蛋白一起形成纤维而发挥作用。由于皮肤和瘢痕伸缩及回复能力与弹性纤维网格的质量密切相关,以往认为在伤口愈合中弹性纤维不能再生,但大量研究已证实,在伤口愈合过程及瘢痕形成中,组织内均可见弹性纤维再生,只是由于瘢痕形成中持续的慢性炎症和免疫反应阻断了正常弹性纤维的发生发展途径,导致在短期内弹性纤维缺失并且伴有形态变化。但数年后弹性纤维可以重新出现在成熟的瘢痕组织内。因此,弹性蛋白与瘢痕的纤维化呈负相关,当瘢痕向病理性瘢痕发展时,弹性蛋白减少;而向成熟瘢痕发展时,弹性蛋白增多。

4. 瘢痕与蛋白多糖和糖胺多糖 蛋白多糖和糖胺多糖是构成细胞外基质的骨架,是不溶性基质。蛋白多糖和糖胺多糖是大分子物质,蛋白多糖分子通常是由1000个以上氨基酸构成的。在病理性瘢痕中含量最多的蛋白多糖为4-硫酸软骨素,并且4-硫酸软骨素主要位于活跃的结节区域,同时蛋白多糖尤其是4-硫酸软骨素包绕胶原,形成保护屏障,使胶原酶不能作用于胶原,从而使胶原过度积聚。在瘢痕组织中尤其是增生性瘢痕中,蛋白多糖和糖胺多糖的分布和数量发生了变化,蛋白多糖和糖胺多糖的增加主要是硫酸软骨素的增加,说明蛋白多糖和糖胺多糖的变化与瘢痕有着重要的联系。

5. 瘢痕与糖氨基聚糖 糖氨基聚糖的主要成分为透明质酸,透明质酸是一种高分子聚合物,具有多阴离子和亲水性,提供细胞外基质的结构和黏性,是一种主要的细胞外基质,在伤口愈合过程中起着重要的作用。透明质酸帮助吞噬细胞增殖和迁移,促进早期肉芽组织形成。透明质酸通过增加炎症细胞因子的产生来加速伤口愈合过程,对控制瘢痕增生起重要作用。

6. 瘢痕与微量元素 大量基础研究已经证实,在瘢痕形成过程中微量元素起着举足轻重的作用。增生性瘢痕组织中,钙、镁、锌、铁、铜的含量比患者自身正常皮肤中的含量减少。为促进创口的快速愈合,并且防止瘢痕的超常增生,创伤后注意保持体内及局部组织中微量元素的含量是十分必要的。

(1)微量元素影响细胞的凋亡:在创伤愈合的过程中,成纤维细胞经过生长、增殖达到一定程度之后,进入静止期,或处于休眠状态,再到一定寿命时便由细胞内部基因控制,程序性地进入凋亡过程,功能丧失、细胞解体。如果在此过程中,成纤维细胞的凋亡不能得到很好的控制,则会出现异常增生性瘢痕。研究证实,微量元素锌可在成纤维细胞的凋亡过程中发挥一定作用。锌在体内参与多种酶及DNA的合成,锌缺乏会使机体的平衡受到破坏,体内高锌亦会使平衡失调,从而影响其他营养素包括微量元素在机体中的作用,锌可以阻止多种细胞的凋亡过程,包括对成纤维细胞的增殖、生长、衰亡全过程的影响。

(2)微量元素影响胶原的代谢:微量元素作为酶的辅助因子参与胶原的生成过程。在胶原蛋白的翻译中和翻译后的修饰过程中,羟化反应由混合功能氧化酶来催化,脯氨酸羟化酶和赖氨酸羟化酶均需铁和维生素 C 作为辅助因子。胶原两条肽链之间的交叉连接即需要赖氨酰氧化酶的催化,此步反应需要铜作为辅助因子参与。机体局部组织内铁、铜含量的高低会影响细胞外胶原产生的多少。缺铁或缺铜可以使局部组织内的胶原形成迟缓、交联障碍、构筑不佳,伤口抗张力强度下降。反之,当铁或铜过量时则可造成细胞外胶原产生过多。

(3)微量元素影响其他细胞外基质:研究发现,锰可促进整合素和纤维粘连蛋白高浓度的配体受体结合活性,锰可促进低浓度的配体受体结合活性,铜可非竞争性地抑制锰的促进作用和抑制作用,锌对层粘连蛋白的交联有促进作用。

(4)微量元素影响氧自由基的清除:由于锌、铁、铜、锰是氧自由基清除剂的极重要组成部分,因此这些微量元素在瘢痕局部组织内含量降低会严重影响局部组织内氧自由基的清除。在瘢痕疙瘩、增生性瘢痕中氧自由基有明显的信号,而正常皮肤则为阴性。因此,锌、铁、铜、锰等微量元素对于清除瘢痕内过量的氧自由基有重要的作用。

7. 瘢痕与维生素 维生素是创伤愈合过程中的重要营养素。

(1)维生素 A 可调节胶原酶活性,有助于胶原合成,并且使胶原呈网架状,而不是瘢痕样地呈束状分布,同时还可改善由手术创伤造成的免疫功能抑制。

(2)维生素 C 可调节胶原的合成,并且能够影响胶原转化为纤维细胞,使瘢痕形成减少。维生素 C 也可增加细胞膜的弹性,可使结缔组织平滑,有利于伤口恢复平整。

(3)维生素 E 可减少机体对氧的需求及预防瘢痕的产生。维生素 E 的抗氧化特性可保护伤口免受粒细胞释放的氧自由基的损害,但大剂量时会明显地延迟愈合(维生素 A 能抑制这一作用),故维生素 E 可用于修正瘢痕形成,其副作用要比激素小。

(四) 预防瘢痕形成的营养饮食

1. 选择营养素

(1)蛋白质:严重的蛋白质缺乏可使组织细胞再生不良或缓慢,常导致伤口组织细胞生长障碍,肉芽组织形成不良,成纤维细胞无法成熟为纤维细胞,胶原纤维的合成减少。对于有过敏体质的美容手术受术者,在补充蛋白质时要以优质的植物蛋白为主,尽量少食或不食牛肉、羊肉、鸡肉、虾、蟹等异物蛋白,以减少因机体的免疫反应而引起的病理性瘢痕。

(2)维生素:为了预防美容手术后瘢痕的形成,对于有特殊体质的受术者,或者是进行瘢痕治疗的受术者,可适当增加维生素的补充量,除进行食补外,每天可按医嘱补充适量的维生素 A、B 族维生素、维生素 C 及维生素 E 等。

(3)微量元素:美容手术后微量元素的摄入主要以食补为主,但对于有特殊体质的受术者,可每天增加葡萄糖酸锌 300mg。

2. 常用食物

豌豆:豌豆含有丰富的维生素 A 原,维生素 A 原可在体内转化为维生素 A,起到润泽瘢痕皮肤的作用。

白萝卜:白萝卜含有丰富的维生素 C,维生素 C 为抗氧化剂,能抑制黑色素的合成,阻止脂肪氧化,防止脂褐质沉积,因此,常食白萝卜可使皮肤白净细腻,软化瘢痕。

胡萝卜:胡萝卜,被视为“皮肤食品”,能滋润皮肤。另外,胡萝卜含有丰富的果胶物质,可与汞结合,使人体内的有害成分得以排出,肌肤更加细腻红润,淡化瘢痕颜色。

甘薯：甘薯含有大量的黏蛋白及维生素 C，维生素 A 原含量接近胡萝卜。

蘑菇：蘑菇营养丰富，富含蛋白质和维生素，蘑菇可使女性雌激素分泌更旺盛，能防老抗衰，使皮肤艳丽，淡化瘢痕。

另外，番茄、猕猴桃、柠檬及新鲜绿叶蔬菜中都含有大量的维生素 C。

碱性食品可以预防瘢痕的产生，其中，强碱性食品包括：白菜、柿子、黄瓜、胡萝卜、菠菜、卷心菜、生菜、芋头、海带、柑橘类、无花果、西瓜、葡萄、葡萄干、板栗等；弱碱性食品包括：豆腐、豌豆、大豆、绿豆、竹笋、马铃薯、香菇、蘑菇、油菜、南瓜、豆腐、芹菜、番薯、莲藕、洋葱、茄子、南瓜、萝卜、牛奶、苹果、梨、香蕉、樱桃等。

海带是公认的促进伤口愈合、调节瘢痕形成的有益食品，因此美容手术后可以经常食用海带，以减少瘢痕的增生。

水是最好的营养品，也是最廉价的排毒剂，美容手术后一定要充分保证每日的饮水量。

3. 推荐食膳

(1)海藻薏米粥

【原料】 海藻、昆布、甜杏仁各 9g，薏苡仁 30g。

【制作】 将前 3 味原料加水 750ml，煎煮取汁 500ml，用药汁与薏苡仁同煮成粥即可。每日 1 次，可代早餐食用。

【功效】 薏苡仁有去湿除风、清热排脓、去皱润肤、消除色斑的功效。杏仁有出色的抗氧化作用。海藻、昆布含有碘、铁、钙、蛋白质、脂肪以及淀粉、甘露醇、胡萝卜素、维生素 B_1、维生素 B_2、烟酸、褐藻氨酸和其他矿物质等人体需要的营养成分，可以促进伤口的愈合及预防瘢痕的形成。

(2)猪皮花生眉豆鸡爪汤

【原料】 猪皮 150g，花生 50g，眉豆 50g，鸡爪 5 只，盐适量。

【制作】 花生、眉豆分别用清水洗净。猪皮洗净、去毛，放在开水里焯片刻，捞出，切细条。鸡爪洗净，斩去趾甲。将全部材料放进煲内，加清水适量，煮沸后，改用小火煲 2 小时，以盐调味即可食用。

【功效】 猪皮润肤平皱、止血；花生养血补脾、润肠通便、抗衰老；眉豆清暑、健脾和胃、除湿止泻、解毒下气；鸡爪补虚强筋。合而为汤，能去皮肤干燥、保持伤口湿润、增加胶原蛋白。

4. 禁用食物 大量临床资料已经证实，已有异常瘢痕增生的患者，在饮酒或吃辛辣食物后，瘢痕局部的痒、刺痛及充血等症状会明显加重，部分已处于消退期的增生性瘢痕患者在饮酒或吃辛辣食物后，瘢痕又会明显出现红肿等症状。因此，对于这类患者，应忌酒和辛辣刺激性食物。

中医认为，热性及腥发的食物，如牛羊肉、鸡肉、虾、蟹等肉类，生蒜、生姜、芥末、咖啡等辛辣刺激性食品，以及煎炸等燥热的食品，会助湿生热，增加人体内的湿热瘀瘀，干扰人体自身的免疫系统，甚至加重炎症、影响伤口愈合的过程，加重瘢痕增生。因此，在美容手术后，为了防止瘢痕的增生，应尽量避免食用上述食物，以使美容手术取得最佳的效果。

(五) 预防色素沉着的营养饮食

创伤愈合留下的瘢痕往往会伴有深浅不一的色素沉着，如何避免这些色素的沉着，是美容医务工作者应着重研究的课题。美容手术后注意以下几个方面的营养饮食，会对术后预防色素沉着起到积极的作用。

1. 增加维生素C、维生素E的摄取 维生素C可以抗氧化、清除自由基、终止氧化连锁反应,能预防因过度氧化所致的肌肤老化现象。同时也可以抑制黑色素的形成。

维生素E能稳定细胞膜的蛋白活性结构,促进肌肉的正常发育及保持肌肤的弹性,令肌肤和身体保持活力;维生素E进入皮肤细胞后更能直接帮助肌肤对抗自由基、紫外线和污染物的侵害,防止外界因素所致的色素沉着。

为预防色素沉着,美容手术后可服用维生素C,每次100mg;维生素E,每次100mg,每日3次,连服2~3个月。

2. 避免接触含铅、汞、银的药物及食品 含铅、汞、银等重金属的药物、食品及化妆品都会促进皮肤色素的沉着,因而在美容手术后,要尽量避免接触含铅、汞、银等重金属的药物及食品,同时也要避免含有铅、汞、银等重金属的化妆品接触伤口,以减少色素沉着。

3. 减少含色素食品的摄入 摄入大量含有色素的食品,也会造成皮肤的色素沉着。如浓茶、咖啡、酱油、陈醋、花椒等含色素多的调味品。

4. 注意光敏性食品的摄取 有一些食品被人体食入后,会增加人体对光的敏感性。因此,在美容手术后要减少光敏性食物的摄入。如红花草、灰菜、盖菜、苋菜、油菜、芹菜、香菜、泥螺等。

5. 推荐食膳

(1)雪梨山楂黄瓜粥

【原料】 大米100g,鲜嫩黄瓜300g,雪梨1个,山楂5个,精盐2g,生姜10g。

【制作】 将黄瓜洗净,去皮去心切成薄片。雪梨、山楂去皮、核,洗净切片。大米淘洗干净,生姜洗净拍碎。锅内加水约1000ml,置火上,下大米、生姜,大火烧开后,改用文火慢慢煮至米烂时加入黄瓜、雪梨、山楂片,再煮至汤稠,入精盐调味即可。

【功效】 本方可以润泽皮肤、祛斑、减肥。黄瓜、雪梨、山楂含有丰富的钾盐和一定数量的胡萝卜素、维生素C、维生素B_1、维生素B_2、糖类、蛋白质以及钙、磷、铁等营养成分。经常食用可淡化雀斑、预防色素沉着。

(2)柠檬冰糖汁

【原料】 柠檬100g,冰糖50g。

【制作】 将柠檬榨汁,加冰糖调匀饮用。

【功效】 柠檬中含有丰富的维生素C,100g柠檬汁中含有的维生素C可高达50mg。此外,还含有钙、磷、铁和B族维生素等营养成分。常饮柠檬汁,可以白嫩皮肤,防止面部色素沉积。

(3)黑木耳红枣汤

【原料】 黑木耳30g,红枣20枚。

【制作】 将黑木耳洗净,红枣去核,加水适量,煮半个小时左右。每日早、晚餐后各1次。

【功效】 黑木耳可润肤,防止皮肤老化;大枣和中益气,健脾润肤,有助于黑木耳祛除黑色素。经常服食,可驻颜祛斑、健美丰肌、预防色素沉着。

第二节 假体置入美容手术与营养

假体置入美容手术,是美容外科较常用的手术方法之一,一般包括隆鼻术、下颌填充术、隆乳术及隆臀术等。目前临床上常用的假体材料主要有膨体聚四氟乙烯、固体硅胶假体及人工骨材料——羟基磷灰石等。不论哪种假体置入人体后，对机体来说都是异物，均可引起不同程度的组织反应。目前除了一般的组织反应外，还可出现其他并发症，如纤维包裹、挛缩、异物巨细胞反应、滑膜样化生及钙化等。为了预防假体置入术后并发症的发生，术后要为受术者提供合理的饮食指导，以尽量减少假体置入后的不良反应。

一 假体置入美容手术的病理生理变化

假体置入人体组织后引起的局部及全身病理变化，主要决定于假体材料的生物特性以及机体对假体置入后的不良反应。

1. 假体材料的特性 随着生物材料及其制备工艺的不断改进和发展，各种人工假体的应用越来越广泛。目前，国内外用于假体置入美容手术的假体材料主要有以下特点：

(1)具有良好的生物相容性和物理相容性，确保材料在置入机体后不出现有损生物学性能的现象；

(2)具有良好的生物稳定性，材料的结构不因体液作用而有变化，同时材料成分不引起生物体的生物反应；

(3)具有足够的强度和韧性，能够承受人体的机械作用力；

(4)具有良好的灭菌性能，保证假体材料在临床上的顺利应用；

(5)具有良好的成形、加工性能，不因成形加工困难而使其应用受到限制；

(6)具有一定的安全性。

2. 假体置入美容手术后机体的病理生理变化 尽管现在的假体材料具有相对的安全性和稳定性，但当假体置入人体后，人体自身的保护功能会对外来物质产生排异反应。假体置入后，机体局部乃至全身会出现一些特殊的病变，包括假体置入局部的组织反应、局部引流淋巴结的反应以及全身远隔器官的病变。当假体置入人体后，局部组织周围大量成纤维细胞和基质会形成一层膜，将假体完全包裹起来。这层膜一方面可保护假体周边组织，另一方面也可防止假体移位。有些人的排异反应特别明显，包裹膜生成较厚，就会慢慢出现硬化，必须再次手术更换假体。排异反应是异体组织进入有免疫活性的宿主体内的不可避免的结果，这是一个免疫过程。

二 假体置入美容手术后的营养饮食

大部分假体置入美容手术对机体的创伤都比较小，切口比较隐蔽。手术后的营养饮食应主要考虑减轻受术者置入假体后其机体的不良反应及促进伤口尽快愈合。

1. 选择营养素 假体置入美容手术的受术者在蛋白质的选择方面要慎重，应尽量以植物蛋白为主，少食或者不食异体蛋白。例如各种动物的肉类、蛋类等，对人体而言为异体蛋白，这种异体蛋白本身对人体可构成过敏原而加重机体的免疫反应。另外鱼、虾、蟹类本身就含组胺，而组胺可使血管通透性增高、微血管扩张、充血、血浆渗出、水肿、腺体分泌亢进及嗜酸性粒细胞增高等，从而导致机体变态反应的发生，可诱发机体对置入假体的排异反应。

维生素和矿物质是促进组织愈合的营养素，因此，在假体植入美容手术后同样也要注意维生素和矿物质的摄入,其用量可参照美容手术后的营养饮食。

2. 常用食物 假体置入美容手术后要以清淡和高维生素的饮食为主,多吃青菜、水果、豆制品、海藻制品及谷物类杂粮等。尽量避免酒、葱、蒜、腐乳、辣椒、韭菜等辛辣刺激性食物的摄入,因为这些刺激性物质可直接引起皮肤毛细血管扩张、血流加速,会迁延伤口愈合,加重过敏反应。

下列食物属于高致敏性食物或异体蛋白类食物,在假体置入美容手术后应尽量少食:食用菌类(蘑菇、香菇等)、海腥类(带鱼、黄鱼、鲳鱼、蚌肉、虾、螃蟹等)、蔬菜类(竹笋、盖菜、南瓜、菠菜等)、水果类(桃子、杏、银杏、芒果、杨梅、樱桃、荔枝、甜瓜等)、禽畜类(公鸡、鸡头、猪头肉、鹅肉、鸡翅、鸡爪、驴肉、獐肉、牛肉、羊肉、狗肉、鹅蛋、鸭蛋等)。

3. 推荐食膳

(1)桑葚薏苡仁葡萄粥

【原料】 桑葚、白糖各30g,葡萄干10g,薏苡仁20g,粳米50g。

【制作】 先将桑葚、薏苡仁洗净,用冷水浸泡数小时,然后与粳米、葡萄干共同放入锅中,先用武火煮开,改文火煨粥,粥成时加入白糖,拌匀即可食用。空腹食用,每日1次。

【功效】 桑葚、葡萄干均具补益肝肾、滋阴养血的功效;薏苡仁健脾利湿;粳米补益中气、健脾和胃;白糖润肺生津。滋阴养血配以利湿健脾而使全方补而不腻,长期食用可丰肌泽肤、驻颜除皱。脾肾虚寒、阳虚体质、痰湿内盛者忌用。

(2)果蔬沙拉

【原料】 番茄1个,黄瓜1根,生菜5片,柠檬1/2个,橄榄油10ml,沙拉酱100g。

【制作】 生菜洗净,撕成大块状置大碗中;黄瓜洗净,削皮后切片,放于生菜上;番茄洗净、切片,摆放在黄瓜片上;将柠檬挤出汁与橄榄油和沙拉酱搅拌均匀,拌于菜中。凉拌沙拉使用的蔬菜务必清洗干净,且最好尽快吃完。

【功效】 本方富含维生素,可预防皮炎、清理肠道,具有极佳的美肤效果,可延缓衰老。

第三节 微创美容疗法与营养

微创美容疗法是美容外科的发展和延伸,是美容外科的一部分。目前临床上常用的微创美容疗法主要有微创小切口手术、局部注射填充、中胚层疗法(mesotherapy)、自体细胞移植、化学剥脱以及一系列声、光、电等理化方法,可用于改善面部器官形态轮廓、减少皱纹、消除皮肤表面瑕疵及减肥塑身等。微创美容疗法与普通美容外科相比,不仅手术切口小或没有手术切口,更为重要的是,通过运用各种高新技术手段,达到在美容外科治疗或手术时,对受术者正常组织损伤小、炎症反应轻、肿胀出血轻、并发症少、瘢痕小及治疗时间短等目的。并且在治疗过程中受术者痛苦小或没有痛苦,术后恢复快、治疗效果好、安全性高,受术者不需住院,甚至不影响正常工作和生活。在受术者进行微创美容治疗的同时,要加强其营养与饮食的指导,为治疗后快速恢复并达到满意的治疗效果提供保障。

一 物理美容微创疗法营养与饮食

物理美容微创疗法是指将现代高科技美容治疗仪及传统针灸疗法作用于肌肤,从而使问题性肌肤得到改善,达到美容治疗的目的。例如激光换肤、光子嫩肤、等离子皮肤再生、射频除皱、超声波溶脂、冷冻及针灸、穴位埋线、火针等物理美容技术。物理美容是目前最安全、最健康而且非常有效的一种美容护理方法。由于物理美容微创疗法的创伤小或者没有创伤，所以，对受术者治疗后的护理与营养饮食也没有得到足够的重视，因而也出现了一些治疗后色素沉着及治疗效果不佳等现象。

（一）物理美容微创疗法概述

1. 激光美容疗法 自20世纪80年代末，用于面部美容的医用激光治疗技术得到了迅速发展。由于能够精确控制激光的频率、波长和输出能量，并利用皮肤组织内不同色素对不同波长激光吸收率的差异，使激光产生的不同热效应有选择地作用于不同的靶细胞，消除影响美观的色素沉着等皮肤问题。较常见的医用激光有 CO_2激光、红宝石激光、铒激光、Q开关激光等，主要治疗皮肤的各种斑痣、异常颜色、血管性疾病、异常生长的毛发、老化及文身等。传统的美容激光主要分为创伤性和非创伤性两大类：创伤性激光主要有 CO_2激光和铒-YAG激光，此类激光在治疗多种疾病中虽然有很多优点，但其治疗中所产生的非特异性热效应也造成了治疗部位的损伤，易引起瘢痕、色素改变、炎症反应等并发症。非创伤性激光主要有光热能激光、二极管发射激光，此类激光可在破坏靶组织的同时减少周围正常组织的损伤，但效果却没有创伤性激光显著，常需多次重复治疗。上述两类激光虽然在美容换肤术、皮肤的年轻化中占据主导地位，但因其均有一定的缺点，因而其临床应用受到了限制。

像束激光是近年诞生的一种新型激光仪，是集上述两类激光的优点于一身的新产品。其采用特定波长的激光照射局部皮肤，形成数千个直径为70～100μm的微小致热带，造成微孔及其周围的真皮组织热损伤。大量实验证明真皮组织被加热后，可直接或通过激活一系列相关的细胞因子，使胶原细胞产生新的胶原。由于皮肤老化的基本组织学改变是真皮胶原纤维的减少，导致皮肤萎缩、皱纹增加、皮肤松弛，利用真皮组织热损伤刺激胶原细胞活化以产生更多的胶原纤维，可改变皮肤的老化现象，达到去皱嫩肤的美容效果。

2. 光子美容疗法 光子美容疗法是利用强脉冲光（IPL）的选择性热解作用和光化学作用，在不损伤表皮的前提下除皱嫩肤，治疗某些损容性皮肤病的一种方法。属于非损伤性治疗，一次治疗可同时改善多种皮肤问题。

光子美容疗法和传统的激光治疗是同一个原理，都是利用光产生的热效应使目标皮肤组织产生反应和变化，但它们的物理性质不同，激光是单一波长的单色光，而光子是一种强脉冲光，是在一定波长范围内可调节的彩色光。激光对患处皮肤组织有一定的破坏作用，而用于嫩肤的光子是一种特定的宽光谱彩光，这种强脉冲光能够穿透表皮，被皮肤组织中的色素团大量地吸收，在不破坏正常皮肤的前提下使血管凝固，色素团和色素细胞破裂、分解，从而达到治疗毛细血管扩张和色斑的作用，即选择性的光热解原理。强脉冲光的谱段范围在515～1200nm之间，输出波段中较短的波长可以选择性地治疗皮肤的血管性病变和色素性病变，而较长波长的光可穿透皮肤较深层组织，通过光热作用和光化学作用，使皮肤的胶原纤维和弹力纤维重新排列和再生，并恢复弹性，同时还可以使血管弹性增强、循环得到改善。可以消除或减轻皱纹及皮肤松弛现象，而对于表皮不会产生影响，更不会出现皮肤变薄等现象。因此强脉冲光可以治疗皮肤老化的多种表现，如毛细血管扩张、斑点状色素沉着、不同程度的皱纹、皮肤粗糙及松弛等。

3. 等离子皮肤再生美容术 等离子皮肤再生美容术是一种较新的换肤技术，它不像激光治疗那样依赖于选择性光热作用，而是通过等离子能量对皮肤产生热作用。其主要特点是不需要与皮肤发色基相作用,也不气化组织,完整保留分离的表皮,利用它作为天然的敷料,可促进创面愈合、加速患者康复,从而具有显著的优越性。

等离子是物质的一种独特形态,即原子失去电子后形成的离子化的气体。这种等离子以毫秒级的脉冲把能量传递给靶组织,当等离子接触到皮肤时,能量立即转移到皮肤表面,并按照一定的可控模式即刻加热皮肤,而不会对组织产生爆破效应或即刻剥去表皮,失活的表皮一般保留完整直到新生上皮再生后才逐渐脱落,在治疗过程中任何时候都不会出现真皮层裸露的情况。等离子技术对于改善面部皮肤色素异常、提高光滑度以及改善光老化性皮肤松弛具有一定的效果。

4. 射频美容术 射频是继激光和光子之后的最新无创美容除皱技术。射频是指可发射传播的电磁波,医学上把频率为 0.5~8MHz 的交流高频电流称为射频电波。该频率的电磁波通过分子共振原理,摩擦产生热量,射频的这种选择性热能可作用于真皮深层和深部的纤维膈,即从真皮到筋膜和纤维组织,可使皮肤真皮层变厚,皱纹随之变浅或者消失;皮肤真皮被加热使皮下胶原的形态重塑,同时刺激胶原再生,使皮肤弹性逐渐恢复,达到长期减少皮肤皱纹的目的。由于射频是作用于皮肤真皮层,因而可以有效、长久地恢复皮肤的弹性,其热能对脂肪无效。除了用于面部皮肤的改善外,射频美容技术已开始应用于颈部、双手、胸部、四肢等几乎全身各处的祛皱护理和皮肤松弛改善,而且能以最快的速度消除妊娠纹、改善皮肤质量。

5. 磨削美容术 目前临床上常用的磨削美容术有微晶磨削、钻头磨削及激光磨削等技术。其中微晶磨削较多用。微晶磨削的原理是人工制造真空状态,于瞬间产生数千颗微小的氧化铝多棱晶体(简称微晶),经由真空密闭系统导引,高速撞击在凹凸不平的皮肤瘢痕表面,达到摩擦、平整瘢痕的作用。由于微晶颗粒细小、作用均匀,与瘢痕等组织摩擦时,其表面与被磨掉的组织碎屑及组织液黏合,使晶体原有的棱角变钝,因而打磨不会过深,易于控制,效果良好。主要适合于天花、痤疮、水痘后遗留的小瘢痕,手术后遗留的缝线瘢痕和刀痕,部分烫伤、烧伤后的小瘢痕,面部毛孔粗大或细小的皱纹,部分面部肤色较白皙者的雀斑或色素斑等。

6. 超声波美容术 超声波是一种由特殊的仪器发射的一种疏密交替的可向周围介质传播的波形。超声波具有频率高、方向性好、穿透能力强及张力大等特点。频率在 500~2500kHz 的超声波具有一定的治疗作用,常用的频率为 800~1000kHz。超声波的理化效应是机械效应和温热灸促发的若干物理化学变化,又称继发效应。治疗剂量超声波可增强生物膜的弥散过程,促进物质交换,继而加速代谢、改善组织营养,有促进病变组织恢复的作用。超声波可提高半透膜的渗透作用,有利于营养物质进入细胞内,同样可使药物更易进入病菌体内,增强药物的杀菌效能。超声波对于消除面部扩张的毛细血管(红血丝)、减轻痤疮炎症、软化瘢痕、淡化色素沉着等有很好的治疗作用。

7. 冷冻美容术 冷冻美容术也是物理美容的方法之一。它利用 0℃以下的低温物质,冷冻破坏体表的靶组织,以达到治疗和美容的目的。冷冻美容术常用于治疗色素痣、血管瘤、皮肤癌等损容性疾病,现常用液氮(-196℃)作为冷冻剂,通过液态变成气态的相变来吸热而制冷。冷冻美容术虽然已是一种比较老的美容治疗方法,但其对色素细胞、上皮细胞敏感,对血细胞、血液循环有一定影响,对局部与整体免疫关系的调节仍然具有一定的优势。特别是在皮肤癌的治疗方面有一定的地位。

8. 针灸、穴位埋线、火针等美容技术 针灸、穴位埋线、火针是中医美容的常用方法,也是物理美容的方法。

针灸、穴位埋线常用于祛斑、去痘、抗皱、减肥等美容项目,它以中医经络理论为指导,辨证论治,通过疏通经络,调整阴阳气血,消除病理状态,从而达到治疗各种损美性疾病的目的。火针是指通过烧灼的方法去除各种痣、瘤、疣等赘生物,从而达到美容的目的。

针灸美容方法在微创美容中具有一定的地位,目前在国内外已得到普遍应用。在除皱、紧肤、提升脸廓方面,毫针刺法、埋线、穴位注射等针灸方法,可刺激神经末梢释放递质,激发胶原再生,改善皮肤微循环;埋线和穴位注射不仅具有物理性的生物刺激效应,其所用的羊肠线蛋白和药物在注入皮下后,还具有生物化学效应。火针疗法用于祛除痣、扁平疣等赘生物,具有微创、愈合好等特点;火针用于治疗囊肿性痤疮则具有良好的消炎排脓、促进伤口愈合的作用。

(二) 物理美容微创疗法的营养与饮食

物理美容微创疗法主要是针对皮肤的老化、色斑及瘢痕等问题的治疗,对于治疗后的营养与饮食的需求,应侧重于增加胶原蛋白、维生素 C 及微量元素锌的摄入,同时注意尽量避免食用光敏性食物。

1. 选择营养素

(1)胶原蛋白:胶原蛋白是人体内含量最多的一类蛋白质,几乎存在于所有组织中,具有高抗张能力的特性,是决定结缔组织韧性的主要因素,也是机体必不可少的有机物,在多种生命活动中发挥着极其重要的作用。人体皮肤组织的 70% 由胶原蛋白组成,它维持着皮肤的滋润和弹性。同时,皮肤的黑色素是由于酪氨酸在含铜的酪氨酸酶多次催化反应后形成的,要想减少黑色素的量,首先要抑制皮肤中酪氨酸酶的活性。由于胶原蛋白中富含的酪氨酸残基可以有效地阻止皮肤中的酪氨酸转化为黑色素,从而具有抑制黑色素生成的作用。激光、光子、射频等物理美容疗法都是为了刺激真皮层胶原蛋白的增生,使皮肤细胞变得丰满,从而使肌肤水分充盈、紧致,富有弹性,且可维持皮肤细腻光滑,并使细纹、皱纹得以舒展,有效防止肌肤老化及色素沉着。因此,在物理美容治疗的同时要给受术者及时补充胶原蛋白,以达到美容治疗的最佳效果。

根据受术者的年龄不同,补充胶原蛋白的方式也有所不同,一般年龄在 35 岁以下的年轻人,建议食补;年龄在 35 岁以上的中老年人,由于体内的胶原蛋白水解酶转化功能不断减弱,对分子量较大的胶原蛋白吸收能力差,在食补的基础上可适当增加一些胶原蛋白的合成产品,如胶原蛋白粉或胶原蛋白口服溶液等,可按产品说明书的剂量服用。

(2)维生素 C:维生素 C 具有氧化还原作用,参与色素代谢;同时,维生素 C 能将胶原蛋白肽链上脯氨酸与赖氨酸分别催化为羟脯氨酸及羟赖氨酸,成为易被人体吸收的胶原蛋白。因此,摄取胶原蛋白的同时增加维生素 C 的摄入量就会取得更好的效果。建议口服维生素 C,0.2g,每日 3 次,连用 3 ~6 个月。

(3)微量元素锌:锌可以促进胶原蛋白的合成,增加机体的免疫能力,对于接受大面积像束激光治疗、微晶磨削美容术及电凝、电切法、火针去痣去疣等有创性治疗的受术者,术后要注意锌的摄入量,以利于创面的修复和减少感染的发生。对于能够正常进食者建议食补。

2. 常用食物 富含胶原蛋白的食物有猪脚、猪皮、鱼翅、鸡翅、牛筋、鸡爪、鱼皮及软骨等,但要注意食用不要过度,以免胆固醇过高,引起肥胖、高血脂等问题。另外在烹饪的时候配搭一些洋葱、菜花、银耳和南瓜等具有降血脂作用的蔬菜,也是很有必要的。

在通过食补获取胶原蛋白的同时,还应多吃一些富含维生素 C、具有抗氧化功能的食物,如橘子、白萝卜、柠檬、番茄、葡萄、木瓜等，以减少体内自由基对胶原蛋白的破坏。

食物中含锌较多的有牡蛎、胰、肝脏、血、瘦肉、蛋、粗粮、核桃、花生、西瓜子、南瓜子等。

应尽量避免食用红花草、灰菜、盖菜、苋菜、油菜、芹菜、香菜、泥螺等具有光敏性的食物；避免吃辣椒、芥末、生葱、生蒜、酒等刺激性食物；少吃酱油、咖啡、浓茶等含色素高的食物。

3. 推荐食膳

(1)猪脚白萝卜汤

【原料】 猪脚1只、白萝卜400g、葱10g、姜10g、枸杞8颗、盐1茶匙(5g)、料酒1茶匙(5ml)。

【制作】 猪脚洗净后切小块，下锅焯水，将焯好的猪脚取出，放入锅中，加入料酒、葱、姜，煮1～2小时，在煮好的猪脚中，倒入切成滚刀状的白萝卜和枸杞，白萝卜熟后，即可加盐盛出。

【功效】 猪脚含有丰富的胶原蛋白，白萝卜中的维生素C含量极高，经常食用可以达到美容养颜、消食下气及增强机体抵抗力的目的。

(2)猪皮银耳木瓜汤

【原料】 猪皮200g、木瓜1个、花生50g、银耳3朵，葱、姜、盐适量。

【制作】 猪皮洗净、除去油脂，切成条形小块，下锅焯水；用温水把银耳洗净、泡开，去除银耳黄色的杂质；木瓜去皮、切块备用；将焯好的猪皮放入锅中，加葱、姜，煮1～2小时，在煮好的猪皮中，加入洗净的银耳、木瓜和花生，煮10分钟即可加盐盛出。

【功效】 猪皮含有丰富的胶原蛋白；木瓜中的维生素C含量极高，并且木瓜酶有助消化的能力，能够帮助机体尽快排出毒素；银耳含有粗纤维，有助于胃肠蠕动、减少脂肪吸收。经常食用可以达到养肝滋阴、润肤除皱、排毒养颜的目的。

二 化学美容微创疗法营养与饮食

(一) 化学美容微创疗法概述

1. 中胚层的化学微创疗法 中胚层疗法是近几年应用于美容外科的医疗美容技术，它通过物理刺激、化学(生物)制剂注射等特殊手段作用于受术者的中胚层，以达到刺激胶原蛋白增生或局部溶脂等美容治疗目的。虽然对“中胚层”的提法美容学界仍然有一些不同意见，但这类微创的方法，在临床上已有广泛的使用。

中胚层的化学微创疗法能够将药剂快速、准确、均匀地传递到治疗部位，可使局部皮肤活化、年轻化，对于改善治疗部位皮肤组织的老化现象及局部减肥塑形有很好的疗效。中胚层疗法不但显效快、效果持久，而且恢复期短，几乎没有副作用。可以用于消除橘皮样皮肤、消除局部脂肪堆积、抗衰老、预防脱发、治疗青春痘等多种损容性疾病。

2. 注射填充美容术 注射填充美容术主要适用于面部皱纹的填充、丰唇、面部轮廓的改型及凹陷的隆起等，其操作简单、痛苦小、恢复快。它利用注射器将美容材料注射充填于受术位置，从而达到美容的目的。注射填充美容术使用的材料可分为生物材料、非生物材料和混合材料。生物材料的共同优点就是有极好的组织相容性，不易发生排斥反应，安全性高。最经典的是胶原蛋白，其作用机制仅是增加组织量，使作用部位的高度发生改变，可持续3～6个月后被吸收；透明质酸是人体胶原合成的中间产物，其美容作用机制与胶原蛋白相似，优质的透明质酸可在体内保存9～12个月；聚乳酸及经特殊处理的人真皮注射美容，除填充增加组织容量外还可作为组织生长的支架，最后填充部位完全被新生的自体组织代替并可永久保存；肉毒素的主要作用是使面部表情肌肉完全或部分麻痹，使肌肉的活动消失或减弱，从而使面部由表情肌引起的动力性皱纹消失，其作用时间为 3～6 个月。非生物材料医用聚丙烯酰胺水凝胶具有良好的组织相容性、无毒性，并且不被降解吸收，但这种材料应用时间较短，需进一步观察其远期疗效结果。混合材料是将胶原蛋白与聚甲基丙烯酸甲酯（PMMA 骨水泥）微球混合，PMMA 微球均匀分布于胶原之中，利用其对局部组织的填充刺激及支架作用，使自身纤维结缔组织增生并包裹 PMMA 微球，达到长时间填充美容的效果。中医穴位埋线既属于物理美容微创疗法，也是一种中胚层疗法，它将药物羊肠线注入穴位或病变处，使其发生中医的疏通经络和局部的生物化学效应，常用于减肥、除皱等美容项目。

3. 化学剥脱美容术 化学剥脱美容术是应用化学药品，使皮肤局部发生角质层分离和蛋白凝固，导致表皮和真皮乳头层不同程度坏死，引起剥脱，通过再生的过程改进皮肤质地，达到使皮肤平滑的目的。主要的化学制剂有苯酚、三氯乙酸（TCA）和 α-羟基酸（AHAs）等。它既是一种治疗手段，又是一种美容方法，其治疗适应证有：脂溢性角化病、多发性角化病、扁平疣、汗管瘤、睑黄疣等。美容适应证有：雀斑、雀斑样痣、咖啡斑、浅表性痤疮瘢痕、外伤和手术遗留的瘢痕、面部细皱纹、文身等。术后易出现色素沉着，可局部外用 3% 氢醌乳膏或中草药褪色素霜。

（二）化学美容微创疗法的营养与饮食

1. 选择营养素

（1）热能与蛋白质：中胚层的化学微创疗法与注射填充美容术后，对于热能与蛋白质的供给没有特别的要求，可以根据日常的饮食适当进行增补，但要注意治疗后 1 周内应尽量少食用异物蛋白，避免注射填充美容制剂后引起的不良反应。

化学剥脱美容术后会导致机体的热能消耗，因此必须增加热能供给。蛋白质是更新和修补创伤组织的原料，术后创面蛋白质凝固及分解代谢增加，受术者要注意蛋白质的摄取，以提高美容治疗效果。

（2）碳水化合物：碳水化合物是热能的主要来源，易被机体消化吸收，占总热能的 60%～70%，对术后消化功能欠佳者尤宜。在进行中胚层的化学微创疗法与注射填充美容术后可增加碳水化合物的摄入，以补充因异物蛋白摄入减少而引起的热能不足，但对于进行美塑瘦身的受术者则要注意碳水化合物的摄入量，以免影响治疗效果。

（3）维生素：维生素 C 可促进胶原蛋白的合成、维持细胞健康、维持皮肤弹性、恢复受损皮肤、促进伤口愈合。化学剥脱美容术后，受术者要增加维生素 C 的摄入，以获得最佳美容效果。

维生素 C 具有排毒、抗氧化及提高机体免疫功能的作用，因此在进行中胚层的化学微创疗法与注射填充美容术后需要增加维生素 C 的摄入，以减少注射美容制剂后的不良反应。

2. 常用食物 化学美容微创疗法的受术者术后要多食用优质蛋白，为减少异物蛋白的摄入，应以植物蛋白和蛋白制剂为主。如豆类制品、干果类食物及蛋白粉等，可以制作成易消化的羹、粥等。

碳水化合物应以谷物和蔬菜为主，如米饭、面包、马铃薯等。

维生素 C 的摄入应以水果、蔬菜为主，如刺梨、猕猴桃、鲜枣、草莓、枇杷、橙、橘、柿子、芥蓝、雪里蕻、苋菜、蒜苗等。

3. 推荐食膳

(1)海带木耳肉丝羹

【原料】 肉丝50g(先油爆),海带丝50g,木耳少许,调味品、芡粉适量。

【制作】 将发好的木耳、油爆后的肉丝及海带丝加汁同煮8分钟后,加调味品及芡粉煮成稠羹。

【功效】 排毒、润肺、养颜调节机体的免疫功能。

(2)花生枸杞芦荟猪皮冻

【原料】 猪皮300g,花生30g,芝麻20g,枸杞子20g,芦荟10g,酱油、盐、味精各少许。

【制作】 将枸杞子、芦荟放入锅中,加清水适量,煎煮成汤汁,去渣留药汁;将猪皮去毛,放入药汁锅中煮1小时;捞出猪皮剁成泥状,再放入锅中,加清水适量,再加入花生、芝麻、酱油、盐、味精煮烂,离火待冷却后即成猪皮冻。

【功效】 猪皮润肌肤、助发育、止血、抗老防癌,含有极丰富的胶原蛋白。花生含中有一种儿茶素,有抗衰老的功效,其所含人体必需氨基酸的利用率可达98%,其中赖氨酸可以防早衰。枸杞子有补肾益精、养肝明目、补血安神、生津止渴及润肺止咳的功效。芦荟有排毒、抗炎及促进组织愈合的功效。

(3)花生枣泥粥

【原料】 花生米30粒,红枣10枚,大米100g,白糖适量。

【制作】 花生米下锅加水煮至六成熟,加入红枣煮至烂熟,取出红枣去皮、核,与花生共碾成泥,再与煮好的大米粥调和,加入白糖略煮即可。

【功效】 此粥养血止血,可为机体提供碳水化合物,补充能量。

三 微创美容手术营养与饮食

(一)微创美容手术概述

1. 自体毛发移植美容术 自体毛发移植美容术是指应用显微外科手术取出后枕部健康的毛囊和发干的梭形皮瓣,经过特殊而仔细的分离,将毛囊组织加工成若干带有健康毛囊和发干的移植单位后移植到秃发的部位。毛囊存活后便会长出健康的新发,保持原有毛发的一切生物特性,不会再次坏死。这种永久性的毛囊再分配可以从根本上解决秃发的问题。毛囊的坏死是脱发较根本的原因。除了治疗前额、头顶部秃发,还可以进行眉毛移植及眼睫毛移植、胡须及阴毛移植,烧伤、烫伤及外伤瘢痕处的毛发移植,均可以取得良好的临床效果。

2. 小切口美容手术 临床上常进行的小切口美容手术包括小切口除皱术、小切口隆胸术、小切口双眼皮手术、小切口微创腋臭术等。小切口美容手术的优点是切口小、损伤小、恢复快,效果自然、美观,几乎无瘢痕。

(二)微创美容手术的营养与饮食

1. 选择营养素 虽然微创美容手术对受术者的创伤比较小,但为了保证伤口最佳愈合并取得良好的美容效果,受术者术后必须摄入充足、合理的营养素。其营养素的补充可参照本章"美容手术与营养"一节中相关内容。

2. 常用食物 微创美容手术后的常用食物一般可依据受术者的营养状况,如术前营养状况良好,则维持日常的饮食即可,并适当增加蛋白质和维生素C的摄取。如受术者术前的营养状况欠佳，则应在术前1周将营养状态调整至正常水平再接受手术。术后也需要注意增加蛋白质、维生素及微量元素锌的摄取。常用食物可参照本章“美容手术与营养”一节中相关内容。

3. 推荐食膳

(1)菠菜蹄筋

【原料】 猪蹄1只、菠菜250g、花生油500g(实耗100g)、酱油20g、细盐3g、白糖60g、黄酒10g、味精1g、水淀粉适量。

【制作】 将猪蹄刮去细毛后洗净，菠菜拣去老叶后洗净；往锅中放入清水，将猪蹄入锅煮滚后捞出，洗净后再放入清水锅中，煮90分钟，至八成熟捞出；锅内放油500g，待油烧至六成热时，将猪蹄投入油锅炸(炸时将锅盖盖住，待锅中炸声消失后，取去锅盖)，炸5分钟左右成金黄色时捞出，在冷水中浸30分钟，待皮皱起，即可取出；将蹄膀剖开，皮朝下放入碗中，加糖、酱油、黄酒，上笼蒸1小时，至酥烂即可；将锅烧热，放油100g，菠菜入锅炒后，加盐，稍后即起锅装盆；将猪蹄沥去汁，扣在菠菜上，猪蹄汁倒入锅，加味精，用水淀粉着腻，浇在猪蹄上即成。

【功效】 本品味鲜酥软，肥而不腻。具有补虚美容、促进伤口愈合的功效。

(2)猪皮蹄筋大枣汤

【原料】 猪皮100g，猪蹄筋15g，大枣15枚，调味品适量。

【制作】 将猪皮去毛、洗净、切块，大枣去核，猪蹄筋用清水泡软、切段，加清水适量，文火炖至皮筋烂熟后调味服食。

【功效】 猪皮、蹄筋含有丰富的胶原蛋白，大枣中的维生素C含量极高，经常食用可以达到养肝滋阴、润肤除皱的目的。

附录 中国居民膳食营养素参考摄入量表

附表1 能量和蛋白质的推荐摄入量(RNIs)及脂肪供能比

年龄(岁)	能量 RNI(MJ) 男	能量 RNI(MJ) 女	能量 RNI(kcal) 男	能量 RNI(kcal) 女	蛋白质 RNI(g) 男	蛋白质 RNI(g) 女	脂肪占能量百分比(%)
0 ~	0.4MJ/kg**		95kcal/kg**		1.5 ~ 3.0g/(kg·d)		45 ~ 50
0.5 ~							35 ~ 40
1 ~	4.60	4.40	1100	1050	35	35	
2 ~	5.02	4.81	1200	1150	40	40	30 ~ 35
3 ~	5.64	5.43	1350	1300	45	45	
4 ~	6.06	5.85	1450	1400	50	50	
5 ~	6.70	6.27	1600	1500	55	55	
6 ~	7.10	6.69	1700	1600	55	55	
7 ~	7.53	7.10	1800	1700	60	60	25 ~ 30
8 ~	7.94	7.53	1900	1800	65	65	
9 ~	8.36	7.94	2000	1900	65	65	
10 ~	8.80	8.36	2100	2000	70	65	
11 ~	10.04	9.20	2400	2200	75	75	
14 ~	12.13	10.04	2900	2400	85	80	25 ~ 30
18 ~							20 ~ 30
轻体力活动	10.04	8.80	2400	2100	75	65	
中体力活动	11.30	9.62	2700	2300	80	70	
重体力活动	13.38	11.30	3200	2700	90	80	
孕妇		+0.84		+200		+5(早期)	
						+15(中期)	
						+20(晚期)	

续表

年龄（岁）	能量				蛋白质		脂肪占能量百分比（%）
	RNI(MJ)		RNI(kcal)		RNI(g)		
	男	女	男	女	男	女	
乳母		+2.09		+500		+20	
50～							20～30
轻体力活动	9.62	7.94	2300	1900			
中体力活动	10.87	8.36	2600	2000			
重体力活动	12.97	9.20	3100	2200			
60～					75	65	20～30
轻体力活动	7.94	7.53	1900	1800			
中体力活动	9.20	8.36	2200	2000			
70～					75	65	20～30
轻体力活动	7.94	7.10	1900	1700			
中体力活动	8.79	7.94	2100	1900			
80～	7.94	7.10	1900	1700	75	65	20～30

注：各年龄组能量的RNI与其EAR相同；* *：为AI值，非母乳喂养应增加20%；凡表中数字缺如之处表示未制定该参考值

附表2 常量和微量元素的推荐摄入量(RNIs)或适宜摄入量(AIs)

年龄(岁)	钙 AI(mg)	磷 AI(mg)	钾 AI(mg)	钠 AI(mg)	镁 AI(mg)	铁 AI(mg)	碘 RNI(μg)	锌 RNI(mg)	硒 RNI(μg)	铜 AI(mg)	氟 AI(mg)	铬 AI(μg)	锰 AI(mg)	钼 AI(mg)
0 ~	300	150	500	200	30	0.3	50	1.5	15(AI)	0.4	0.1	10		
0.5 ~	400	300	700	500	70	10	50	8.0	20(AI)	0.6	0.4	15		
1 ~	600	450	1000	650	100	12	50	9.0	20	0.8	0.6	20		15
4 ~	800	500	1500	900	150	12	90	12.0	25	1.0	0.8	30		20
7 ~	800	700	1500	1000	250	12	90	13.5	35	1.2	1.0	30		30
11 ~	1000	1000	1500	1200	350	男 女	120	男 女	45	1.8	1.2	40		50
						16 18		18.0 15.0						
14 ~	1000	1000	2000	1800	350	20 25	150	19.0 15.5	50	2.0	1.4	40		50
18 ~	800	700	2000	2200	350	15 20	150	15.0 11.5	50	2.0	1.5	50	3.5	60
50 ~	1000	700	2000	2200	350	15	150	11.5	50	2.0	1.5	50	3.5	60
孕妇														
早期	800	700	2500	2200	400	15	200	11.5	50					
中期	1000	700	2500	2200	400	25	200	16.5	50					
晚期	1200	700	2500	2200	400	35	200	16.5	50					
乳母	1200	700	2500	2200	400	25	200	21.5	65					

注:凡表中数字缺如之处表示未制定该参考值

附表3　脂溶性和水溶性维生素的推荐摄入量或适宜摄入量

年龄（岁）	维生素A RNI（μgRE）	维生素D RNI（μg）	维生素E AI（mg，α-TE）	维生素B_1 RNI（mg）	维生素B_2 RNI（mg）	烟酸 RNI（mgNE）	维生素B_6 AI（mg）	维生素B_{12} AI（μg）	叶酸 RNI（μgDFE）	维生素C RNI（mg）	泛酸 AI（mg）	生物素 AI（μg）	胆碱 AI（mg）
0～		10	3	0.2（AI）	0.4（AI）	2（AI）	0.1	0.4	65（AI）	40	1.7	5	100
0.5～	400（AI）	10	3	0.3（AI）	0.5（AI）	3（AI）	0.3	0.5	80（AI）	50	1.8	6	150
1～	400（AI）	10	4	0.6	0.6	6	0.5	0.9	150	60	2.0	8	200
4～	500	10	5	0.7	0.7	7	0.6	1.2	200	70	3.0	12	250
7～	600	10	7	0.9	1.0	9	0.7	1.2	200	80	4.0	16	300
11～	700	5	10	1.2	1.2	12	0.9	1.8	300	90	5.0	20	350
14～	男　女	5	14	男　女	男　女	男　女	1.1	2.4	400	100	5.0	25	450
	800　700			1.5　1.2	1.5　1.2	15　12							
18～	男　女	5	14	男　女	男　女	男　女	1.2	2.4	400	100	5.0	30	450
	800　700			1.4　1.3	1.4　1.2	14　13							
50～	男　女	10	14	1.3	1.4	13	1.5	2.4	400	100	5.0	30	450
	800　700												
孕妇													
早期	800	5	14	1.5	1.7	15	1.9	2.6	600	100	6.0	30	500
中期	900	10	14	1.5	1.7	15	1.9	2.6	600	130	6.0	30	500
晚期	900	10	14	1.5	1.7	15	1.9	2.6	600	130	6.0	30	500
乳母	1200	10	14	1.8	1.7	18	1.9	2.8	500	130	7.0	35	500

注：A-TE为A-生育酚当量，DFE为膳食叶酸当量，凡表中数字缺如之处表示未制定该参考值

参考文献

1. 孙长颢.营养与食品卫生学[M].北京:人民卫生出版社,2007.
2. 姚秦.生理学[M].北京:人民卫生出版社,2006.
3. 葛可佑.中国营养学科学全书[M].北京:人民卫生出版社,2004.
4. 蒋钰.美容营养学[M].北京:科学出版社,2006.
5. 黄承钰.医学营养学[M].北京:人民卫生出版社,2004.
6. 蔡美琴.医学营养学[M].上海:上海科学技术文献出版社,2007.
7. 顾景范.现代临床营养学[M].北京:科学出版社,2005.
8. 焦晶晶,张英.植物类黄酮作为护肤因子在化妆品领域的研究进展[J].精细化工,2004,21(S1):98-102.
9. 段玉清,谢笔钧.原花青素在化妆品领域的研究与开发现状[J].香料香精化妆品,2002,(6):23-26.
10. 陈主初.病理生理学[M].北京:人民卫生出版社,2001.
11. 何志谦.人类营养学[M].北京:人民卫生出版社,2008.
12. 杜克生.食品生物化学[M].北京:化学工业出版社,2002.
13. 中国营养学会.中国居民膳食指南[M].拉萨:西藏人民出版社,2008.
14. 吴承霖.食物营养、"酸碱平衡"与健康[J].中国食物与营养,2006,(10):49-51.
15. 林俊华.临床中医美容学[M].北京:中国医药科技出版社,2004.
16. 帕特里克·霍尔福德.营养圣经[M].徐玲,译.北京:中国友谊出版社,2004.
17. 雷载权.中药学[M].上海:上海科学技术出版社,2003.
18. 徐玮,刘宪军.美容营养学教程[M].石家庄:河北科学技术出版社,2009.
19. 郭姣.中医药营养学[M].北京:中国医药科学技术出版社,2007.
20. 翁维健.中医饮食营养学[M].上海:上海科学技术出版社,2008.
21. 王鑫.家庭营养全典[M].北京:海潮出版社,2006.
22. 王焕华,倪慧珠.中国传统饮食宜忌全书[M].南京:江苏科学技术出版社,2008.
23. 蒋宝泉.医院膳食分类[J].肠外与肠内营养,2005,12(1):44-45.
24. 汪青.谷类食品的营养价值[J].四川粮油科技,2003,78(2):42-44.
25. 李竹凤.食品加工过程中营养素的变化[J].农产品加工,2004,4:24-25.
26. 李素蕊,王爱玲,杜爱玲,等.食品加工对蛋白质的影响[J].肉类工业,2002,259(11):47.
27. 南海娟,高愿军,郝亚琴.食品加工高新技术对食品营养素的影响[J].中国食物与营养,2005,15:28-30.
28. 向文江.烹调加工对食物营养价值的影响[J].四川烹任,2003,(12):33-34.
29. 耿珊珊,蔡东联.怎样烹调才能保留食品的最佳营养[J].家庭医学,2007(2):46-47.
30. 殷振金.食品的一般成分及其在烹调过程中的变化[J].包头职业技术学院学报.2002,3(2):44-45.
31. 方彦华,徐依依.青少年白发的病因及其治疗、预防[J].医学与社会,2005,18(7):27.
32. 迟宁.白发原因——色素干细胞减少[J].日本医学介绍,2005,26(7):307.
33. 顾景范,我国现代营养学早期发展史[J].营养学报,2006,2:100-103.

34. 窦国祥. 中华食物疗法大全[M]. 南京:江苏科技出版社,1990.
35. 潘学东. 王玉玺教授治疗脂溢性皮炎的经验[J]. 吉林中医药,2008,28(8):557-558.
36. 喻文球. 脂溢性皮炎的辨证论治[J]. 江西中医药,1984,345(6):25.
37. 陶春祥,何占德. 脂溢性皮炎怎样辨治[J]. 中医杂志,2007,48(12):1136.
38. 李远红,何焱玲. 脂溢性皮炎诊治进展[J]. 中国临床医生杂志,2008,36(4):22-24.
39. 陈明来. 马齿苋的药用与食疗[J]. 药膳食疗,2003,5:41-42.
40. 许学江. 唐定书立足肺胃科学辨治酒渣鼻[J]. 辽宁中医学院学报,2006,8(3):53-54.
41. 郭海涛. 酒渣鼻的分型辨治[J]. 河北中医,2009,31(7):1038.
42. 徐成文. 酒渣鼻美容药膳谱[J]. 东方药膳,2006,2:11.
43. 孟丽. 扁平疣的分型论治[J]. 河南中医,1998,18(2):40.
44. 郎娜,姚春海,柏燕军,等. 扁平疣中医药治疗概况[J]. 中国中医药信息杂志,2006,13(9):99-100.
45. 张学军. 皮肤性病学[M]. 第5版. 北京:人民卫生出版社,2002.
46. 古月. 痤疮的饮食疗法[J]. 药膳食疗,2003,3:23.
47. 梁雪冰,宋峰梅. 中药薏苡仁治疗扁平疣50例[J]. 中国皮肤性病学杂志,1997,1:60.
48. 李明权. 苣仁绿豆粥治疗扁平疣[J]. 湖北中医杂志,1998,20(5):56.
49. 许昌春,张怀亮,孙建方. 黄瘤病伴高脂蛋白血症二例[J]. 中华皮肤科杂志,2003,36(4):28.
50. 肖玮,杨岚. CO_2 激光配合龙胆泻肝片治疗睑黄瘤伴高血脂的临床研究[J]. 临床和实验医学杂志,2009,8(11):68-69.
51. 赵辨. 临床皮肤病学[M]. 第3版. 南京:江苏科学技术出版社,2001:976-977.
52. 杨国亮,王侠生. 现代皮肤病学[M]. 上海:上海医科大学出版社,1998:597-601.
53. 严道金,杨海平. CO_2 激光磨削术治疗睑黄瘤的临床研究[J]. 东南国防医药,2009,11(5):408-410.
54. 姜琳. 高脂血症药膳方[J]. 药膳食疗,2004,1:13.
55. 朱柳宾,黄建平,李少旦. 斑秃人群微量元素营养状况的临床流行病学研究[J]. 微量元素与健康研究,2008,25(1):10-11.
56. 陈达灿,禤国维. 皮肤性病科专病中医临床诊治[M]. 北京:人民卫生出版社,2005.
57. 冷方南,王凤岐,王洪图. 中华临床药膳食疗学[M]. 北京:人民卫生出版社,1993.
58. 卢祥之,张淑敏. 中华药粥谱[M]. 北京:科学出版社,1997.
59. 卢祥之,王晓鹏. 中华药酒谱[M]. 北京:科学出版社,1997.
60. 周文泉. 中国药膳辨证治疗学[M]. 北京:人民卫生出版社,2002.
61. 孙少宣. 文海泉. 美容医学临床手册[M]. 石家庄:河北科学技术出版社,1999.
62. 缪宓,秦泽莲,牛星焘,等. 微量元素与成纤维细胞在创伤修复中的研究与应用[J]. 中国临床康复,2004,10(15):6458-6459.
63. 邱林,金先庆,向代理,等. 胶原构成与不同年龄增生性瘢痕形成的研究[J]. 重庆医科大学学报,2003,28(4):521-523.
64. 李凤玉,贾国红,张海,等. 脂多糖对增生性瘢痕患者正常皮肤成纤维细胞Ⅰ、Ⅲ型前胶原及胶原酶信使核糖核酸表达的调控及意义[J]. 中华实用诊断与治疗杂志,2009,23(5):426-428.
65. 赵明权. 无瘢痕愈合的细胞外基质研究进展[J]. 中国美容医学杂志,2008,17(7):1101-1103.
66. 亓发芝. 美容外科学[M]. 北京:中国医药科技出版社,2006.
67. 石雪迎,廖松林. 人工假体植入引起的组织病理学改变[J]. 临床与实验病理学杂志,2002,18(5):547-549.
68. 易少波,何伦. 美容医学基础[M]. 北京:科学出版社,2003.
69. 蔡东联,史琳娜. 临床营养学[M]. 北京:人民军医出版社,2004.
70. 徐玮,刘宪军. 美容营养学教程[M]. 石家庄:河北科学技术出版社,2009.
71. 冯磊. 基础营养学[M]. 杭州:浙江大学出版社,2005.

72. 蔡东联,史琳娜. 临床营养学[M]. 北京:人民军医出版社,2004.
73. 黄霏莉. 中医美容学[M]. 北京:人民卫生出版社,2003.
74. 冯磊. 基础营养学[M]. 杭州:浙江大学出版社,2005.
75. 孙少宣,文海泉. 美容医学临床手册[M]. 石家庄:河北科学技术出版社,1999.
76. 顾景范. 我国现代营养学早期发展史[J]. 营养学报,2006,2:100-103.
77. 郭俊生. 现代营养与食品安全学[M]. 上海:第二军医大学出版社,2006.
78. 杨天鹏. 美容营养学[M]. 北京:北京科学技术出版社,2005.
79. 葛可佑. 中国营养科学全书[M]. 北京:人民卫生出版社,2004
80. 中国营养学会. 中国居民膳食指南[M]. 拉萨:西藏人民出版社,2008